新曲綫 New Curves | 用心雕刻每一本……

http://site.douban.com/110283/
http://weibo.com/nccpub

用心字里行间　雕刻名著经典

商务印书馆（成都）有限责任公司出品

献给 艾米·皮克勒诞辰121周年

艾米·皮克勒

（Emmi Pikler）（1902—1984）

著名的儿科医生、研究者和理论家

艾米·皮克勒是匈牙利人，著名的儿科专家、研究者。她于 1946 年在布达佩斯创办了一家托儿所，专门用来照护第二次世界大战后无家可归的 3 岁以下的孤儿，后来这家托儿所更名为皮克勒研究中心，在婴幼儿保教理论和实践方面都取得了卓越的成就。她那独特的以尊重为核心的教育理念，影响了成千上万的教育工作者和父母，并继续鼓励着我们，为全球孩子们的身心健康而不懈努力。

致敬 玛格达·格伯

玛格达·格伯

（Magda Gerber）（1910—2007）

著名的婴幼儿教育专家

玛格达·格伯出生于匈牙利，后定居美国，是著名的婴幼儿教育专家。格伯是艾米·皮克勒的朋友兼同事，共同持有以尊重为核心的教育理念，并将这一理念带到美国，传播到全世界。本书的第一作者珍妮特·冈萨雷斯－米纳是玛格达·格伯的学生、同事和挚友。

婴幼儿及其照护者

——基于尊重、回应和关系的心理抚养

第 11 版

〔美〕珍妮特·冈萨雷斯－米纳　黛安娜·温德尔·埃尔　著

张和颐　张萌　冀巧玲　译

商务印书馆

2023 年·北京

Janet Gonzalez-Mena　　Dianne Widmeyer Eyer

Infants, Toddlers, and Caregivers：A Curriculum of Respectful, Responsive, Relationship-Based Care and Education

ISBN: 978-1-259-87046-0

李玫瑾　中国关心下一代工作委员会委员，中国心理学会认证的心理学家。李玫瑾教授是心理抚养倡导者，她的育儿理念有许多深受家长们的认可和信赖。她主张父母对初生婴幼儿要亲自抚养，这是读懂孩子心理的前提；建立亲子关系是教养的基础，认为早年对性格的培养比能力更为重要。

推荐序

《婴幼儿及其照护者：基于尊重、回应和关系的心理抚养》（第 11 版）即将出版，我有幸提前阅读本书。这是一本适用于婴幼儿托儿所或幼儿园的老师学习的教材。其中对婴幼儿的照护理念和具体做法也非常适合年轻的父母们学习和实践。

人类作为世间最高级的动物却有着出生时最无能的特点，尤其是人类的“婴儿期”（0 ～ 1 岁）需要全天 24 小时地被他人照护。如果仅提供食物，那仍与其他动物区别不大。重要的是，人类婴儿对自己的身体无力支配，甚至不可以通过挪动、翻动身体让自己找到舒服感，不得已的“他”只能时时、事事都以哭喊来乞求他人帮忙，并依赖他人。不仅婴儿，当个体进入 1 ～ 3 岁（本书称为“学步儿”），即幼儿开始学习爬行、站立和行走，这期间的幼子更是充满了因行动而带来的风险性。显然，对婴幼儿的照护不仅需要爱，更需要专业的知识与优秀的理念和原则作指导。

本书的起源来自一个特殊的社会背景，即二十世纪四十年代，正值第二次世界大战后期至结束。因为战争，产生了许多父母双亡的孤儿，他们需要被收养和照护。一位有爱心的儿科医生艾米·皮克勒因此创办了一家托儿所，倾心养护并细心照护这些孤儿。在这期间，他们不仅照护，还细心地观察婴幼儿身心发展的特点和规律，在此基础上，总结出了一系列婴幼儿照护的理念与方法。后来，这家托儿所变成了“皮克勒研究中心”。本书作者将他们通过实践与专业研究形成的认识变成文字，这成为后来许多托儿所、幼儿园的老师们重要的教材，为专业机构的照护者提供了重要的指导、照护标准和参考。同时，书内大量的内容也完全适合于初为人之父母的家长们，这是养育孩子的最佳“顾问”和“参谋”。

本书对于婴幼儿照护最大的贡献之一是提出了一个重要的理念，即尊重理念。同时，作者还以大道至简的方式提出了照护的十项原则。这让所有的婴幼儿照护者有了一个行动的参照和纲领。

我想，可能很多人在最初看到作者写的“照护的核心理念是尊重”时，会跟我一样有些不解。在我以前的理解中，尊重一般是指对独立个体、对一个有自我意识的人而言的，给其留出空间，让其有独立判断和自我选择的自主权。可是，一个婴幼儿在完全不能自主的情况下，如何判断？如何选择？如何给他（她）尊重？

于是，我开始寻找此词的原义，词典也有不同的解释，有的解释为尊崇而敬重：尊重权利，尊重意见。这一解释与我之前的理解非常接近。还有词典解释：作为名词，尊重具有尊敬、敬意、重视、维护等意思。作为动词，尊重具有慎重对待、谨慎从事、遵守、不损害和不违背等含义。

看到这些解释仍然有些似是而非感。在思索中我突然联想到与尊重有关的一种场景：当一个特别值得你尊重和尊敬的人出现在你面前或从你面前经过时，你会是一个什么样的反应？我想，我会停下来无声地对他行尊敬的注目礼，会以微笑的表情一直注视着他，直到他走远。这一场景启发了我，我似乎理解了作者的用意：当一个婴幼儿在你面前时，你对他（她）呈现什么样的表情和态度——这就是你照护和养育的起点，你的目光有没有对他（她）温柔注视？是否不厌其烦地对他（她）微笑？对他（她）注视再注视？当一个家庭出现一个新生命时，家里的亲人会有怎样的表现呢？那多是"因为爱呀，看不够"！这不仅是婴幼儿的父母和祖辈的自然反应，皮克勒研究中心的创始人及作者认为，这应该是所有婴幼儿照护者所应该持有的照护理念和反应。

要求照护者对被照护的婴幼儿注视再注视，这要求高吗？说实话，在手机霸屏的年代，真正做到这点并不容易。曾有一个真实的事件，一位母亲带着两个已经6岁的双胞胎女儿去海边玩，孩子就在她面前不远的海边，可当她低头看了一会儿手机后，再抬头发现两个女儿都不见了，后来的结果是，在找到两名女童时，她俩均已遇难。父母因为类似的过失导致婴幼儿出现危险的事情并非少见。如果我们能够学习并理解皮克勒与格伯提出的照护婴幼儿要有"尊重"的理念并把这一理念作为行动纲领，那么，我们照护婴幼儿时就会减少许多危险的发生。

尊重常伴随着尊敬。对于尊敬，我们又常说"有畏才有敬"。畏，也可理解为害怕、担心或担忧等。事实上，许多父母在养育孩子的过程中，都有意无意地出现各种因为孩子的担心或担忧，这是不是也是一种自己不一定清晰意识到的"照护尊重"呢？如有的父亲担心女儿在外受人欺负，经常在家里教女儿防身术，讲自我保护的道理；有的母亲担心男孩因在外争强好胜，进而引来危险，也会不厌其烦地嘱咐孩子"吃亏是福"。

本书看似写给托儿所或幼儿园的老师，其实，生活中大量的婴幼儿养育是发生在家庭中。所以，我更推荐父母们要读这本书，家中的具体照护者（包括祖辈、保姆等）都应该在照护孩子前或过程中读读这本书，能够简单说出书中的内容。甚至我还想建议，家庭聘请月嫂或保姆时，先给她们提供此书并安排一定时间的见习期，要求见习期内阅读此书；然后，当她能够复述出本书主要内容后，再决定是否聘任。任何方法都是具体的，看似方法很重要，但真正决定方法是否有效，仍取决于照护者的爱心和有无尊重理念。

同时，我还想对许多年轻的父母讲，我知道你们生活的压力有多大，我也知道，在婴儿出生后的第一个月、第一个季度甚至第一年，母亲有多辛苦，父亲会缺多少觉。这些是我们获得自己生命延续必须付出的。尽管如此辛苦，在精心呵护下，婴幼儿每一天的变化都会给你带来无以取代的快乐和欣喜。为此，建议初为父母的人自问一下：

当你和懵懂不知的婴幼儿在一起时，当你带着年幼的孩子外出时，当他（她）要求你陪着玩一会儿时，你是否能够做到：尽可能长的时间将自己的目光分享给他（她）？让他（她）在你的目光关注下形成安全感？感受到你的爱意？

你是否为了他（她），抓紧时间阅读一下这本书，由此获得更为理想的养育方式和结果？

李玫瑾

2022年7月

张和颐　剑桥大学心理学博士，北京师范大学教育学部学前教育研究所硕士生导师。从事有关儿童早期心理发展与教育的教学和研究工作，致力于通过高质量教学、实证研究及相关教育实践，与广大学生、家长及教育从业者共同促进婴幼儿身心健康发展。

张萌　美国罗格斯大学认知心理学博士，Meta（原Facebook）数据科学家。从事儿童认知与语言发展的科学研究，具有丰富的数据科学和科研经验，致力于建立儿童认知发展领域中基础科学、应用科学与大数据的桥梁。

译者序

婴幼儿照护关涉婴幼儿的健康成长和家庭福祉，对婴幼儿身心健康发展具有深远影响。从国家实施全面二孩政策到三孩政策及配套支持措施，公众对婴幼儿照护服务日益重视，高质量婴幼儿照护已成为我国迫切的民生需求。在这一新的时代背景下，本书作为一本关于 0 ～ 3 岁婴幼儿生理照护和心理抚养完美结合的经典之作，其内容科学、实用、全面，自第 8

版的中译本出版后，一直广受托育机构工作者、婴幼儿家长以及学前教育等相关专业师生们的欢迎。

本书之所以深受欢迎，首先，因为它经受住了实践的检验。从欧洲到美国，历经几十年的发展，这本《婴幼儿及其照护者：基于尊重、回应和关系的心理抚养》被美国幼儿教育协会（National Association for the Education of Young Children，NAEYC）指定为培训用书。其次，全书基于科学照护理论和最新的实证研究，提出了婴幼儿生理照护和心理抚养的十大原则，始终强调尊重和回应式的教养方式。再次，它将婴幼儿的发展规律与早期教育实践很好地结合起来，能够为读者提供通俗易懂、切实可用的保育和教育建议；在依恋、自主性、同一性以及感知觉、运动、认知、言语、情绪和社会性等这些婴幼儿发展的关键方面为读者提供支持。书中内容描写生动，作者精心撷取丰富的教养案例，这些都有助于加深读者的理解，在实践中更好地实施尊重及回应式照护。最后，值得强调的是，作者在细致介绍普遍适用于婴幼儿照护的教育理念和指导原则时，始终强调个体适宜性和文化适宜性的重要性。基于美国幼儿教育协会（NAEYC）的发展适宜性原则，作者反复提到，照护者应将每个孩子视为有自己独特发展轨迹的个体，并在照护过程中根据已知的个体差异对具体实践进行调整，以满足每个孩子的需求。除了尊重婴幼儿的个体差异外，本书对文化适宜性的诠释有助于照护者了解如何与家庭进行沟通与合作，为婴幼儿及其家庭创设具有文化敏感性和包容性的照护环境。

作为译者，我们对能够将本书第 11 版带给读者感到荣幸和欣喜。相比第 8 版，本书在保留原有特色的基础上，在三大编中都增加了新内容，并在每章对扩展阅读部分进行了更新。新增内容具有以下三个主要特点：

第一，融入心理学前沿研究证据。在新版内容中，读者能够看到来自脑研究的重要发现，从科学前沿的心理学视角了解高质量照护在婴幼儿脑发育过程中的关键作用，以及对婴幼儿发展各个方面的影响。

第二，紧跟新时代早期教育需求。新版中提到了婴幼儿与“屏幕”这一热点话题，尝试探讨屏幕时间对婴幼儿发展可能造成的影响，启发读者关注相关研究，并结合实践积极思考。

第三，突出游戏和探索在婴幼儿照护中的重要性。在第8版的基础上，新版进一步强调了婴幼儿在游戏中自由探索所能带来的诸多益处，补充介绍了游戏和探索对婴幼儿自我调节能力的促进作用。

第11版的翻译工作是建立在第8版中译本的基础之上。在忠于原意的前提下，我们在翻译中也做出了一些调整。例如，在第8版书名《婴幼儿及其照料者》的基础上，将第11版书名译作《婴幼儿及其照护者》。为促进婴幼儿照护服务发展，国务院办公厅于2019年发布了《关于促进3岁以下婴幼儿照护服务发展的指导意见》（国办发〔2019〕15号），我们对书名的调整与《指导意见》中的“照护”相呼应，更有助于读者理解及运用本书内容。此外，我们将第8版中多处的“托儿所”这一表述改为“托育机构”，以确保与《托育机构保育指导大纲（试行）》等相关政策文件中的表述一致。相比较第8版，本书第11版在副书名中增加了“relationship-based”（以关系为基础的）一词，“关系”（relationship）是婴幼儿保育和教育领域中的一个关键术语，本书重点内容之一是照护者与婴幼儿及其家长之间的关系和联系。三者之间良好关系的建立，离不开“尊重的”（respectful）、“回应的”（responsive）互动，“尊重”“回应”是贯穿本书的两大重要理念。第11版的副书名包含了贯穿全书的“尊重”“回应”“关系”三大核心词，精彩全面地体现了本书的核心理念。在本书的审校过程中，具有丰富经验的托育一线工作者们，如小德兰爱幼的陈卫老师，为我们提出了宝贵的建议。例如，对书中所涉及的各类托育机构在创设环境时所需各类设施和材料的表述进行了调整，使之更易于为国内读者理解，感谢她们。同时，还要感谢新曲线公司的责任编辑等相关人员在数次审校中的辛勤付出。

从翻译本书第8版到第11版即将出版，作为译者，我们感到受益匪浅，尤其是在我国婴幼儿照护服务日益得到重视、照护服务需求与日俱增的新时代背景下，我们对本书所能带来的启示倍加珍视，希望能与读者共同从中受益，一起促进婴幼儿身心健康发展。

在翻译过程中，我们虽尽可能做到贴近作者原意，并符合国内读者的语言习惯，然而，受水平所限，翻译中的错误和不足在所难免，敬请读者批评指正。

张和颐

2022 年 6 月于北京师范大学

简要目录

目录

第二编 聚焦儿童

作者介绍

早在20世纪70年代，珍妮特•冈萨雷斯－米纳（Janet Gonzalez-Mena）和黛安娜•温德尔•埃尔（Dianne Widmeyer Eyer）就相识了，当时她们同在一所社区大学教授儿童早期教育课程。尽管也有婴儿和学步儿开始进入儿童照护项目，但这些照护项目关注的对象仍然是学龄前儿童。

本书的两位作者决定用实际行动来改变这一状况。于是，珍妮特开始深入"婴儿教育示范项目"做实习生，在那里，玛格达•格伯（Magda Gerber）利用该项目传播她那独特的儿童教育理念：在婴幼儿的照护过程中，尊重并回应他们，这也是贯穿本书的保育和教育理念。实习生经历帮助珍妮特获得了发展心理学专业的硕士学位。20世纪80年代，格伯等人成立了婴儿保教者资源机构（Rcsources for Infant Educarers，RIE），并授予珍妮特RIE会员资格——这是婴幼儿保育和教育领域最高级别的证书。本书的另一位作者黛安娜则获得了特殊教育专业的第二硕士学位，并与珍妮特一同致力于拓展儿童早教领域，将婴幼儿教育、特殊教育以及家庭式托儿所养育一并纳入其中。合作编写本书是她俩的成就之一。

几年后，两位作者更加专注于家庭式儿童保育工作之中。珍妮特作为美国加州圣马特奥郡家庭服务机构儿童保育服务的主管，负责监管那里为婴儿、学步儿和学龄前儿童提供服务的家庭式托儿所。在她的领导下，该机构还创办了一所新的婴幼儿照护中心，推出了一项旨在照护受虐待及被忽视婴幼儿并帮助他们康复的试点项目。同样，在圣马特奥郡，黛安娜与儿童保育统筹会（Child Care Coordinating Council）一同为加拿大学院开发了针对家庭式儿童保育工作者的培训项目。培训课程同样以格伯提出的尊重与回应式的婴幼儿保育和教育理念为标准。

此后，珍妮特在纳帕谷学院（Napa Valley College）任教，直至1998年退休。如今，她仍然在为不同机构的婴幼儿照护者提供指导。例如，珍妮特在美国西部教育公司的婴幼儿照护项目（Program for Infant/Toddler Care, PITC）中培养培训师，并在世界各地的学术会议上发表演讲。作为美国幼儿教育协会（National Association for the Education of Young Children, NAEYC）的长期会员（43 年），珍妮特服务了两届顾问编者委员会。她参加了美国开端计划，针对该计划的多元文化原则制定了用户指南。随着她的一些著作被翻译成德语、中文、日语和希伯来语，珍妮特正逐步成为国际公认的专家。此外，她还任职于美国加州社区大学儿童早期教育者协会、多元化培训网（BANDTEC）以及美国皮克勒 / 洛克齐基金委员会。

黛安娜继续在加拿大学院任教，并开设了几门儿童早教和儿童发展专业的课程，内容包括特殊儿童、家庭支持、儿童暴力预防与干预以及家庭式的儿童保育等。自 1970 年以来，黛安娜就是美国幼儿教育协会的会员。2005 年，黛安娜从加拿大学院退休，她在那里从事了 36 年的教学工作，并担任了 27 年的儿童早期教育 / 儿童发展系主任。此后，她在加州圣马特奥郡的 First 5 委员会（又称儿童与家庭委员会）负责募集资金，用于为儿童早期教育者提供学术支持，以及促进儿童早期教育行业劳动力的发展。

目前，本书的两位作者仍对教育事业怀有极大的兴趣与热情。黛安娜一方面致力于培养成人外语的读写技能，另一方面为儿童早期教育工作者的职业发展提供具体支持。当前，她正在研究艺术教育和艺术疗法，并参与了附近一家博物馆讲解员的培训工作。除此之外，她还喜欢徒步旅行、园艺和音乐。珍妮特将个人兴趣投放在孙辈身上，她的孙女妮卡是一名“RIE 宝宝”，现在 9 岁，还有她 4 岁的孙子科勒以及科勒的弟弟保罗。她在美国国内有时也在国外进行演讲，为大家讲授有关皮克勒、格伯和婴儿保教者资源机构的相关知识。此外，她在退休后仍与早教工作者和其他人一起研究教育的多样性以及社会平等与公平等问题。

前言

《婴幼儿及其照护者》（第11版）一书的理念

1980年本书首次出版时，尽管针对学龄前儿童的保育已经相当健全，但有关婴幼儿在家庭之外保育的理念还鲜有涉及。两位作者当时都在加利福尼亚州的一所社区大学工作，教授儿童早期教育课程。这些课程关注的是三四岁的儿童，因为针对婴儿和学步儿的项目尚属空白。两位作者很快意识到，有必要为婴幼儿保育领域开展师资培训。针对学龄前儿童的课程，并不能为那些在儿童保育中心负责照护3岁以下儿童的实习生提供什么帮助。我们发现，有些学龄前儿童保教机构也会接收少数2岁的孩子，而老师们在面对那些2岁幼儿时，明显遇到了挑战，她们似乎只是想让这些孩子快些长大。学前老师们产生了很多抱怨和问题，诸如"在做圆圈活动期间，你如何能让那些更小的孩子坐着不动"。社区大学里的学前课程并不能为学生在工作中照护很小的孩子提供支持，因此，我们亟需更多针对婴幼儿保育的专门课程。写作本书的初衷，便是为了解答北加利福尼亚州加拿大学院黛安娜·温德尔·埃尔提出的这些问题。

当时，珍妮特·冈萨雷斯－米纳正在跟随玛格达·格伯学习。格伯是美国洛杉矶的一位婴幼儿教育专家，出生于匈牙利，她的朋友兼同事艾米·皮克勒（Emmi Pikler）博士是一位学者和研究者。第二次世界大战后，皮克勒在匈牙利创办了一家婴幼儿保育机构，在本书的两位作者相识时，该机构仍在运营。皮克勒的这家托儿所主要接受那些家长无法照护的婴幼儿，旨在为他们的人生提供一个好的起点。这些孩子3岁前在皮克勒托儿所接受特别的寄宿制照护，后来他们都成长为健康而有所作为的成年人。当这一事实被公众了解后，皮克勒的第一家托儿所就成了欧洲其他寄宿制托儿所的典范。这些孩子有能力与他人建立长久的关系，而这正是这一机构式保育中心取得的骄人成就。皮克勒于 1984 年去世，在她的女儿安娜•塔多斯（Anna Tardos）的管理下，这家融研究和培训于一体的“皮克勒研究中心”虽然后来经历了一些调整，但至今仍在运营。现在的皮克勒研究中心不只是一家寄宿制保育机构，它不仅关注婴幼儿的保育，而且还关注亲职教育。

在认识格伯后，本书的两位作者都清楚地意识到，人们亟需一种新的、聚焦婴幼儿保育和教育的社区大学课程。为了满足这一需求，两位作者设计编写了第一本这样的教材，本书就是这本教材的第 11 版。

玛格达•格伯为第 1 版教材撰写了序言，她在序言中强调了尊重、回应和互惠的成人—婴儿互动理念，这一理念在第 11 版中仍是一个重要的主题。本书历次版本的根基都是相同的，即玛格达•格伯的教育理念和艾米•皮克勒的理论。

冈萨雷斯 - 米纳在 20 世纪 70 年代是玛格达•格伯的学生，后来成了她的挚友，直至 2007 年格伯去世。冈萨雷斯 - 米纳在皮克勒研究中心进行了大量的观察和研究，并协助研究中心的现任主管安娜•塔多斯在美国开展相关的培训。与这三位传奇女性的交往经历，也让冈萨雷斯 - 米纳确信，皮克勒的研究工作和格伯的教育理念对美国乃至世界各国的婴幼儿保教中心来说都非常重要。在美国，玛格达•格伯的著作多年来一直都有很高的知名度，在由格伯创办的婴儿保教者资源机构（RIE）的支持下，其著述一直享有盛誉。玛格达•格伯是将皮克勒的一些研究首次翻译成英文出版的成员之一。新版的《婴儿保教者资源手册》（*RIE Manual*）更新后，用英语介绍了更多的研究，其中一些内容则是由皮克勒的追随者编写的。《婴儿保教者资源手册》可从网站 www.rie.org 上获得。英文版的皮克勒著作则可从网站 www.Pikler.org 上获得，或从皮克勒的欧洲网站 www.aipl.org 上获得。由这两位女性创造的婴幼儿保育方法在早期保育和教育领域引发了极大的关注。本书的两位作者自豪而谦虚地支持着这些方法。

十项原则：尊重的早教理念

玛格达·格伯和艾米·皮克勒有关儿童保教著述的核心都是尊重。在格伯把尊重的理念传播到美国之前，大多数美国婴幼儿照护者的教育理念里根本没有“尊重”一词。尊重不仅是贯穿本书的一个主题，也是本书所倡导课程的重要组成部分。书中所提课程的涵盖面极广，重点是儿童与照护者的联结和关系。简单地说，“课程”一词关涉育人，而在婴幼儿的世界中，保育与教育基本上是一回事。在本书中，课程与尊重和回应每一个孩子的需要密不可分，照护者亲切地、尊重地、敏感地回应孩子的需求，促进孩子与照护者的依恋关系，使孩子能够独立地游戏与探索。生活中的任何事情都可作为课程的内容，不论孩子是一个人独处，或是与其他孩子一起玩耍，抑或是与成人积极互动。无论是否在计划之列，成人与儿童的互动都是照护活动的组成部分，但还远不止于此。甚至在一天的休息时间里，照护者只是带着小宝宝们出去闲逛，期间发生的互动也可以成为课程的一部分。也许本书最重要的特点是其一以贯之的一致性，全书概述了旨在促进婴幼儿整体幸福的一系列成熟的实践。此外，本书还强调了敏感的照护与好的项目计划的重要性，以及它们对婴幼儿自我同一性形成的影响。

本书第 1 章列出的十项儿童早期教育的原则构成了全书的基本框架。尊重是体现在行为上的态度。照护者对儿童的尊重是十项原则的基础，这十项原则表明了如何在照护孩子、与孩子交流，以及促进孩子的成长、发展和学习的过程中运用尊重，像对待大人一样对待孩子。本书每一章都会涉及这十项原则，并且各章都有“活用原则”专栏，用实际情境来进一步诠释各项原则。

关注应用与实践

知道有别于知道如何去做。知道意味着去学习理论，知道如何去做就是将理论付诸实践。本书注重实践，因为我们知道，即使非常了解婴幼儿理论知识的人在处理实际问题时也会遇到麻烦，除非他们还学会了将理论应用于实践。掌握了知识未必就具备了技能。掌握了知识但却对应用知识缺乏信心的照护者，在面对实际问题时可能会患上“分析瘫痪症”（analysis paralysis）*，这会导致照护者无法迅速地做出决定，清楚地表达感受，采取必要的措施。“分析瘫痪症”的典型表现是不作为，优柔寡断，并且伴有过度的情绪反应或不适当的行为，之后是更多的不作为。当成人患上“分析瘫痪症”，对婴儿的需求不回应或不能持续回应时，婴儿则无法学会预测他们自身的行为将引发什么样的结果。学会预测自身行为对周围世界将带来什么影响，这是婴儿早期生活中最主要的成就。

本书涉及的专业术语

在本书中，我们将从刚出生到还未学习走路这一时期的孩子称为婴儿（通常为 0 ～ 1 岁）；将正处于学步阶段的孩子（通常为 1 ～ 2 岁）称为年幼的学步儿；将 2 ～ 3 岁的孩子称为年长的学步儿；通常将 1 ～ 3 岁的孩子统称为幼儿；将 3 ～ 5 岁的孩子称为学龄前儿童。需要注意的是，这种阶段的划分通常适用于正常发展的儿童，而对于那些非典型发展的儿童来说，这种分类和描述就不完全适用了。例如，一个学步阶段的孩子尽管不会行走，却可能已经具备了这一年龄组的许多其他特征；并非所有的学步儿都能行走，但这并不意味着我们可以把他们视为婴儿。如果你参观过许多婴幼儿早教机构，就会发现担任老师 / 照护者角色的成人可能被冠以不同的称呼——保教工作者、教师、照护者和婴儿保育老师是常用的四种不同术语。在本书中，我们主要用“照护者”一词，以此强调“照护”在早教机构中对婴幼儿的重要性。照护者也兼具教师和教育工作者的职责。

---

* 分析瘫痪症：指过度分析某种情景或状况，以至于迟迟做不了决定，无法采取行动，实际上是麻痹结果。——译者注

本书结构

本书开篇就提及照护的互动方面，自始至终我们都强调这一教育理念。因此，本书是以一种独特的方式来架构的。本书主要分为三大编：第一编（第 1 ～ 4 章）阐述照护，重点探讨了照护者的行为、照护者与儿童之间的关系，以及这些行为和关系如何构成课程。第二编（第 5 ～ 11 章）介绍了儿童发展的知识及其在课程中的应用。第三编（第 12 ～ 14 章）则从机构的视角，考察中心式和家庭式儿童保育机构，同时纳入了环境及成人之间的关系。附录 A 是一份判定婴幼儿照护机构的质量检查表。附录 B 是一份广泛使用的关于婴幼儿健康发展所需环境的对照表，该表精简而全面地总结了本书三大编的主要内容，为婴幼儿照护机构的计划和实施提供指导。附录 C 是关于家长服务计划的指导原则。附录 D 是美国幼儿教育协会（NAEYC）对托育机构的认证标准。

关注多样性及包容性

尊重多样性并在婴幼儿照护机构中接收有特殊需要的儿童是本书的一大特点。与年幼儿童特殊教育相关的主题贯穿全书，而且本书第二编的各章结尾都设有专题来介绍如何照护这类儿童。本书每次修订再版时，我们都会更加关注教育领域的文化差异以及包容性。尽管书中所传达的理念是统一的，但我们鼓励读者认识到婴幼儿保育的每个方面都存在着多元化的观点。我们希望照护者尊重差异，在工作中尊重每个不同的家庭。不论是何种语言，以一种积极的方式尊重和回应语言差异，支持孩子的母语，这一点很重要。我们在书中强调了自我反思的重要性，它有助于那些面对差异而无所适从的照护者找到问题所在。只有当照护者理解自己时，她们才能真正理解自己所照护的婴幼儿及其家庭。对于任何一个照护婴幼儿的人来说，能够敏锐地体察孩子的需求至关重要。因此，我们希望读者可以结合自身的经验来阅读本书。

第11版新增内容

在本书的新版本中，我们反复强调了户外活动的重要性。太多的婴幼儿照护机构由于各方面的压力，过度强调学前准备和认知发展，从而忽视了有利于儿童身心健康的户外活动。并且我们以事实证明，相比于由水泥和塑料构成的室内环境，婴幼儿更需要自然环境。从生命早期便学会欣赏大自然是早期保育和教育的重要组成部分。

我们在本书的三大编中都增加了新内容，每章都更新了扩展阅读部分以及参考文献，并补充了在线学习中心。新增内容如下。

I：自我调节和心理韧性

自我调节（self-regulation ）和心理韧性（resiliency）是当今儿童早期保育和教育领域的核心主题。能够控制自己情绪并调节自己行为的年幼儿童，已开始为上学做好了准备。那些学会管理自己的恐惧情绪并以适宜的方式克服了逆境的年幼儿童，已为成长为具备终身应对技能的个体打下了基础。

本书第 11 版对更多与这些重要发展领域有关的当前研究进行了反思。这两种特质被视为一个“动态过程”：始于个体出生，贯穿生命全程。它们涉及“儿童的全面发展”，即身体、认知和情感三个方面，从一种自动反应发展成更加深思熟虑的反应。研究表明，影响这些发展领域最重要的因素是婴幼儿与照护者之间的早期互动。回应式和鼓励式的互动，既促进了婴幼儿的健康成长，也有助于早期脑发育。

尊重式的互动以及支持这两方面发展的引导，在本书的大部分章节中都有所体现。游戏是一个贯穿全书、息息相关的主题，游戏的发展能够促进和支持婴幼儿的自我调节和心理韧性。在游戏中，自我调节表现为身体技能、情绪发展和智力成就，因为婴幼儿要解决如何才能让事情发生这一问题。做出选择和获得自我控制能力，也有助于年幼儿童学习如何应对新的和挑战性的（有时是颇具压力的）经历。游戏中的早期发展机会，以及与富有爱心的成人进行敏感的互动，这些都能促进婴幼儿的自立，并为他们提供应对压力的保护性缓冲。

Ⅱ：更加关注游戏

游戏已经成为儿童早期教育专业人士极为感兴趣和关注的一个主题，因为学业准备和入学准备问题始于托儿所！从发展的视角出发，游戏作为一个重点主题贯穿全书。本书第 11 版包括了伊娃 • 卡洛 (Eva Kallo) 对游戏的综述，这使得玛格达 • 格伯和艾米 • 皮克勒多年的游戏教学内容更具结构性。婴幼儿在游戏时能体验到各种挑战。还不会爬的婴儿努力去尝试如何才能拿到够不着的玩具，学步儿努力尝试如何把一个大的物品和一个较小的物品匹配成一体。通过示范如何把每片拼图拼在一起，把玩具放在婴儿可以够得着的地方，成人就可以轻松地帮助婴儿和学步儿摆脱困境，让大家都开心愉悦。格伯和皮克勒劝诫我们，不要仅仅把让孩子开心作为我们的目标。他们告诫成人不要去“解救”那些正在努力解决问题的孩子。坚持做一件事，即使遇到挫折也不放弃，这能促进个体能力的发展，有助于他们在生活中取得长久的成功。安吉拉 • 达克沃斯 (Angela Duckworth) 等研究者把诸如坚持等特质作为研究主题，并将这些品质称为“毅力”（grit）。格伯可能会对“毅力”这一术语感到惊讶，但这一品质恰恰是她所支持的！从皮克勒的著作中可以清楚地看出，毅力始于婴儿期，那些支持和鼓励婴儿解决问题的成人会影响他们毅力的发展。这种态度显然也能提高婴幼儿的自我调节和心理韧性。

Ⅲ：婴幼儿与“屏幕”

在第 11 版中，婴幼儿与“屏幕”这一主题仍旧是一个重要的话题。美国儿科学会（American Academy of Pediatrics, AAP）与其他的研究群体，持续关注带屏幕的电子设备对孩子出生后最初两三年生活的影响。非常小的孩子通过这些设备学到了什么？这很难确定。如果年幼儿童只关注数字化图像，而不去接触真实世界中的人和物，他们的发展是否会受到损害？非常可能。如果屏幕是交互式的，比如网络电话或智能手机，会有影响吗？也许有。美国儿科学会仍在继续研究这些问题，其中包括婴幼儿健康和肥胖等主题。敬请关注。

Ⅳ：语言发展研究

脑研究持续让我们对个体早期的语言发展越来越了解。聆听所有语言并作出回应，这是婴儿与生俱来的能力。帕特里夏•库尔（Patricia Kuhl）是一位神经科学家，她研究了婴儿的神经网络，提供了更多关于婴儿语言发展的知识，例如，婴儿如何开始选择并注意母语的声音而同时忽略其他语言的声音？脑的活动的增加，尤其是在婴儿 8 ～ 10 个月大时特别明显，表明了这一复杂过程的发展。研究也显示，个体 2 岁之前的语言习得更多地受语境的影响。许多人可能并没有充分认识到语境的重要性，但婴幼儿需要在熟悉的语境中听成人多次重复熟悉的语言标签，成人必须是敏感的倾听者，也是回应式的照护者。

Ⅴ：网站资源

读者可通过本书中列出的网址第一时间获取不断变化的信息。这些深入的资源穿插于各章有关某个特定主题的讨论中，鼓励读者对早期保育和教育领域的课程进行批判性的思考和探索。新版中的网址包括儿童早期特殊教育、早期干预和融入，以及早期发展和公共政策等多种资源。

保留特色

每章开篇都设有专栏“你看到了什么”，呈现了与各章后续内容相关的特定情境中的某个或某些儿童，能够让读者迅速了解每章的主题。我们鼓励读者在阅读过程中反复思考专栏中描述的情境，我们并未在所有的专栏中都提及儿童的年龄。根据玛格达•格伯的观点，我们忽略了年龄标签，她经常说："为什么要把孩子的年龄看得那么重要呢？"她提倡我们应欣赏孩子的能力，不管他是否处于"合适的年龄"。

在每一章中，"录像观察"是很有趣的专栏，它为读者呈现了与各章内容相关的视频资料，鼓励读者结合视频思考每章中的问题和概念。要观看这些视频，请访问教师资源。

"活用原则"专栏为读者提供了个案研究的场景，有助于读者学以致用，将所学内容运用到实际生活中。与"活用原则"相关的另一个专栏是"适宜性实践"，它总结了由美国幼儿教育协会颁布的与各章主题相关的适宜性发展指导方针的观点。每个"适宜性实践"专栏包括四部分：

1. 发展概述；
2. 发展适宜性实践；
3. 个体适宜性实践；
4. 文化适宜性实践。

该专栏的第 2 ～ 4 部分列出了读者需要谨记的照护者与婴幼儿互动的要点和实践性建议，这些都以美国幼儿教育协会的指导方针为基础。

本书第二编的各章都设有"发展路径"专栏。在"发展路径"专栏中，首先通过呈现与各章主题相关的行为列表（如依恋、知觉或运动技能）来概括不同的发展阶段，然后运用两个不同的儿童个案来体现多样化的发展路径。对每个个案都从"你所看到的""你可能会想到的""你可能不知道的"以及"你可能会做的"四个方面进行详细探讨。

本书第 11 版对每章的"拓展阅读"和"参考文献"部分都进行了扩展和更新。

教学法

本书每一章都包括系统的教学法，为读者提供学习支持，鼓励他们反思和运用所学知识。教学法的特色如下：

- **“问题聚焦”**能让读者提前了解各章将要涉及的概念。
- **“正文中的黑体字”**是各章中的关键术语，读者在关键术语出现的段落内能找到它的定义。
- **“活用原则”**专栏能让读者将教育原则运用到日常生活场景中去。
- **“适宜性实践”**专栏为读者提供了实践性的指导建议，所有指导建议都遵循美国幼儿教育协会的发展适宜性实践的指导方针。“适宜性实践”中的内容与“活用原则”中描述的例子互相关联，指导读者如何将适宜性发展指导建议运用到实际生活中。
- **“发展路径”**专栏列出了儿童典型的发展及其差异。
- **“本章小结”**总结了各章的要点。
- **“关键术语”**列出了每章所有的关键词。
- **“问题与实践”**鼓励读者复习、思考及运用所学内容。
- **“拓展阅读”**为读者提供了额外的阅读材料。
- **“录像观察”**是每章结合教学法的内容，帮助读者思考他们观看的在线学习中心的视频短片。
- **“NAEYC机构认证标准”**是在页边空白处列出的与NAEYC标准相关的材料。
- **“想一想”**中的问题旨在帮助读者思考与书中内容相关的自身感受和经历。

致 谢

我们特向以下评审人致谢，他们提供的反馈有助于我们完成第 11 版的《婴幼儿及其照护者》。

Cheryl Brecheisen, *College of Southern Nevada*

Michelle A. Calkins, *Western Colorado Community College / Colorado Mesa University*

Edilma Cavazos, *Los Angeles Mission College*

Anjeanette Csepi, *Cuyahoga Community College*

Amanda Dixon, *Lake WA Institute of Technology / Ashford University*

Benita Flores-Munoz, *Del Mar College*

Cynthia P. Galloway, *Horry Georgetown Technical College*

Jill Harrison, *Delta College*

Sharon Hirschy, *Collin College*

Deborah Leotsakos, *Mass Bay Community College*

Kerri D. Mahlum, *Casper College*

Rita Rzezuski, *Bunker Hill Community College*

Stephen Schroth, *Towson University*

Lena Y. Shiao, *Monroe Community College*

Lakisha Simpson, *Citrus College*

Susan Howland Thompson, *Shasta College*

Vicki Wangberg, *Northwest Technical College*

为照护者准备的资源

照护者可以获取《照护者指南：推荐读物和专业资料》。《照护者指南》包括21篇阅读材料，内容涉及十项原则，课程，保护学步儿的安全和健康，文化、同一性和家庭，以及具有特殊需求的婴幼儿。阅读材料如下：

1. "Caring for Infants with Respect: The RIE Approach" by Magda Gerber
2. "Curriculum and Lesson Planning: A Responsive Approach" by J. Ronald Lally
3. "Respectful, Individual, and Responsive Caregiving for Infants" by Beverly Kovach and Denise Da Ros
4. "Facilitating the Play of Children at Loczy" by Anna Tardos
5. "A Primary Caregiving System for Infants and Toddlers" by Jennifer L. Bernhardt
6. Excerpt from "Our Moving Bodies Tell Stories, Which Speak of Our Experiences" by Suzi Tortora
7. "The Development of Movement" by Emmi Pikler
8. "How Infants and Toddlers Use Symbols" by Karen Miller
9. "Preparing for Literacy: Communication Comes First" by Ruth Anne Hammond
10. "Helping a Baby Adjust to Center Care" by Enid Elliot
11. "Toddlers: What to Expect" by Janet Gonzalez-Mena
12. "Creating a Landscape for Learning" by Louis Torelli and Charles Durrett
13. "The Impact of Child Care Policies and Practices on Infant/Toddler Identity Formation" by J. Ronald Lally

14. “Cross-Cultural Conferences” by Janet Gonzalez-Mena
15. “Sudden Infant Death Syndrome” by Susan S. Aronson
16. “Supporting the Development of Infants and Toddlers with Special Health Needs” by Cynthia Huffman
17. “Breastfeeding Promotion in Child Care” by Laura Dutil Aird
18. “Cultural Dimensions of Feeding Relationships” by Carol Brunson Phillips and Renatta Cooper
19. “Cultural Differences in Sleeping Practices” by Janet Gonzalez-Mena and Navaz Peshotan Bhavnagri
20. “Talking with Parents When Concerns Arise” by Linda Brault and Janet Gonzalez-Mena
21. “Strategies for Supporting Infants and Toddlers with Disabilities in Inclusive Child Care” by Donna Sullivan and Janet Gonzalez-Mena

《照护者指南》还提供了追踪和传达信息的18个表格：

登记表	样本暴露事项
儿童信息	医疗时间表
识别和突发事件表	个体儿童服药记录
婴儿喂养计划	事件日志
日常信息表单	事件报告
签到表	关注单一儿童的文件记录
换尿布日志	我们做得怎样？家庭反馈表
喂养日志	发展健康史
过敏报告	日托中心的医生报告表

第一编

聚焦照护者

第1章
原则、实践与课程

第2章
婴幼儿教育

第3章
照护是一门课程

第4章
游戏和探索是一门课程

第1章 原则、实践与课程

问题聚焦

阅读完本章后，你应当能回答以下问题：

1. 在婴幼儿的保育和教育中，哪种互动方式对关系有着举足轻重的作用？
2. 请至少举出一个说明成人尊重婴幼儿的例子。
3. 请用关键词或短语总结出至少5项婴幼儿保育和教育的原则。
4. 请说出“课程”一词在婴幼儿保育和教育中的具体含义。
5. 成人在婴幼儿的课程中扮演什么样的角色？
6. 由美国幼儿教育协会（NAEYC）公布的发展适宜性实践的三大知识基础是什么？

你看到了什么？

一个5个月大的婴儿正躺在地板上，在她触手可及的周围，摆放着一些玩具。她心满意足地打量着房间里的另外5个孩子，不时伸出小手，先是用眼睛看着一个玩具，然后用手抚摸它。更仔细一点观察，我们会看到这个婴儿的裤子湿漉漉的。这时，她听到了脚步声，并看向声音传来的方向。随后，我们便看到一个身影走向这个婴儿，一个声音轻轻响起：“凯琳，我想知道你这会儿还好吗？”

脚步声越来越近，凯琳抬起头，先是看到了照护者的膝盖，当照护者完全出现在她的视野时，她的眼睛里散发出光亮。照护者慈爱的脸庞靠近她，凯琳笑了，并发出咿咿呀呀的声音。照护者回应着，随后发现凯琳的裤子有点儿湿。“哦，凯琳，你该换尿布了。”照护者轻声说道。凯琳回之以微笑和咿呀声。

照护者伸出双手对凯琳说：“现在我要把你抱起来。”凯琳对照护者的姿势和话语做出回应，身体轻轻动了一下，继续微笑，咿咿呀呀。照护者把她抱起来，走向换尿布区域。

你有没有注意到，上述场景中所发生的事情并不仅仅是换尿布那么简单？这一场景用实例说明了本书强调的几项基本原则。继续往下阅读时请思考上述场景。你理解要像尊重成年人一样尊重婴儿的意义吗？我们稍后会结合上述场景来回答这个问题。

本书是以两位婴幼儿保育和教育先驱艾米•皮克勒和玛格达•格伯的教育理念为基础的，该理念集中体现在书中列出的儿童早期教育实践的十项基本原则框架或课程之中。皮克勒是匈牙利的儿科专家和研究者，第二次世界大战后，她于1946年建立了一所专门照顾3岁以下儿童的孤儿院，开始了集体照护。如今这所孤儿院已经更名为“皮克勒研究中心”，并在皮克勒的女儿安娜•塔多斯的管理下继续运营。玛格达•格伯是皮克勒的朋友兼同事，1956年，她将她所理解的这一经验带到了美国，并最终成立了婴儿保教者资源机构（RIE）。自1976年起，格伯在美国和世界各地的追随者便一直在培训婴幼儿照护者和家长。尽管皮克勒和格伯的教育理念不尽相同，但彼此却是相辅相成的。

关系、互动和3R

关系（relationship）是婴幼儿保育和教育领域的关键术语。从本章开篇给出的例子中，你已经看到，像凯琳与照护者之间那样的互动，是如何促进建立在尊重基础之上的亲密关系的。照护者[1]与婴幼儿之间的亲密关系不会凭空产生，而是通过一点一滴的互动逐渐建立的。因此，**互动**（interaction，即一个人对另一个人的影响）是另一个关键术语。然而，并非任何互动都能形成亲密的照护关系，只有尊重的（respectful）、回应的（responsive）以及互惠或双向的（reciprocal）互动，方可促进良好关系的建立。因此我们将之称为婴幼儿保育和教育的3R或者**3R互动**（three-R interactions）。那位照护者与凯琳之间的互动无疑是回应式的，照护者及时回应儿童，儿童也及时回应照护者。他们之间的那种双向互惠交流方式形成了一连串的互动，每一次回应都是由对方之前的回应引发的，同时也会引发对方下一个回应。“回应”和“双向”两者之间的区别可能很难理解。当照护者是“回应的”时，这就意味着他（她）会关注婴儿发起的活动，并给予回应。“双向的”则是指照护者与该婴儿之间“一来一回”的整个回应链，每一次回应都依赖于对方之前的回应。那么，尊重又是指什么呢？

与上述两个特点相比，体现尊重这一特点的行为也许并不明显。你是否注意到，照护者走近凯琳时的方式能确保孩子可以看到她？当照护者走向凯琳时，她有意放慢了脚步，先和凯琳交流，然后才去检查是否要为她换尿布。我们经常会看到一些照护者急匆匆地走到孩子跟前，抱起孩子就检查是否需要更换尿布。而在这一过程中，照护者几乎不与孩子交流。请想象一下，如果你是那个孩子，会有怎样的感受。这种行为说明了照护者缺乏对孩子的尊重。而在凯琳的例子中，照护者先与凯琳说话，以此开始了她们之间的交流，并且用回应孩子的微笑和咿呀之声来延续这种交流。此外，照护者在换尿布之前告诉凯琳她将要做什么。这个例子阐明了具有积极回应特点的互动链，它是有效照护的基础。照护者与儿童之间的亲密关系，是通过无数次像换尿布这样的互动建立起来的。让孩子感到他是团队的一分子，而不是任人摆布之物，这对婴幼儿的健康发展至关重要。这类双向互动活动促进了照护者与孩子之间的依恋关系，而且还可以培养他们的合作精神。在皮克勒研究中心，新人往往会惊讶地看到刚刚出生几周的孩子就已表现出合作行为，这种合作精神不会随着时间的流逝而消退，相反，会变成持久的习惯！

想一想

回想一下你经历过的“尊重的”“回应的”和“双向的”互动。描述一下当时的具体情形，然后请你将这一互动与你所经历的不适宜的互动相比较。你能从中获得哪些与婴幼儿教育有关的体会？

通过日常照护构建3R互动

我们开篇就举“换尿布互动”的例子并非巧合，而是要向读者传递这样的信息：照护者与儿童的关系是通过各种互动建立起来的，尤其是每天必不可少的烦琐的照护工作。请你想一想，单单换尿布这一照护行为就给照护者和儿童创造了多么好的一对一的相处机会。如果我们从孩子出生时开始计算，所需尿布的总量大约在 4 000 ～ 5 000 片之间。设想一下，如果照护者仅仅关注换尿布这一任务本身，只是把它视为一项琐碎的家务事而不愿与孩子互动，那么他（她）将会错过多少次好机会。然而，这种情况屡见不鲜，因为在换尿布的过程中，照护者通常会用玩具或者其他有趣的东西转移孩子的注意力。这样一来，照护者便可以集中精力在任务上，翻动孩子的身体并尽快换完尿布。这样的做法与我们所提倡的科学育儿背道而驰。

从表面看来，任何善良热心的人都可以照护婴儿，任何耐心体贴的人都可以与学步儿相处。虽然这些品质十分重要，但是，照护 3 岁以下的儿童，仅凭照护者的天性、直觉是远远不够的。在凯琳的例子中，也许你会注意到照护者并不只是凭感觉去行动，而是已经接受过一定的婴幼儿照护培训。事实上，这位照护者可能在玛格达·格伯所创建的婴儿保教者资源机构（RIE）或布达佩斯的皮克勒研究中心接受过培训。

建立在尊重理念上的十项原则

现在，我们来看看构成本书基础的十项原则。这些原则是玛格达·格伯在 20 世纪 70 年代最先提出的。

1. 让儿童参与到他们感兴趣的活动中。不要敷衍了事，或者转移和分散他们的注意力，以求快速完成某项任务。

2. 当你可以完全与个体儿童独处时，请保证优质时间。不要只满足于监管群体儿童，更要（不仅仅是短暂地）关注个体儿童。

NAEYC 机构认证标准 1,2,3 关系 课程 教学

3. 了解每个儿童独特的沟通方式（哭声、言语、动作、手势、面部表情以及身体姿势），并教给他们你的沟通方式。请不要低估他们的交流能力，哪怕他们不具备或者只有十分有限的语言能力。
4. 投入时间和精力去培养一个完整的人（关注“儿童的全面发展”）。不要只重视儿童的认知发展，或把认知发展从整体发展中剥离出来。
5. 将儿童视为值得尊重的人。不要把他们视为可以随意摆布的物件，或者脑袋空空的小可爱。
6. 诚实地向儿童表达你的真实情感。不要刻意伪装自己的感受。
7. 教育儿童时要以身作则，言传身教。不要进行空洞的说教。
8. 将问题视为学习的机会，并让儿童努力自己去解决问题。不要溺爱他们，总是让他们生活得很轻松，或者保护他们不受任何问题的困扰。
9. 教会儿童信任以建立安全感。不要有不可靠或经常不一致的言行，那样只能教会他们不信任。
10. 重视儿童每个阶段的发展质量。不要急于让他们达到各个发展里程碑。

现在让我们来进一步了解这十项原则。

原则1：让儿童参与到他们感兴趣的活动中

凯琳不仅是照护行为的接受者，也是整个过程的参与者。换尿布是由凯琳和照护者共同完成的。如果照护者在为凯琳换尿布时，用玩具转移其注意力，整个过程的氛围就会很不一样。在这种情况下，孩子与照护者之

间的合作关系便不存在了，取而代之的则是注意力不集中的孩子，以及只是处理尿布和湿屁股，而非关爱孩子全面发展的照护者。如果照护者用好玩的东西来分散凯琳的注意力，孩子的注意力可能仍会集中在照护者身上，但焦点会在玩具和游戏而非照护者手头的任务上。

在这个例子中，照护者的主要目标是让凯琳参与互动，并且让她关注自己的身体以及正在发生什么。如此，换尿布的活动便成为“具有教育意义的经历”，由此，凯琳的注意力的持续时间、身体意识以及合作能力都会得到提升。很多类似的经历都可以让凯琳获得人际关系方面的教育，从而构建她的人生观。

有种说法：婴幼儿的注意力只能持续很短的时间，有人认为他们对任何事物都不能保持较长的注意力。你自己就可以检验这种传言。观察那些真正投入到他们关心和感兴趣的事情之中的婴幼儿，计算他们花在那些事情上的时间。也许你会惊讶地发现，如果婴幼儿对某事情感兴趣，他们的注意力可以持续很长时间，因为他们已经全身心投入到自己感兴趣的事情之中了。

想一想

请你思考一下优质时间对于婴儿的益处。你是否记得曾有人在某个时刻全身心地关注你而不对你指手画脚？请你回想一下，你当时的感受是什么。你能否通过自己的经历来理解优质时间对婴儿的益处？

原则2：请保证优质时间

凯琳和照护者的互动场景很好地诠释了优质时间。例子中的照护者全心在当下。也就是说，她正在注意所发生的状况，她的思想没有游离到任何其他事情上去。

两种优质时间 玛格达·格伯把换尿布所体现的优质时间称为**目的性优质时间**（wants-something quality time）。在这段时间里，成人和儿童都参与到由照护者所设立的任务中。换尿布、喂养、洗澡和穿衣都属于这一类型的优质时间。如果照护者关注孩子，并且要求孩子也回应相应的关注，“目的性优质时间”的总量就会增加。在儿童托育机构里，目的性优质时

间可以提供一对一的互动，这在小组照护活动中很难实现。目的性优质时间具有教育意义，这类优质时间的例子在本书中比比皆是。

另一种同样重要的优质时间是玛格达·格伯所说的**非目的性优质时间**（wants-nothing quality time），即照护者时刻陪伴在孩子身边，但不干预。比如，只是坐在婴儿的旁边并随时给予回应，却不指导和约束孩子的行为。在孩子玩耍时陪伴在旁边，对他们的行为给予回应却不主动发起任何活动，这样的互动形式就体现了非目的性优质时间。

在加州大学戴维斯分校的儿童—家庭研究中心的学步儿教育项目中，研究者使用了另一种非目的性优质时间，即**地板时间**（floor time），这一概念归功于美国精神病学家斯坦利·格林斯潘（Stanley Greenspan）的工作。当学步儿表现出哭闹行为时，照护者不采取隔离（time-out）* 或忽略孩子的做法，而是反其道行之。不减少对孩子的关注，反而给予孩子更多的关注。在地板时间中，儿童与照护者进行半小时的一对一的相处。在此过程中，照护者唯一的目标是及时回应单个孩子。另外，照护者要坐在地板上与儿童互动。地板时间的互动环境有利于儿童玩耍，因为周围摆满了有趣的玩具。照护者并没有任何计划或期望，只是静静地观察儿童将会做什么并且给予回应。在很多教育项目中，老师和照护者在面对儿童的哭闹行为时，通常会表现出更强的指令性，这与地板时间提倡的互动方式恰好相反。

在加州大学的儿童—家庭研究中心，只有当照护者需要把孩子带离教室的时候，才会表现出指导行为。他们会向孩子解释要去哪里，但是语气中不会带有侮辱或惩罚的意味。地板时间看似像被叫到校长办公室一样，但这更像是一种游戏疗法。当然，照护者们不是治疗专家，地板时间也不是治疗方法，它仅仅是一种非目的性优质时间，儿童在这个过程中可以获得半小时的完全关注。

---

* time-out：又译暂停，指强迫进行暂时的社会性隔离。——译者注

过多的关注会不会把孩子宠坏呢？答案是否定的。研究发现，地板时间具有不可思议的效果，而这一方法的有效性可能就在于它满足了孩子的需要。

很多心理治疗师已经证实，完全关注而非高高在上地发号施令对病人十分有益，可是生活中我们大多数人很少会得到这种关注。请试着回忆一下当你获得某人的完全关注时，你曾体会到的那种喜悦。

尽管我们很容易给予孩子这种优质时间，但人们通常很难理解或重视它的价值。照护者们似乎总是认为，如果他们只是坐在地板上看着婴幼儿玩耍，就是没有尽到自己的责任。他们总想扮演老师的角色，认为应该“教点儿什么”。对大多数成年人来说，陪伴在孩子们身边却不表现出指导行为，这似乎很难做到。接受与回应是大多数成年人都要学会的技巧，它似乎并非是与生俱来的。

还有一种优质时间可能最容易理解，那就是**共同活动**（shared activity），即照护者与儿童在游戏时一来一回地互动，过程中双方都能享受彼此的陪伴。与前面提到的两种优质时间相比，共同活动的时间对照护者更具奖赏意义。

给予孩子适量的优质时间 优质时间的有趣之处在于，一点付出就会产生深远的影响。没有人想要或受得了没完没了的高强度互动。照护者需要发展的一项重要技能就是：及时读懂婴儿给出的“够了，让我自己待会儿！”这样的线索，有些小婴儿通过转过脸或打瞌睡等方式来表达。儿童和照护者都需要不受打扰的独处。尽管独处并不是所有家庭都注重的问题，但是对有些家庭来说却具有重要的文化价值。在婴幼儿照护机构以及家庭式日托服务中心，孩子们很难拥有独处时间。有些孩子只有在睡觉时才可以独处，还有些孩子则以关注自己的内心世界而忽略外部世界来获得独处。成年人可以通过为孩子创造一个小的私人空间，帮助他们获得独处的时间。

当人们总是无法独处时，他们会通过打瞌睡、走神或身在心不在等方式获得独处时间。久而久之，这种做法会变成习惯，以至于与他人共处时总是心不在焉。所以，共处时间再多，如果心不在焉，也抵不上一次全身心投入的互动。

学会“适可而止”对于照护者和婴幼儿来说都十分重要。任何一位成年人都不可能时刻做到全神贯注地回应他人的需求。如果成年人想成为有效的照护者，那么婴幼儿和照护者的需要都必须兼顾。

当然，优质时间和独处时间仅仅占据了人们生活中的一小部分。孩子们必须学会如何在大人忙碌的世界中生活，他们难免会被忽视，或暂时由他人代管。最重要的是，优质时间与其他任何时间都不一样，每个孩子都需要并且应该得到一些优质时间。

优质时间是日常照护的一部分，换尿布、穿衣服以及喂食都是一对一亲密互动的好时机。在照护一群孩子时，一名照护者要负责照看几个婴儿或一小组学步儿，很难集中精力只关注一个孩子，除非其他照护者能够互相帮助，轮流照看其他孩子。主管要负责保证每名照护者有时可以不用去照护其他孩子，而专心地只为一个孩子提供照护服务。这就意味着这种照护必须得到允许，甚至值得鼓励。

在家庭式托儿所中，当照护者忙于为婴儿换尿布或喂奶时，也许没有其他成年人可以帮忙照管其他孩子。但是，照护者仍然可以让其他孩子在安全的环境中自己玩耍，从而专注于对某个孩子的照护。当然，照护者同时仍要留意其他孩子的举动，这种技能通过练习，就会熟能生巧。经验丰富的照护者在全身心地关注一名孩子时，仍然可以及时制止周围其他孩子的危险举动，这不能不令人惊奇。

原则3：了解每个儿童独特的沟通方式，并教给他们你的沟通方式

请注意凯琳与照护者之间的沟通方式：照护者在换尿布前直接告诉凯

想一想

回想某个你非常熟悉的人，你是否还记得他与你交流时所运用的非言语方式？

琳她要做什么，并运用了恰当的肢体语言。凯琳则通过自己的身体、面部表情以及声音去回应照护者。随后，照护者通过解释、回答和讨论，进一步回应凯琳。在此过程中，照护者并没有喋喋不休地说个不停，她说的话很少，但是每句话都承载着很多意义并且有行动配合。在沟通中，她教会凯琳交谈时应该注意倾听，而不要不理不睬；她教会凯琳谈话是为了交流，而不是为了分散凯琳的注意力；她通过自然的交谈，教会凯琳如何结合语境运用词汇和语言，而不是一遍遍地重复单词，或者刻意使用儿语。照护者在交流时还运用了肢体语言和非言语的声音，并且及时回应了凯琳的交流（声音、面部表情和肢体动作）。凯琳和照护者之间的交流已经超越了言语。

没有人能够真正了解婴幼儿的沟通系统以及他们所依恋的对象。故而（以及其他原因），婴幼儿照护机构应该鼓励并促进儿童与照护者之间建立依恋关系。

另外，值得注意的是，每个人的身体语言都具有文化特异性，而且在每种文化背景下，我们的身体语言又受到性别和社会阶层的影响。其中一个例子是，欧裔美国人男女两性交叉双腿的姿势存在差别。另一个例子是，非裔美国人男女两性有着不同的走路姿势。这些差异都是无意识的姿势和动作，然而该文化中的成员却了然于胸。在日常生活中，儿童从成人那里学习具有文化特性的非言语交流方式，并创造他们自己独特的身体语言。

除了运用其他交流方式，婴儿最终会更多地依赖言语来表达自己的感受。他们将学会越来越清晰地表达需要、愿望、想法以及情感。此外，他们还将学会享受语言本身带来的乐趣，即运用单词、短语和发音进行游戏。成人对婴幼儿运用语言做出的回应和鼓励会促进他们的发展。在学步儿期的后期，大多数儿童通常可以用词语来表达自己，当然他们仍然会继续运用非言语的沟通方式。

我们要认识到某些文化尤其重视和依赖言语交流。欧裔美国人的沟通

录像观察 1

宝宝在哭

© Lynne Doherty Lyle

看录像观察 1：该录像体现了本章介绍的几项基本原则。在录像中，你将会看到一个婴儿在地毯上哭。对于婴儿来说，哭是一种很平常的交流方式。录像中的照护者走近这个孩子并把她抱起来。请注意照护者是从婴儿的前面而不是旁边或后面靠近婴儿的。这是尊重婴儿的体现，这样才不会惊吓到孩子。

问　题

- 当录像中的婴儿有需求时，她是如何与照护者进行交流的？
- 录像中的照护者是如何让婴儿做好将要被抱起来的准备的？
- 录像中的婴儿是仰躺着的。你知道这是为什么吗？如果你还不知道答案，在继续阅读本书时你将会找到答案。

要观看该录像，扫描右上角二维码，选择“第1章：录像观察1”即可观看。

方式很直接。由于婴儿不能说话［事实上，婴儿这个词的英文“*infant*”源自古法语，是 *in*（not）和 *fant*（speaking）的组合，意思是“不能说话”］，美国加州大学戴维斯分校的研究人员发现，他们可以通过一系列手势教会婴儿直接沟通[2]。高度重视言语文化的照护者，必须特别留意那些大量使用非言语方式沟通的儿童[3]。

成年人与儿童交流时，务必使言语与非言语沟通保持一致。如果面部表情和动作“说”着一件事，而言语所表达的却是另外一回事，儿童则会接收到双重信息，这种情况会妨碍实际沟通的效果。他们不仅会困惑于应该相信什么，同时也会模仿大人，并在日后的沟通中倾向于表达不明确的信息。因此，清晰的沟通十分重要。

原则4：投入时间和精力去培养一个完整的人

近期的脑研究支持了儿童作为一个完整的人全面发展的目标，而不是只关注认知发展。有关入学准备的所有言论说明，一些家长已经意识到，婴幼儿阶段对于智力发展十分重要，不论他们是否对脑研究有所了解，他们都希望照护者可以为儿童提供一些“认知活动”。家长们对认知活动的了解，很可能基于他们对学前班的认识，他们希望照护者可以通过认知活动，教会孩子识别颜色和形状，甚至数字和字母。

另一方面，照护者也非常关心儿童的智力发展，他们可能认为，那些专门为孩子设计的教具、练习或者活动能够促进智力发展。因此，用来“促进儿童认知发展”的图书和教育项目一应俱全，商场里也满是声称使婴儿变得更聪明的玩具、教具和各种小器具。当然，孩子们确实需要生动有趣的成长环境，而这样的环境也的确可以促进认知发展。然而，小心不要掉进这样的陷阱，即认为你能够促进儿童的认知发展，而无须同时考虑儿童的生理、社会性与情绪的发展。儿童的智力发展并不取决于你所提供的某个小玩具，或者你与孩子做的某项所谓的学习活动，而是取决于日常生活、人际关系、生活体验、自由的游戏和探索，以及诸如换尿布、如厕训练和喂食这样的生活琐事。诸如此类的经历同样也有助于儿童生理、社会性与情绪的发展。

回想一下，换尿布的体验对于凯琳而言有多丰富。在此过程中，她完全沉浸于**感觉输入**（sensory input）的体验之中，这些体验涉及视觉、听觉、触觉和嗅觉。家长和照护者常常听到的育儿经验是：在婴儿的床头悬挂风铃，这样换尿布就能成为“具有教育意义的经历”。然而，与没有任何干扰物的情况下凯琳与照护者之间那种尊重、回应和双向的互动相比，风铃带来的经历是何其有限。

原则5：将儿童视为值得尊重的人

在玛格达•格伯之前，“尊重”一词很少用在婴幼儿身上。通常情况下，人们所担忧的是另一个方向的尊重，即成人希望或要求儿童尊重他们。事实上，想得到尊重的最好方法就是以身作则地尊重孩子。

那么怎样才算尊重孩子呢？照护者给凯琳换尿布的例子很好地阐释了这个问题。在为凯琳换尿布之前，照护者向凯琳解释了她要做什么。正如一个有礼貌的护士在将一个冰凉的医疗器械放在你的皮肤上之前，她会事先知会你一声。例子中的照护者就是这样让凯琳对即将发生的事情做好了充分准备的。然而，除非你认识到这种差别，否则，你通常只是抱起孩子而不进行任何解释，哪怕学步儿已经会说话和走路了，大人仍然会像对待物件一样把他们放到什么地方。大人经常在没有任何知会的情况下，将孩子抱起来直接放到椅子上或婴儿车里，这样的举动就是不尊重孩子的行为。

为了阐述清楚如何尊重婴儿，试着想象一下护士是如何把体弱的病人从床上移到轮椅上的。然后，你只需把护士和病人的角色替换成照护者和婴儿就可想象这种情景。虽然婴儿与病人的身形相去甚远，但是，如果照护者以尊重的方式对待婴儿，那么这两种场景应该大致相同。

要想更好地理解如何尊重学步儿，试着想象你正好看到有人从梯子上跌落，你会如何做呢？即使你足够强壮，大概也不会直冲过去，一把将他扶起来。相反，你会先与他进行交流，问问他是否受伤了，是否需要帮助。如果这个人表明自己没有大碍，并且试图站起来，你大概会伸手帮他一把。如果需要的话，你可能还会安慰他几句。大多数人在礼貌地对待成年人上不存在任何问题。

可是为什么成人看到学步儿摔倒时，就会立刻冲过去，一把将其抱起来呢？为什么不先问问孩子此时需要什么帮助？也许此时他需要的仅仅是大人的安慰，而不是身体上的帮助；也许他会感到恼火或尴尬，并且需要大人接受和聆听他的感受；也许他什么都不需要，在没有大人干预的情况下也可以站起来继续做自己的事情。下面的这个场景会让你进一步了解如何尊重婴幼儿。

12个月大的布赖恩与小伙伴们坐在矮桌前吃香蕉，他显然很享受这个时刻。布赖恩用小手把香蕉捏碎，然后塞进嘴里，不一会儿，他的嘴里就被香蕉塞得满满的。布赖恩一边享受着美味，一边试图把最后一块香蕉吃下去，只听“噗”的一声，香蕉掉在了地上。他伸手想要捡起香蕉，但照护者制止了他：“对不起，布赖恩，我不能让你吃这块香蕉了，因为它已经脏了。”布赖恩瞪大眼睛、张大嘴，看着照护者，之后便伤心地大哭起来。当他伸手想要更多的香蕉时，照护者对他说：“所有的香蕉都已经吃光了。”说完，她把地上的香蕉处理掉，然后坐回到桌边。之后，她拿起一块小饼干递给布赖恩：“我们没有香蕉了，但是你可以吃一块饼干。”可是，布赖恩不想吃饼干，当意识到吃不到香蕉时，他开始大声哭闹。

“我知道你很不开心，”照护者平静而又诚恳地说，“要是咱们还有香蕉就好了。”布赖恩哭闹得越来越厉害，他边哭边到处乱踢。照护者仍然平静地看着他，流露出非常关切的神情。

桌子旁的其他几个孩子看到布赖恩哭闹后表现出不同的反应。照护者转向他们并解释道:“布赖恩把香蕉掉在地上了，所以很伤心。”说完，照护者又转向仍在大哭的布赖恩。他一边抽泣着，一边摇摇晃晃地走向照护者，并把头埋在照护者的腿上。照护者轻轻地拍着他的背，等他安静下来时说:“你该去洗洗手了。”听到她的话，布赖恩并没有做出反应，照护者仍旧耐心地等待着。随后，她温柔地重复:“布赖恩，你该去洗洗手了，我陪你一起去。”说罢，照护者将其他孩子托付给同事照看，然后站起身来，带着他缓缓地走向盥洗室。一路上，布赖恩舔着黏糊糊的小手。到了盥洗室，他渐渐停止了抽泣。

在上面的例子中，照护者尊重了布赖恩的情感及其表达[4]。在整个过程中，她给予了孩子很大的支持，却没有一味地表现出同情。由于照护者没有用过多的慈爱举动或者玩具来分散布赖恩的注意力，他才能关注自身的情绪变化，并且认识到可以真实地表达自己的感受。

有时，成人的关注具有奖励意义，儿童会将生气、沮丧或伤心与成人的关注联系起来。他们可能会用自己的情绪来控制成人。我们都知道，直接要求拥抱或抚摸比利用情绪的表露来达到此目的更为有效。因此，例子中的照护者面对哭闹的布赖恩始终保持着冷静的关注，以便让孩子表达他真正的需求。照护者没有立刻把布赖恩抱起来，而是等他需要的时候自己走过来。当布赖恩还没有表示出需要安慰时，照护者并未过早进行安慰;而当布赖恩做好接受安慰的准备时，照护者则及时地做出了回应。

下面这些例子中的照护者就不够尊重儿童。

“别哭了，这有什么好伤心的，反正那个香蕉你也吃得差不多了！”

“可怜的布赖恩，咱们一起玩你最喜欢的小狗吧！快听，小狗叫了，汪汪！”

原则6：诚实地向儿童表达你的真实情感

我们从布赖恩的例子中看到，成人在鼓励孩子认识自身的感受。布赖恩生气了，照护者没有要求他用其他方式来伪装自己。那么成人呢？照护者是否可以对年幼的儿童表达自己的消极情绪呢？答案是肯定的。因为儿童需要与真实的人接触，而不需要和温和的、空壳的角色扮演者相处。人都会有喜怒哀乐等各种情绪，愤怒、恐惧、不安或紧张是一个真实的人的正常表现。下面这个例子就描述了一位生气的照护者。

> 一位照护者刚刚将两个争抢玩具的孩子拉开。“我不许你伤害安布尔！”照护者对18个月大的肖恩轻声说道，并牢牢地抓着他的胳膊。肖恩转向照护者，向她脸上吐口水。原本平静的照护者变得恼火起来，她握住了肖恩的另一只胳膊，盯着肖恩的眼睛，带着情绪清楚地对他说：“我不喜欢你这样，肖恩，你不该冲我吐口水。”说罢，她松开手，站起身来，转身离开了。当走出几步后，她迅速地瞟了一眼肖恩，看看他的动静，发现他还站在原地，于是她便走到水池边洗脸。在此过程中，她一直用余光看着肖恩，以确保他不会再去打安布尔。当她洗完脸回来的时候，她的情绪已经平复了下来，而肖恩则爬上了滑梯，一切又恢复了常态。

这名照护者诚实地说出了肖恩的行为对她造成的影响。请注意照护者是如何表达自己的感受的。首先，照护者并没有做出任何夸张的反应，因为在面对孩子的不当行为时，大人的夸张行为可能会让孩子觉得很好玩，致使其不断重复错误行为。其次，照护者没有责备、打骂、评判或者贬低肖恩，她所做的仅仅是就事论事，清楚地说出自己的感受。她让肖恩明白是什么事情惹她生气了，并且阻止他继续做错事。在表达完自己的想法后，照护者便离开了。简而言之，她既没有掩饰自己的感受，也没有无节制地大发雷霆。

照护者表露了自己的情绪，似乎足以让肖恩明白他的这种行为是不对的，她不需要再做出其他举动，至少这一次是如此。然而，如果这种情况反复发生，她或许就必须采取进一步的措施，而不仅仅是告诉肖恩她的感受了。

在日常生活中，我们经常会看到照护者明明对孩子的行为感到恼火，却又不得不挤出笑容，温言抚慰，请将此与上述例子中照护者的反应作对比。设想一下儿童要同时调和这两种矛盾的信息所面临的困惑。

原则7：教育儿童时要以身作则

在前面提到的几个例子中，照护者们都为儿童和成人树立了良好行为的榜样，我们可以从中体会到成人与孩子应如何合作、尊重、交流以及坦诚相待。现在，让我们看一看第7项原则在更为困难的情况下（即发生攻击行为时）是如何体现的。

肖恩和安布尔又因为一个布娃娃打起来了。在照护者赶到现场之前，肖恩猛地打了一下安布尔的胳膊，安布尔立刻大哭起来。照护者走过去，蹲下来，面容平静地看着两个孩子，动作缓慢而小心。她伸出手抚摸肖恩，一边揉着肖恩胳膊上他打安布尔的那个相同部位，一边对肖恩说："轻点儿，肖恩，轻点儿。"她又轻轻地抚摸安布尔。肖恩一声不吭，而安布尔仍在大哭。照护者轻轻安抚着安布尔，说道："安布尔，你被肖恩打了是不是？很疼吧？"于是，安布尔在安抚中渐渐地停止了哭声，抬头盯着照护者。三个人就这样沉默了片刻，照护者在等待着什么。突然，肖恩抓起布娃娃就走，安布尔也抓着布娃娃不放。照护者依旧保持着沉默，直到肖恩举起手又想打安布尔时，她迅速抓住肖恩举在半空中的手说道："不许再打安布尔了！"照护者轻轻地拍着肖恩说："温和点儿，温和点儿。"这时，安布尔突然从肖恩手中抢走了布娃娃，高兴地在房间里跑来跑去。此时的肖恩看上去有点难过，但仍然站在原地。照护者靠近并对肖恩说："布娃娃被她拿走了。"当安布尔发现脚边有一个皮球时，她便扔下了布娃娃，捡起了皮球，高兴地边跑边扔。这时，肖恩飞快地跑过去，捡起了布娃娃，温柔地抱着它，喃喃自语。终于，一场争执就在两个孩子各自满意的玩耍中结束了，照护者也可以放心地走开了。

从上面的例子中我们可以看到，照护者是如何以身作则并教会肖恩温和地对待他人的。日常生活中更常见的情形是，成人来到争吵现场，用比孩子们更多的攻击行为对待他们。例如，有的成人会一把拽过孩子，紧紧地握住其两只胳膊并大声呵斥以示惩罚。这种行为恰恰给孩子示范了家长此时正想努力消除的攻击行为。幸运的是他没有使劲摇晃孩子，因为他知道那样做非常危险，可能会对孩子造成伤害。

在肖恩和安布尔例子中的照护者明白，发生争执的儿童双方都需要成人的保护，并在必要时进行控制。孩子发生争执时，如果没有成人在旁边制止，这对于打人的孩子和被打的孩子来说都是一件可怕的事情。要温和地、不加评判地对待打人的孩子；要用同理心而非同情心安抚被打的孩子，也就是说，要承认其痛苦但不要为此向其致歉。过度的同情和关注可能是对受到伤害的孩子的奖赏，如此一来他们会误认为，受到伤害就能获取大人的爱与关注。由于照护者处理不当，某些儿童实际上由此习得乐于成为受害者将会多么可悲。

原则8：将问题视为学习的机会，并让儿童努力自己去解决

肖恩和安布尔的例子还诠释了第8项原则：让孩子（甚至是婴儿）在力所能及的范围内自己处理问题。在上述例子中，照护者原本可以介入两

个孩子的争执中，并为他们提供解决争执的办法。可是，照护者并没有这样做，而是让孩子们自己做决定。当然，照护者必须确保这两个孩子不再互相伤害。通常，即使是很小的孩子，他们能解决的问题也比成人认为的要多。因此，照护者的职责就是给予孩子们更多自己解决问题的时间与自由，这就意味着照护者不应对孩子遇到的所有挫折都立刻给予帮助。虽然有时适当的帮助可以让孩子更加轻松地克服困难，但是成人只应提供尽量少的必要帮助，让孩子学会用自己的方法解决问题。

想一想

你是否有过这样的经历，当你遇到困难而获得帮助时反而感到沮丧？你见过同样处境下的婴儿吗？如果见过，你当时有怎样的感受？你认为那个婴儿的感受如何？

在“在成人的帮助下儿童自己解决问题”的视频中，玛格达·格伯完美地诠释了这项原则[5]。在视频中，你会看到一个婴儿正在一张矮桌子下面爬，然后试图坐起来。当他意识到自己无法坐起来时，便开始大哭。由于这个婴儿不知道如何才能从桌子下面爬出去，他看上去害怕极了。对于照护者而言，帮助这个婴儿克服困难的最简单的办法就是把桌子抬起来。不过，玛格达并没有这样做，她用言语和手势进行安慰和引导，让孩子自己从桌子下面爬了出来。

玛格达所用的方法称为**脚手架**（scaffolding）。“脚手架”一词是由布鲁纳提出的，并且与维果斯基的理论相一致。脚手架理论强调，当儿童处在一个他具备了学习潜力的情境中时，成人要格外留意和重视。成人可以精心安排这种情境，从而鼓励和支持儿童解决问题。有时，脚手架意味着婴幼儿需要的只是一些帮助；有时，成人的陪伴便是婴幼儿需要的“全部脚手架”。

问题和困难可能是宝贵的学习机会。玛格达·格伯的另一段视频“看他们如何移动”就阐释了这一原则。观看者会看到一幕幕孩子们自己解决**大肌肉运动**（gross motor）的问题。照护者只是站在一旁而不进行任何干预。在这一情景中，唯一的“脚手架”就是成人的陪伴，而这已经足够让孩子们自由地体会运动和探索的乐趣了[6]。

原则9：教会儿童信任以建立安全感

婴幼儿要学会信任，就需要有可以信赖的成人。他们需要知道自己的需求能否在合理的时间内得到满足。如果孩子需要食物，照护者应该及时提供食物；如果孩子需要安慰，照护者应该以最适合某个特定孩子的方式给予安慰；如果孩子需要休息，照护者应该帮助孩子在安全、安静的环境中休息；如果孩子需要运动，照护者应该将孩子带到合适的运动环境中去。当婴儿发现他们可以表达自己的需要并且能够得到满足时，他们对照护者的信任就会逐步建立起来。在这样的成长环境中，孩子们了解到这个世界对他们来说是安全的。

前面提到的例子表明，可信赖的成人不仅能及时地满足孩子们的需要，而且还能为他们提供支持与帮助。他们不会哄骗孩子。成人最容易哄骗孩子的时刻是在与孩子告别之时。我们都知道当家长离开时，孩子们通常会哭闹抗议，所以有些家长就会哄骗孩子以避免产生麻烦。然而，更值得提倡的做法是，家长在与孩子分别时坦率地跟孩子说声再见，然后由照护者安慰孩子的抗议和哭闹行为。在给予孩子们安全感、支持与理解的同时，照护者要让孩子们知道，他们有表达负面情绪的权利。这样一来，孩子就会逐渐知道母亲会在什么时候离开，而不用总是担心母亲趁自己不注意时偷偷溜走。他还会知道，只要母亲没和自己说再见，她就还在自己身边。依据他（她）的经验，孩子会逐渐意识到身边的成人不会对自己撒谎或捉弄自己。学会预测即将发生的事情是培养孩子信任感的重要一环，这比让孩子一直高兴要重要得多。

原则10：重视儿童每个阶段的发展质量

在我们生活的时代，到处可见“匆忙”的孩子，这是戴维•埃尔金德（David Elkind）在他的书中创造的一个术语。因为很多家长都急切地希望自己的孩子可以早日达到每个发展里程碑，并且习惯把子女的发展情况与其他孩子或者书中的发展阶段作比较，所以很多孩子在出生时就已经面临压力了。这类信息无处不在：孩子发展得越快越好；婴幼儿读物也鼓励家长教宝宝阅读；儿童早教中心更是许诺各种发展奇迹。由于成人持有这种揠苗助长的态度，孩子们就这样在成人的催促下成长着：婴儿还坐不稳，成人就急切地扶着他们站起来；婴儿还站不稳，成人就急切地牵着他们的手走来走去；学步儿还在蹒跚学步，成人就急切地教他们学骑小三轮车。

照护者所面对的压力常常来自多个方面，有时是家长，有时甚至是她们的主管，因此她们只能催促孩子快速成长。然而，儿童需要从容地发展。每个孩子都内在固有自己的发展时间表，决定了他们学会爬行、坐立或行走的时间，所以照护者在帮助孩子发展时，只需鼓励孩子专心地做他们正在做的事情就好。真正重要的是自发的学习，而非强加的教育。当孩子已经做好准备时，他（她）自然会学习所需的技能，而学习的时机不应由成人来决定。

以爬行为例。与其让正在爬行的孩子站起来并且鼓励其行走，不如让孩子尽情地享受爬行的乐趣。在每个孩子的成长过程中，只有在爬行的这段时间里，他（她）才能和地上的东西如此近距离接触，而此时也恰恰是他们对那些触手可及的东西充满好奇的时候。照护者可以做的不仅仅是为孩子们创造更多的爬行机会和体验，同时也培养了孩子们的好奇心。

如果你想抵制揠苗助长的方法，你必须说服家长，使其相信完善某项技能比催促孩子发展新技能更重要。当孩子完全掌握某项技能时，他们自然会开始学习新技能。事实上，孩子学步的早晚与其长大后是否会成为奥运长跑运动员没有任何联系。

我们在运用尊重式的成人—婴儿互动的十项原则时要考虑到个体因素，也就是尊重孩子的个体差异。每个孩子都是独特的，这正是我们想强调的。当然，那些按照年龄和儿童的发展阶段得出发展里程碑图表的研究或许会让我们相信：养育孩子的目标就是让所有孩子都能“正常”地发展。但是，在本书中，我们恳切地希望读者能够摒弃这一观点，而应把每个孩子看作有自己独特发展轨迹的个体。每个孩子都有自己的优势和面临的挑战，我们希望照护者更多地关注孩子的优势而非缺点，并且在他们面临挑战时提供支持。另外，我们还要指出，每个孩子背后都有独特的文化和家庭环境。我们不应忽视那些关于儿童需要什么以及如何成长的不同观点。如果书中提倡的某一做法并不符合某个家庭的教养理念、价值观或教养目标，照护者对这种差异不应视而不见，而是应该与这个家庭进行交流。我们希望照护者能够尊重多样性，即使它们可能不符合照护者的信条，或者与其所在照护机构的政策相冲突。我们也希望帮助那些从事或将来从事婴幼儿照护工作的人们认识到与家长合作的重要性。

NAEYC 机构认证标准2 课程

NAEYC 机构认证标准4 评估

课程与发展适宜性实践 **课程**（curriculum）一词已经越来越频繁地出现在婴幼儿保育领域中，其本义是指“功课”，与英文单词“course”同义，即学习进程。我们还可以用“course”一词的另一个意思“航线”来理解婴幼儿的课程。当我们将儿童早期发展视为“功课”时，我们关注的是婴幼儿从一个点到另一个点的发展路径；而当我们用“航线”来理解儿童早期发展时，我们强调的则是如同蜿蜒的水流一样自然前行的发展过程。正如本章的原则所诠释的那样，儿童不仅是参与者，而且实际上还是他们自己课程的掌控者，即与照护者（家长们的合作者）是合作关系。因此，成人只能按照孩子的兴趣及需求变化来创设和调整环境，并不能控制孩子由一个阶段到另一个阶段的发展。除了作为环境的创设者，照护者作为儿童课程的设计者，还扮演着儿童学习的促进者、发展的支持者以及学习与发展的评估者。

发展适宜性实践（developmentally appropriate practice，DAP）包括三种基础知识，据此我们可以确定适宜的教育实践。依据发展适宜性实践决策指导方针，儿童早期教育者在实践中要考虑以下几点：

1. 儿童早期教育实践建立在正常儿童的发展原则及其研究基础之上。发展适宜性实践（DAP）既是一个概括性的术语，也是一个与特殊基础知识相关的特定术语。
2. 儿童早期教育实践要适合已知的个体差异。我们称这种基础知识为个体适宜性实践（individually appropriate practice，IAP），它涉及各种个体差异，比如与发展适宜性实践的指导规范不同的其他规范，以及那些可能与残疾或其他心理、生理及情绪问题相关或无关的差异。
3. 儿童早期教育实践要具有文化适宜性。文化适宜性实践（culturally appropriate practice，CAP）涉及那些与美国主流文化不同的世界观、价值观、信仰以及文化传统等方面。

我们要认识到某种实践可能符合研究结果和儿童发展原则，但或许并不适合某些儿童及其家庭，这一点非常重要。在这种情况下，我们在很大程度上就不能将其称为适宜性实践。这就是我们不能仅仅根据研究结果及儿童发展原则来评判儿童早期教育实践是否适宜的原因。一种实践如果不具有文化适宜性，它就不能被认为是适宜的。架设文化之桥是贯穿本书的一个理念，照护者们一直面临着挑战，他们要在不放弃他们认为的最佳教育实践的情况下，努力寻找方法为婴幼儿及其家庭创造文化适宜性的环境和实践。我们的目标并非说服家长们超越自己的文化，而是要搭建桥梁，跨越不同文化背景的家庭与具有特定文化背景的照护项目或通常意义上的早期儿童文化之间的鸿沟。

课程与发展适宜性实践

尊重式照护的十项原则与美国幼儿教育协会提出的发展适宜性实践是一致的。接下来在每一章中，我们都会为你展现这两种理念的共通之处。同时，我们也会指出一些难以两全其美的困境。

活用原则

原则 5 将儿童视为值得尊重的人。不要把他们视为可以随意摆布的物件，或者脑袋空空的小可爱。

这位照护者深知尊重儿童哪怕是年幼婴儿的重要性。因此，她在照护婴儿时，总是会告诉他们自己接下来要做什么，让婴儿有所准备。事实上，在照护过程中，她做任何一件事情时都会事先告诉孩子。因为她总是将婴儿当作一个人，所以她会和婴幼儿不停地讲话。在该照护者的文化中，言语被视为最基本的沟通方式。然而，就在这位照护者的班上，有一位来自其他文化背景的母亲，她从来不告诉自己的孩子她将要做什么以及这样做的原因。另外，她总是用婴儿背袋把孩子背在身上，只有当孩子需要换尿布或者她有事不能照护时才会把孩子放下来。照护者已经向这位母亲解释了原则 5 的重要性，但是她对照护者解释说，在她的文化中，家长和婴儿应该时刻保持亲密的身体接触，这会让孩子有安全感。此外，在她的文化中，成人通常不与婴儿交流。为什么呢？因为她们的文化认为，在身体接触的过程中，沟通一直在进行。沟通根本不需要言语，你只要与婴儿进行身体接触，就意味着你与婴儿非常亲近。这位母亲承认她和照护者在育儿方面存在一些分歧。在这种情况下，照护者希望自己可以在文化上积极回应这位母亲，但是她认为自己还需要更多地理解“尊重”一词对这位母亲而言到底意味着什么。

1. 照护者是否应该说服这位母亲遵循这项儿童发展原则？请说明理由。
2. 你认为上述观点中的一种观点是否比另一观点更有意义？如果是，哪一种观点更有意义呢？请说明理由。
3. 上述情境中你会支持哪一方？
4. 上述情境反映的主要问题是什么？
5. 你认为尊重婴儿意味着什么？

适宜性实践

发展概述

高质量的照护关乎各种关系。关系是儿童早期发展各个方面的组成部分。婴儿通过与可依赖的成人之间的日常互动而学会信任。当孩子们发现自己可以表达需求，并且能够及时得到回应时，他们就会建立起安全感。当他们发现自己能够应对遇到的挑战时，他们就会变得自信。所有这些都取决于儿童与成人在日常照护中建立起的具有发展适宜性、个体适宜性以及文化适宜性的关系。

发展适宜性实践

下面列举了发展适宜性实践的一些例子。

- 照护者在换尿布、喂食和换衣服等日常照护中对婴儿要格外关注。照护者要向婴儿解释正在进行的以及将要发生的事情，要求并耐心等待婴儿的合作与参与。
- 照护者要保证每个婴儿都能得到无微不至的回应式照护。
- 要把换尿布、喂食以及其他常规的照护行为视为对照护者和婴儿均至关重要的学习体验。
- 照护者要对婴幼儿的身体及其功能表现出健康和接纳的态度。
- 照护者要向家长了解孩子平时使用的声音和言语，这样照护者就能听懂婴幼儿所说的最初的语言或照护者不理解的母语。
- 照护者要认识到婴幼儿只能用有限的语言来表达他们的需求，因此要迅速回应婴幼儿的哭闹或者其他表达痛苦的信号。
- 照护者要认识到，诸如吃饭、如厕和穿衣之类的日常琐事，都是帮助婴幼儿探索世界、学习技能以及控制行为的重要机会。正餐和中间零食应包括小点心，使用适合婴幼儿的餐具，如小碗、小勺，喝水应从奶瓶过渡到杯子。照护者要支持和积极鼓励婴幼儿做一些力所能及的事，比如穿衣和穿鞋。

资料来源：摘自 Carol Copple and Sue Bredekamp, eds., *Developmentally Appropriate Practice in Early Childhood Programs*, 3rd ed.（Washington, DC: National Association for the Education of Young Children, 2009）。

个体适宜性实践

与传统的只服务于正常发展儿童的照护项目相比，如今的婴幼儿保育服务正朝着包括越来越多不同能力的儿童这一方向发展。这就要求照护者创设更具包容性的环境，从而确保空间组织、教学材料和活动能使所有孩子都积极参与其中。如果我们想让每个孩子都能得到无微不至的回应式照护，那么婴幼儿保育实践就必须具有个体适宜性。成人提供的干预数量也会因不同儿童而异，有些孩子需要的少，而有些孩子需要的多。对于大多数儿童而言，只需为他们创设丰富的环境并允许他们在其中自由体验就足够了。成人应该花更多时间回应孩子发起的互动，而不是支配孩子的行为。其他一些孩子则从照护者选择性的和敏感的干预中获益。在本书中，你将会看到多样化的发展轨迹以及照护者如何回应这些轨迹的例子。

文化适宜性实践

照护者应该尊重文化和家庭差异，多听取家长们对其孩子的期望，并做出富有文化敏感性的回应。作为合作者，照护者应经常与家长探讨如何更好地促进儿童发展。

本章介绍的儿童早期教育的原则未必适合所有人。有些家长或许会发现本章及本书其他地方所述的婴幼儿照护实践显得过于冷漠。对于那些将家庭教育的重点放在集体意识而非个人意识的家庭来说，面对这些照护实践可能会感到不适。育儿实践反映了这种关注，有些成人或许不太重视孩子个性的发展。他们不鼓励儿童发展独立性，而是更关注儿童与他人的相互依赖性。其实，这两种实践并不矛盾。事实上，所有的家长都希望他们的孩子拥有各种人际关系并成长为自立的个体。关于儿童最需要学习的是什么，不同的人持有不同的观点。我们不能忽视这种差异，因为独立—依赖维度的确会影响儿童的发展结果。我们也不能容忍与家长们的育儿观相悖的实践活动。这似乎是一个严重的两难困境，但是通过建立起信任与理解的关系，照护者和家长能够一起解决在这个家庭和这个社会中对孩子来说什么是最好的这一难题。

适宜性实践的应用

请你思考一下刚刚阅读过的内容，然后回顾本章的“活用原则”部分。你将会遇到一些如本书中的例子一样棘手的困境，但我们仍然鼓励你尊重差异。要做到这一点就需要你保持开放的心态。你愿意去努力理解如何真正尊重家长们的育儿实践吗？当然，你在本书中找不到答案。因为每个个案都不同，困境的解决源自所有相关人员之间的互动和沟通。

本章小结

本章介绍了婴幼儿保育和教育的原则、实践与课程，其基础是与尊重理念相关的十项原则，这十项原则是由玛格达·格伯提出的，并且与艾米·皮克勒博士的工作密切相关。本章的主要内容是对这十项原则的逐条解释。

关系、互动和3R

- 关系是婴幼儿保育和教育的基石。关系源于婴幼儿与照护者的互动，尤其是3R互动，即尊重、回应和互惠的互动。
- 从换尿布的场景中可以看出，婴幼儿照护中的日常琐事是3R互动的绝好机会。

建立在尊重理念上的十项原则

- 本章所述十项原则的关键词是：(1) 参与，(2) 优质时间，(3) 沟通，(4) 完整的人，(5) 尊重，(6) 真实的感受，(7) 以身作则，(8) 将问题视为学习的机会，(9) 安全感和信任，(10) 发展的质量。

课程与发展适宜性实践

- 在婴幼儿保育和教育领域中，课程一词被界定为学习进程、实践框架，或者是一项囊括一切的学习计划，关注婴幼儿与照护者之间的联结和关系。
- 本书中的课程与美国幼儿教育协会（NAEYC）的发展适宜性实践相一致。NAEYC的发展适宜性实践是基于三种基础知识：儿童发展的原则、个体差异和文化差异。
- 尊重式照护的十项原则符合发展适宜性实践，也可以从文化差异的角度来理解。

关键术语

关系（relationship）

互动（interaction）

3R互动（three-R interactions）

目的性优质时间（wants-something quality time）

非目的性优质时间（wants-nothing quality time）

地板时间（floor time）

感觉输入（sensory input）

脚手架（scaffolding）

大肌肉运动（gross motor）

课程（curriculum）

问题与实践

1．请解释本章提到的任意两项原则。

2．本章介绍的十项原则有哪些共同点？

3．观察某婴幼儿照护项目中孩子与成人之间的互动，你是否能从中找到体现十项原则的证据。

4．参观某一婴幼儿照护项目，并申请阅读一些该项目的文字材料，比如宣传册、父母教育手册以及入学登记表等。将这些材料中的内容与本章提供的信息进行比较，看看有何异同点。

拓展阅读

Beverly A. Kovach and Susan Patrick, *Being with Infants and Toddlers: A Curriculum that Works for Caregivers* (Tulsa, OK: LKB Publishing, 2012).

Deborah Carlisle Solomon, *Baby Knows Best: Raising a Confident and Resourceful Child, the RIE Way* (New York: Little Brown, 2013).

Janet Lansbury, *Elevating Childcare: A Guide to Respectful Parenting* (Los Angeles, CA: JLML Press, 2014).

Magda Gerber, ed., *The RIE Manual for Parents and Professionals*, expanded edition, ed. Deborah Greenwald with Joan Weaver (Los Angeles, CA: Resources for Infant Educarers, RIE, 2013).

第2章 婴幼儿教育

问题聚焦

阅读完本章后，你应当能回答以下问题：

1. 如果你正在向他人描述本书所介绍的教育方法，在界定婴幼儿教育时，你不会使用哪三个词？为什么这三个词不适合婴幼儿？
2. 你会如何描述婴幼儿教育？
3. 在婴幼儿教育领域，课程一词的含义是什么？
4. 运用问题解决方法对婴幼儿教育的意义是什么？
5. 你能说出并解释成人在支持婴幼儿问题解决过程中所扮演的四种角色吗？

你看到了什么？

艾米坐在软毯上，这时她看到了一个色彩鲜艳的大皮球。艾米用一侧的手和脚支撑着身体，挪动着屁股一点一点地靠近皮球。她伸手去够皮球，但皮球却从她手边滚远了。当她从坐姿变为爬行时，她看上去兴高采烈，快速地爬向皮球。艾米再次够到了皮球，她想把球抱住，但是球却从她的怀里滑落下来，又滚远了。艾米继续爬向皮球。球停在了一张小床边，小床上放着一个布娃娃。艾米伸手去拿布娃娃，用另一只手和两个膝盖保持身体平衡。然后，她拎起布娃娃的一只脚，把它扔在了地上。接着，艾米把小床上所有的毯子一条一条地拽了下来，贴在自己脸颊上，体验着每一条毯子的质地。然后，她拎起最后一条毯子的一角，用它轻轻地摩擦着自己的嘴唇。之后，艾米离开小床，爬向躺在地上的布娃娃。突然，艾米抬起头，发现墙上挂着一幅图片，恰好是那个布娃娃脸的照片。她一屁股坐在地上，紧紧盯着墙上的图片，然后又看了看躺在一边的那个布娃娃。“对，她们是一样的。”旁边的照护者说道。在艾米玩耍的时候，这位照护者一直坐在地板上，观察着她的一举一动。听到照护者的声音，艾米转过身冲她笑了笑，随后又开始了新的探索。

上述有关婴儿教育的例子，看上去也许并没有什么特别的，请继续阅读本章内容。在阅读的过程中，请你回过头来再思考艾米的例子。在本章中，我们还会不时提及这一例子。

婴幼儿照护机构必须具有教育意义，不管教育性是否为该机构的首要目的。每天与婴幼儿相处那么长时间，不可能不对他们进行教育。早晨，你将你的车停放在停车场，晚上你开走时，期望它状况依旧。但是儿童不是汽车，他们会因照护经历的影响而改变。他们的改变和学习结果，可能会出人意料或难以预料；或者，这些改变也可能按计划系统地发生。本章探讨的是一种在儿童保育中适合婴幼儿的**教育理念**（philosophy of education），该理念蕴含一系列与发展相关的理论或概念，也涉及一些知识与技能的学习。

婴幼儿教育的三大误区

婴儿刺激

谈及婴儿教育时，很多人会将教育等同于刺激。在本书中，教育并不等同于“刺激”，它是指在发展适宜性的环境中发生的事情以及所涉及的关系。如果你主要关注的仅仅是刺激，即对婴儿做些什么，那么你就忽视了学习和发展的一项必要条件：婴儿需要发现他们能够影响周围的人和物。是的，婴儿的确需要从外界的人或物上获得感官刺激，尤其是人给予的刺激，但是他们更需要感知到自己在这些刺激经验中的参与。如果他们能影响经验中的人和物（即与之互动），那么他们就能产生参与感。如果成人提供刺激时不关注婴儿主动发起的行为或反应，那么婴儿就成了被动的客体。

人们对婴儿刺激的关注，一定程度上源于回应那些在收容机构中未能健康成长的孩子。这些孩子孤零零地躺在床上，没有太多的感觉输入，更重要的是缺乏依恋关系，自然就不能茁壮成长。然而，为这些孩子在婴儿床上配置移动床铃、八音盒或风铃等刺激感官的玩具，并不是解决问题的关键。婴儿需要的是有人来满足其需求，而不是只提供刺激。

当照护一组婴儿时，存在的问题往往是刺激过多而非太少，各种声光包围着他们。因此，为了满足个体婴儿的需要，在某种程度上，婴儿教育应做的或许是减少刺激（感觉输入），而不是在原有环境已经存在的感官刺激之外，再增加什么其他的刺激。

托育服务

与把婴儿刺激等同于婴儿教育相反的一种观点是：你唯一要做的就是照看好婴儿，并确保他们的安全，婴儿依靠自身的力量就能发展得很好。根据这种观点，婴儿就像花蕾一样，只要提供其所需要的水分、空气、土壤、养料和阳光，他们就能充分发挥其潜能。如此看来，经过专业训练的照护者们似乎就显得多余。对于天生就擅长照护工作的照护者以及那些容易照护的婴儿来说，这似乎颇有道理。但是，当照护者面对一个难以确定其需要的婴儿，即婴儿对照护者的亲近不会做出积极反应，或者不会做出各种吸引成人的行为，显然，这时我们就必须重新思考这一观点了。让那些照护者置身于这样的情境：每个人都要照护许多婴儿，其中有些婴儿很不省心。如果没有专业的培训，单凭直觉是远远不够的，可以想象，照护者将会忙得不可开交。此外，在这种情形下，那些易养的婴儿反而会被照护者忽略，这意味着他们的发展可能会受损。因此，婴儿教育绝非仅仅是“托育服务”那么简单。

学前教育

儿童保育中的婴幼儿教育，通常也是以非全日制的学前教育模式为基础：孩子们上午来几个小时，参加各种活动，这些活动是专门为他们的学习而设计的。孩子们被聚集在一起围成一圈，并由老师来掌控活动，这种圆圈时间对于婴幼儿来说并没有那么有用。在圆圈时间活动中，老师花在让孩子们围坐成一圈上的时间，比带着他们活动的时间还要多。婴幼儿在这种学前式的活动中表现并不好，相反，他们会以出乎意料的方式探索各种器材、玩具和材料。他们不是拼拼图，而是敲打拼图；不是在纸上涂画，而是在自己身上乱涂乱画；不是把手工用的豆子放进瓶子里，而是放进自己的嘴里。因为婴幼儿并不符合成人设定的过程预期或结果预期，所以他们看起来能力欠缺。

有些婴幼儿照护机构不是去探寻更适宜的方式，而是奉行这样一种模式，即等着孩子们的成长。然而，在等待的同时，照护者将很多时间都花在了限制儿童的行为上，教孩子以某些特定的方式使用材料，而不是任由他们去探索。然而，主动探索恰恰是婴幼儿的天性！总之，抑制婴幼儿的探索欲望，对其教育而言无疑是有害的。

什么是婴幼儿教育：组成部分

从本章开篇的例子可以看出艾米是如何探索其周围环境，又是如何在探索中学习的。艾米自己在刺激自己的感官，没人对她做什么。虽然照护者就在艾米的身边，但只是观察她的一举一动而不进行干涉。只有当艾米将图片与地上的布娃娃进行对比时，照护者才用语言来支持孩子的体验。照护者并没有提供特别的活动或设定预先结果，这一幕恰是婴儿教育的完美范例。我们将在本章后续内容中对此详加阐述，看看照护行为是如何融入整个画面之中的。当婴幼儿教育以游戏、探索和照护等形式出现时，照护机构中发生的一切便具有了教育意义。要开展教育，教师必须理解婴幼儿是如何发展和学习的。教师也必须能随时调整他们的教学策略和日常照护安排，以满足照护项目中所有婴幼儿的个性化需要，包括那些特殊需要。

NAEYC 机构认证标准1 关系

婴幼儿教育机构中的员工往往把婴幼儿视为不成熟的学龄前儿童，并采用活动形式进行教学，对于花在照护和过渡上的所有这些“非教育”时间往往束手无策。相比之下，由艾米·皮克勒在布达佩斯创建的皮克勒研究中心，即一所寄宿制幼儿园，把保育和教育融为一个整体，认为一天之中学习无时无刻不在发生[1]。玛格达·格伯在美国洛杉矶的婴儿保教者资源机构（RIE）也反对把保育与教育分开的做法[2]。皮克勒和格伯的教育主张，与斯坦福大学内尔·诺丁*（Nel Nodding）的保育伦理的研究工作相吻合。虽然诺丁关注的并不是个体发展中的最初几年，但她却极力主张保育是各级教育中最重要的组成部分[3]。这三位教育理论家都认为，儿童头三年的教养重点应该是建立持续而亲密的人际关系，这也与脑研究的结论相吻合[4]。教育发轫于良好的人际关系，而关系又源于保育活动。

婴幼儿教育的基础：课程

NAEYC 机构认证标准2 课程

婴幼儿照护机构要有教育意义，课程至关重要。适合婴幼儿的课程应该是一个包罗万象的学习与发展计划，其核心是中心式或家庭式的保教机构中成人与每一个婴幼儿的联结与关系。受过专业训练的照护者既关注教育又关注保育，他们会以一种有利于依恋关系建立、温暖而又敏感的方式，回应并尊重每一个儿童的需要。尊重和回应式的课程以关系为基础，这种

---

* 德育理论流派中关心教育理论的主要代表人物，她提出学校教育的目标应该是培养具有关心能力的人。——译者注

关系产生于计划的和自然发生的活动、经历和事件之中。

课程并不仅仅是一本关于某天、某月或某年的课业计划或活动之书，不是围绕月度学习主题的一系列海报、教材、玩具和材料的资源包，也不是一组需要填入每天或每季度所学内容的表格。课程比上述内容都要复杂得多。虽然我们可以将课程简单地理解为学习计划，但是我们需要用整本书来探讨婴幼儿教育机构中课程的含义。这也是本书的主要内容之一。

要围绕关系思考婴幼儿的课程。事实上，“西部婴幼儿保育教育项目”是美国最大的培训项目，关注的是个体出生后头三年的情况，该项目将其主要的教学内容命名为“以关系为基础的回应式课程”。该课程包括指南、手册、录像带和电子杂志等多种形式。课程中的培训内容非常全面，重点关注的是每个儿童及其家庭的需求和利益。

NAEYC 机构认证标准1 关系

尽管一门课程并不一定是以书面的形式呈现并贴上标签，或者甚至没有以口头的形式表达，但是它必须要有以指导实践的理念为基础的决策框架。课程的理念或框架可能只是存在于教育项目创办者的头脑中，但无论如何，都必须将之传达给项目中每一个从事婴幼儿照护的工作者。书面的框架或课程固然有利于照护者更好地理解课程的内容，但是培训才是将这些课程框架传授给照护者最有效的方式。

NAEYC 机构认证标准6 教师

课程实施

为了实施课程，婴儿保育教师、照护者、保教工作者以及家庭式托儿所的提供者，都需要掌握有助于理解儿童正常发展、异常发展以及个体差异等方面的技能。另外，他们还必须具备观察技能，这样才能时刻对婴幼儿的需求做出适宜的回应。这里就要把“写”加进来了。为了给每个儿童和每个小组制订计划，照护者必须详细记录儿童的活动，只有这样，才能有效地反思观察到的现象，评估每个儿童的需求，并且为每个儿童和小组

录像观察 2

学步儿玩皮球和管子

© Lynne Doherty Lyle

看录像观察 2：这段录像为我们呈现了学步儿解决问题的一个范例，同时它也是孩子们为自己选择教育体验类型的简单例子。录像中的小男孩比本章开篇例子中提到的艾米要大一些，他也正在探索和实验身边的事物，只不过他的注意力只专注在某一个问题上。

问　题

- 录像中的小男孩试图解决什么问题？
- 你如何看待这个孩子在解决问题时表现出的坚持？你是否为他有这么持久的注意力而感到惊讶？
- 你认为是什么吸引着这个小男孩去解决这一特殊问题？

要观看该录像，扫描右上角二维码，选择“第2章：录像观察2”即可观看。

创设适宜的环境和体验。起初创设环境和体验时只考虑了正常儿童，但是照护者必须能对其进行灵活的调整，使之可以适合所有的孩子，包括机构中那些身体、心理或情绪上存在障碍的儿童。

为了实施课程，照护者必须设定目标和想要的结果。虽然这些经常不以书面的形式呈现，甚至未经口头形式表达，但是它们通常是整体性的，与全面健康发展的儿童形象密切相关。只有这样，作为个体或群体成员的儿童才能充分发挥其个人独特的潜能。我们在表达或书面描述课程目标时，目标（有时也称为结果）通常与发展的三个领域相联系，即心理、身体和情感。情感方面包括与他人交往的能力。用更精确的语言来描述就是：课程目标或结果的设定通常围绕认知、身体和社会情绪这三个领域。有些机构还有单独的精神方面和（或）创造力方面的目标。学前之后的教育课程可能会只侧重思维或认知方面，但这显然并不适合婴幼儿教育，因为在发展的初始阶段，智力需求和兴趣与其他方面的需求和兴趣是密不可分的。

评估课程的有效性：观察与记录

任何课程都取决于照护者准确确定儿童个体的以及群体的需要和兴趣，这是一种评估过程。在这里，我们会探讨评估过程的两个方面：观察与记录儿童的行为。图 2.1 总结了以书面形式记录观察内容的各种方法。

作为一种评估过程，怎么强调观察都不为过。照护者每天都应该发展和锤炼他们的观察技能。非正式观察应该成为一种日常习惯，一种真正的生活方式。

图 2.1　观察记录的方法

轶事记录	现场或事后对事件的描述，对看似有意义的事件进行简要记录。
连续记录	一种正式的书面观察记录，最初采用笔记的形式，后期整理成系统的书面文字。
日程记录	可用于记录婴幼儿换尿布、进食和睡觉的时间及细节。
个人日记	由工作人员对每个孩子进行的书面记录。
交换日记	孩子每天带回家让父母做的书面记录，孩子第二天再带回托育机构。交换电子邮件日记是交换日记的另一种方式。

观察记录 观察内容可以用不同的形式记录下来，例如书面的、录音、录像等。观察记录包括轶事记录、正式的书面观察记录或日程记录。**轶事记录**（anecdotal record）是指对任何能吸引你注意力的事情所做的描述，你可以在现场记录，也可以在事后根据回忆进行记录。在写轶事记录时，你也许会注意到，有些孩子不常引起你的注意，或者不像其他孩子那样吸引你的注意。在这种情况下，你更需要仔细观察这些孩子的举动，并将观察结果记录下来。

正式的书面观察又称为**连续记录**（running record），它要求你尽可能地将所发生的事情详细且客观地记录下来。撰写连续记录时，你可以先录音，然后再整理成文字，或者你可以先做简要的笔记，随后再整理。图 2.1 总结了观察记录的各种方法。此外，还可以进行录像。录像时，观察者可以对所观察事件进行客观、不带偏见的评论。静态的照片、不带评论的视频以及记录婴儿发声和学步儿对话的录音等，也是保存记录的形式，有时可以将这些统称为**文档**（documentation），文档提供了婴幼儿学习和发展的视觉和听觉表征。精心保存的各种记录和文档，可为照护者用以评估个体发展轨迹的模式提供重要的信息。

持续的评估，能够向照护者揭示儿童当前的发展模式，学习、成长和发展的前沿，以及下一步可能需要发展的方面。俄国心理学家维果茨基把这一发展前沿称为**最近发展区**（zone of proximal development）。本书附录 B 环境对照表可用作儿童发展的预期顺序以及表明儿童发展情况的行为类型的指南。

发展概况 当你保留了良好的记录时，儿童的发展概况便显现了，它为照护者提供了每个孩子的发展画像，因此，照护者得以制定个性化的项目方案。发展概况应该包括每个孩子普遍的和特殊的兴趣及需求，以及每个孩子当前的发展任务。此外，发展概况还应包括儿童家庭的目标和期望。根据每个孩子的发展概况，照护者可以制定个性化的课程，以满足每个孩子

具体的和特殊的需要。另外，发展概况有助于照护者关注到任何的特殊问题，并在必要时与家长甚至是专家进行探讨。某些问题可能需要进行专业的观察、测试和其他形式的评估。干预的形式可能取决于评估的结果。这些比较复杂的评估需要评估者具备特殊的训练，而照护者在与儿童日常相处的过程中可以做一些非正式的评估，以了解儿童的认知与能力。玛格达•格伯曾经说过，照护者应该把儿童视为老师。实际上，评估的一个重要方面就是照护者要了解儿童；还有就是，儿童也必须让照护者明白他们的兴趣、技能、知识、能力和需求。当然，照护者也可以向家长学习，而不仅仅是儿童。

日程记录和交换日记 照护者必须也能与儿童的父母及其他家庭成员以各种方式建立联系，这样双方便能互相交换信息，确保儿童在家庭内外的发展相辅相成，和谐一致。截至目前，有一种记录只是简单地被提到，那就是由主要照护者保存的日程记录，它具有多种用途。日程记录可以让家长在接孩子时看到有关自己孩子全面且细致的报告。有些日程记录必须包括各种各样的照护活动，以及与家庭相关的特定信息。换尿布、大小便情况、饮食、午睡时间以及任何不寻常事件，这些都是家长们感兴趣的，所有信息都有助于他们了解孩子回家之后的需求或想法。这样的信息对于还不具备语言能力的婴儿来说格外重要，因为他们还不能直接向父母表达自己的需求或兴趣。有些婴幼儿照护机构有交换日记记录系统，即家长在早上送孩子时将日记交给照护者，上面记录了照护者需要了解的有关孩子夜间和早晨在家情况。照护者用同一本日记继续记录孩子当天的表现，并在家长接孩子时让其把日记再带回家。

要确定课程是什么，或者精确地解释什么是婴幼儿教育（如前所述，我们整本书都在阐述婴幼儿教育）的确不易，所以本章剩余篇幅将聚焦一个主题，即婴幼儿学着去解决问题，以及成人如何帮助他们习得这一技能。

教育就是促进儿童解决问题

描述婴幼儿课程核心的一种方式是关注儿童问题解决技能的发展。这种思考课程的方式有别于那些以感官刺激和活动为中心的观点。本书有关教育的一个重要方面就是建立在问题解决取向基础之上的，儿童在解决问题的过程中学习在他们的世界中如何让事情发生。感觉输入大多是儿童行动的结果，由儿童自己来决定。在儿童解决问题的过程中，成人是促进者，而非刺激源。

婴幼儿面临的都是些什么问题呢？如果观察一个婴儿或学步儿 1 小时，你就会明白要回答这个问题并不容易。你会发现婴幼儿面对的问题多种多样，包括生理方面的问题，比如饥饿和不适；动手操作方面的问题，比如如何把玩具从左手传递到右手，如何把一块积木平稳地搭到另一块上面；社会性与情绪方面的问题，比如如何应对与父母或照护者的分离，如何与心不在焉的同伴交流。有些问题与特定的发展水平相对应，在发展的过程中最终得以解决；有些问题发生在特定的情境之中，可能会解决也可能得不到解决；还有些问题会以这样或那样的形式出现，孩子要用一生的时间来处理。3 岁以下孩子的教育在于学习应对各种各样的问题，学习各种解决问题的方法，明白什么情况下问题能被解决，什么情况下应该放弃。随着婴儿不断经历日常生活中的各种问题，有些问题是在玩耍中碰到的，有些则是在进食、睡觉、换尿布、穿衣、洗澡等日常琐事中碰到的，最终他们成长为学步儿，开始将自己视为有能力解决问题的人。如果学步儿能将自己视为优秀的问题解决者，而且他们也的确如此，那么按照本书的观点，可以说他们确实受到了良好的教育。

活用原则

原则 8 将问题视为学习的机会，并让儿童努力自己去解决问题。不要溺爱他们，总是让他们生活得很轻松，或者保护他们不受任何问题的困扰。

贾丝敏在操场的小路上骑她的小三轮车，她没有踩踏板，而是两脚着地支撑着车前进。她骑到路边时，不小心冲出了人行道，小车翻了，她也摔倒在沙地上。贾丝敏立刻尖叫起来，她仰躺在地上，车就倒在她身边。照护者急忙赶过去，蹲在她身边，但是并没有立刻扶她起来。照护者看着贾丝敏的脸问道："你还好吗？"听到照护者的话，她哭得更厉害了。照护者接着说："你从车上摔下来了。"贾丝敏停止了哭泣，看着照护者然后点了点头。"你完全失去了控制。"照护者又说。贾丝敏又点了点头，并且翻身试图爬起来。照护者伸手想拉她起来，但是贾丝敏拒绝了帮助，自己站了起来，拍了拍身上的沙子。照护者仔细看了看贾丝敏的全身，虽然没有发现伤迹，但是她还是关切地问："你没事吧？""嗯，没事。"贾丝敏回应道。她走过去抓住小车的把手。照护者走到一边，并没有提供帮助，等贾丝敏使足劲把小车扶起来后，她说："你真棒！自己就能把小车扶起来！"贾丝敏高兴地笑了，并把车推回到人行道上。当她又骑上小车时，脸上露出了喜悦的笑容。

1. 你认为上述场景是婴幼儿教育的例子吗？为什么？
2. 假设你是这位照护者，而上述场景被孩子的父母看到并且认为你对孩子过于冷漠，你会对孩子的父母说些什么？
3. 为什么孩子的父母可能会因为照护者的做法而感到不舒服？
4. 你是否对上述场景中照护者处理问题的方法持不同意见？
5. 如果你是这位照护者，你会怎么做？为什么？
6. 如果你是这位照护者，你会极力避免让孩子们在玩耍中摔倒吗？为什么？

成人在促进儿童问题解决中的角色

教学

成人在婴幼儿的教育中所起的主要作用是促进婴幼儿学习，而非刻意地教或训练。首先，成人要以欣赏的心态接纳婴幼儿所遇到的问题，并允许他们自己去解决那些问题。而且，作为照护者，你在满足婴幼儿的需求，以及为他们创设游戏和探索环境时，也会为他们呈现一些问题。在“目的性优质时间”和“非目的性优质时间”里，你引导和回应孩子的问题解决，从而促进了婴幼儿的教育。

这两种优质时间涉及一种教育方法中与婴幼儿相处的两种方式，我们称之为**照护者在场**（caregiver presence）。为了理解这两种相处方式，你可以先试试下面这个小练习。首先，找一个愿意充当你的“镜子”的人。请你面向这个人站立，让他模仿你所做的每一个动作。你可以用肢体、面部表情和双手做一些动作，让这个“镜子”进行模仿，你也可以来回走动。在体验了动作发出者这一角色后，你也尝试一下当“镜子”的感觉。练习结束后，请和同伴讨论一下各自的感受。你更喜欢担任哪一角色？是动作发出者（主导者），还是“镜子”（跟随者）？每种角色各有什么让你觉得为难的地方？又各有何长处和短处？

这个“镜子”小练习既体现了我们在第 1 章中曾讨论的回应关系中的双向互惠式互动，也生动地显示了照护者在场的两种方式，即主动在场和被动在场。也许你更倾向于采取主动的模式，在互动过程中充当领导者的角色，指导孩子的行为；抑或你更偏爱被动的模式，听从孩子的指挥，并对孩子做出及时的回应。要成为优秀的婴幼儿教育工作者，不论你偏好哪种在场方式，在互动过程中这两种方式你都需要掌握。了解自己的偏好，有助于你更有针对性地改善另一种方式。

在下面的场景中，请注意这个成人是如何运用主动和被动的方式来帮助孩子解决问题的。

詹森是一个 14 个月大的学步儿，他一边大声哭，一边把手指举到自己面前。

照护者看到后忙问：“詹森，发生什么事儿了？”

詹森继续大哭，并把自己的手指举给照护者看。照护者轻轻地摸了摸他的手指，平静而又理解地说:“看来你把自己的手指弄伤了。”

詹森放下自己的手指，拽着照护者的裤子，似乎想让照护者看些什么。

“你想带我去看什么东西吧。”照护者说出了詹森的期望，然后跟着他来到另一个区域，那里有另外一个成人和几个孩子。詹森一边抽泣，一边把照护者带到一个打开的橱柜前。当他靠近这个橱柜时，他的哭声有了一点微妙的变化。

“你的手指被门夹了吗？”照护者问道。

詹森突然变得很生气，他捡起一块积木准备砸向橱柜的门。

“我知道你很生气，但是我不允许你扔积木，那样可能会砸坏东西。”照护者的语气坚定，并且抓住了詹森的胳膊。

詹森似乎是在重新思考。他放下那块积木，之后走向橱柜。虽然詹森还在哭，但是他小心翼翼地把柜子的门关上又打开，这样重复了多次。

“对，这样开关柜子的门就不会夹到你的手了。”照护者将詹森的动作用语言表达出来。

詹森没有理会照护者的话，继续摆弄着那个柜门，他愤怒的哭声渐渐减弱了，变成了小声的啜泣。然后，他坐在了橱柜旁边，小声地哭着。

“走吧，咱们得用凉水冲一下你的手指。”照护者一边对詹森说着，一边弯腰把他抱起来。

上述场景体现了照护者的两种在场方式，即主动在场和被动在场，但重点强调的是被动在场。照护者对孩子的行为只进行了两次主动的引导。值得注意的是，尽管照护者能够对詹森共情（感受他受伤了），但是她很平静，没有太过情绪化。正是因为照护者保持了冷静的态度，没有卷入其中，同时又给予了詹森支持，她才促进了詹森的问题解决能力的发展。如果照

图 2.2　成人在婴幼儿教育中的四种作用

1. **判断儿童所能承受的最优压力水平：**观察并确定多大的压力对儿童而言算过大、过小或正好。

2. **给予关注：**满足儿童被关注的需要，而不带有任何操控儿童的动机。

3. **提供反馈：**提供明确的反馈，从而让婴幼儿了解自己行为的结果。

4. **树立榜样：**为婴幼儿树立良好的榜样。

护者建议詹森应该如何去做，或者“教训他一顿”，那么整个情形也许就会变得很不一样。如果照护者对詹森表达同情，那么整个情形也将会非常不同。我们可以想象一下，如果照护者抱起詹森，并喃喃地说：“可怜的詹森，你受伤了，可怜的小宝贝。”将会出现什么样的情形？值得欣慰的是，照护者既没有告诉詹森应该怎么做，也没有表露出过多的同情，而是用平静和充分的关注给予詹森所需要的支持、力量和接纳，从而促进他自己去面对所遇到的问题。这一场景体现了婴幼儿教育者应担当的角色。

在引导和回应婴幼儿问题解决的过程中，成人的作用由四项技能组成：成人必须能准确判断儿童在面对问题时所能承受的最优压力水平；为儿童提供适宜的关注需要；提供反馈；为儿童示范所期望的行为。图 2.2 对这四项作用做了总结。

判断儿童所能承受的最优压力水平　成人促进婴幼儿学习的方式之一是，敏感地觉察婴幼儿面临的压力水平。这种敏感性在“脚手架式学习”中尤为重要。当问题带来的挫败感超出了婴幼儿的承受力时，成人给予点滴帮助就能减轻孩子的挫败感，并足以支持其继续尝试解决问题。

当敏感的成人以“脚手架”的角色作为婴幼儿教育的一部分时，他（她）提供尽可能最小的帮助，帮助的目的并不是使孩子摆脱挫败感，而是让孩子继续坚持解决问题。这种帮助不仅可以提高儿童的注意广度，还能让其感觉到自己是能干的问题解决者。

大部分成人都不想让自己的孩子出现负面情绪。其实他们没有意识到，压力和挫败感也是婴幼儿教育的重要组成部分，而且会自然而然地出现在问题解决的过程中。为了身体、情绪和智力方面的发展，儿童不时需要调动他们的意志和力量去对抗某些东西。只有这样，他们才能发现自己是能干的问题解决者。如果没有压力、挫折和问题，孩子就没有机会迎接这个世界的挑战。久而久之，他们所接受的教育势必有很大的局限性。一位年轻的家长认真思考了婴儿教育中的压力问题之后，写下了下面这段话：

> 那天我正在花园浇花，偶然间对压力与发展的关系有了更多的感悟。我每天都会为植物浇水，但是那天我却发现，有些幼苗没有长出足够深的根。我由此想到，如果一株植物从未受一些压力因素的驱使而靠自身去寻找养料和水分，那么它便不会长出很深的根系，它在这个世界上也不会站得稳固。其根基也必将是非常肤浅的[5]。

最优压力水平（optimum stress level）是指适量的压力，不太多也不太少。适量的压力意味着它足以激励和促使儿童参加各种活动（包括问题解决），但又不过多，以免它妨碍或抑制儿童的行动或解决问题的能力。不管你相信与否，压力的确能促进学习和发展，但压力的量必须适当。因此，照护者的工作是判断每个儿童的最优压力水平，然后尝试让孩子面对它。机会自然会出现在日常生活中。

你如何判断儿童是否面临了足够大的压力呢？你可以通过观察儿童的行为来判断其最优压力水平。如果儿童承受的压力过多，他们则不能有效地解决问题；他们可能会变得过于情绪化，或者表现出退缩行为。

NAEYC 机构认证 标准4 评估

你也可以通过同理心（想象儿童的真实情感）或者通过保持冷静，不被他们或自己的情绪所影响来判断儿童的压力是否过大。保持冷静会为你提供好的视角，有利于你做出正确的决策。

当儿童面临的压力过多或不足时，你应该做些什么呢？你需要观察每个孩子所面临的问题。也许是儿童遇到的问题太多了，在这种情况下，你就需要帮助他们削减问题的数量；也许是儿童遇到的问题太难以至于他们不能解决，面对这种情况，你就应该为他们提供更多的帮助。

如果儿童面临的压力不足，也许是他们在生活中没有碰到足够多的问题，也许是没有足够多的事情发生，他们所处的环境缺乏多样性或趣味性，或者有人替他们解决了其所遇到的问题。

想一想

回想一下，在你的生活中，是否曾经因为压力而受益？你能将自己的经历与婴幼儿的群体照护相联系吗？你能很好地识别自己生活中的最优压力和过多压力吗？这种能力是否会影响你判断儿童何时拥有太多或太少压力？

给予关注 成人回应婴幼儿行为的方式是婴幼儿教育的重要组成部分。成人的回应具有很大的影响力，因为从根本上来说，婴幼儿的生活离不开他人的关注，尤其是那些对他们来说很重要的人。每个个体都需要他人给予适量的关注，即最优的，而不是最多的。如果一个人受到了足够多的关注，那么自然就会满足；而当一个人无法获得足够多的关注时，他（她）就会通过各种各样的方式去寻求关注。

人在年幼时会利用一些典型的方式以获取他人的关注：

- 让自己更具吸引力
- 表现得友善和可爱
- 让自己显得更聪明、更富技能、更有能力或更具天赋
- 故意举止失当
- 大声喧哗
- 滔滔不绝地说话
- 保持沉默
- 显得更外向
- 显得更害羞
- 让自己显得很虚弱
- 让自己显得很无助

你是否注意到女孩更容易因外表而非能力受到他人的关注？对于儿童

而言，你认为他们多久会形成这样一种模式，即他们通过表现出限制性的性别角色来获取他人的注意？

如果婴儿发现微笑、咿呀学语和安静乖巧都不足以吸引他人的注意，或者学步儿发现安静玩耍和保持低调不能引起他人注意，他们就会尝试用其他的行为来获取关注。极度渴望他人关注的孩子会发现吸引身边重要之人关注的方法。成人必须识别什么时候孩子们是在通过扰乱他们来获取注意，什么时候是在直接表达真正的需求。要判断两者的差异并非易事。请看下面这个例子。

想一想

想一想你是如何满足自己对关注的需要的。你是否意识到自己曾运用一些方法来获得他人的关注？请列举一些你获取他人关注的方法。你对这些方法是否满意？你想让婴幼儿用同样的方法来获取他人关注吗？

照护者正坐在一把舒适的椅子上给一个6个月大的宝宝喂奶，17个月大的迈克在照护者旁边，使劲拽着她的胳膊想要抢那个奶瓶。另外一位照护者走过来把迈克带到一边，试图和他玩耍，并向他解释他的照护者现在很忙。可是，当这位照护者去房间的另一边解决其他孩子的争吵时，迈克走向另一个孩子，并把这个孩子手里的玩具抢了过来。两位照护者都告诫迈克，可他却因受到关注而有些得意。当两位照护者转身去处理各自的事情时，迈克离开游戏室走向厨房，然后紧紧拉住厨房的门搞怪。

“你刚刚吃过饭！”坐在椅子上喂奶的照护者对他说，“真不敢相信你又饿了，等我喂完莎莎再给你弄点心吃。”说完就又把目光投向了她正给喂奶的婴儿。迈克看照护者并没有过来，就立刻走回游戏室，把架子上的玩具全部扔到地上，并用脚使劲地踩。两位照护者再次告诫他，他又因为受到关注而露出得意的神色。然而，当她们忙自己的事情时，迈克又开始通过开着的厨房门把玩具扔进厨房。他再次赢得了照护者的全部注意。空闲下来的那位照护者帮迈克把玩具都捡了起来，放回到玩具架上，而迈克的照护者还坐在椅子上给婴儿喂奶，她只能时不时地向迈克这边张望并评论几句。一切恢复平静后，迈克的照护者又将注意力转回到喂奶上，而另一位照护者开始给其他孩子换尿布。然而，平静再次被打破，迈克又走向一个一直在角落里安静玩耍的孩子，并抬手打了那个孩子一巴掌。

在上述场景中，迈克一直用不当行为来吸引照护者的注意。很显然，即使两位照护者都很忙，迈克也知道如何获取他想要的关注。虽然要解决上述场景中的问题并不容易，但是，如果两位照护者能意识到迈克的需要，他们就能在平时对他给予更多的关注，而不是在他表现出不当行为时才去注意他。也许当成人忙得顾不过时，迈克也不再那么需要被关注了。另外，成人也可以将迈克的需求直接说出来，比如，“迈克，我知道你现在需要我关注你。”

如果你在日常照护中就能主动给予孩子们关注，那么在你不能以游戏的方式回应他们时，大多数儿童也能够继续干他们自己的事情，他们不会对成人的关注有迫切的需求。但是，如果一个孩子学会了用不当行为来满足自己的关注需求，那么你就必须改变自己的做法了。

你可以无视那些孩子旨在吸引你的注意而做出的不当行为（当然，不能忽视儿童的合理需求或安全需求）。同时，你要对儿童的适宜行为给予充分关注。另外，当你在谈论行为时，应该尽量具体、有针对性，而不是说出一些笼统的总体评价，比如“好孩子”等。相反，你可以这样说：“迈克，我真的喜欢你玩那个玩具的方式。玩完之后你还能把玩具放回原处。你做得真棒！你能耐心地等我喂完莎莎，没有打扰我，你做得很好！你对雅各布也很友好。”

当行为需要改变时，**正强化**（positive reinforcement）相当有效。正强化是指对某种行为出现之后给予积极的回应（换句话说就是奖励），旨在增加该行为重复出现的可能性。正强化非常有用，尤其是当你准备改变儿童已经习得的行为时，也就是说那些在过去无意中得到回报的行为，比如上述场景中迈克获取关注的行为。

然而，正强化的方法也不宜频繁使用。关注和表扬具有很强的激励作用，但是它们会让孩子对关注和表扬上瘾。许多活动本身就具有奖励意义，而如果成人再给予额外奖励，活动就可能失去其本身的奖励意义。因此，在学步儿游戏时，如果成人不断地打断他进行夸奖，那么成人所传递出的信息就是活动本身并不有趣，故而儿童需要额外的激励。一旦孩子领会了这一信息，活动就开始变得无趣，儿童就需要不断的关注和表扬。我们其实可以很容易地察觉到孩子在平时的玩耍中是否受到了过多的夸奖。在玩游戏时，一个受到过多夸奖的孩子，每当取得一点小成绩都要看向成人，似乎不停地需要有人对他（她）说："太棒了！你都能把一块积木搭在另一块上。"没有成人的表扬，成就本身反而显得一文不值。

孩子受到过多表扬，还可能丧失自己的感受和动机。每做完一件事后，他们都会环顾四周，以确定他们做的是否正确，做每件事都会寻求成人的赞同。对于这些孩子来说，活动和成就仅因为有外在奖励而令其愉悦。总之，这些儿童难以从活动本身获得乐趣和满足。

马斯洛在其著作《存在心理学探索》(*Toward a Psychology of Being*)中这样写道，当儿童面临由个人成就所带来的内在愉悦和由他人给予的外在奖励相冲突时，他"通常必须选择他人的赞许，然后通过压制或让其消失来处理其内在愉悦；或者通过意志力来忽略它或控制它。一般而言，随着儿童对外在奖励的过度重视，慢慢地，他们会对活动本身带来的愉悦体验不认可，或者对此感到羞愧和尴尬，于是隐藏它，直至最后丧失掉对它的体验"[6]。

提供反馈 与表扬和关注这个主题紧密相连的是反馈，婴幼儿教育在一定程度上取决于儿童是否能获得清晰的反馈或回应。反馈来自周围的环境和他人。儿童需要知道自己的行为会给这个世界和他人产生什么影响。如果孩子打翻了一瓶牛奶，牛奶洒了出来，这是一种关于液体特质的反馈。儿童需要进一步获取关于牛奶的反馈。现在需要的是回应儿童如何补救这种情况。"牛奶洒出来了，你需要拿抹布擦一下"就是很好的回应。

儿童做的某些事情会让照护者感到疼痛或生气，这种情绪表达也是一种反馈。例如，照护者可以告诉抓伤自己的孩子："你抓得我很疼，我不喜欢你这样。"要使反馈对儿童有用，成人反馈的信息就必须清晰明确。如果照护者的反应是生气地紧紧抓住孩子，却又甜言蜜语，一直面带微笑，那么孩子收到的则是矛盾的信息，而非清晰的反馈。

此外，成人也可以为儿童提供有关环境的反馈，并且描述他们看到的孩子的反应，这样儿童就能学会如何给出清晰的反馈。请看下面这个例子。

照护者走过来时，几个小朋友正在一起玩，贾马尔突然冲了过来，不小心把胳膊撞到了桌子上，他哭着走向照护者。

照护者对他说道："噢，贾马尔，我看到你把胳膊撞到桌子上了。"贾马尔把胳膊抬起来给照护者看。

"我！"贾马尔大声说着。

"是的。"照护者回应着贾马尔，"你就是撞到这上面了。"照护者轻轻地拍了拍那张桌子。

贾马尔回到他撞到的桌子旁，解释说："桌子！"

"对，"照护者肯定地说，"你就是在这里撞到了胳膊。"然后，他敲了敲桌子说道："桌子很硬。"

贾马尔摸了摸桌子。照护者继续对他说："你的胳膊撞到桌子时，桌子可能也会疼的。"

"很硬。"贾马尔重复着照护者的话，他的哭声渐渐小了，仔细地看了看自己的胳膊，然后又看看那张桌子。

想一想

回想一下，当你在解决问题时，是否得到过对你很有帮助的回应？你自己的经验是否也适用于婴幼儿？

在上述场景中，贾马尔的照护者帮他关注刚刚发生的事件，并且贾马尔也了解了一些关于因果的知识。照护者向贾马尔解释了是什么弄疼了他，帮他理解了一些关于疼痛与起因的关系。照护者帮助贾马尔理解了整个过程，而不是让孩子只陷入在自己的疼痛中。但是，照护者并没有否认贾马尔的疼痛，也没有刻意地转移他的注意力。

有时为了帮助儿童获得反馈，照护者只需站在一旁，观察孩子能否认识到刚刚发生的事情，以及能否想出办法去应对它。有时照护者则要借助语言帮助儿童理解他们所经历的事情。在出生后的头三年，孩子们会有强烈的兴趣探索身边的事物，他们想了解自己所遇到的每个新事物的一切。当他们摆弄自己手中的每件物品时，他们就是在通过体验来学习。这也正说明，在为婴幼儿创设活动环境时，提供各种各样的东西让他们去探索是多么重要。儿童会从这些探索中获得反馈。

与婴幼儿谈论他们的体验。"它很重，是不是？""你喜欢这个皮球的光滑感。"在本章开篇的例子中，当看到孩子好像在将身边的布娃娃和图片中的布娃娃作对比时，照护者说出了孩子发现的关联。语言为儿童的知觉赋予了标签，帮助他们分析、整理和比较事物，并且提供了一种能存储他们对事物感知的方式，以备将来参照。从生命最初便把语言注入孩子们的体验中，等他们到了入学年龄，就会得到回报。哈特和里斯利（Hart & Risley）的经典研究表明，较大的词汇量能够预测较好的学业成绩。然而，我们也要谨慎，不要用语言干扰了儿童对事物的专注。敏感地使用语言，为的是丰富儿童的体验，而非对他们的体验产生干扰。如果儿童没有领会客观世界的反馈，成人可使用语言来帮助他们。例如，当你看到一个孩子沮丧地坐在那里，拿着一块拼图板硬塞，可怎么也拼不上去，因为他还不会将拼图板调转方向以寻找一个合适的位置，这时若对他说"你那样拼是拼不上的"就会更有意义。不过，你最好等孩子有迹象表明准备放弃时再行动，这正是需要你提供"脚手架"的时候。可以给儿童一些如何去做的小提示。例如对孩子说："把拼图翻过来试一试。"成人的反馈不仅有助于儿童理解事物是如何工作的，而且也有助于他们理解其他儿童的行为。"他不喜欢你抢走他的书。""因为你对他大喊大叫，所以他跑开了。"在你阅读本书中的诸多例子时，你可以留意照护者在儿童影响他人时给予的反馈次数。

NAEYC 机构认证标准3 教学

树立榜样 去做，而非说教！你想让孩子表现出某种行为，你就要为他们**树立榜样**（model）[7]。为儿童树立榜样，意味着我们通过展示他们可以观察和模仿的行为、动作以及互动方式，为他们做出示范。行胜于言。例如，如果你想教会孩子与人分享，首先你自己就必须成为一个乐于分享的人。你期望孩子与他人分享自己所拥有的东西，你就需要先这样做。尽管你可以利用奖励和惩罚教会孩子分享，或者借用你的权威让孩子与他人分享，但是这些方法都不会让孩子成为乐于分享的人。只有当他们理解了所有物的含义，并且有人为他们树立了足够多的分享榜样之后，他们才会逐渐成为乐于分享的人。学步儿需要学习所有物的概念（因此，你在与这个年龄段的孩子相处时会不断听到“我”和“我的”之类的宣言）。

除了分享，儿童也会模仿照护者的其他品质，比如和善待人。通常，得到善待的儿童更可能温和地对待他人。此外，尊重也是如此。得到尊重的儿童比那些未受到尊重的儿童更可能尊重他人。

另一个榜样行为的例子是表达愤怒。如果你整天都在婴幼儿照护中心工作，你自己的愤怒势必是你不时需要应对的情绪，而你应对愤怒的方式则会被儿童模仿。如果你非常生气，却用微笑或歌唱来掩饰，并否认你这种激烈的情绪，那么儿童也将学会掩藏自己的情绪。（他们学会了和你一样表达出矛盾的信息。）但是，如果你认真地面对那些惹你愤怒的事情并能恰当地加以处理，那么儿童也能学会这种应对冲突的方法。或者，如果正面处理不是一种适宜的方法，儿童也能学会你的应对策略，例如通过倾诉这些情绪，通过转向体育运动或表达，或者通过令人身心放松的其他活动来逐渐缓解这一情绪。（对某些成人来说，洗盘子就像儿童玩水一样能缓解情绪。）

简而言之，为孩子树立榜样比单纯的言语说教更有效。我们只需想一想我们直接从父母那里继承的生活习惯、言谈举止、生活态度、身体姿势以及表达方式，我们就明白榜样的重要性。无须父母刻意说教，我们甚至在不知不觉中就习得了父母的行为和举止。作为照护者，你必须注意自己的行为并确保言行一致。

很明显，没有人能时刻为他人树立一个好的榜样。每个人都或多或少会做出一些不想让儿童模仿的行为。如果你希望自己成为一个完美的榜样，那么你会将自己置于失望的境地。然而，当你直面自己的缺点、自己的不完美和自己的人性时，你就是在为儿童做出榜样。例如，你犯错时原谅自己，你就是在向孩子展示错误是可以被原谅的；当你感到有需求时，你能跟随自己的内心，你就是在向孩子示范回应需求很重要。当你有意识地为儿童树立榜样时，你能决定自己的行为。树立榜样是极具影响力的工具，它既能促进也能阻碍你的工作。由于照护工作本身就是一项艰难的任务，你或许也可以让一切合适的工具来为你所用。

树立榜样适用于儿童，同样也适用于成人。当家长看到你与他们的孩子相处的过程，他们也许会学到一些之前从未想过的方法。谚语有云：行胜于言。不仅仅是你的行为，家长或其他家庭成员的行为也具有榜样的作用。站在一边，观察家长与孩子互动的方式，了解他们如何为孩子换尿布、喂食以及抱孩子。总之，家长和照护者可以互相学习。

如果你认为自己与家长是合作关系，那么你的想法正契合了当今一项名为“以家庭为中心的保育和教育”运动。该运动的产生有几个推动力，其中之一是人们开始对传统的“以儿童为中心”的教育机构提出了质疑。许多儿童早期教育的领导者认为，高质量的教育机构发展之路应该把重点放在家庭，而不仅仅是放在他们孩子的身上[8]。图 2.3 解释了为什么儿童早期的保育和教育工作者需要与家长建立合作关系。你也可以访问网址 www.parentservices.org，这是一个正在进行的项目，旨在让教育机构与家长结合起来，从而让家庭以及为他们服务的教育机构都受益。

图 2.3 照护者与家长建立合作关系的益处

1. 儿童生来就置身于家庭和社区环境中。[9]
2. 当教育机构以家庭为中心时，儿童的学习和发展可以达到最优效果。
3. 专业人士和儿童家长有着不同的知识和技能储备，当他们互相分享知识，进行双向交流时，双方均会获益。
4. 尽管二元文化目标对于家庭而言也很重要，但儿童养育的目标是造就能适应自己家庭和文化的成人。[10]
5. 尽管专业人士和家长对儿童的发展结果都有追求，但他们期待的结果可能是不同的。
6. 保持多样性对于我们所有人来说都至关重要。[11]

适宜性实践

发展概述

美国幼儿教育协会（NAEYC）指出，高质量的保育包括照护和教育两方面。高质量保育的组成部分包括识别从出生到 3 岁这一阶段所涉及的一系列发展差异，需进一步细分为三个阶段：小婴儿（从出生到 9 个月）、会爬和能走的婴儿（8 ～ 18 个月）以及学步儿（16 ～ 36 个月）。每个年龄组都需要适应特定的环境以及照护者的回应。针对婴幼儿的项目要具有教育意义，照护者必须为他们创设一种安全、有趣、适宜发展和有序的环境。要做到这一点，就需主要照护者在小组中为孩子们提供个性化的照护。此外，照护的连续性也非常重要。因此，婴幼儿最好在 3 岁以前都由同一个照护者照护（理想情况）。只有照护行为具有发展和文化的适宜性，并且照护者能够与儿童进行回应式的互动，照护才具有教育意义。

发展适宜性实践

下面是一些与婴幼儿教育有关的发展适宜性实践的范例。

- 照护的连续性可以保证每个婴儿（及其家庭）能与一名主要的照护者形成稳定的关系。当照护者充分了解婴儿后，就能对每个孩子的气质、需求及其发出的线索做出适宜的回应，并且能够与每个孩子及其家庭建立良好的沟通模式。
- 成人要与婴儿进行多次一对一、面对面的互动。成人要用愉快平和的语气、简单的语言和频繁的眼神接触与婴儿进行交流，同时还要及时回应孩子发出的线索。

- 照护者要在一天里与婴儿进行多次温暖、回应式的互动。通过观察婴儿的一举一动，成人能够判断婴儿是否希望被抱起来，是否希望被带到新的环境中，或者是否希望换一种姿势。成人要经常与婴儿就正在发生的事情进行对话，尤其是与那些年龄稍大些的孩子。
- 孩子需要知道他们所获得的进步，这有助于他们感受自己的能力不断增强，产生自我掌控感。

资料来源：摘自 Carol Copple and Sue Bredekamp, eds., *Developmentally Appropriate Practice in Early Childhood Programs,* 3rd ed.（Washington, DC: National Association for the Education of Young Children, 2009）。

个体适宜性实践

日常的照护行为必须做到个体化，这样才能满足每个孩子的特殊需求。以换尿布为例，有的孩子可能喜欢以特定姿势躺在尿布台上，以避免身体紧张；有的孩子需要抱一个小枕头，因为皮肤接触会给她造成困扰；还有的孩子则需要额外的支撑来坐着，以方便他吃自己手中的食物。

文化适宜性实践

照护者与家长之间的分歧可能会涉及孩子独立吃饭问题。在家中，最初几年，家长都习惯于用勺子喂孩子吃饭，并且认为不应在 2 岁前就让孩子自己吃饭。正如一位母亲所说："我喜欢喂我的宝宝。我不会因为他具备了独立吃饭的能力就不再喂他了，因为喂他是我爱他的表现。"我们需要谨记，适宜的照护实践意味着照护者可以和家长共同商讨如何更好地支持儿童发展，或者在面临问题和分歧时应如何解决。

适宜性实践的应用

请回顾一下本章的"活用原则"专栏，并重新思考那几个问题。在阅读完本章后，你是否会对这些问题做出不同的回答？请你结合"发展适宜性实践"中的最后一点来分析"活用原则"中的例子并回答以下问题。

- 照护者是否认可了贾丝敏所获得的进步？你认为照护者是否帮助贾丝敏体验到自己的能力不断增强，并产生了自我掌控感？

现在再请你结合本专栏中的"文化适宜性实践"来回答以下问题。

- 如果贾丝敏所处的文化认为，成人应该为她解决问题而不是让她独立解决问题，那么例子中的事件将会有何不同？
- 如果照护者的做法与贾丝敏父母的做法不同，你能做些什么？

婴幼儿教育与入学准备

我们在谈论头三年的教育时，不可能不涉及让儿童拥有一个良好开端与他们日后入学之间的联系。值得注意的是，尽管本章和全书对婴幼儿教育的解释可能看起来并非“入学准备”这一取向，但它确实能为儿童在学校取得成功奠定所需要的基础。

早期的保育和教育是一项社会经济投资[12]。一些政策制定者考察了脑研究，认为早期教育作为一项投资，能对日后的发展产生重大影响，尤其是对低收入家庭的儿童而言。当家庭缺乏必要的资源，无法为他们的孩子提供一个健康、安全和关爱的人生开端时，这些孩子上学后就有落后的风险。事实上，他们中的许多人在进入幼儿园时就已经落后了。这正是社会可以提供帮助的地方。尽管儿童早期教育项目一定能使所有儿童都受益，但那些来自中产阶级家庭的孩子往往在学校表现良好，即使他们从未使用过校外服务[13]。

有两个项目值得特别关注，它们有助于解决家有婴幼儿的低收入家庭所面临的特殊问题。其中一个项目是由杰弗里•卡纳达（Geoffrey Canada）在纽约发起的名为“哈莱姆儿童区”（Harlem Children's Zone）项目[14]，简称 HCZ。HCZ 的目标是为每个孩子从出生起就做好上大学并顺利毕业的准备。它是一个涉及整个社区的综合项目，不仅仅关注儿童。在母亲怀孕期间，父母或准父母就要参加育儿课程，在孩子出生后继续参加学习。父母要学习育儿技巧，知道如何获取社区资源以及享受诸多优惠。自己继续学习，并支持孩子的发展和学习。

卡纳达发现，他不能只关注父母，还必须关注为他们提供服务的机构或项目，其中包括他致力于改善的儿童保育机构或项目。当儿童从婴幼儿保育机构毕业后，他们会继续接受学前教育，这些学前教育的质量会受到严格的监控。卡纳达及其同事花了数年时间来确保儿童的每一次教育经历都是高质量的，直到他们进入学校。第一批家长学员已于2000年从卡纳达的宝贝学院（Baby College）毕业。卡纳达对他们的孩子进行了追踪研究，结果显示成效是显著的！2009年5月的测试结果显示，在这些三年级的学生中，100%的人数学成绩达到或超过年级平均水平，94%的人阅读成绩达到或超过年级平均水平[15]。HCZ和宝贝学院的工作卓有成效[16]！

值得注意的是，虽然卡纳达的主要目标是提高儿童上学后的考试成绩，但家长们在宝贝学院学到了关于婴幼儿的非常可靠的儿童发展知识，这些知识与照护以及其他的一些育儿实践密切相关。事实上，家长课程与本章和本书其余部分的内容是贯通的。

另一个值得一提的针对婴幼儿及其家庭的项目起始于20世纪90年代。该项目是由美国联邦政府资助的全国性计划，主要针对低收入家庭，被称为“早期开端计划”（Early Head Start），是“开端计划”(始于20世纪60年代中期，针对的范围更广)的婴幼儿版本。在奥巴马政府时期，这个项目得到了极大的拓展。像“哈莱姆儿童区”一样，“早期开端计划”提供全面的服务，对家庭的关注不亚于婴幼儿本身。这些项目在结构和运作系统上各不相同，但是我想强调的是，它们都是基于对健全儿童开展的发展研究，关注的是婴幼儿如何学习。家长在“早期开端计划”学到的知识也与本书内容相当吻合[17]。婴幼儿教育看起来不像学校教育，但它确实能够让孩子拥有一个良好的开端，增加了他们日后成功的机会。

本章小结

婴幼儿教育意味着成人以尊重、关爱的方式，始终如一地满足儿童的需求，在支持儿童探索、发现以及与他人建立关系和解决问题的过程中，顺应儿童个体的能力及兴趣。

婴幼儿教育的三大误区

- 婴儿刺激，或者旨在刺激婴幼儿感官的那些举措，并不是本书关注的婴幼儿教育方法。
- 托育服务，或者仅仅是照护非常年幼的孩子以确保他们安全的服务，并不同等于婴幼儿教育，因为它们往往忽略了对婴儿保育员进行培训的需要，应该让她们知道保育和教育是相辅相成的。

- 学前教育的模式，特别是那些以“圆圈时间”为重点的教学活动，以及专门针对孩子设计的特定活动，都不是婴幼儿教育。

什么是婴幼儿教育：组成部分

- 课程是婴幼儿教育的基础。课程可以看作一项学习计划。
- 受过培训的成人会以各种方式，关注并欣赏婴儿每天在刺激丰富且回应式的环境中遇到的各种问题。
- 课程评估是婴幼儿教育的重要组成部分，这是一个持续的过程，在此过程中成人进行观察、记录并分析所观察到的内容。
- 问题解决也是婴幼儿教育的一个组成部分，包括受过培训的成人为婴幼儿的问题解决制订计划、提供支持，并在婴幼儿真正表现出需要帮助时偶尔提供脚手架。
- 受过培训的成人在支持婴幼儿问题解决方面发挥的作用包括：确定最优压力水平，给予适当的关注，提供恰当的反馈，以及示范他们希望在婴幼儿身上看到的行为。

婴幼儿教育与入学准备

- 入学准备依赖于父母或替代父母的照护者为婴幼儿的人生提供一个健康、安全、关爱的良好开端。
- 如果家庭无法给孩子提供一个良好的开端，那么这些孩子在入学后将面临落后的风险。
- 有两个项目可解决家有婴幼儿的低收入家庭所面临的一些特殊问题，其中一个是杰弗里•卡纳达的“哈莱姆儿童区”，另一个是“早期开端计划”。这两个项目都提供综合服务，其中包括对父母的教育和支持。

关键术语

教育理念（philosophy of education）
轶事记录（anecdotal record）
连续记录（running record）
文档（documentation）
最近发展区（zone of proximal development）
照护者在场（caregiver presence）
最优压力水平（optimum stress level）
正强化（positive reinforcement）
树立榜样（model）

问题与实践

1. 关注婴儿教育的机构与那些片面强调婴儿刺激的机构有何不同？
2. 在婴幼儿教育中成人发挥的四种作用分别是什么？
3. 你如何界定“课程”一词在中心式婴幼儿机构中的含义？在家庭式托儿所中，“课程”的含义是否会有所不同？
4. 如果某位家长这样问你:“孩子们在你们的机构中能学到些什么吗？”“他们是否只是一味地玩耍？”思考一下，你将如何向家长解释你所在的机构是具有教育意义的，而不只是提供“托育服务”。

拓展阅读

Deb Curtis, Kasondra L. Brown, Lorrie Baird, and Anne Marie Coughlin, “Planning Environments and Materials that Respond to Young Children’s Lively Minds,” *Young Children* 68(4), September, 2013, pp. 26–31.

Julia Luckenbill and Lourdes Schallock, “Designing and Using a Developmentally Appropriate Block Area for Infants and Toddlers.” *Young Children* 70(1) March 2015, pp. 8–17.

Lori Norton-Meier and Kathryn F. Whitmore, “Developmental Moments: Teacher Decision Making to Support Young Writers.” *Young Children* 70(4), September 2015, pp. 76–80.

Thomas Bedart, “Levels, Spaces, and Holes at the Sensory Table.” *Exchange* 38(1) January/February 2016, pp. 26–29.

第3章 照护是一门课程

问题聚焦

阅读完本章后，你应当能回答以下问题：

1. 在照护中如何建立课程所依赖的关系？
2. 课程包括学习计划，而学习又与依恋有关，那么婴幼儿照护机构如何制订计划来增进依恋？
3. 照护者如何评估婴幼儿的即时和长期需求与发展？
4. 什么是照护常规？请列举其中六项。

你看到了什么？

四个年龄为 14 ~ 16 个月大的孩子围坐在一张矮桌旁，聚精会神地看着照护者手中的几个塑料杯子。照护者转向右手边的孩子并拿出两个杯子。“艾莎，你想要绿色的杯子呢，还是要蓝色的杯子？”他举起第一个杯子，然后又举起另一个问道。艾莎指向蓝色的杯子。照护者把另一个杯子放到身后的桌子上，然后拿起了面前的大水壶。

“现在每个人都有杯子了，”照护者边说边看着满脸期待的孩子们。“这是果汁——苹果汁。”照护者说着，便将少量果汁倒在了另一个小水壶里，然后递给一个叫希恩的孩子。希恩一把抓过小水壶，兴奋地往自己的杯子里倒果汁，果汁洒到了外面。照护者递给希恩一块抹布，平静地说：“这有一块抹布，你把流出的果汁擦掉。”希恩快速地擦完，然后仔细地盯着小水壶里剩余的那一点儿果汁，小心翼翼地把它倒入自己的杯中。他不再理会那个小水壶，而是满足地看着自己的杯子。

“轮到你了，尼科。”照护者边说边将小水壶倒满果汁，递给了下一个孩子。尼科接过小水壶，往自己的杯子里倒了一些果汁，然后把小水壶递给了旁边的孩子，那个孩子感激地接了过去。这时，另一个男孩敲着杯子，大声叫道："给我！"

"熙勋，你想要些果汁？"照护者说道。

"不是！"熙勋断然地说，并指向桌子上放着的香蕉。

"哦，你想吃香蕉啊。"照护者恍然大悟。

当你阅读本章时，请记着这一场景，并开始思考照护作为"课程"的含义。我们之后会对这一场景进行讨论。

对婴幼儿课程的再思考

NAEYC 机构认证标准2 课程

如前所述，学前之后的教育课程可能只关注思维和认知，但是这显然不适合婴幼儿。在生命的初始阶段，我们无法将智力需求与其他需求分离开。通过照护活动，照护者满足了婴儿的基本需求，为婴儿学着解决各种问题提供了许多机会。对婴幼儿而言，学会解决问题是任何课程的重要内容。一旦婴儿与照护者建立起信任关系，他们就会成为有能力的问题解决者。本章着重探讨婴幼儿与照护者的信任关系是如何在日常的照护互动（如换尿布和喂食）中产生和发展的。

与其他课程范式一样，我们呈现一种以活动为基础的范式。然而，我们所认为的最重要的"活动"并非是成人专为促进儿童学习所设计的，而是那些每天都会发生的最基本的生活起居活动或照护行为。因此与其他大多数图书不同，本书中的活动通常是指日常照护行为。另外，我们也想进一步阐述清楚，课程一词的含义并不适用于那些为孩子换尿布、穿衣服、梳洗或喂食等任何老方法，而是一种经过深思熟虑的新范式。本章的重点也正是阐述如何运用这些范式将日常照护行为转化为课程的。我们的这种课程范式是建立在皮克勒在匈牙利的工作，以及玛格达·格伯在婴儿保教者资源机构（RIE）开发的教学经验基础之上的[1]。

在本章，我们会探讨那些能促进儿童的学习和发展的照护活动的方方面面。照护者和婴幼儿之间的互动质量很重要。如果照护者与婴幼儿之间的互动是尊重的、回应式的且双向互惠的，那么学习、发展以及亲密的关系便随之产生。另外，运用这些技能有助于照护者更好地了解每一个儿童，使得他们之间的互动更具个性化且有效，从而促进他们建立一种亲密、温暖和敏感的关系。

为建立依恋关系制订计划

NAEYC机构认证标准1 关系

当课程发生在照护活动之中时，其重要内容之一便是**依恋**（attachment），即婴幼儿与某个特定的人之间的情感纽带。通过细致入微的照护互动，婴幼儿与照护者之间的依恋关系不断发展，尤其是当婴幼儿能获得同一个照护者连续一致的照护时，他们会逐渐认识照护他们的这个人。发展、学习与依恋存在紧密的联系。依恋关系建立之后，儿童才能获得信任感和安全感。个体终生的学习能力和态度可能在婴儿期的换尿布、洗澡、穿衣、梳洗以及喂食等活动中就开始得到了初步发展。日常生活中这些必需的照护活动，为婴幼儿提供了丰富的感官体验、无尽的乐趣和满足感，也是他们学习社会技能和动作技能的好机会，所有这些都为婴幼儿的智力发展奠定了基础。当婴幼儿与熟悉的照护者互动时，他们会在大脑中构建具有长期认知影响的结构，这有力地支持了我们的“照护即课程”的观点。

婴幼儿需要与人建立依恋，这能让他们觉得自己很重要。虽然托育机构中的大多数婴幼儿都会依恋他们的父母或其他家庭成员，但是，如果他们长时间离开父母或其他家人，对照护者的依恋就会使他们格外受益。由于依恋关系可以促进儿童与照护者之间的交流，并有助于照护者理解儿童的需求，因此儿童与照护者都会从中获益。照护者得到的回报是儿童对他

（她）的依恋感，而儿童收获的是自我的重要感。通过依恋关系，儿童认识到自己不仅会被关爱，也会被照护。

支撑照护即课程的政策

设计照护课程时需要考虑以下三点[2]：

- 主要照护者体系
- 一致性
- 照护的连续性

现在让我们进一步理解以上各点。**主要照护者体系**（primary-caregiver system）是指让每位照护者仅负责照护少数几位婴幼儿，这样的体系有利于促进婴幼儿与照护者之间建立依恋。该体系背后的理念是，如果照护者专门负责照护 3 ～ 4 名儿童，相比于偶然建立的依恋，或者所有照护者无区别地照护整个群体的孩子们，他们能与儿童建立更紧密的依恋关系。另外，组建一个团队体系也很重要，这样做是为了确保当某个主要照护者缺席时，总会有一个孩子们相对熟悉的照护者来代替。在一个运行良好的主要照护者体系中，照护者与其专门负责之外的儿童也有互动。

一致性（consistency）是课程十分重要的目标。如果照护者能细心考虑并尽可能减少照护过程中的变化，婴幼儿会逐渐知道他们能够预测即将发生什么事情。这样，他们的无助感会减少，安全感会随之增强。玛格达•格伯明确指出，照护者用儿童已经习惯了的一贯方式做事，这样儿童就不至于总是努力去适应新事物而失去平衡感。然而，在美国这个崇尚标新立异的国家，成人或许难以认同一致性这一理念。

皮克勒研究中心针对照护方式的可预见性制定了明确的政策[3]。该中心的每位照护者都会用同样的方式抱起婴儿。每天用相同的方式开展常规活动。另外，照护者会以同样的顺序给婴儿喂食，这样孩子们逐渐就会知道何时能轮到自己。皮克勒研究中心的参观者对这里的照护方式所体现出的可预见性印象深刻。由相同的人用可预测的方式照护婴幼儿是一致性的组成部分。可预见性，再加上从新生儿开始，照护者就教导婴幼儿要学会合作，最终产生了惊人的效果。参观者在该中心发现，甚至连众所周知不爱合作的学步儿都表现出了很强的合作精神，这给参观者留下了深刻的印象！学会合作是婴幼儿课程的一部分。

顾名思义，**照护的连续性**（continuity of care）是指儿童可与同一位照护者相处几年的时间。有些照护机构缺乏照护的连续性，因为当儿童"达到"新的发展水平时，根据相关的政策，他们会离开之前的教室、老师甚至同伴。有的照护机构使1岁以下的婴儿在登记入托后的三个月内多次变换环境。此外，有些机构还会依照学校的模式，让孩子们每年都换教室和老师。然而，注重照护连续性的机构会尽量让全班的孩子与相同的照护者共处。当孩子长大而以前的环境不再适合时，照护者或者调整环境或者让孩子搬到新教室。伴随孩子的成长，这一体系称之为循环。

评　估

任何课程的成效都取决于照护者对儿童个体及群体需求的判断。评估是在任一既定的时间内确定儿童需求的一种方式，是实施照护任务的第一步。婴幼儿并不能总是让你清楚地知道他们的需求，所以你必须学着解读一些需求信号。正如原则3所示，依恋在此能够发挥作用，它有助于你很好地了解孩子的需求，理解他们独特的交流方式。

NAEYC 机构认证标准4 评估

一旦你抓取到了儿童个体或群体向你传递的需求信号，你就能将察觉到的信号转变成言语。如果你不确定这些信号所表达的意义，请大声地用言语问问孩子，即使是对小婴儿也可以这样。通过观察、聆听和触摸等多种感官方式寻求答案。如果你正在开始学习儿童的交流系统，你可以直接从儿童那里得到答案。通过这种范式，你就已经开始建立一种双向的沟通

想一想

你通常是如何察觉自己的需求并满足它们的？你是否记得某次自己不能满足自己需求的经历？你是如何将这一需求表达出来的？你的需求信息被他人接收了吗？你得到你想要的结果了吗？

模式，这种模式将对儿童今后的生活有很好的帮助。被鼓励表达其需求和兴趣的儿童（甚至很小的婴儿）将在这些方面变得相当熟练。但你也要意识到，直接表达需求并不适合于所有的文化，所以照护者要审慎地看待家长对孩子的期望[4]。

确定儿童的真实需求 有时，成人会发展出单一的范式来回应某个孩子的需求信号。“噢，他累了；他需要睡一觉。”这可能是某位照护者标准化的回应；另一位照护者可能希望用食物来安抚所有任性的孩子；或者有的照护者会从他自己的感受出发揣测孩子的需求。认为温度太低的照护者可能会说“他冷”，尽管孩子身上摸起来很暖和。如果儿童不饿时却被喂食或者不冷时却被包裹起来，那么他们可能会失去识别个人需求的能力，或者学会用一种需求替代另一种需求。确实，即使儿童不饿，用奶瓶来安抚他们通常也会奏效。这就是奶瓶如何能成为拥抱或关注的替代品的原因。想一想，有多少成人在有其他需求时却不自觉地用食物来满足自己？这种行为可能是从婴幼儿期的经历中习得的。当今时代，儿童的肥胖问题日益严重，我们要对那些寻求以食物作为安慰的婴幼儿格外警惕。须探究的是，孩子未得到满足的真正需求是什么？一旦我们知道了答案，就会用心来满足孩子真正的需求，而不是用食物来代替。通常，婴幼儿得不到满足的需求是新鲜的空气和户外活动。在皮克勒研究中心，孩子们都非常健康，他们每天都会在户外玩耍，全年不间断，而且也会在户外进餐和睡觉。甚至新生儿也会在露天的阳台上睡觉。当大一点的孩子们在户外玩耍时，照护者会给教室开窗通风，这样孩子们回来时，迎接他们的就不再是闷热、污浊的空气了。呼吸新鲜空气是促进健康的简单之举，可以满足我们每个人的需求。

当需求发生冲突时 在婴幼儿的照护过程中，有时会出现这样的情况，即某个成人或儿童群体的需求或兴趣与某个孩子的需求或兴趣相冲突。比

如，因为到了放学时间某个孩子必须被叫醒，或者某个孩子因为某种原因必须被提前或推迟喂食。在皮克勒研究中心，照护者都是按照特定的顺序给婴儿喂食，所以这些孩子逐渐地对这一切了解得很清楚。尽管有时他们也会因为不得不等待而抗议，但是孩子们知道照护者总是会来给他们喂食的。他们学着去相信总会轮到他们的，也学着去预测自己的顺序。如果做事无规律，总是变化无常，不免会令孩子们感到困惑。当照护的一致性得以保障时，孩子们就会知道将会发生什么，这与那些他们无法预见和控制的情况相比，自然会觉得自己更有力量。

我们可以用一句话来解释哭：哭是一种沟通方式。与把哭闹视为一种只想躲避的麻烦相比，当成人把哭闹这种行为看作一种沟通方式时，他们肯定会有不同的感受。当饥饿的婴儿哭闹时，即使你不能立即满足其需求，也要给予回应。那是婴儿在与人沟通。

当他们的个体需求不能及时被满足时，儿童也能自己应对。他们是有**心理韧性**（resilience）的，即他们能够适应困境或从挫折中恢复过来。然而，如果非常小的孩子不得不一直等待，并且也无法预测何时能轮到自己，这就可能给他们造成永久的伤害。如果照护项目或成人总是先考虑自己的需求和兴趣；或者随意满足婴幼儿的需求，毫无规律可循，那么孩子们可能会经历长期的负面影响。

照护常规

本书所依据的十项原则在这一部分是一个完整的主题。要使日常的照护常规成为课程，就不能机械地去做。每当进行这些日常生活中的某项基本活动时，照护者都会全身心地与某个孩子互动，把时间花在和孩子更进一步的关系上。而每当照护者操控孩子的身体，转移孩子的注意力时，他喂养是建立依恋关系的良好时机。

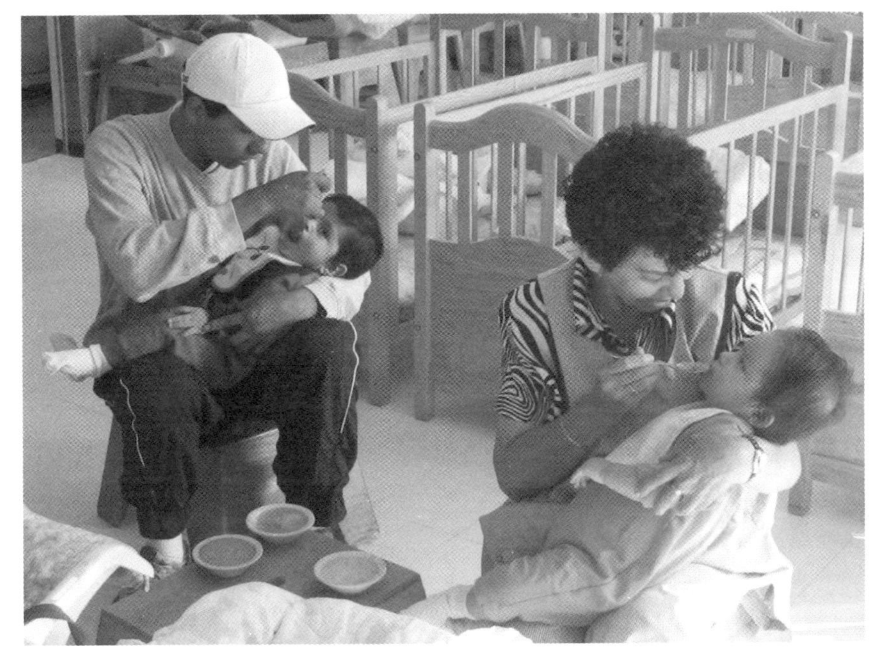

© Frank Gonzalez-Mena

们就失去了让孩子体验亲密的人际互动的机会。正是由于在照护者与儿童大量互动中这种亲密感的积累，才使得普通的照护任务变成了以关系为基础的课程。

喂　养

对于婴幼儿照护项目来说，不论是中心式的还是家庭式的，应尽可能为哺乳期的母亲们提供方便。虽然这样做会给照护者带来诸多不便，但母亲和婴儿都能从中受益。照护者应让哺乳的母亲感到自己是受欢迎的，并为母婴提供一个安静舒适的环境。与非母乳喂养相比，母乳喂养的好处不应被忽视。母乳喂养能增强婴儿的免疫系统，减少过敏的风险。母乳来自人体，天然含有比例恰当的脂肪和蛋白质。在母乳喂养过程中，母亲会根据婴儿的需求提供乳汁，并且乳汁的成分会随着婴儿需求的变化而改变[5]。母乳喂养的另一个好处是，它能彰显文化上的食物偏好，让离家的婴儿还能体验到他们自己的文化。照护者或家庭式托儿所提供的任何服务都应鼓励母亲进行母乳喂养，并创造条件使哺乳更方便。

提倡母乳喂养 现在，鼓励母乳喂养是趋势。它还是防止儿童肥胖的一种方法，儿童肥胖已引起全社会的关注。美国儿科学会（AAP）正大力提倡母乳喂养，该机构曾在《母乳喂养：对母婴最好》（*Breastfeeding : Best for Baby and Mother*）这一刊物上报道了几个正在开展母乳喂养的项目。其中一个母乳喂养项目为不同种族和民族的家庭提供儿科和产科的照护服务[6]。儿科和产科的医生为孕妇和新手母亲们提供信息与支持，鼓励她们用母乳替代配方奶粉。在提供教育材料和其他资源时，也培养健康护理专业人员对母乳喂养的文化差异的敏感性，该项目有潜力使不同文化背景下的母乳喂养率显著提高。

美国儿科学会刊物报道的另一母乳喂养项目则由美国军方创建，旨在支持因参加野外训练活动而不得不与正吃奶的孩子暂时分离几天或几周的哺乳期母亲[7]。该项目保障军队中的母亲们即使在野外训练时也能用吸奶器将乳汁吸出、储存并运回总部。该项目的宗旨（除了保证婴儿的营养）是为了留住训练有素的士兵。如果军队都可以解决在野外使用吸奶器的问题，给予女兵私人的空间和时间让其吸奶，卫生地存储母乳，并将母乳及时运送给婴儿的照护者，那么是时候其他行业也应该为哺乳期的母亲们提供这样的便利了，也是时候婴幼儿照护的提供者与哺乳期的母亲共同努力为婴儿提供最好的营养了。

喂养的放松时间 像母乳喂养的婴儿一样，用奶粉喂养的婴儿也应该得到一对一的关注和亲密的身体接触。管理有序的照护中心会想尽各种办法，让照护者抱起婴儿时，可以放松地坐下来专心给孩子喂奶，而不强求其同

时还要手忙脚乱地兼顾其他孩子的需求。在家庭式托儿所里，虽然很难保证这种**放松时间**（release time）——一个照护者只关注一个孩子而其他人照看其他孩子的时刻，但是，那些将婴儿抱起喂奶的照护者仍能找到合适的办法来解决这一问题。

设想你自己就是一个戴着围嘴的婴儿。

你听到熟悉的声音对你说："该吃苹果酱了。"环顾四周，你看到一把勺子、一只手和一小盘苹果酱。花点时间真正体验这一切，感受一下此刻的惬意和期待。这时那个声音又响起："准备好了吗？"随后，你看到那把勺子递到了你的面前，留有充足的时间，让你可以张开嘴含住勺子，你感到苹果酱吃进了嘴里。你细品着它的味道，感受着它的质感和温度。在咽下苹果酱之前，你尽情地品味着。有些苹果酱通过喉咙咽了下去，有些则沿着下巴流了出来。你抬头寻找那张熟悉的面孔，看见它就让你愉悦。这时，你再次张开嘴，你感到有人温柔地擦了擦你的下巴，然后又喂了你一勺。你探索着……当你吞咽下去时，你带着几分兴奋，对下一勺充满了期待。于是，你又看向那张熟悉的面孔，你伸出手，手指触碰到了柔软而光滑的东西。当你张开嘴想再吃一口果酱时，所有的这些感受都涌现了出来。安妮·林德伯格[8]将儿童与照护者之间的良好关系比作一段舞蹈，在舞蹈的过程中，舞伴都全身心地活在当下，通过踩着相同的节奏，创建了一种模式。你能将上述喂养情景看成一段舞蹈吗？有效的照护行为的关键之处是儿童与照护者之间要有一种良好的关系。

请你将上述场景与下面的场景进行对比。

你感到自己被"扑通"一声放在一个高高的餐椅上，照护者一言不发。一条安全带环绕在你的腹部，你孤零零地坐在那里，面前只有一个空的托盘。你敲打着那个托盘，它和椅背一样冰冷坚硬。你开始不耐烦，看来你好像要永远坐在那里，你扭动着身体。突然，一把勺子放到你的唇间，迫使你张开嘴。你一边吃着苹果酱，一边抬头看向那个拿勺子的人。当你蠕动舌头准备吞咽苹果酱时，那把勺子又放到了你的唇间，你不得不张开嘴。当你的嘴被另一勺苹果酱塞满的同时，你看到了一个面无表情和心不在焉的人。你享受地品味着和体验着苹果酱，你大口地“咀嚼”着，有些果酱从你的齿间流到了下巴。你感到你的下巴被一金属物使劲地刮了一下，更多的苹果酱塞进了你的嘴里，你不得不在还没吞咽完的情况下，又吃进更多的苹果酱。当你吞咽时，你感到有人在刮擦你的下巴，那个人正用勺子收集你流到下巴的果酱。你咽下了一点，当你准备咽下更多果酱时，那把勺子又伸进了你的齿间。你觉得自己必须在下一勺果酱进来前赶紧把嘴里的果酱咽下，于是更多的果酱被挤出嘴外，又流到了你的下巴。你只感觉到勺子不停地进进出出，在你的下巴上刮来刮去……现在请记住这种感觉，不用再去想象了。

喂养时间应该是一段优质时间。原因之一是，在喂养的过程中，照护者与儿童之间能形成依恋。基于此，如果条件允许，每个婴儿每天应各自由同一照护者喂养。

当婴儿开始学着自己吃饭时，他们制造麻烦的水平也快速升级。大多数照护者愿意宽容对待这些麻烦，因为他们都重视儿童的独立性。他们希望儿童在他们的照护下学会一些**自理能力**（self-help skill）。在美国，只要儿童具备了自己吃饭的能力，大人就会允许甚至鼓励他们这样做。通常，当婴儿能抓起勺子时，照护者就会递给他一把勺子，允许其试着将勺子放进嘴里。

NAEYC 机构认证标准1 关系

图 3.1 列举了一些如何帮助儿童独立进餐的建议。

进餐也是一种情感过程。成人对喂养孩子的情感、观点和习惯做法与即时体验无关，而是源于他们自己的个人经历和文化。人们对进餐规范有

图 3.1　促进儿童进餐自理能力的小贴士

1. 使用儿童餐具。
2. 提供便于用手抓取的食物，如切成块的香蕉（除非家长强烈反对）。
3. 每次只提供少量食物。最好是让儿童吃完后再要食物，而不是一开始就给他们一大份。按需提供食物更便于打扫。
4. 允许儿童探索和体验食物（除非家长强烈反对），但是你要设定限制。在你感到局面不可收拾前结束进餐。轻松愉快的进餐氛围有助于消化。

录像观察 3

儿童独立进餐

© Lynne Doherty Lyle

看录像观察 3：在这段录像中，你会看到成人与孩子在进餐过程中的互动。

问　题

- 这段录像是如何使进餐成为“课程”的？
- 你认为录像中的孩子除了食物之外还有哪些收获？
- 看完这段录像后，你能谈谈该机构的理念吗？

要观看该录像，扫描右上角二维码，选择“第3章：录像观察3”即可观看。

着强烈的感受，知道该做什么，不该做什么。他们吃饭的方式似乎就界定了他们是谁。关键是进餐与强烈的情感有关，而这些情感会影响成人对儿童进食的观点和反应。

并非所有的文化都对早期独立、自己吃饭以及由此产生的可能的麻烦持相同观点，认识到这一点很重要。因此，你即使不赞同，也应尊重这一事实，即有些家长可能会在你认为没必要的阶段仍继续用勺子给孩子喂饭[9]。

理解每个孩子发出的信号，给孩子一些选择，设立清晰的界限，坦诚地做出回应，积极地进行互动，这些都是儿童拥有愉快进餐体验的关键。当孩子吃饱时就结束进餐，这一点非常重要。如果儿童吃饱了，食物还摆在他们面前，他们通常很难控制自己不去摆弄面前的食物。

NAEYC 机构认证 标准3 教学

回顾本章开篇的场景，反思它如何体现了本书的基本原则以及本章的主旨。照护者与孩子们之间的互动是尊重的、回应的以及双向互惠的，结果就是饭桌上呈现出愉悦的氛围。照护者努力去理解每个孩子发出的信号，并用言语对孩子们的需求做出回应。照护者给孩子们提供一些选择，而不是给他们准备一份完整的自助餐，并且也会设定一些限制。

也许你没见过学步儿围坐在矮桌前而不是坐在餐椅上进餐的场景。他们围坐在一起，比成排地各自坐在高高的餐椅上会有更多的社交体验。进餐结束，他们何时离开可以有更多的选择，而不必等成人把他们抱下来。如果独立是一种价值观，那么这一简单的做法对促进孩子独立性的发展会大有裨益。

虽然本章开篇的场景并不是来自布达佩斯的皮克勒研究中心，但两者有很多相似之处，因为这些学步儿都是围坐在矮桌前进餐。然而，这一场景没有体现出的是，在皮克勒研究中心，如果某个孩子无法在约束下坐在桌前进餐将会发生什么。在皮克勒研究中心，照护者会说某个孩子还没有做好自己吃饭的准备，他们会用上一发展阶段的标准来照护这个孩子，在其他孩子进餐前，照护者用勺子先给他喂饭。这不是惩罚，只是照护者认为这个孩子需要更多的帮助。在皮克勒研究中心，照护者从不推着或催促着孩子朝前发展。不必为准备状态担忧，它只是一种事实而已。在常规照护过程中，照护者将会满足孩子对独立的需求，能持续多久就持续多久。针对这一政策你或许会认为，儿童会在相当长的一段时间内有一种无助感。然而事实是，孩子们对独立具有强烈的渴求。事实表明，与美国很多孩子相比，皮克勒研究中心的孩子们往往在很小的时候就学会了自己进餐和穿衣，熟练程度令人吃惊，因为这里经常强调早期独立。

NAEYC 机构认证标准5 健康

当然，喂养婴幼儿并不仅限于照护者将食物送进他们的嘴里。细心的照护与密切的关注以确保饮食卫生也是喂养的一部分。准备食物、喂食、储存食物以及清洗餐具都应遵守当地和国家的健康标准。这些程序应被张贴和监管。喂食与换尿布这两种照护行为应完全分离，各自的水池应专用。要避免一些危险的错误做法：

- 用微波炉加热装有婴儿食物的奶瓶或广口瓶，因为微波炉加热的餐具太热，容易烫伤婴儿的嘴。
- 将未喝完的奶瓶中的母乳或奶留到下次使用，因为放入奶瓶的母乳或已冲好的配方奶很容易被污染或变质。
- 将剩余的罐装婴儿食品再放入冰箱，因为已经开封的婴儿食品很容易变质。

如何开始添加辅食？家长应该学习关于婴儿辅食添加的时间及种类等方面的知识。尽管多年以来在许多文化中，有些家长会在婴儿 4 个月大前就开始给孩子添加辅食，但是现在添加辅食标准的推荐时间不应早于 4 ～ 6 个月大的婴儿。传统的辅食是专门为婴儿生产的大米或大麦等谷类食物，与母乳或配方奶粉掺在一起食用。添加辅食时，每次只应适量添加一种食物，等孩子适应后再逐渐加量。小于 6 个月大的婴儿应避免食用麦片、精麦粉（包括面包）、鸡蛋以及柑橘类水果，因为这些食物可能会引起婴儿的过敏反应。坚果和花生酱这类食物更不应给婴儿食用，因为它们不仅可能引发过敏反应，还可能导致婴儿窒息。另外，学步儿应避免食用的食物还包括面包圈、棉花糖、爆米花、整粒葡萄以及其他容易卡在喉咙的任何东西。

随着肥胖儿童人数的增加，与肥胖有关的膳食营养也已成为人们日益关注的问题。根据《美国饮食营养学会杂志》的报告，自20世纪80年代中期以来，美国民众的肥胖率增长了一倍[10]。肥胖问题往往始于婴儿期，当你看过发表在该杂志上的一篇题为“关于婴幼儿喂养的研究”的文章就知道个中的缘由了。美国儿童在1～2岁时每日平均摄取的热量超过所需量的30%，这些热量绝大多数来源于薯条、比萨、糖果和汽水。多达1/3的儿童不吃水果或蔬菜，而那些吃蔬菜的儿童也会经常吃薯条或薯片。事实上，在参加该研究的儿童中，9%的9～11个月大的孩子每天至少吃一次薯条，20%的19～24个月大的孩子每天都会吃薯条。

换尿布

请阅读下面换尿布的场景，并注意成人是如何与这名婴儿完美配合的。

照护者俯身看着尿布台上的小宝宝。他们面对面，照护者正与他交流换尿布的事情，这吸引了他全部的注意力。因为孩子不是侧躺，所以他必须扭头才能看到照护者的脸；尿布台的造型便于孩子的双脚蹬在照护者的肚子上。直到他全身放松后，照护者才开始为他换尿布。照护者的动作很温柔，也及时地回应孩子。每当照护者告诉孩子下一步要做什么时，她都会耐心地等待孩子做出面部或肢体反应后才继续。照护者与孩子谈论着每一步要做的事情，让孩子的注意力始终集中在换尿布以及他们的互动上。照护者为孩子换尿布的这种方式有助于建立她与孩子之间的关系。换好尿布后，照护者向孩子伸开双臂说：“现在，我要把你抱起来。”听到她的话，孩子的头和身体期待地稍稍前倾，脸上露出了微笑，心甘情愿地投入了她的怀抱[11]。

上述换尿布的场景是本书作者在布达佩斯的皮克勒研究中心观察到的。然而，即使在皮克勒研究中心，照护者为孩子换尿布的过程也并非总是这样顺利，因为这一时期的孩子要经历一个不合作期。孩子的不配合具有重要意义，尽管这会给照护者带来难题。抗拒是儿童成长的标志，儿童通过反抗维护了自己的个性和独立。即使是这样，照护的原则仍旧相同——试着去鼓励孩子合作。照护者不应放弃，要争取让孩子参与到照护任务中来。承认孩子的感受并用语言向孩子描述出来。当孩子不配合时，很多照护者都会使用分心术，即寻找一些有趣的事来分散孩子的注意力，从而完成照护任务。虽然这种做法管用，但是我们不建议。这样做对婴幼儿产生的最大风险之一是，教会小孩子需要被取悦。找乐子容易上瘾，一旦小孩子养成这种习惯，会很难戒掉。还有一点需要强调的是，如果照护者在换尿布时孩子没有充分意识到并参与其中，那么这一行为就不是一种亲密的人际体验，也不能更进一步促进关系的发展。当然，它也就脱离了课程的范畴。

NAEYC 机构认证标准5 健康

为防止疾病的传播，换尿布时执行严格的卫生程序也很重要。这些卫生程序应与当地的相关制度和健康要求相一致，并张贴在换尿布区，让所有的照护者都能看得到。尿布区必须远离食物准备区，必须专门用于换尿布，不得另作他用。以下换尿布的程序借用了美国西部教育公司的《婴幼儿照护者日常工作指南》（第2版）：

1. 在每次换尿布前检查并确保尿布台是卫生的。如果尿布台在上次使用后未清洁，要丢弃用过的废纸，喷洒消毒液进行清洁，并重新铺上干净的纸。
2. 将换下来的尿布丢到有盖子的垃圾桶里。
3. 用干净湿润的毛巾或者婴儿湿巾清洁婴儿的臀部。应从前往后为女婴擦拭臀部，以避免尿道和阴道感染。将用过的毛巾或湿巾丢进垃圾桶里。为防止细菌传播，照护者应将佩戴的手套在接触污染的尿布后或为婴儿换干净的尿布前将之丢弃。

4. 为婴儿换上干净的尿布和衣服。
5. 用流动的水为婴儿洗手。换尿布时，婴儿经常会触碰自己的臀部和尿布台，很容易沾染细菌。换完尿布后让婴儿洗手有助于避免细菌传播，同时也开始教会他们从小养成便后洗手的卫生习惯。换完尿布后将孩子带回游戏区。
6. 打扫换尿布的区域，丢弃尿布台上的废纸，然后喷洒消毒液，再用纸巾将消毒液均匀地擦拭开，丢弃用过的纸巾。等消毒液风干后，在尿布台上铺上干净的纸以备下次使用。
7. 照护者仔细洗手。

虽然有些项目的政策或者地方制度要求照护者在为婴儿换尿布时佩戴手套，但照护者不必每次都戴手套。如果婴儿腹泻或便血，或照护者手上有伤口，则必须佩戴手套。

如厕训练和如厕学习

过去所说的**如厕训练**（toilet training），如今被那些注重儿童意愿及其参与性的人称为**如厕学习**（toilet learning）。在皮克勒研究中心，如厕训练又被称为**括约肌控制**（sphincter control），即对与排泄有关的肌肉进行控制。皮克勒研究中心的这一理念更多地源于如厕学习而不是如厕训练，因为这里的照护者们将其视为一种发展过程，而非某种训练类型。无论如何，儿童从穿尿布到如厕的这一转变过程被视为合作关系的一种自然进步，这种合作关系也贯穿在换尿布的始终。在孩子们聚在一起的照护情境中，儿童的如厕通常是从模仿他人开始的，即当儿童成长到足够大时，他们会模仿那些可以独立如厕的其他儿童。

下面是使如厕学习更简单易行的一些小窍门：

1. 尽可能地为儿童提供适合他们使用的便盆（如果得到许可）或儿童坐便器，让儿童产生身体上的安全感。坐便器越方便儿童独立使用，其独立性就越能得到提高。
2. 如果可以，尽量让家长给儿童穿简单宽松的衣裤，方便儿童在如厕时自己脱穿。例如，让儿童穿松紧腰的裤子而不是连体衣裤。
3. 对儿童在如厕过程中出现的意外状况要温柔地予以谅解。
4. 避免与孩子较劲。你赢不了他们，如果如厕学习发展成一桩高度的情绪性事件，那么将会给孩子造成长期的不良影响。

当涉及如厕问题时，大多数照护机构都努力与家长们合作。很多照护机构规定，直到家长们建议开始，否则不启动如厕学习。这样照护机构的员工才能确保孩子们发现，在家里与在照护机构中接受教育的一致性。如果儿童家长受其文化背景的影响，执意坚持如厕训练这种方式，并认为儿童在 1 岁时就应该进行，那么教育的一致性就很难达成。然而，即使照护者不愿意“强迫”很小的孩子使用便盆，但是尊重家长的不同意见也很重要。美国和其他西方国家的照护者可能会认为如厕训练是一种有害的方法，尤其是在孩子 3 岁前就刻意进行如厕训练。理解这并不是一种普适性的观点对照护者来说很重要。在世界范围内，包括美国，有些家庭采取如厕训练的方法，并且他们的孩子并未受到消极的影响。如厕训练与如厕学习或括约肌控制取向差异很大。虽然在此我们不具体解释这些差异，但是我们要承认它们之间的确存在差异[12]。我们鼓励照护者尊重婴幼儿在如厕认知、时间和方式上的差异性。

洗手、洗澡和梳洗

大多数婴幼儿照护机构会将给孩子洗澡这一任务留给家长，除非有特殊情况。如果自己的孩子接回家时变得比送去时更干净了，有些家长会觉得自己被冒犯了。如果家长与照护者持有不同的标准，那么孩子的清洁问题可能是双方产生冲突的一个关键点。若孩子的头发本来就很难洗，接回家发现又沾满了沙子，那么家长可能会因此而生气。不同文化背景下的人对清洁持有不同的看法，因此，照护者要尊重不同的观点。

与洗澡相比，饭前洗手并不是一个十分敏感的问题。对大多数儿童来说，洗手是一件很受欢迎的事情，甚至有些学步儿认为洗手是一天之中最高兴的事情。洗手时，学步儿的短时注意时长通常会明显延长。如果照护机构配有专供儿童使用的低矮洗手池，并且允许学步儿在闲暇时自由使用洗手池，那么洗手大概就是他们最愿意学习的自理能力了。事实上，因为学步儿非常喜欢香皂和水的触感，所以洗手可能会成为他们的一项重要活动。

NAEYC 机构认证标准5 健康

梳洗可能是另一个敏感的主题。孩子白天在照护机构或当家长前来接孩子回家时，照护者应如何给孩子梳洗是个见仁见智的问题。有的家长来接孩子时，看到自己的孩子头发凌乱，衣服脏兮兮的，会认为这恰是孩子一整天活动的记录，家长们会很高兴，因为他们觉得孩子这一天过得很充实。而有些家长看到自己的孩子没有被梳洗干净，可能就不那么高兴。不同的家长的确会持不同的看法。一些家长看到自己的女儿没有被恰当地梳洗干净时会很震惊，但是对儿子衣着的整洁程度则相对宽容，尽管儿子的衣服上布满了污渍、手印，比女儿的衣服更脏，他们也不会那么生气。如前所述，孩子的头发是个大问题。大多数照护者都没有丰富的护理不同发质的知识。有些照护者不太在意孩子的发型，有些孩子也很少关注自己的发型。有些照护者可能会对花大量时间精心为孩子设计发型的家长感到不满。我们在思考尊重文化的多样性时，也包括对梳理孩子头发的不同观点！

不同的需求和观点

照护者在日常照护中必须兼顾患病、残疾或者有其他生理障碍的儿童。这些儿童的需求与其他儿童不同。照护者必须重视来自家长或外部专家的特别交代。例如，哮喘的儿童可能需要在日常照护之外接受专门的治疗。使用饲管进食的儿童也需要专门照护。家长或专家或许更知道把婴幼儿放到什么位置才可能让其享有最大的活动自由，照护者向他们请教这些也很重要。通过不断实践，照护者或许会发现最适合自己的照护方式，但这也许是家长和专家所不了解的。例如，有些婴儿对皮肤接触十分敏感，被抱起来时通常会哭。在这种情况下，照护者可以把婴儿放在一个枕头上，然后连同枕头一起将婴儿抱起，这样会减少婴儿的哭泣。但是，照护者不能在婴儿无人照护时将其放在枕头上，因为这样有引发窒息的风险。

NAEYC 机构认证标准4 评估

本书（或任何一本书）不可能面面俱到地为你提供照护每一个患病或残障儿童的详尽知识。你所需要知道的是有许多资源可以帮你找到答案。第一种资源是孩子的家庭。这些家长与专家们联系密切，专家也有助于你了解更多孩子的情况和需求。当然，对所有的儿童来说，孩子本身也会传递给你很多关于其自身的信息。细心的观察有助于你理解这些信息。及时发现孩子不适的迹象，关注什么会使孩子痛苦，然后寻找合适的办法帮助孩子缓解不适，减少痛苦。记住原则3：了解每个儿童独特的沟通方式（哭声、言语、动作、手势、面部表情以及身体姿势），并教给他们你的沟通方式。即使是完全不会说话的孩子也有办法让你了解他们的需求，因此你必须学着读懂他们传递出的信号。即使你照护的孩子还不具备口头的语言技能或者这项技能还很有限，你也不能低估他们的沟通能力。

有时，密切关注婴儿会耗费很大精力，以至于照护者忽略了来自儿童家长的信息。家长主张的照护方法可能会与照护者或照护机构的政策不同。不同文化背景下的常规照护活动可能与照护者所了解的也不尽相同。以喂

图 3.2 减少婴儿猝死综合征（SIDS）的风险

1. 坚持让婴儿采取仰躺的睡姿，即使午休时也如此。
2. 让婴儿躺在结实的床垫上，例如有安全认证的婴儿床。
3. 在婴儿的睡眠区不要放置柔软、蓬松的床上用品以及毛绒玩具。
4. 确保婴儿在睡觉时头和脸没有被其他东西遮盖住。
5. 禁止在婴儿周围吸烟。
6. 婴儿睡觉时环境温度不宜过高。

资料来源：摘自 The Back to Sleep Campaign, www.nichd.nih.gov/publications/pubs/safe_sleep_gen.cfm。

养为例，文化对喂养什么食物以及喂养方式也有影响。最新的研究结果显示，何时为婴儿添加辅食好像是个老生常谈的问题，但是研究可能忽视了文化因素和家庭传统。另外，研究并非一成不变。例如，婴儿的睡姿问题，美国的家长们代代被儿科医生告知让孩子俯卧睡。但是自从 20 世纪 90 年代以来，儿科医生们却给出了相反的建议——婴儿应该仰睡。原因是仰睡可以降低婴儿猝死综合征（SIDS）或摇篮死的风险，时代变了[13]。图 3.2 总结了婴儿猝死综合征的风险因素。

本书要传递的一条重要信息是鼓励儿童自理能力的发展。原因是，培养独立的个体，间或也是儿童早期教育不言而喻的目标。当然，并非所有的父母都对将孩子培养成独立的个体感兴趣，有些父母更热衷于让孩子感受到牢固、持久的家庭纽带。照护者必须尊重家长对其孩子的期望，尊重文化的多样性。你可以将此视为贯穿全书的主题。遭遇文化碰撞时，除了沟通，我们不能告诉你该如何去做。只要照护者与家长进行密切的沟通，他们就能一起努力解决分歧，最终对孩子、家长和照护者都有益。具体问题要具体分析，因此我们无法为你枚举所有的解决办法。人际关系是非常复杂的问题，而人际关系也正是我们一直在探讨的内容。

想一想

在日常照护中，你知道存在哪些文化差异吗？你所了解的与本章呈现的有何不同？如果你被要求遵循“书本知识”而你又不认可，那么你将如何去做？如果某位家长对某项日常照护活动的看法与你不同，你又会如何做呢？

穿衣

通过设定能让儿童做出最大贡献的任务，照护者能够促进儿童自主性的发展[14]。穿衣活动就很好地体现了这一原则。例如，即使很小的孩子，你在帮他们脱鞋袜时可以只脱到一半，然后让他们自己试着脱下来。照护者设定类似的任务几乎不需要与儿童进行协调。哪怕是小婴儿也会从解决任务中获得真正的乐趣和满足。该理念是把任务简化到恰当的程度，让儿童在穿脱衣服的过程中得到锻炼。刚开始时，照护者和儿童可能需要较长的时间来磨合，但是当双方把自己看成一个团队时，照护者为之付出的耐心就会得到回报。到了学步期，那些从小就被鼓励自己参与穿脱衣服的孩子在这方面已经熟练了，除了扣纽扣和拉拉链这类事情，他们基本上不再需要成人的帮助。

观察“活用原则”专栏中的例子，虽然照护者已经尽力让这个孩子参与到穿衣任务中，但这一过程仍然十分困难，这是因为，尽管孩子可能已经努力去配合照护者，但他不能很好地控制自己的肌肉。有时，照护者可能还需要了解更多的照护知识。本专栏中的场景很好地体现了这种两难情境。

下面的场景表明，如果照护者不以合作为目标将会怎样。

> 现在请想象你自己是一名学步儿。照护者正准备带你外出散步，但是她却什么都没对你说，抓起你的胳膊就走，这让你感觉失去了平衡。然后，你发现自己被带到了衣帽架旁边。你感到自己的胳膊被照护者抓得紧紧的，强行塞进一件衣服的袖子里。你的大拇指卡在了袖筒里，但是照护者仍使劲给你套，你只好把手臂缩了回来。你被照护者转了个方向，这时你开始有点生气了。当另一只袖子套上你的胳膊时，你赶紧把自己的拇指伸出来。你已经非常不高兴了。终于，照护者俯下身，但是目光却只停留在你衣服的拉链上，拉链被卡住了。你

即使是学步儿，有时也会需要一些帮助。

© Lynne Doherty Lyle

感觉照护者正使劲地扯拽着被卡住的拉链，突然拉链往上移动，直到碰到你的脖子才停下来，冰凉的拉链让你觉得很不舒服。这时，照护者已经离开，你孤零零地站在那里，而照护者正准备用同样的方式为你旁边的孩子穿衣服。

上述场景显然不是一段令人愉快的经历，照护者对待孩子的方式更像是在对待物而非人。

想一想

你能回想起自己曾经被当作物件一样对待的经历吗？如果你能回忆起，那么你就能明白为什么不能用这种方式对待任何年龄段的儿童了。

午　睡

对于婴儿来说，能按照自身需要而非他人制定的作息时间午睡非常重要。婴儿的睡眠模式会发生变化，每隔一段时间甚至每天都可能会改变。在一个照护机构里，没有一份作息时间表会适合所有的孩子，更何况每个孩子的个人作息也经常变化。

并不是所有的孩子都会用同样的方式表达自己想休息的需求。经验丰富且敏感的照护者能学会读懂每个孩子发出的信号，例如有的孩子可能表

活用原则

原则 1　让儿童参与到他们感兴趣的活动中。不要敷衍了事，或者转移和分散他们的注意力，以求快速完成某项任务。

照护者正在努力地为患有脑瘫的尼基穿衣服。因为照护者刚接手照护尼基，她必须去了解有关脑瘫的知识，也需要进一步了解尼基这个孩子。尽管照护者总是试图让尼基参与到穿衣的过程中，但是这很难，因为控制肌肉对尼基来说颇具挑战。并且，照护者试图给尼基穿的连体睡衣似乎有点紧。她从孩子的脚开始穿睡衣，但是尼基蜷缩的脚趾让她很难将睡衣套进去。照护者希望尼基能够放松，但是她不知道如何才能帮助孩子做到。照护者好不容易把孩子的一只脚套了进去，接着她又抬起孩子一条腿套进衣服；用一种剪式移动的动作，孩子另一条腿也套进了衣服。然而尼基的脚踝却抽筋了。照护者忙用言语安抚尼基，但她却变得越来越沮丧了。照护者只好放弃为他穿这件连体睡衣，她去重新拿了一套比较宽松的两件套，果然比之前那件好穿多了。照护者很高兴自己能够根据实际情况来调整做法，接下来她想和孩子的母亲交流一次，探讨一下如何照护才会让自己和尼基都感到更轻松些。

1. 如果你是这名照护者，你会怎样做？
2. 还有什么方法能让尼基穿衣服更容易些？
3. 照护者需要再学习一些为这个孩子穿衣服的策略吗？
4. 原则 1 是否适用于上文描述的例子，或者说原则 1 并不适用于这个例子？

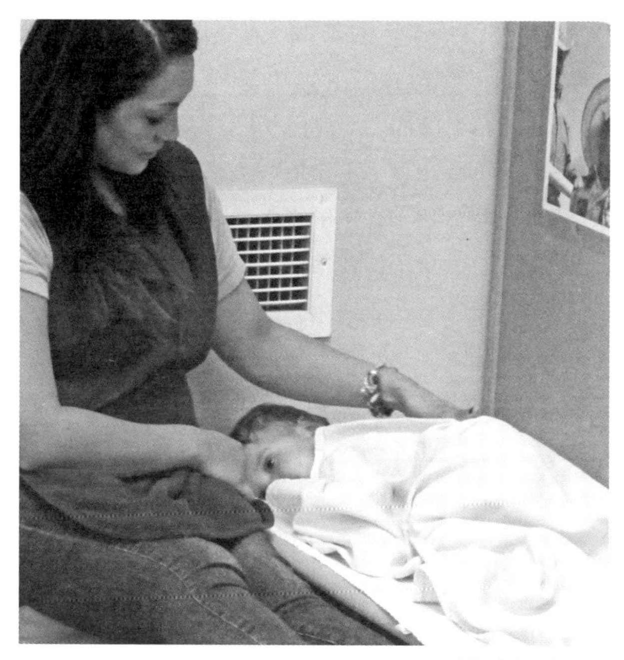

成人应以婴儿熟悉的方式哄他们午睡。

© Frank Gonzalez-Mena

现出行动迟缓，有的孩子可能会呵欠连天，有的孩子可能会变得烦躁不安。

家长是孩子的睡眠习惯和需求的最好信息源。经验丰富的照护者知道，搞清楚小孩子在某个早晨醒得格外早或者在周末比平时睡得晚是很管用的。如果照护者明白了其中原因，他们就能从不同的视角来理解孩子的烦躁行为。

照护者应该让婴儿用他们最习惯的姿势午睡。然而，每个照护者要了解当前最新的有关睡姿与婴儿猝死综合征之间关系的研究，这也很重要。婴儿猝死综合征通常是指婴儿在睡眠过程中（偶尔在睡眠之外）发生的不明原因的死亡。婴儿猝死综合征与因窒息、食物堵塞气管或因疾病导致的死亡都不同，只有当死因不明时，才会被界定为婴儿猝死综合征。很久以来，北美的儿科医生一直建议家长和照护者让婴儿俯卧睡，但近期的研究表明，仰躺的睡姿能降低婴儿猝死综合征的风险，且证据令人信服[15]。图 3.2 列举了一些防止婴儿猝死的具体措施。

每个孩子都应该有一张属于自己的固定小床，小床每天都被放置在相同的地方。这种一致性和安全感可以让孩子更快地产生家一般的感觉。照护者何时把孩子放到婴儿床上以及让孩子在床上待多长时间，这都取决于照护者对孩子特殊需求的把握。有的孩子即使很困了，也需要在入睡前先待一会儿，他们在睡前可能需要玩一会儿或哭闹一阵儿；有的孩子可能很快就能入睡。照护者也需要判断孩子的醒盹时间。孩子醒来时是否精力充沛、活跃、准备去玩耍，或者还需要待在婴儿床上过渡一段时间才能完全醒来？读懂小孩子发出的睡眠需求信号有时并非易事。正如前文所述，儿童家长是这方面很好的信息来源。照护者应发现儿童的自我安抚行为并鼓励他们使用。有的孩子会轻抚毯子；有的孩子则习惯用手指绕自己的头发。不过最常见的自我安抚行为还是吮吸拇指。照护者应该多向儿童家长了解孩子在家时的睡眠方式。你能运用一些家长在家使用的设备或遵循家里的一些习惯吗？也许孩子最喜欢的玩具或小毯子就能起到很好的安抚作用。

再次，文化因素可能也会影响人们对睡眠的态度。有些文化为了促进孩子独立性的发展，认为孩子从小就要独自一人关灯入睡；而有些文化则认为婴儿不应独自入睡。你可能不赞同与自己理念不同的某种态度，但是你要尊重它。如果你不能满足儿童家长的期望，就请与他们沟通。你可以与儿童家长协商、讨论和交换观点，而不是一味地忽视家长的期望，只按照你认为最好的方式来照护儿童。

儿童进入学步期后可能每天只需小憩一次，他们逐渐学会按照集体的作息时间来休息。不过，个人需求仍然很重要，照护者应该为那些想提前休息的学步儿提供安静的休息环境，即使不是真正的午睡。

对于那些因为感到紧张、害怕或不安而出现睡眠问题的学步儿来说，固定的睡眠环境可以帮助他们缓解情绪。他们喜欢的玩具或毯子也能为他们提供安全感。有时，照护者在促进孩子的安全感方面或许无能为力，但是他们必须承认孩子的不安全感，并陪伴在孩子身边直到他们意识到自己身处的环境很安全为止。在某些照护机构里，有些孩子需要照护者为其做背部抚触来帮助入睡。下面列举了几种可帮助学步儿入睡的小贴士。

1. 为某些孩子提供视觉上的私密性。有些学步儿会因为挨近其他同伴过于兴奋而无法入睡。
2. 营造安静舒适的睡眠氛围。有的照护机构播放舒缓的音乐来帮助孩子入眠，在孩子入睡前逐渐停止播放。
3. 确保每个孩子都能呼吸到新鲜的空气并进行户外锻炼。身体疲惫最有利于睡眠。
4. 不要让孩子过度疲惫。有些孩子因过于疲倦也难以入睡。

照护者林恩创建了一种午睡仪式，她照护的孩子已经大到足以按照规定时间午睡了。每天午饭后，她就开始布置房间，以此暗示孩子们午睡时间到了。她将玩具都收起来，把灯关掉，放下窗帘，然后开始为孩子们安静地讲睡前故事。这样的仪式和环境降低了外在刺激，并向孩子们传达了可预测的信息：午睡时间到了。当孩子们的活动水平降下来时自然很快就入睡了。

如果成人将日常照护任务视为重要的学习体验，他们就可能会更耐心、更专注地处理照护中的琐事。在照护一群孩子时，即使成人—儿童配比很高，婴儿也只有在喂食、换尿布以及穿衣时才能充分享受较长时间的一对一的互动。如果照护者能很好地利用这些时间与孩子互动，孩子在其他时间就不需要过多的成人关注了。他们能够玩自己的游戏（与周围的环境或同伴互动），而不需要忙碌的照护者给予额外的关注。

当学步儿具备了自理能力时，照护者在日常琐事上与他们一对一互动的时间便没有了。因此照护者就要通过其他方式与孩子互动，即使对年龄更大的学步儿而言也是如此。事实上，当孩子2岁时，给予每个孩子所需要的个人关注的难度就会增大，因此所需的成人—儿童配比可能会发生变化。有些孩子以乖巧的表现来吸引成人的注意；而有些孩子则表现出成人不允许的行为来获得关注；还有些孩子根本得不到关注。一旦日常照护任务不再是托儿所每天的重点，照护者就要采取某种方式确保所有儿童都能得到个别关注，可取的一种方式是简短的轶事记录。如果每天在孩子午睡时，你都能用一句话来分别记录每个孩子当天的表现，你很快就会发现一些特定的模式。你会发现有些孩子因其行为而格外突出，有些孩子则很不引人注意，甚至你都想不起来他们当天的表现有什么可记录的。一旦你发现了这些模式，你就可以针对每天如何确保所有孩子都能得到个别的关注而做出更好的决策。

当照护者能尊重婴幼儿，并且以合作的方式来开展照护工作时，照护者和儿童之间的关系便会得以发展，这种关系有助于儿童了解自己和外面的世界。他们能够对照护者即将做什么有所预知，并且意识到世界是可以预测的。他们还认识到自己有能力来影响这个世界，影响生活于其中的人。他们开始从生活中发现意义。如果照护者能充分利用与儿童的互动，那么这些时间就能成为儿童一天活动的焦点——成为他们所盼望的事情——与照护者一起“舞蹈”的机会！

适宜性实践

发展概述

美国幼儿教育协会认为，每个婴儿都具有各自的特点，因此照护者要了解每个婴儿的生活节奏，例如何时想喝奶，何时想睡觉，希望被怎样抱着喂食，或怎样抱着感到舒适。照护者对婴儿需求信号的解读能力和及时回应的能力有助于培养婴儿的安全感。当婴儿成长为四处移动的探索者时，依然需要照护者的这种敏感性。在日常照护活动中，婴幼儿不会停止对周围环境的探索，因此照护者有责任妥善照护好在尿布台上还不忘探索一切的孩子。学步儿试图了解自己以及照护他们的人，并不断试验以获得答案。在日常照护中，独立与控制是一对主要问题。

发展适宜性实践

上面的发展概述总结了照护如何成为课程，并且举例说明了当儿童发展到不同的阶段时，照护者如何通过改变照护常规来满足儿童的需求。下面列举了一些发展适宜性照护实践的范例。

- 成人要适应婴儿个体的喂食和睡眠时间表。婴儿的食物偏好和饮食风格应该得到尊重。
- 婴儿的睡眠区要远离游戏区和进餐区。每个孩子都拥有各自的婴儿床和从家里带来的被褥。家长们可以带来一些能安抚孩子的物品布置婴儿床，并在每一件物品上标记孩子的姓名。
- 在换尿布台的周围放置每个婴儿自己的尿布、纸尿裤以及换洗衣物。
- 成人要尊重儿童进餐和睡眠的时间表。相比于更大点的孩子，让学步儿做到少食多餐，并且确保他们的饮水量。
- 在鼓励儿童如厕学习方面，照护者要与儿童的家长合作。当学步儿到了一定年龄感到自信且不害怕使用坐便器时，照护者要鼓励他们使用坐便器；当孩子需要帮助时及时给予帮助，确保他们的衣服在如厕时方便脱穿，并且使用正强化鼓励他们独立如厕。要使用儿童号坐便器，环境明亮、舒适并且具有私密性。要根据儿童的生理需求，经常且有规律地陪同他们去卫生间。
- 照护者使用过渡活动帮助儿童进入午睡时间。可选择安静的活动，例如为他们讲睡前故事。学步儿可以带着自己的毛绒玩具或小毯子到自己的床上去；为还没睡着的孩子播放舒缓的音乐或故事。
- 照护者与儿童家长建立合作关系，进行日常沟通，以便于相互理解，相互信任，共同确保儿童的福祉以及最优发展。照护者要充分听取儿童家长的意见，努力去理解家长的目标和偏好，尊重文化及家庭差异。

资料来源：摘自 Carol Copple and Sue Bredekamp, eds., *Developmentally Appropriate Practice in Early Childhood Programs,* 3rd ed. （Washington, DC: National Association for the Education of Young Children, 2009）。

个体适宜性实践

- 如厕训练要因人而异，它取决于儿童身心的发展能力。不论儿童何时开始学习如厕，也不论他们需要多长时间来适应，照护者都不应草率对待。

- 有的儿童在进餐时需要照护者给予更多的关注。随着儿童逐渐长大，到了可以灵活使用双手时，照护者应该让他们用舒适的姿势自己吃饭，这能对他们产生重大影响。如果儿童容易从椅子上滑下去，照护者可以在孩子的座位上铺上防滑垫。对患有神经系统疾病的儿童来说，食物的质感可能是个问题。照护者可以帮助他们按摩喉咙以促进吞咽，或者用牙刷训练他们进行嘴部肌肉的控制。

文化适宜性实践

并非所有的家庭都同样注重培养孩子的独立和个性，有些家庭可能更关注孩子其他方面的发展。那些为了帮孩子树立家庭或集体观念而淡化独立性的家庭在儿童的日常照护方面可能会有不同的做法。例如，在某些文化中，即使已过了学步期，家长仍然普遍用勺子给孩子喂食；而在另一些文化中，家长们却提倡孩子在 1 岁时就开始进行如厕训练。这些实践强调依赖性超过独立性。对于那些成长于认为这样做太超前的家庭的照护者来说，这些实践可能让他们感到震惊。记住，发展适宜性实践要求儿童早期教育的专业人士与儿童家长进行合作，以促进相互理解和信任。其目标是确保儿童的福祉和最优发展。本书第 13 章将探讨同一性发展的问题，它与不同的照护理念相联系。

适宜性实践的应用

请你回顾本章的“活用原则”专栏并重新思考你的答案。在阅读完本章后，你是否会对某个问题做出不同的回答？请你结合本专栏“发展适宜性实践”中的最后一条来分析“活用原则”中的例子，并回答以下问题。

- 你认为例子中的照护者在与家长合作的问题上持何种态度？你认为她是否打算从家长那里学习照护技能？
- 你是否了解在照护脑瘫患儿时，让孩子采取什么样的姿势才便于他们更好地控制自己的肌肉？怎样才能了解更多这方面的知识？

现在再请你结合本专栏中的“文化适宜性实践”来回答以下问题。

- 例子中的照护者是否强调儿童的自理能力？
- 如果照护者的主要目标是培养尼基的自理能力，而尼基的母亲却对此持不同见解，照护者应该如何做呢？照护者和儿童家长应该如何处理他们之间的分歧？
- 对于像尼基这样患有脑瘫的孩子来说，如果鼓励独立不具有文化适宜性，你如何看待淡化对其独立性的培养？

本章小结

日常生活中的基本照护活动被称为照护常规，当它们能为婴幼儿提供机会去深化与他人的关系，以及经常接受与学习和合作有关的个性化体验时，这些照护常规便成为课程的组成部分。

对婴幼儿课程的再思考

- 婴幼儿课程是指早期的学习计划，其中包括在日常照护中促进婴幼儿逐渐发展的依恋。
- 为了使照护常规（那些日常生活中的基本活动）成为课程，三项政策必须到位：主要照护者体系、一致性以及照护的连续性。
- 评估是满足每个儿童在日常照护活动中的需求的组成部分。在本章中，评估意味着成人要确定每个儿童在任何特定时间的需求。

照护常规

- 喂养包括为哺乳的母亲提供支持、奶瓶喂养、勺子喂养，直到婴幼儿最终能够自己进食。发展适宜性非常重要，同时我们也应该讨论并尊重文化差异性。
- 换尿布应以这样的方式进行，即让婴儿学会在这一过程中与照护者配合，成为一名合作者，而不是被玩具或其他无关事物分散注意力。
- 如厕训练和如厕学习是两种截然不同的方法。如厕学习具有发展适宜性，发生在婴幼儿做好准备时。如厕训练通常具有文化适应性，比如厕学习更早出现。
- 洗手、洗澡和梳洗包括了多种不同的练习和期望。家长满意的和照护者满意的可能并不相同。尊重多样性很重要。
- 在进行日常照护活动时，成人必须考虑到儿童不同的需求和能力差异，并适应这些差异。
- 与其他日常照护活动一样，穿衣活动必不可少，在此过程中鼓励儿童与照护者合作，并最终学会自理。
- 午睡存在年龄和个体差异。照护者必须了解并消除婴儿猝死综合征（SIDS）的风险因素。

关键术语

依恋（attachment）
主要照护者体系（primary-caregiver system）
照护的连续性（continuity of care）
心理韧性（resilience）
放松时间（release time）
自理能力（self-help skill）
如厕训练（toilet training）
如厕学习（toilet learning）

问题与实践

1. 依恋与“照护即课程”有何关联？
2. 婴幼儿照护项目可以采用哪些方法来促进儿童与照护者的依恋关系？
3. 家庭式托儿所中的儿童与照护者是否更容易建立依恋关系？为什么？
4. 照护者的日常照护常规都包括哪些活动？举例说明照护者应该如何做才能让照护常规成为课程？
5. 你对照护常规中存在的文化差异了解多少？你所知道的与本章所展示的有何不同？如果有人让你遵循书中的内容而你又持不同意见，你会怎样做？如果你与儿童家长就某个具体的照护活动存在分歧，你又会怎样解决？

拓展阅读

Carol Copple, Sue Bredekamp, Derry Koralek, and Kathy Charner, ed., *Developmentally Appropriate Practice: Focus on Infants and Toddlers*. (Washington D.C.: National Association for the Education of Young Children, 2013).

Elita Amini Virmani and Peter Mantioni, *Infant/Toddler Caregiving: A Guide to Culturally Sensitive Care*, 2nd ed. (California Department of Education, Sacramento, California, 2014).

Emmalie Dropkin, “Supporting Two Generations Together: Early Head Start Child Care Partnerships in Action,” *Exchange* March/April 2015, pp. 18–19.

Judit Falk, “When We Touch the Infant’s Body,” *The RIE Manual: Expanded Edition,* ed. Deborah Greenwald (Los Angeles: Resources for Infant Educarers, 2013), pp. 162–167.

Rachel McClary, “The Key Person Approach to Building Parent Relationships,” *Exchange* 37(1) January/February 2015, pp. 13–17.

Tara V. Katz, “Helping Young Children Through Daily Transitions,” *Exchange* 36(2) March/April 2014, pp. 50–52.

LAKESHORE

第4章

游戏和探索是一门课程

问题聚焦

阅读完本章后，你应当能回答以下问题：

1. 本章讨论了四种成人角色，它们对于促进婴幼儿的游戏具有重要作用，这四种角色分别是什么？
2. 成人在创设游戏环境时主要的考虑是什么？为什么它很重要？
3. 为什么成人在鼓励儿童参与互动后应退到一旁去观察他们？
4. 在婴幼儿保教机构中，哪五种环境因素会影响婴幼儿的游戏？
5. 事件与活动有何差异？

你看到了什么？

泰勒坐在地板上，他的一边放着简单的木质拼图，另一边放着塑料玩具套杯。凯文坐在他旁边，伸手拿走了两块拼图。泰勒举起拼图板扔到地上，拼图“哗啦”一声散落在地板上，他笑了。凯文看看拼图，然后又看向泰勒。泰勒一把夺走了凯文手里的拼图，凯文满脸惊讶。紧接着泰勒从地板上捡起另一块拼图，把两块拼图拼到一起。随后泰勒将这两块拼图扔在地上，凯文过去把它们捡了起来。这时，泰勒捡起塑料套杯，来到低矮的阳台上。他高举胳膊，然后又快速坐下，开始玩套杯。他先抽出最小的那个杯子，用它敲击阳台的木地板，并歪着脑袋仔细聆听地板发出的响声。接着，他又把手伸向了第二个杯子，感受它的形状，并抓住杯子边缘把它取了出来。在把这个杯子放在第一个杯子旁边之前，泰勒也用它敲了敲地板。就这样，泰勒把杯子一个个地取出来，并依次敲击地板。当摆弄到最后一个杯子时，他心满意足地把它放到了这一排杯子的最后。随后，他又小心翼翼地把这些杯子一个个地套了回去。

你在本章的开篇看到的这一场景对你来说也许并没有太大的意义。婴幼儿游戏的方式与年龄较大儿童的游戏方式的确不同。我们只有充分地理解了学步儿及其兴趣所在，才能用欣赏的眼光来看待类似的场景。而且，注意到这些细节也需要具备熟练的观察技能。在本章的后续部分，我们将回顾这一场景并进行讨论。

NAEYC 机构认证标准2 课程

游戏和探索应该是每一个婴幼儿照护机构的主要构成元素。与 3 岁及 3 岁以上儿童的游戏相比，婴幼儿的游戏更偏向于探索。我们要确保读者能从本章开篇的场景中识别出都发生了些什么。是的，他们正在游戏，尽管并不是每个人都这么认为。儿童早期教育工作者和研究者早就认识到，游戏对儿童的成长和学习至关重要。游戏是儿童的天性，是儿童对其时间的一种重要利用，绝非可有可无[1]。

在《自由游戏的起源》(*the Origins of Free Play*)一书中，作者卡洛和巴罗格对位于布达佩斯的皮克勒研究中心的游戏做了清晰的概述，从 1 岁以下婴儿的游戏物品开始概述，文字描述和照片展示了婴儿是如何发展操作技能的。接下来，作者继续展示了 1 岁以上的幼儿如何利用他们的知觉技能收集游戏物品，并进行堆叠和搭建。游戏产生的益处数不胜数，远远超过我们经常谈论的一些事情，比如培养技能和学习概念等。一方面，游戏是发展儿童早期读写能力的途径之一。一项研究结果显示，游戏能把培养儿童早期读写能力的多种途径有机地整合在一起，使“新兴的理解力在安全的环境中得以整合、实践和验证”[2]。事实上，如果你仔细观察儿童游戏的过程，你就能从中发现奠定儿童早期读写能力基础所需要的各种基本技能。

游戏的另一个益处是它可以促进幼儿自我调节能力的发展。通过游戏，婴儿开始发展一种从自动反应到根据自己的意图来选择的能力。学步儿的自言自语反映了其自我调节是如何发展的，正因如此，他们的注意力才更加集中，从而能和其他幼儿一起游戏。共同游戏在一定程度上依赖于自我控制。自我调节的发展提高了行为的意图性，它既包括情绪控制，也包括认知意识。游戏为儿童提供了他们从任何其他地方都无法获得的机会。通过游戏，儿童能进行开放式的探索，他们不会被规则、程序或结果所束缚。

游戏中的儿童具有自我导向性，他们充满活力。游戏中的儿童全神贯注，故而他们能够发现在别处可能永远无法发现的东西，能够解决问题，能够做出选择，也能发现他们的兴趣所在。

想一想

你童年时的模型是什么？如今这个模型还在你的大脑中运转吗？你能将自己的经历与派珀特的"齿轮"经历联系起来吗？

在《头脑风暴》(*Mindstorms*)一书的前言中，西蒙·派珀特描述了童年时代的他是如何喜欢上齿轮装置的[3]。他曾花很多时间来摆弄圆形的物体，将它们假装成齿轮转来转去。天长日久，这一切使得派珀特能在头脑中转动齿轮，并且产生了因果链，而且他还将齿轮作为其学习数学的模型。

我们对游戏中的婴幼儿的回应是给予他们自由，帮助他们追求各自特定的兴趣，为他们提供有利于获得毕生模型（诸如派珀特的齿轮）的资源（见图 4.1）。

给予婴幼儿活动的自由是我们希望强调的一个概念。婴儿的游戏中包含运动，他们如果不能自由活动，就无法充分参与游戏。不幸的是，家长和照护者往往会限制婴儿的活动，而不是鼓励他们多活动。在他们能够四处走动之前，这一点通常不会被重视。但是，从出生后的第一个月开始，运动对婴儿的大脑发育就非常重要。运动对认知发展来说也很重要。早在科学家对大脑的理解还未达到现在的水平之前，玛格达·格伯就对其同事指出了这一点。玛格达远远领先于她所处的时代！在学校里，体育教育主要关注身体。在婴幼儿期，身体运动与学习有关，它不仅仅是身体的使用，也是对大脑的使用[4]。埃琳娜·鲍德罗韦和德博拉·丽温在其著作《心智工

图 4.1　照护者创设游戏课程的三种途径

照护者可以通过以下三种途径来创设游戏课程

1. 给予儿童自由
2. 帮助儿童追求他们特殊的兴趣
3. 为儿童提供可利用的资源

具：基于维果斯基理论的儿童早期教育》（*Tools of the Mind : the Vygotskian Approach to Early Childhood Education*）中探讨了游戏在儿童发展中的作用[5]。他们解释说，维果斯基在描述游戏对儿童的认知、情感和社会性发展的影响时，对游戏有一套整合的观点。维果斯基将游戏视为心智工具，它源于个体在婴幼儿期的操作和探索。

本章的主题是**自由游戏**（free play）和**探索**（exploration）。自由游戏和探索是指在无持续的成人控制或期待结果的情况下，儿童选择去追求他们自己的特定兴趣，成人只需监管而无须指导儿童。图 4.2 呈现了玛格达・格伯提出的七个支持因素，这些因素构成了婴儿游戏和探索的基础。该清单节选自卡罗尔・哥哈特・穆尼（Carol Garhart Mooney）的著作。对于某些成人来说，他们一旦认识到活动对婴幼儿非常重要，便很难再让儿童进行纯粹的自由游戏和探索了。他们总想为儿童创设带有目标的特定活动，总想计划并控制儿童的活动及结果。就那些针对来自低收入家庭儿童的教育项目来说，情况尤其如此，因为照护者迫切希望帮助这些孩子，为他们以后的学校教育做好准备。我们规劝那些想为儿童创设活动和目标（即课程）的成人，要通过观察儿童来欣赏他们在自由游戏中的收获。你将会看到，

图 4.2　支持婴儿游戏和探索的七个因素

1. 成为其日常活动的**主动参与者**
2. 成人**敏感地观察**并理解婴儿的需求
3. **一致性，**包括清晰地设定限制
4. **相信婴儿**自己就是活动的发起者、探索者和自学者
5. 安全的、具有认知挑战的和能培养情感的**环境**
6. **不受打扰的游戏，**即婴儿可以在自己想在的地方玩自己想玩的游戏
7. 探索的**自由**以及与物品和同伴互动的**自由**

如果为儿童提供安全的、具有发展适宜性的丰富环境，那么他们会为自己创设目标和课程，这些远比成人为其设定的更有效。

一天早上，参观者来到一家婴幼儿照护机构进行观摩，看到孩子们正在自由地玩各种各样的玩具，他们被孩子们极高的兴致和投入深深地打动了。但就在此时，该机构的主管气喘吁吁地赶来，对参观者抱歉地说今早的活动开始得有些晚了。老师匆忙地让孩子们结束当前的“活动”，把他们召集起来并分成几组，围着桌子坐在小椅子上。随后，孩子们开始学习看图命名，进行形状匹配，展示如何用橡皮泥捏圆形和正方形。在先前活动中，老师们一直在旁边观望，只有孩子发出请求才会提供帮助，现在那些老师们却突然走上台来开始掌控一切。活动的目的性非常明显。当参观者随后看到针对每个孩子的教育计划时，他们发现认知目标被界定得很窄（例如，当展示狗、马和猫的图片时，儿童能够辨别其中的两种动物）。

“游戏时间”如此以目标为导向不足为奇。但是在儿童游戏时，成人应该观察他们在做什么，重视儿童从中收获了什么，而不该以这样的方式为儿童如何操作材料设定目标，即便效果不会立即显现。例如，假如有人曾经看到派珀特正在旋转圆形物体，他或许发现不了派珀特正在头脑中建构一种齿轮模型。如果派珀特被指导一直做某个成人头脑中建构的某些具有特定目标的活动，那么他的发展之路或许与现在截然不同！

想一想

回想你自己的早期游戏经验，如果有可能，想象着重新体验一下。思考你从中收获了什么。你如何运用自己的经验来理解自由游戏对于婴幼儿发展的重要性？

有时，成人想控制学步儿的游戏，这是因为他们并没有把游戏理解为探索。请回顾本章开篇提到的场景。你注意到泰勒是在用自己的感官进行探索吗？他并没有摆弄那些拼图，而是喜欢拼图和塑料套杯的触感，以及用它们敲击地板发出的声音。他的兴趣并不是用所谓“正确的方法”利用那些材料，而是用自己独特的方式去发现每一种材料的特性。虽然该场景很简单，但它却是婴幼儿游戏的好范例。相比较而言，学龄前儿童的游戏比较容易理解，因为这些游戏看起来复杂且富有创造性，也比较容易分类，比如分成“表演游戏”“艺术”或“搭积木”等。而学步儿的游戏似乎不那么像游戏，他们看起来更像是在随意玩耍。有时，孩子们通常只是拿着物品随意地闲逛。但是，如果你仔细观察就会发现，他们既没有游离于游戏之外，也不是处于过渡期。他们来回地走动并运送材料，他们正在做出选择。另外，当他们四处活动时，也许他们很享受这种感官变化带来的快乐。有时，学步儿在探索环境时会与自己最依恋的那个人保持联系（作为安全基地）。

学步儿其实非常容易满足，只要他们有足够大的空间去活动，有足够多的物品去摆弄和探索。他们的注意力持续的时间似乎比较短，那是因为他们的运动多以大肌肉运动为主，需要不断地变换位置。然而，他们也能非常投入，尤其是在问题解决任务或者他们自己选择的感官活动中。例如，如果得到允许，学步儿通常能在水池边待上半小时玩水、香皂和毛巾，常常把四周搞得一片狼藉。（此时学步儿的注意持续时间可不短。）

游戏中的成人角色

在支持婴幼儿游戏的过程中，照护者扮演着多种角色。尽管我们会分别讨论这些角色，但是在现实中它们都是互相联系的。其中照护者确保儿童的安全是重中之重的主题，通过互动来学习是另一重要主题。照护者扮演的这些角色在图 4.2 中都有提到。

创设游戏环境

安全是首要因素，它要求照护者首先要创设健康的游戏环境，确保儿童远离危险；然后就是要仔细地监督环境中发生的一切。没有安全，自由游戏就无从谈起。尽管有些孩子更具冒险精神，但是对于大部分孩子来说，只有当他们感到安全，知道不会受到伤害时，才会舒适自在。在考虑安全

通过操控玩具，儿童发展了手眼协调能力。

© Frank Gonzalez-Mena

NAEYC 机构认证标准9 物理环境

问题时，照护者必须考虑作为个体的孩子和作为群体的孩子，以及其年龄阶段的特点和个体发展水平。健康和安全的风险既可能是个体问题，也可能是群体问题。对于有身体残疾或面临其他挑战的儿童来说，照护者应特别关注他们的安全问题。对所有儿童来说，安全是进行探索的前提。我们这里所说的探索是指儿童通过触觉、味觉、嗅觉、视觉和听觉等方式来发现和考察自己周围的人和物及其特性。只有在安全的、具有发展适宜性的和有趣的环境中，儿童才有机会进行各种探索，进一步深化自身的发展和学习。在关注儿童的探索时，我们需要再次考虑每个孩子的年龄及发展水平。同样，我们也应给予特殊儿童更多的关注，使其拥有同等的机会尽可能多地与环境进行安全互动。例如，我们在思考儿童如何通过操控玩具习得手眼协调能力时，也应该考虑那些视觉严重受损的儿童，确保他们足够安全地靠近玩具架，知道玩具摆放的位置，能发现这些玩具的特征（如有的玩具会发声），从而为这类儿童提供手耳协调的体验。

当你思考游戏环境时，不要只考虑室内环境。婴幼儿同样也需要室外环境，如果可能，最好每天保证他们都有户外活动。他们不仅需要新鲜的空气，而且也需要一些在更自然的环境中的体验，这些都是室内环境无法提供的。在新鲜的空气中进行活动有益于儿童的身心健康。现在，太多的孩子成长于充满钢筋水泥和沥青的环境中，他们很少体验许多并不光滑和坚硬的自然质地，诸如草地、沙子甚至泥土。太多的孩子是在透明塑料玩具的陪伴下长大的。如果我们的下一代在成长过程中缺乏与大自然亲密接触的体验，那么以后将由谁来保护我们的自然生存环境、热带雨林以及广袤的空间呢？

鼓励儿童间的互动，然后退到一旁观察

NAEYC 机构认证标准3 教学

儿童可以向同伴学习。通过与同伴互动，婴幼儿可以更多地了解这个世界，感受自己的力量以及对他人的影响。在与同伴的互动中，婴幼儿会经历各种问题解决情境，逐渐习得了一些非常有价值的技能，比如如何解决冲突。在儿童的互动中，成人的角色是鼓励他们，然后退到一边观察，直到儿童需要时才介入。敏感的照护者知道何时实施干预。干预的时机很关键！如果你过早地介入其中，可能会让儿童错失某些有价值的学习机会。但是，如果你介入过晚，儿童可能会互相伤害。为了促进婴幼儿社会性游戏的发展，把握时机和进行**选择性干预**（selective intervention）是照护者需要掌握的重要技能。什么是选择性干预呢？干预是指干涉或打断，当它被

录像观察 4

学步儿的户外游戏

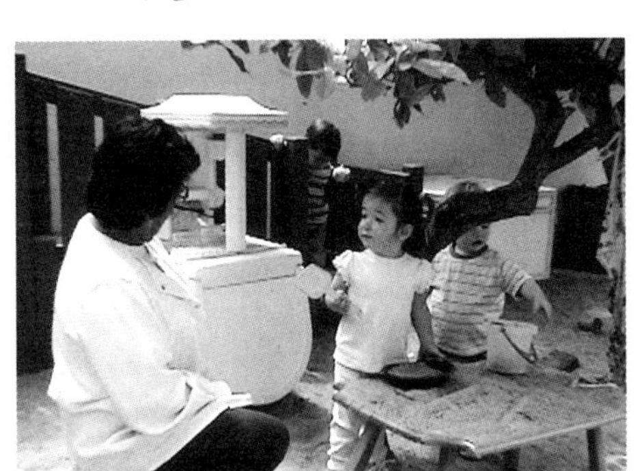

© Lynne Doherty Lyle

看录像观察 4：“学步儿的户外游戏”这段录像为我们呈现了学步儿在户外进行假装游戏的一个范例。

问 题

- 如果有人看完这段录像后跟你说：“他们并没有做任何有意义的事情，只是把周围搞的一片狼藉。”你会如何向他解释这一场景？
- 与本章开篇场景中两个小男孩的游戏相比，本段录像中的儿童游戏与之有哪些相同和不同之处？
- 什么构成了这段场景中的“课程”？儿童将会从中收获什么？请联系儿童的心智、身体和情绪等方面的发展来回答这一问题。

要观看该录像，扫描右上角二维码，选择“第4章：录像观察4”即可观看。

限定于那些能产生积极作用的时机时，它便具有了选择性。选择性干预应该被用于保护儿童（例如在不安全的情况下），或者在必要时帮助儿童以促进学习。敏感地把握何时对儿童进行干预是合适的，这是一项成人需掌握的技能，对于促进儿童游戏的发展非常重要。但是请牢记，鼓励儿童独立解决问题也是教育的一个重要组成部分，因此，成人后退到一边，不干涉儿童则是另一项成人需掌握的技能，它对实践而言也同样重要。当婴幼儿玩游戏时，成人应该陪伴在旁边，给予他们纯粹的优质时间。成人要克制自己，不要去打断那些正全身心投入到游戏中的儿童，专注是我们应该重视的一项重要特质。

想一想

你曾经体验过无趣的游戏吗？当时发生了什么？那是怎样的游戏？

成人也可以成为游戏的一部分，但是他们必须以游戏的方式与儿童互动，顺其自然地对待所发生的一切，而不是设定游戏目标，或者期待某些特殊的结果。否则，游戏就失去了真正的意义，从而变成了由成人主导的“活动”。在本书中，你会看到很多有关成人以无目的的方式与儿童一起游戏的例子。

成人应避免变成儿童的“娱乐设备”。有些儿童习惯于和成人一起游戏，一旦成人退到一边，他们就不能与其他同伴一起游戏或独自游戏了。在某些婴幼儿照护机构中，如皮克勒研究中心，照护者都会接受培训，学会不去干涉儿童的游戏。他们不与儿童一起玩耍。因此，在皮克勒研究中心，儿童游戏的质量极高。儿童在游戏时不需要照护者的参与，照护者也很少干预他们。这是他们强调日常照护中成人与儿童间互动和合作的结果。如此一来，儿童与照护者建立了亲密的信任关系，获得了足够的安全感，从而可以独自或与其他同伴一起探索和玩耍[6]。

支持儿童解决问题

教学

成人要支持儿童自己解决问题。照护者必须敏感地认识到，儿童在自由游戏时所遇到的很多问题都具有智力价值。玛丽亚不能把圆圈套在木棒上；布莱克搭的积木总是倒塌；贾马尔够不到他想要的玩具……这些问题带来的挫折似乎会干扰自由游戏，但是对于儿童来说，仅仅解决这些问题本身就具有吸引力。成人如果帮助儿童解决这些问题，反倒会剥夺他们潜在的宝贵学习经历。

成人应该为儿童自己解决问题提供类似脚手架式的支持。判断儿童何时需要帮助并非易事，这需要技巧。通常，成人越俎代庖，剥夺儿童探索自己方法的机会，反而会妨碍儿童独立解决问题能力的发展。成人提供有效的“脚手架”的关键时刻是：确定儿童在解决问题的过程中打算放弃的那一刻。成人在正确的时间提供一点帮助，就可让儿童继续解决问题。如果帮助来得太早或太晚，儿童都可能会丧失兴趣。照护者帮助儿童并不是非要激发他们的动机。相反，这种帮助是一种支持，有助于儿童长时间专注于某件事情，并最终获得满足感。满足感对于儿童来说是一种可持久存在的奖励，并且能够在下次遇到问题时被唤醒。你可以在图 4.3 中快速浏览成人在婴幼儿游戏中所扮演的八种角色。针对成人如何给儿童提供脚手架式的支持，玛格达•格伯提出了以下建议。

> 允许儿童用他们自己的方式来学习，不要进行干预。……我们都是爱孩子的人——我们太渴望去帮助他们了，所以我们会认为：“可怜

图 4.3　成人在婴幼儿游戏中所扮演的角色

1．鼓励儿童间的互动，然后退到一边观察
2．进行选择性干预
3．提供时间、空间和材料
4．一直在场，但是不干涉儿童
5．提供安全感
6．支持儿童的问题解决
7．提供脚手架式的支持
8．观察

的孩子想要那件玩具，可是却够不着。”于是，我们便把玩具放的离孩子更近一些[7]。

研究者安吉拉•达克沃斯也对儿童的问题解决感兴趣，她对人类的毅力和激情等可贵品质进行了研究。她使用的是“坚毅”（grit）一词，并指出了具备这种品质的优势。玛格达虽然没有使用这个词汇，但是她一直在帮助婴幼儿去追随自己的激情，并努力解决成长路上所遇到的问题。她让她的许多学生最终都认识到，他们总想帮助孩子的这种倾向，是如何阻碍了达克沃斯现在所说的“毅力”的发展的。

观察

NAEYC 机构认证标准4 评估

在一个强调自由游戏的儿童照护机构中，照护者有时看起来似乎什么都没做。有人认为在只是陪伴并不提供指导的非目的性互动模式中，成人看上去似乎显得过于被动。乍看上去可能是这样，但实际上他们正在忙着观察儿童。照护者要想了解究竟发生了什么，了解游戏如何促进儿童的学习，仔细观察是至关重要的。敏锐的观察技能对于所有照护者来说都很关键。安静地坐在一旁，专注地观察，领会游戏中发生的事情，对于有些照护者来说，这很容易做到；但对那些天生不具备观察技能的照护者来说，就必须下功夫学习这些技能。当照护者以观察者的角色观察儿童时，儿童的游戏节奏通常会慢下来，因为成人的在场会影响正在发生的事情。缓慢的节奏使得婴幼儿有机会集中注意力。请记住原则7：教育儿童时要以身作则，言传身教。在观察的同时，你也正在为孩子树立专注的榜样，这对他们成长中的很多方面都有裨益。

阅读下面的场景，它向我们展示了成人如何促进儿童的自由游戏。也请你判断一下，该场景中的成人是否过于被动。

这个游戏区是为稍大些的学步儿设计的。他们正忙着探索游戏区中专门为他们投放的一些材料。两位照护者分别坐在游戏区两端的地板上。在房间的一端，四个孩子正在搬运大块的塑料积木。在这几个孩子中，第一个孩子似乎很有计划地搬运积木；第二个孩子好像只是随意地把积木搬来搬去；第三个孩子用四块积木围了一个围墙，然后坐在中间；第四个孩子则在那些平放在地毯上的积木间穿梭。突然，第一个孩子放下另一块积木后，与第四个孩子一起在积木之间走来走去。那个原本随意搬运积木的孩子走了过来，拿起了第一个孩子刚刚放下的那块积木，于是两个孩子开始扭打起来。此时，正在远处观察的照护者走过来，坐在这两个孩子身边，准备阻止他们的扭打。其中一个孩子突然松开手，然后离开了；而另一个孩子也放弃了他争抢的那块积木。于是照护者重新回到了原来的位置。在房间的另一端，几个孩子正围在桌子边玩耍，桌子上放有一套塑料餐具。一个孩子从桌子上拿起"一杯咖啡"，端给坐在地板上的照护者，照护者假装喝掉它。然后，这个孩子将空杯子拿到玩具水池边清洗；与此同时，另一个刚刚为玩具娃娃"洗过澡"的孩子把空杯子接过来，假装着给这个"宝宝"喝水。

请对照下面的场景。

一群学步儿围坐在地毯上，一位照护者正在指导"圆圈教学"。她正在唱一首歌谣，一边唱一边用手偶表演。有些孩子试图用手指模仿表演，另一些孩子只是坐在那里看着她，但是没有一个孩子跟着她一起唱。她唱完一首后又开始另一首。这时，有两个孩子开始表现出不耐烦，但是大多数孩子依然安静地看着她，听她唱。一个孩子突然站起来并四处走动，另一个孩子也跟着站起来四处走动。另一位照护者急忙走上前制止这两个孩子，并让他们坐回地毯上，然后说："圆圈教学还没结束呢。”可是，当照护者唱到第三首歌谣时，除了一个孩子，其他孩子都开始不耐烦了，试图脱离这一活动。那个指导圆圈教学的照护者难以再维持纪律。于是另一位照护者拿出一块法兰绒板，开始给孩子们讲故事。她暂时吸引了大部分孩子的注意。然而没过多久，有一个孩子走上前去试图撕掉法兰绒板上的图片。其他的孩子因为看不见图片，又变得躁动不安起来，有两个孩子甚至扭打在了一起。在我们离开这一场景时，两名照护者正在搬椅子，强行让每个孩子都乖乖地坐在椅子上。很明显，孩子们将要学习在“圆圈教学”时安静地坐着。

第二种场景中的成人确实在做着一些事情。与第一种场景相比，他们做的事情也更显而易见。他们是人们印象中的教师的样子，扮演着大多数人期待他们扮演的角色。

但是哪一种场景更吸引你呢？

你是否注意到，这两种场景中的学步儿都在做选择？在游戏模式中这是恰当的；但在第二种场景中，学步儿的选择并不是老师计划中的一部分。你是否注意到，第二种场景中的照护者在控制儿童的行为时，显得多么力不从心？

对本书所提倡的儿童早期教育的原则和实践缺乏了解的成人，他们可能会认同那些让儿童参与由成人指导的“学习活动”的照护机构，但对那些成人只是坐在一旁观察和回应儿童的照护机构则持批评态度。家长或许更希望照护者教孩子，似乎照护者能控制所发生的一切。他们对儿童自我指导的自由游戏能起到促进学习的作用可能并不理解。并且，在自由游戏时间“不想做点什么”的照护模式，也会让照护者认为自己更像保姆，因此他们可能会抗拒这种角色。所有这些因素，均与以自由游戏为主的课程背道而驰。照护者需要学会向他人清楚地解释自己在自由游戏中所扮演的角色，从而减轻来自各方面的质疑和压力，即认为照护者要教婴幼儿，而不是任由他们去玩。成人为婴幼儿营造有助于游戏的环境，在恰当的时机给予回应，这远比去教孩子更重要。

影响游戏的环境因素

NAEYC 机构认证标准9 物理环境

你不能只是简单地将婴幼儿带到某个房间，然后期待着伟大的事情会自动发生。你需要认真考虑游戏场所的大小是否适合儿童的数量以及他们的年龄跨度。另外，你也需要仔细考虑在房间中投放什么材料，以及它们是否适合这些婴幼儿。在婴幼儿的游戏场所中，除了基本的嵌入式的空间功能、家具和设备外，还有成人带来的能移动的设备、玩具和材料。空间的使用目的决定了如何布置以及摆放哪些材料和设备。在为儿童创设游戏环境时，鼓励儿童进行多少种自由选择也是成人需要考虑的因素之一。给予儿童多大的选择权取决于照护机构的理念和儿童的年龄；文化也会对此产生一定的影响。

群体规模和年龄跨度

群体规模是一个重要的环境因素。人数较多的群体通常会产生过度刺激，较为安静的儿童容易被忽略。与小规模的群体相比，在较大规模的群体中，即使成人一儿童比例适当，孩子通常也较难真正投入到游戏之中。

混龄是另一个重要的环境因素。成人喜欢根据年龄将儿童划分成不同的群体。有些照护机构很擅长照护混龄儿童；还有些机构则倾向于照护基本是同龄的儿童。

如果你负责照护混龄的儿童，注意保护好那些最小的孩子。在婴儿和学步儿混龄的情况下，你务必要保护好那些还不会走路的孩子，不要让会

活用原则

原则 2 当你可以完全与个体儿童独处时，请保证优质时间。不要只满足于监管群体儿童，更要（不仅仅是短暂地）关注个体儿童。

作为一名照护者，迈克已经在一家小型的婴幼儿照护中心工作一段时间了。费奥娜刚被这家中心录用。今天，他们要共同照护 6 名婴儿。除了一名正在睡觉，其他孩子都坐在柔软的地毯上，地毯旁边摆放着玩具架。其中一个还不会爬的孩子亲密地依偎在迈克身上，旁边几件玩具触手可及。其他的孩子则在玩具架之间爬来爬去，不时地与迈克和费奥娜进行互动。随后，费奥娜起身走向厨房，开始清理抽屉。然后，她又走进洗衣房开始叠洗好的被单。与此同时，在迈克那边，一个小男孩正拿着一本书爬向他。迈克伸手接过书，开始给这个小男孩和另一个已经爬到这边的小女孩讲书中的故事。当小女孩伸手想够那本书时，迈克递给她一本塑料玩具书，小女孩将书放进嘴里。迈克发现费奥娜还在洗衣房，就问道："费奥娜，你在那里忙什么呢？"费奥娜回答说："哦，我看你一个人就能应付得了，所以我觉得我还是让自己看起来忙一点比较好，我不想让主管看到我们两个都只是坐在那里陪孩子们玩！"听到费奥娜的回答，迈克认为她还需要更进一步地了解早期保育机构如何运营以及无目的性优质时间的价值。主管知道迈克的做法是本中心课程的重要组成部分，他会希望费奥娜也能这样做。

1. 你是否认同迈克的想法和做法？
2. 所有的主管都会像迈克和费奥娜的主管一样吗？
3. 如果费奥娜是那种喜欢一直忙碌而非只陪伴在孩子身边的人，该怎么办？
4. 如果某位家长进来恰好看到文中提到的场景，并抱怨孩子没有学到任何知识，你会如何向他解释迈克的做法？

走路的孩子伤害到他们。如果这些孩子共处一室，那么将他们隔开的一种方式便是，将房间的某一区域隔离出来，专门供还不会走路的婴儿使用。不要让这些小婴儿只是待在护栏内或婴儿床上，他们需要在地板上伸展腿脚和爬行；同时，他们也需要与其他共享地板空间的婴儿和照护者互动。

图 4.4 创设环境以支持游戏

1. 将游戏区与照护区分开
2. 确保游戏区中的每一件物品是可以安全触摸的
3. 为儿童提供练习精细动作和大肌肉运动的活动
4. 为儿童提供质地柔软和坚硬的玩具材料及游戏场地
5. 允许儿童用独特的方式组装玩具和组合材料
6. 投放适量的玩具
7. 为儿童提供适量的选择机会

创设环境以支持游戏

NAEYC 机构认证标准9 物理环境

照护者的职责不是指导游戏本身，而是创设游戏环境。通过创设游戏环境，照护者可以避免制定大部分规则，从而也就大幅度减少了那些不被期望的行为。例如，如果不允许儿童在厨房中玩耍，照护者可以在厨房的入口处安装一扇门。图 4.4 总结了一些通过创设游戏环境来支持游戏的建议。

照护者应确保游戏环境中的每一件东西都是可以安全触摸的，甚至是**可入口的**（mouthable）。当然，这里的“可入口”指物品是干净卫生和安全的，婴幼儿可以将其放进嘴里。当然你知道，年龄较大的儿童不会把物品放进嘴里，但是对于婴幼儿来说，用嘴舔一舔或咬一咬是这个年龄段的孩子重要的学习途径。照护者要做的是定期对玩具进行清洁和消毒，而不是限制儿童的这种天性。

想一想

回想孩提时代你最喜欢玩的地方是哪里？你如何运用你的经验为婴幼儿创设游戏环境？

照护者应该为儿童设计适合室内和室外的**大肌肉运动活动**（gross motor activity）。大肌肉运动的活动是指儿童运用胳膊、腿和躯干等处的大肌肉群进行的活动，诸如攀爬、打滚、滑滑梯和跑步。学步儿时刻都在跑动、攀爬、打滚和跳跃，而不仅仅是在受邀请时才如此。你应该将学步儿的游戏区视为健身房而非教室，并将其创设成充满活力的游戏场所。

照护者应该在游戏环境中提供充足的质地柔软的物品，供儿童在充满活力的游戏中以及安静休息时使用。靠垫、地垫、床垫、大积木块以及铺在地板上的塑料泡沫都能让孩子们尽情地跳跃、打滚，或者舒服地躺下，孩子也可以与书本或毛绒玩具拥抱或依偎在一起。

照护者也需要提供质地坚硬的地面。地板革与地毯形成对比，吸引爬行儿和学步儿。此外，当照护者为儿童准备了诸如烹饪或玩水的活动时，坚硬的表面更容易清洁。例如，在塑料洗脸盆下面垫上浴室防滑垫，可以让孩子们安全地玩水，同时也不至于把周围弄得乱糟糟。

照护者在为婴幼儿选择玩具时，应该尽量选择那些有多种玩法而非只有一种玩法的玩具。例如，大的塑料泡沫积木就是很好的例子。孩子们可以搬运它们，或把它们摞在一起，或用来搭建某种结构，或坐在上面。相比于那些将孩子置于旁观者角色的电动玩具或发条玩具，那些大型积木为孩子们带来的乐趣会更多。

照护者应该尽可能地让孩子们自由地组装玩具，组合材料。如果孩子们想把动物玩偶放进他们搭好的积木建筑中，或者想把炊具从玩具炉子上取下来，将橡皮泥放进去，照护者就应放手让他们去做。

当然，你不可能让孩子随意地组合所有的物品。孩子们把橡皮泥放到戏水桌上可能会把桌子弄得一团糟，照护者除了扔掉橡皮泥别无其他清理桌子的方法。如果不想让孩子们组合某些玩具或材料，照护者可以设置清晰的**环境限制**（environmental limit）。环境限制是一种物理障碍，使儿童或玩具材料远离或待在既定的空间。环境限制通常伴有口头语言限制来提醒孩子。用栅栏将楼梯隔开就是一种环境限制。将戏水桌放在室外，将橡皮泥放在室内就是另一种形式的环境限制。或者将戏水桌放在室内，同时把橡皮泥收在柜子里。此外，在未设定环境限制或其他限制时，照护者的口头语言限制就变得很重要。例如，“不要把水溅到戏水桌外”就是一句清晰且积极的限制声明。

确定适量的玩具也是照护者需要考虑的因素。不要投放太多玩具！要警惕过多的玩具会产生**过度刺激**（overstimulation）或导致过多的感官输入。与拥有适量玩具的儿童相比，那些拥有过多玩具选择的学步儿会兴奋过度，同时也更可能会让自己和其他人不快乐。另一方面，空旷单调房间中的儿童会感觉无聊，与那些所在房间有过多玩具和人员的儿童相比，两者出现问题行为的概率相当。一定要确保最佳的玩具或材料数量。照护者可以根据儿童的行为来判断玩具的数量是否合适。玩具的最佳数量应根据不同的时间点、儿童的人数以及季节而有所改变。

事　件

我们在聚焦游戏时，并没有使用“*活动*”（activity）一词，因为我们想让婴幼儿远离学龄前儿童的活动模式。相反，我们使用了**“事件”**（happening）一词，它拓宽了婴幼儿参与其中并从中学习的这一思想。在本书中，我们使用事件一词的目的在于，它既涵盖最简单的事件，也包括比较持久和复杂的经验。我们借用詹姆斯•海姆斯（James Hymes）的这一术语，他是儿童早期保育和教育方面的先驱，也是我们这一领域永远的领导者。虽然近几年来，很多人都要求我们将儿童活动的相关理念纳入本书，但是我们一直没有这样做。相反，在本书的不同章节中我们列举了很多案例。我们并未指出这些例子其实就是一些事件，而是将其留给读者去领悟。另外，我们也避免为这些事件创设学习目标和目的，因为一旦成人在头脑中产生了对结果的期望，那么事件就偏离了自由游戏的王国，也失去了其原本的意义。但是，这并不意味着事件是偶然发生的。在为婴幼儿制订的游戏计划中包含了大量的意图。这些意图是美国幼儿教育协会（NAEYC）发展适宜性实践的重要组成部分，也是本书的基石。

一场暴风雨就为类似图中的事件创设了环境条件。

© Lynne Doherty Lyle

事件使我们关注儿童的经历，它们可能非常简单，但是孩子们仍然能深深地沉浸其中。再次强调，当我们用事件一词时，并不是在说它们都是偶然事件。有些事件确实是偶然的，当它们出现时，照护者要充分地加以利用。在大风过后的某个秋日，照护者组织孩子们在院子里清扫落叶，这就是一个事件。

有些事件是照护者提前计划好的，有目的地将孩子们带入环境中。有一个照护中心，孩子们喜爱的活动是些可以反复重新组合的拼贴画。将一大张纸贴在墙上（粘住四角），让孩子们把各种各样的图形粘贴到纸上。拼贴画中的元素可以不断地重新排列，这一特点清楚地表明，对于该年龄段的孩子来说，过程远比结果更重要。通常，我们认为婴幼儿的注意时长很短，但是，如果事件本身很有趣，照护者又能提供支持和鼓励，那么婴幼儿也可以很专注。当年龄大点的孩子喜欢参与某一特定主题，并且能持续很长一段时间，那么此时事件通常被称作课题。制作拼贴画并不是严格意义上的课题，我们喜欢将其视为一个拓展事件。

学步儿喜欢参与的某些事件，实际上是学龄前儿童活动的修改版。例如，适合学龄前儿童的画板写生可以修改为适合学步儿的手指画，让孩子们用清水在黑板上作画，或者用稠的肥皂泡（用食用色素调制的）在树脂玻璃上作画。海绵涂画也可以改变形式，让学步儿在有少量水覆盖底部的托盘里挤压海绵。

有一位非常聪明的照护者，她发现婴幼儿非常喜欢从卫生纸盒中把纸巾抽出来。于是，她发明了一种玩具，把丝巾系在一起塞到卫生纸盒里。还有一个简单的事件是，特别小的孩子喜欢把卫生纸揉在一起。（要用白色的纸巾，这样即使纸巾被弄湿了，也不至于染得到处都是颜色。）

简单的食物准备任务，比如捣香蕉泥或剥鸡蛋皮，都会让学步儿觉得很好玩。对于学步儿来说，甚至是折断面条这样简单的事情也会让他们感到兴奋和满足。

自由选择

在创设游戏环境时，照护者应该考虑为孩子们提供自由选择的机会。自由选择是游戏的一个重要组成部分。下面的例子描述了一个为婴幼儿提供了多种选择的鼓励自由游戏的游戏空间。

> 房间的一端用儿童护栏围了起来。3个婴儿仰躺在地毯上，一边挥舞着胳膊一边东张西望。一名照护者坐在他们身边，将颜色亮丽的丝巾放在孩子们能够到的地方，柔软的小球也触手可及。其中一个孩子抓起小球，在空中挥舞，抛了出去。小球落地，滚到了另一个孩子的身边，这个孩子看了看球，然后把目光转向靠近他脸边飘起的红丝巾。

儿童护栏外的空间更宽敞些，9个学步儿正在这里玩耍。一个玩具梯子平放在地板上，两个孩子正在梯子间爬来爬去。不一会儿，其中一个孩子离开了，坐进了附近一个空着的洗衣篮里。然后，他从篮子里爬出来，把篮子翻转过来，又爬了进去。他掀起篮子看向外面的两个同伴，这两个孩子正在往头上戴帽子，帽子是从玩具柜附近的一个盒子里发现的。其中一个孩子戴了三顶帽子，然后又拿了两顶跑到护栏旁边，把帽子一个一个地扔到了护栏中的婴儿身旁。当看到那几个婴儿惊讶的表情时，他咯咯地大笑起来。另一个玩帽子的孩子把几顶帽子放到儿童三轮车的后座上，然后骑着三轮车围着屋子转圈。他把车停在一张矮桌子旁边，桌前几个儿童正在挤压塑料拉链袋，袋中装满了不同的东西。坐在一旁的照护者对其中一个正在挤压袋子的孩子说："你很喜欢这个软软的拉链袋，是吗？"听到照护者的话，那个骑车的孩子迅速地戳了戳其中一个袋子，发现它很有趣，于是不再玩帽子和小车，也坐在桌子前探索起其他的拉链袋。

在房间的另一个区域，一个小女孩正在从墙角搬运大块的塑料泡沫积木，把它们堆在离墙不远的睡椅上。然后，她爬到睡椅上，把睡椅后面的靠垫扔到地上，把积木几乎摆满整个睡椅。她从睡椅上下来，绕着它走了一圈，又跳到刚刚堆好的积木上。

与此同时，在房间的另一角，一个孩子正和照护者坐在大垫子上（垫子实际上是用两张床单包裹着泡沫橡胶屑缝制而成）。他们正在一起"看"书。这时，一个刚才还在玩拉链袋的孩子跑过来，爬到照护者的腿上，然后把书拿在手里。很快，另一个孩子也来到了这边，她身旁的垫子上摆放着一摞书。

在上述场景中，儿童拥有很多选择。自由选择是游戏的一个重要组成部分，也是儿童学习的重要先决条件。

游戏环境中的匹配问题

约瑟·麦克维克·亨特根据他所谓的“匹配问题”讨论了学习与选择之间的关系。他指出，当环境能为儿童提供他们运用自己已经达到的心智能力来理解的熟悉体验，而这些体验又很新颖，并且足以为孩子们提供有趣的挑战时，学习便会随之发生[8]。

当在儿童已知的知识和新情境之间出现最佳的不协调时，学习便会发生。对儿童来说，如果游戏环境过于新奇和陌生，他们会退缩、恐惧，忽略该环境，或者用学习之外的方式来应对它。如果环境不够新奇，儿童也会忽略它。儿童不会关注那些早已成为其生活的一部分且缺乏吸引力的事情。

麦克维克·亨特的理论与皮亚杰关于同化和顺应的理论存在一定联系。儿童通过改变环境以满足自身需求、改变思维方式来回应环境中的新事物以寻求对环境的理解，在此过程中，他们的思维通过适应得到逐步发展。皮亚杰认为适应作为一个过程可分为两部分，一部分是同化（assimilation），另一部分是顺应（accommodation）。同化是指个体将经验中的新要素纳入已有的思维结构中，在此过程中，当两者不匹配时便会产生一种张力；于是顺应产生了：或者一种新的心智模式产生，或者原有的心智模式被改变，得以接纳新信息并与之相匹配[9]。这是解释麦克维克·亨特有关匹配问题的另一种方式。

问题是，你如何为儿童创设一种游戏环境，使其各元素间保持最佳的不协调？人们如何准确地判断什么才是与其照护的每个儿童相匹配的呢？首先，你需要拥有关于年龄和发展阶段的知识（参照附录B环境对照表）。

其次，你可以通过观察找到答案。当你观察儿童时，你就能清楚地知道应该在环境中为你负责照护的儿童群体投放哪些材料。通过为儿童提供大量可选择的适宜的玩具、物品和事件，并让儿童自由游戏，你就能为儿童提供探索新环境以及玩具材料新用途的机会。说到对材料和物品的创造性使用，没有人能比婴幼儿更具创造力。他们有学习的需要和想理解事物的渴望。照护者可以利用儿童的这一需要，让他们自己决定如何使用环境（当然是合理运用）。在第2章中，马斯洛曾提到，如果我们利用表扬或压力来指导儿童的行为，我们就干扰了儿童那种发自内心的快乐。当儿童在解决与其发展水平相匹配的问题时，他们就能获得这种乐趣。

儿童在有趣且富有挑战的环境中，或早或晚肯定会碰到他们想解决但却解决不了的问题。他们“被卡住”了。如果儿童确实不能想出下一步该怎么办，成人可以通过提供适当的帮助来进行干预。有时对于成人来说，让他们静静地等待出现儿童不能独立解决问题的时机是困难的，因为成人可以轻而易举地解决儿童不能解决的那些问题。但是，如果他们能耐心地等待这一时机，实际上也就为儿童提供了最好的学习机会。成人不应替孩子解决问题，而是帮助他们解决问题。

还有，不要催促儿童。这是对待“被卡住”的另一种观点。有时，当儿童厌倦了某些事情后，他们也会被卡住。他们已经充分地体验了某种活动，因此会失去兴趣。成人发现儿童开始厌倦了，他们就想对此做些什么——快点！许多成人害怕儿童厌倦，也害怕自己厌倦。这种担心和害怕也许会被社会上存在的两种压力进一步强化：一是要求为婴儿提供丰富刺激的趋势，二是对学龄前的儿童就有学业要求。然而，这种厌倦是有教育意义的，可被视为任何早教机构的课程或学习计划的一部分。马斯洛清楚地指出，在儿童成长的过程中，没有必要催促儿童、推着他们向前发展。当他们做好准备时，他们就会推动自己前进[10]。

在儿童彻底完成他们需要做的事情之前，他们不会强迫自己前行。即便他们已经达到厌烦的状态，他们仍会一直被未完成的事情所激励，不会进入到下一个阶段。当儿童最终完成了那件事情，厌倦才成为推动他们向前的动力，这种动力源于内部，而非来自外部。之后，他们会脱离原有的水平和需求，去应对新的需求，并倾注全部的精力。如果推动他们前进的动力来自外部，即成人或环境，那么他们永远不会对自己感到满意。他们要么带着对之前活动的不满情绪而进入下一发展阶段，接受新任务或新活动；要么在新任务或新活动中，不能全神贯注地投入。

玛格达·格伯曾经说过："及时，而不是准时。"这意味着每个孩子都有自己的发展时间表，成人应该尊重儿童的个体特点。艾米·皮克勒对此也深有感触，她认为，成人不应催促儿童达到发展中的某一里程碑，推其进入某一新阶段。两位教育家都主张，成人要鼓励婴幼儿完全自由地做他们正在做的事情，而不是催促他们向前发展。或许，这种看待儿童发展的观点并不能反映当今美国所推崇的普遍的教育实践；但是，本书的一位作者曾目睹了格伯的这一教育理念和皮克勒的这一教育方法对儿童发展产生的积极影响，这种影响太令人印象深刻了！

最后一个话题是，多多地利用科技来推动儿童学习。本章讲述了游戏是如何促进智力发展的，但我们知道，如今，各个年龄段儿童的游戏，都逐渐遭受着电子屏幕的侵蚀。成人和年龄大一些的儿童都把大量的时间用于观看电子屏幕上那些色彩斑斓、趣味横生、可移动或可变换的东西。当然，幼儿也喜欢看这些，甚至连婴儿在看到电子屏幕上的事物时都会恋恋不舍。这带来的危险是，年龄很小孩子的注意力因被电子屏幕吸引而远离了他们能够接触和操纵的那些真实的东西，远离了与人脸、人声以及身体的接触，而这些真实的接触和操纵，对于同伴关系以及与家人依恋的建立非常重要。起初，幼儿电子屏幕广告是为了让孩子更聪明，没有人反对！然而，现在通过研究我们知道，幼儿会对电子屏幕上瘾，与不看电子屏幕而是和人面对面交流的幼儿相比，那些看电子屏幕的幼儿在词汇量上并没有表现出相同的进步[11]。

适宜性实践

发展概述

根据美国幼儿教育协会（NAEYC）的观点，婴幼儿喜欢挑战，对各种各样的事物充满兴趣。在成人暖心的鼓励下，当儿童自由地进行探索，以自己的兴趣和技能为乐时，他们其实就是在成长、发展和学习。对于较小的婴儿来说，只有当他们在关系中感到安全时，他们才会放心地玩耍。婴儿调动他们所有的感官与人和物进行互动。他们喜欢实践新技能，通过抓、踢、摸和推等动作探索人和物。在刺激丰富的回应式的环境中，给予婴儿充足的时间，让他们充分地与环境中的人和物进行互动，这为他们提供了简单的乐趣。对于会爬的婴儿来说，伴随其技能的提高，通过探索环境及其中的人和物，他们能够拓展自己的玩兴。通过这些探索活动，孩子们不仅锻炼了自己的肌肉群，而且在探索和学习周围环境时，也发展了认知能力。安全感能让婴幼儿在游戏中利用自身的能力不断地发现和学习。

发展适宜性实践

下面是一些关于“游戏即课程”的发展适宜性实践的范例。

- 通过敏感地观察婴儿的兴趣，以及他们对身体活动、噪音或其他变化的忍耐水平，成人可以与婴儿进行游戏式的互动。
- 成人可通过观察婴儿的活动、用语言评论活动以及提供安全的游戏环境等方式尊重婴儿的游戏。默默支持儿童的成人会鼓励孩子们积极地参与活动。
- 在婴儿游戏时，成人要不断地观察他们。可与有兴致的婴儿玩一些适宜的游戏，如“藏猫猫”。成人要小心，不要干预婴儿如何去玩。
- 成人可与学步儿玩一些互惠式的游戏，指导孩子们如何玩想象力游戏，如“过家家”。成人也要支持学步儿的游戏，这样他们才会长时间地保持对某物或某活动的兴趣，他们的游戏也会变得更加复杂，从简单的认识和探索事物，逐步过渡到更加复杂的游戏，如假装游戏。
- 儿童每天都有机会进行探索性的活动，例如玩水、玩沙子、绘画、制作陶艺和玩橡皮泥等。

资料来源：摘自 Carol Copple and Sue Bredekamp, eds., *Developmentally Appropriate Practice in Early Childhood Programs*, 3rd ed.（Washington, DC: National Association for the Education of Young Children, 2009）。

个体适宜性实践

与正常发展的婴幼儿相比，那些尚不能自如活动的年龄较大的婴幼儿，需要从照护者那里得到更多手把手的练习。当照护者带他们四处活动、为他们提供适合的活动方式，以及不断调整环境以便于他们更好地参与和游戏时，他们能运用已有的技能来探索周围的环境。

文化适宜性实践

有些家庭可能不像其他家庭那样重视儿童游戏。有些家庭并不具备让孩子安全地开展游戏和探索的环境。还有一些家庭缺乏让孩子进行自由游戏的传统。因此，照护者要尊重这些文化差异，并努力理解这些家庭，这非常重要。

适宜性实践的应用

现在请你再次阅读本章“活用原则”专栏的内容。

- 迈克照护孩子时为他们提供了原则2中包含的“优质时间”，在他所提供的“优质时间”与本专栏“发展适宜性实践”中列举的要点之间，你能看到哪些联系？
- 如果该机构中的儿童，其家庭没有安全的游戏环境或者缺乏让孩子自由游戏的文化传统，迈克或费奥娜应该怎么做？请结合“文化适宜性实践”来回答。

本章小结

游戏和探索是课程的重要组成部分，也是婴幼儿发展和学习的重要方式。由于婴幼儿的游戏涉及运动，当他们能够在自己力所能及的范围内不受限制地自由活动时，最有利于他们的发展。让婴幼儿在丰富的、具有发展适宜性且有趣的环境中自由选择，能够促进最佳的学习效果。自我调节是他们在游戏中获得的发展之一。

游戏中的成人角色

- 为儿童创设游戏环境，始终要把安全放在第一位，这样儿童才能自由地探索和发现。
- 鼓励儿童间的互动，然后退到一旁观察，保证儿童不受干扰。
- 支持儿童独立解决问题，使他们习得毅力等可贵品质，并逐渐把自己视为一个有能力的人。
- 观察是理解各种情况下每个儿童并促进他们学习的有效方法。

影响游戏的环境因素

- 群体规模和年龄跨度会影响儿童的受关注程度，恰当的群体规模和合理的年龄跨度能使儿童全神贯注于游戏之中。
- 创设支持性的游戏环境是鼓励创造性游戏的重要因素。真正富有创造性的游戏并不包括让婴幼儿坐在诸如电视或其他手持数字设备等电子屏前。
- 发生的事件是促进儿童进行丰富的游戏、探索和学习的因素。它包括事先计划的和偶然发生的那些事情，也包括照护者有意设计的事情。
- 在游戏环境中，儿童自由选择的数量是儿童了解自己的需求以及能够追求自己兴趣的关键因素。
- 游戏环境中的匹配问题是指确保儿童选择那些与其兴趣和学习水平相匹配的事件。

关键术语

自由游戏（free play）
探索（exploration）
选择性干预（selective intervention）
可入口的（mouthable）
大肌肉运动活动（gross motor activity）
环境限制（environmental limit）
过度刺激（overstimulation）
事件（happening）

问题与实践

1. 本章是如何使用“模型”（model）一词的？
2. 既然游戏十分重要，那么成人应该让儿童自由游戏吗？为什么？
3. 大多数关于婴幼儿保育和教育的书籍会使用“活动”一词。为什么本书却没有使用这一术语？
4. “脚手架”是指什么？它与游戏有何关系？
5. 游戏环境中的匹配问题是指什么？它与皮亚杰的同化和顺应理论有何联系？
6. 在游戏过程中，照护者采用观察模式有哪些益处？

拓展阅读

Alison Gopnik, "Let the Children Play, It's Good for Them!" *Smithsonian Magazine,* July-August, 2012.

Ani N. Shabazian and Caroline Li Soga, "Making the Right Choice Simple: Selecting Materials for Infants and Toddlers," *Young Children* 69(3), July 2014, pp. 60–65.

Deb Curtis, Kasondra L. Brown, Lorrie Baird, and Anne Marie Coughlin, "Planning Environments and Materials that Respond to Young Children's Lively Minds," *Young Children* 68(4), September, 2013, pp. 26–31.

Deborah Carlisle Solomon, *Baby Knows Best: Raising a Confident and Resourceful Child, the RIE Way* (New York: Little Brown, 2013).

Karin H. Spencer and Paul M. Wright, "Quality Outdoor Play Spaces for Young Children," *Young Children* 69(5), November 2014, pp. 28–35.

Lauren Foster Shaffer, Ellen Hall, and Mary Lynch, Toddlers' Scientific Explorations: Encounters with Insects in Exploring Science, ed. Amy Shillady (Washington D.C.: National Association for the Education of Young Children, 2013), pp. 11–16.

Maria L. Hamlin and Debora B. Wisneski, Supporting the Scientific Thinking and Inquiry of Toddlers and Preschoolers through Play, ed. Amy Shillady (Washington D.C.: National Association for the Education of Young Children, 2013), pp. 41–47.

Mary S. Rivkin, *The Great Outdoors: Advocating for Natural Spaces for Young Children* (Washington D.C.: National Association for the Education of Young Children, 2014).

第二编

聚焦儿童

第5章

依　恋

问题聚焦

阅读完本章后，你应当能回答以下问题：

1. 什么是依恋？影响依恋发展的因素有哪些？
2. 依恋如何影响大脑的发育？
3. 为什么了解依恋发展的里程碑很重要？
4. 在用安斯沃斯的依恋模式来理解和界定依恋程度或依恋类型时，其中哪些内容值得商榷？
5. 成人如何培养婴幼儿的依恋？包括与特殊儿童有关的任何特殊问题。

你看到了什么？

在某家庭式托儿所里，一个宝宝正躺在客厅地板的毯子上哭泣。此时，让其安心的声音从另一个房间传来：“我知道你饿了，我马上就来！”听到熟悉的声音，宝宝停止了哭泣，但是，当他发现大人并没有立即出现时，就又哭了起来。照护者拿着热好的奶瓶匆忙跑进来：“等着急了吧？”宝宝仍旧哭着。“好了，好了，我这就把你抱起来，给你喂奶。”照护者弯下腰，伸开双臂轻轻地把他抱了起来。宝宝的哭声逐渐减弱，照护者抱着他穿过房间，坐在了一把舒适的椅子上。

当被抱起时，宝宝的整个身体都在传递着他对即将发生事情的期待。他紧绷着身体，兴奋地挥舞着小胳膊，目不转睛地盯着照护者的脸。当照护者坐到椅子上时，宝宝便使劲地扭动身体，嘴巴努力地去够奶瓶。当含住奶嘴时，他闭上眼睛，握紧小拳头，欢快地吮吸着。“这就是你想要的，现在感觉好多了，是不是？”照护者柔声地对他说。几分钟后，宝宝开始放松下来。照护者抱着他靠在椅子上，时不时移动着寻找舒服的姿势。“你真的饿了，对吗？”宝宝继续吮吸奶嘴；过了一会儿，他放缓了吮吸的速度，松开小拳头，一只小手伸出来想抓东西。照护者用手指触摸了一下他的小手，宝宝立即紧紧地抓住了照护者的手指。照护者紧紧地抱着他，然后亲了亲他的额头。这时，宝宝睁开眼睛，抬头看向照护者。照护者也面带微笑地回应他。他停止吮吸，吐出奶嘴，紧盯着照护者的脸，露出了灿烂的笑容。然后，他依偎在照护者的怀里，继续满足地吮吸着奶嘴，他的小拳头紧紧地攥着照护者的手指，眼睛一直看向她。

上文中所描述的就是**依恋**（attachment）！它是一种复杂的、渐进的过程。依恋的定义可能还会变化，但本质上，是指亲密性以及成人对婴儿的回应。本章我们将探讨婴儿和成人之间这种重要且特殊的双向关系，并描述儿童早期高质量的照护经历如何影响其大脑发育。另外，本章还将考察与依恋有关的儿童行为发展的里程碑，对安全型与不安全型依恋模式的测量，以及与之相关的当代的新问题。最后，本章也将探讨对有特殊需求的儿童进行早期干预以避免破坏性依恋的重要性。自始至终，本章都在讨论照护的连续性和回应式关系的重要性，它们是早期健康依恋关系发展的关键因素。婴儿既有能力又很脆弱，他们依赖于一个或多个成人为他们提供持续且积极的体验，进而逐渐获得安全感和自主性。

脑研究

在过去的10年里，我们对人类脑的了解比过去一百年知道的还要多！表5.1总结了我们对脑发育的理解发生了怎样的变化。现代的神经科学技术是无创性的（即它们不会干扰脑的自然功能），这些技术使得我们能够尽可能详细地探索人脑。我们能够利用神奇的工具来绘制脑的剖面图，理解脑中的化学物质，以及探究影响脑的环境因素。这些信息带给我们许多有价值的知识，比如婴儿是如何学习的，为何早期经验对发展至关重要，等等。让我们简要回顾一下，有关脑功能的研究成果为何有助于我们理解特定回应式的、积极的经验对婴儿早期的发展至关重要。

表 5.1 对人脑的再思考

以前的思考	现在的思考
脑发育取决于个体先天的基因	脑发育取决于个体先天基因和后天经验之间复杂的相互作用
个体3岁前的经验会对以后的发展和学习只产生有限的影响	早期经验有助于塑造脑结构，进而影响个体以后的学习和发展
儿童与主要照护者建立的安全型关系能为早期的发展和学习创造有利的条件	早期互动不仅会创造有利条件，还能直接影响脑发育的方式
脑的发育是线性的；脑的学习和改变能力会随个体从婴儿成长为成人而稳步发展	脑的发育是非线性的，在人的一生中，个体习得不同知识和技能的黄金期不同

资料来源：Rima Shore, *Rethinking the Brain: New Insights into Early Development.* Copyright 1997. Revised 2003. Families and Work Institute, 267 Fifth Avenue, New York, NY 10016. 212-465-2044. www.familiesandwork.org.

脑的基本单位和脑回路

脑的基本单位是一些专门的神经细胞，称之为**神经元**（neuron）。每个神经元都有一条**轴突**（axon）或输出神经纤维，其作用是把某一神经元发出的能量或神经冲动传递给其他的神经元。神经元上还有很多**树突**（dendrite），它们是输入神经纤维，接收从其他神经元传入的信息。树突生长出多个分支，形成“树突树”，负责接收来自其他神经元的信号。当婴儿探索世界时，神经元之间的连接结构即**突触**（synapse）便开始形成。在儿童的生活中，那些被经常使用的突触，将会得到强化或保护，并成为大脑永久“回路”的一部分。刚出生时，人类的脑还很不成熟，所以早期经验能对婴儿的成长和学习产生巨大的影响[1]。

在生命的头几年，婴幼儿脑中产生的突触大约是实际需要的2倍。脑中的“树突树”不断生长，变得非常繁茂。2岁时，学步儿脑中的突触数量与成人的已相差无几。到3岁时，儿童脑中的突触数量竟达到成人的2倍，这一庞大数值将一直维持到10岁。到了青少年期，约有一半的突触会被丢弃或“修剪掉”。脑会修剪或有选择地淘汰那些无用的突触。

关键的问题是，脑如何知道哪些突触或联结应该保留，哪些应该被修剪或丢弃呢？个体的早期经验似乎比人们最初认为的更加重要。经验能够激活神经通路以及沿着神经通路以化学信号形式存储的信息。重复的经验会加强某些特殊的神经通路，使其呈现一种“被保护”的状态；这条通路被反复使用，因而未被修剪掉。这是一种正常的伴随人类毕生的脑神经发育过程。然而，大脑对突触的修剪并不像早期脑研究所谓的“用进废退”那样简单。虽然未被使用的突触会被修剪掉，但是其神经元仍然保持完好，为日后的学习做好准备[2]。这也有助于解释为何人脑在受损时能表现出惊人的可塑性和灵活性。

高质量的经验和稳定的神经通路

本书强调高质量的早期经验和回应式的照护对于婴幼儿发展的重要性。当今对脑发育的研究表明，不断重复的早期经验实际上会形成稳定的神经通路。我们进行思考和学习的方式与这些通路的广度和属性密切相关。当婴幼儿探索新事物或解决新问题时，脑的活动会更加活跃，神经通路会不断发展。如果神经通路很强健，那么信号传递就会很快，儿童就能更高效地解决问题。

NAEYC 机构认证标准1 关系

现在，我们来想象这样的情景：一位母亲在上班前需要把她10个月大的孩子送到托儿所。这个小男孩可能会体验到一些压力（这种压力被称为“陌生人焦虑”，我们稍后会详细讨论）。但是，如果照护者是孩子熟识的，并且能对孩子发出的压力信号做出及时的回应，那么孩子会逐渐知道，即使母亲暂时离开也没关系（照护者是他熟悉的人，今天包裹他的小毯子也格外柔软芳香），母亲下班后会来接他。在这个小男孩的脑中，神经联

投入优质时间，随时准备好回应孩子。

© Frank Gonzalez-Mena

结已经形成，他在与母亲暂时分离时就不会那么焦虑了。通过他的这些经验，小男孩已经发展出了有效的神经通路。回应式的、积极的经验加强了其脑中的联结。脑中的这些最早期的联结与其依恋经验有关。请记住原则2：当你可以完全与个体儿童独处时，请保证优质时间。不要只满足于监管群体儿童，更要（不仅仅是短暂地）关注个体儿童。

通过依恋——有时也称为纽带（bonding），两个个体能够紧密地联系在一起。约翰·肯内尔将依恋定义为："连接两个个体的情感纽带，它在时间和空间上具有持久性，且有助于他们在情感上的联结。"[3] 母亲通常是孩子的第一个也是最主要的依恋对象，但是随后，孩子会越来越强地对其父亲产生依恋，尤其是当母亲需要外出工作时。对于那些很小就被送到托儿所的孩子来说，与照护者（父母之外的人）之间的次要依恋就变得非常重要。

通常，儿童对照护者的依恋与对父母的依恋在很多方面不同。很明显的一个差异是依恋关系持续的时间。儿童与父母通常会建立长期甚至终生的依恋关系，而与照护者之间的依恋关系则相对较短。从照护儿童的第一天起，照护者就清楚孩子们早在其长大之前就会脱离他们的照顾。由于父母的生活和照顾孩子的需求有时会突然发生变化，儿童与照护者之间的分离往往毫无征兆。因此，人们对儿童与父母和照护者之间建立的成人—儿童关系的持久性预期会有很大差异。

亲子依恋是一种亲密的情感，对有些人来说，这种依恋从一出生就开始了。在理想的情况下，如果父母与警觉的新生儿可以有时间待在一起彼此熟悉，那么在很短的时间内“骨肉亲情”就会出现，仿佛“坠入爱河”一般。当照护者和儿童第一次见面能彼此吸引时，这种一见钟情式的爱也可能发生在他们之间。更普遍的情况是，随着成人和儿童不断加深了解并熟悉彼此的沟通方式，依恋关系会随时间的推移而逐渐形成。随着儿童达到发展的一个个里程碑，这些特定的沟通方式也会不断地发展和变化。当前的脑研究已向家长和照护者证实，温暖且积极的互动能够巩固儿童脑中的神经元联结。为了建立良好的依恋，照护者必须为儿童提供高质量的回应式照护。

镜像神经元：动作和观察

脑研究的最新进展为我们另辟蹊径，使得我们能够更深入地洞察依恋建立的过程，以及婴儿是如何促进其依恋发展的。在过去的十年间，**镜像神经元**（mirror neuron）及其对人脑进化的重要意义，可能是有关人脑发展的最重要的发现之一。镜像神经元是指当某一动物（现在已经确认也包含人类）做某一动作以及观察其他动物执行相同动作时都会产生兴奋的一种神经元。镜像神经元系统最初是神经科学家在研究猴脑和意向性活动任务时发现的。镜像神经元位于大脑皮层的运动前区，它不但能在猴子执行某一特定运动任务时被激活，还能在猴子观察同伴执行相同任务时被激活。有趣的是，猴子只会模仿其他同伴的动作，却不会模仿机器人做出的同样动作。镜像神经元能够区分生物的和非生物的动作发出者，它们似乎能意识到活动的意图或目标（大部分活动通常与获取食物有关）[4]。

有证据表明，人类也具有类似的观察动作匹配系统。毫无疑问，在喂食或游戏时间，我们观察到小婴儿会模仿照护者或父母的嘴部动作。嘴部动作是婴儿早期的一种“依恋行为”，婴儿可能以此来拓展获取食物或进行社交互动的经验。模仿似乎能建立某种联系，即模仿将人们联结在一起。目前，神经科学家和儿童发展专家正致力于研究镜像神经元与社会（依恋）理解的作用。一个神经系统，若它允许脑对所见的运动进行观察并模仿，则这个神经系统就是一种理想的学习和社交系统，而这恰是镜像神经元要干的事情。[5]

当今的脑研究持续验证了以下这些意义重大的发现：

- 天性（遗传）与教养（环境）始终相互作用。
- 早期回应式的照护和温暖而稳定的关系有助于婴幼儿依恋关系的建立，并促进他们的脑健康发育。
- 3岁幼儿脑的活跃度是成人脑的2.5倍。
- 小婴儿通过发出需求信号来参与自己的脑发育。
- 强健的神经通路的建立得益于丰富的经验，尤其是回应式的关系。

访问下列网址，获取更多的信息和资源材料。

www.zerotothree.org/

该网站提供了大量支持婴幼儿及其家庭健康发展的资源，并会定期更新。

www.fcs.uga.edu/ext/bbb

该网站为儿童家长和儿童保育专业人士提供了关于早期脑发育的新近研究成果。

活用原则

原则 9 教会儿童信任以建立安全感。不要有不可靠或经常不一致的言行，那样只能教会他们不信任。

“快看这个布娃娃，卡梅伦。”母亲正试图把 12 个月大的卡梅伦吸引到装扮区。母女俩刚到托儿所，这是母亲第一次与女儿分离。照护者走过来向她们打招呼，然后蹲下身来。卡梅伦看着照护者，虽然在这之前卡梅伦来过这里几次，并且也认识这位照护者，但她从来没有离开过母亲。她开心地笑着，并把娃娃拿给照护者看。当照护者想站起来与母亲说话时，她发现母亲离开了。卡梅伦的母亲曾对照护者说过，她不忍心看到孩子因伤心而大哭，所以很显然母亲刚才决定了偷偷溜走。卡梅伦仍然拿着那个娃娃，但是她环顾四周却发现母亲不见了。她面带困惑，然后开始哭起来。在照护者耐心的安慰下，卡梅伦由大哭转为抽泣。照护者决定在这位母亲来接孩子回家时跟她聊聊与孩子告别的重要性，这样孩子才能预知母亲何时离开。根据照护者的经验，如果成人忽略了与孩子告别这一环节，孩子就会觉得不安全，因为在生活中他们不知道身边的人会何时到来和离开。照护者知道，信任对于卡梅伦来说十分重要，但是建立信任也需要一定时间。照护者首先需要做的是说服卡梅伦的母亲在离开时跟孩子道别。现在，请你把自己想象成这位照护者，并回答以下问题。

1. 你如何看待这位母亲的做法？
2. 对于卡梅伦，你有何感受？
3. 你如何看待上述的整个情境？
4. 你认同照护者应该与孩子的母亲谈一谈吗？为什么？
5. 这位母亲的行为是否源于某种文化差异？
6. 为了帮助卡梅伦建立信任，你还能做些什么？

依恋发展的里程碑

依恋发展的几个重要里程碑对儿童的心智、社会性和情绪的发展都具有影响。婴儿的哭闹、对陌生人的抗拒以及试图跟随要离开的家长，这一系列的行为向我们表明了依恋是如何变化的。对这些行为进行更仔细的观察，我们就能清楚地阐明婴儿的能力。

依恋行为：0～6个月

婴儿生来就能促进自身依恋的发展。让我们思考一下能够吸引成人注意的各种婴儿行为。新生儿的哭声很容易拨动人们的情感，人们难以忽略他们的啼哭。于是哭就成为婴儿向负责照护他（她）的成人发出的最强烈的信号之一。

大多数婴儿生来就具备的另一种强烈的依恋行为是，与他人进行眼神接触的能力。新生儿的眼神能融化大部分成人的心。另外，如果你轻轻地触碰新生儿的小手指，他们会紧紧地握住你的手指。如果你对醒着的新生儿说话，他们会把头转向你。如果你悄悄地起身离开，他们的目光会一直追随你的脸。所有这些行为都能促进依恋的发展。

研究表明，婴儿从一开始就会对他所依恋的人做出不同的反应。之后，当依恋对象离开房间时，婴儿就会哭泣，这种偏好反应变得更加明显。这是一种重要的信号，它表明**信任**（trust）正在发展。婴儿会紧紧跟随依恋对象，最初只是用目光追随；等他们会爬以后，他们会爬向依恋对象。

现在，让我们回顾一下本章开篇关于喂养经验的例子，以及婴儿与照护者之间的互动。这是一种特殊的关系，例子中的婴儿和照护者是一个整体，他们都能感受到那是一种亲密无间关系中的亲密瞬间。这种特殊的交流方式，即**互动的同步性**（interactional synchrony），就像一段“情绪舞蹈”。

在互动过程中，照护者和婴儿互相传递重要的信号。他们一起分享情绪，尤其是积极的情绪[6]。婴儿具备愉悦他人的能力；反过来，这也会让婴儿自己感到愉快。本章开篇例子中的喂养经验阐明了某些关于依恋的行为表现。通过这些相互的回应式行为，例如触摸、爱抚、眼神交流以及喂奶等，婴儿与照护者建立了非常亲密的关系。另外也请记住，有关脑的知识表明，这些早期行为开始形成脑中的神经通路，并可能会刺激镜像神经元。这些神经通路为培养信任感奠定了生理基础。积极的早期经验加强了脑中神经元之间的联结。婴儿需要与成人建立依恋关系，因为他们还不具备主动从他人那里获得养育和照护的身体能力。婴儿具有依赖性，依恋是确保某个人会照护（情感意义上）和提供照护（生理意义上）的自然方式。请记住原则 1：让儿童参与到他们感兴趣的活动中。不要敷衍了事，或者分散他们的注意力以求快速完成某项任务。

依恋行为：7～18个月

一旦婴儿能够从其他人中区分出他们的母亲或照护者，他们就会体验到两种焦虑：第一，在大约 8 ～ 10 个月大时，婴儿开始对陌生人产生恐惧；第二，在婴儿能够准确地辨认出母亲后，他们总是担心失去母亲。后一种恐惧通常出现在婴儿 10 ～ 12 月大时。这两种恐惧表明，婴儿具备了区分和识别差异的能力，这是脑发育的明显信号。与第二种发展中的恐惧对应的是，婴儿还不能理解从视线中消失的目标仍然存在，皮亚杰称之为“客体永久性”，我们将在第 8 章详细讨论这一概念。婴儿担心母亲离开是可以理解的，因为他们还不能预知这种分离只是暂时的。清楚了这一点，照护者就很容易理解为何在家长离开后孩子总是表现出绝望的抗议了。

想一想

还记得“活用原则”专栏中的卡梅伦吗？你打算告诉她妈妈有关依恋发展里程碑的哪些内容？你如何帮助这位母亲更好地理解她女儿的哭泣？

这也有助于强调依恋发展过程中的依赖性、心智发展和信任之间的相互作用。当一个 18 个月大的孩子黏着妈妈，哭着不让妈妈走的时候（明显的依恋行为），他其实是在表达“我知道我需要你”（心理功能）。随着这个孩子心智能力的发展，他的经验会告诉他，他能够相信母亲还会回来；当他认识到这个世界基本上是友好的，能够满足他的需求，那么从依恋中就会产生信任感。随着婴儿不断长大，开始通过学习自理能力来接受照护时，于是他们也能从依恋中培养**自主性**（autonomy）或独立性。婴幼儿发现自己越来越容易接受父母离开的现实，因为他们知道父母还会回来。这种信任某种关系的能力是自主性发展的基础，自主性是学步期的焦点问题之一。

儿童在父母或主要照护者离开时产生的焦虑称为“分离焦虑”。分离焦虑通常在幼儿1岁时达到顶峰。此时的幼儿若被送进托儿所，通常很难适应与父母的分离。如果父母在分离焦虑达到顶峰之前或之后把孩子送到托儿所，那么孩子就能比较快地适应新环境。

高质量机构对依恋的支持

在高质量的婴幼儿照护机构中（中心式的或家庭式的），儿童会把他们的父母或熟悉的照护者视为家的港湾、信任的基地，从而获得勇气去探索和实践（培养心理和社交技能）。他们会时不时确认家长或照护者就在附近，以便重新获得能量，四处活动和继续探索。当父母打算离开孩子时，不应该偷偷溜走，这很重要。家长跟孩子道别，帮助孩子理解离别是可预知的。久而久之孩子就会知道，父母回来也是离别的一部分。敏感的照护者能够察觉孩子潜在的负面情绪，并与孩子进行语言交流。接纳孩子的这些情绪，不忽视它们，为婴幼儿的情绪发展提供安全基地。

照护者可以运用以下建议帮助家长应对学步儿的分离焦虑：

1. 帮助家长理解，一旦与孩子说再见后就要立即离开。要让家长明白，你完全理解分离是艰难的，但是与孩子告别后立即离开有助于孩子应对分离焦虑。

2. 允许孩子表达自己的情绪，但是避免让你自己卷入其中。作为照护者，应避免分散孩子对自己情绪的关注，或者试图把孩子的不安情绪降到最低。
3. 创设有趣甚至是诱人的环境以吸引儿童。这样当他们准备好后便能很快地投入其中，与他人互动或参加简单的活动。

录像观察 5

玩椅子的学步儿“需要你陪在身边”

© Lynne Doherty Lyle

看录像观察 5：该录像向我们展示了在自由游戏的过程中，学步儿是如何把照护者当作“安全基地”的。你将会看到一名学步儿中断游戏走向照护者，以获得继续探索的勇气。这种行为就是一种依恋信号。

问　题

1. 如果你试图解释录像中的孩子对照护者的依恋行为，你将如何描述这一场景？
2. 你曾经见过某个孩子也像录像中的学步儿一样，在玩耍的过程需要“有人在旁边陪伴”吗？如果有，请思考你看到的场景与录像中的场景有何异同。如果没有，请思考你所看到的场景可能会有何不同。例如，有时儿童只是在玩耍的过程中看向成人，而不会寻求肢体接触。

若要观看该录像，扫描右上角二维码，选择“第5章：录像观察5”即可观看。

依 恋

前依恋阶段：无区别的反应（出生至12周左右）

婴儿早期的行为，诸如哭闹、注视和抓握，是为了让成人接近他们，为他们提供养育和安慰。这一阶段的婴儿尚未形成依恋，因为任何成人照护他们都可以。

依恋建立期：关注熟悉的人（10周至6～8个月）

在这一阶段，婴儿开始对不同的人做出不同的反应。他们会对熟悉的照护者做出社交式的反应，如咕咕声、微笑和咿呀学语等。他们通常会长时间地注视陌生人，并为此感到恐惧或不安。婴儿对照护者的信任也开始发展。

依恋明确期：主动寻求亲密（8个月至18～24个月）

在这一阶段，婴幼儿对熟人的依恋非常明显。当他们信任的熟人离开时，他们开始表现出分离焦虑，感到不安。他们能意识到他们需要某个人（认知功能），并且积极传递相对成熟的社交信号，比如抱紧照护者来抗议分离，以便让熟悉的人待在其周围。他们将照护者视为安全基地，从这里出发去探索新环境，并在必要时返回“基地”以获取情感支持。

互惠关系的形成期：伙伴关系的行为（24个月以后）

在这一阶段，学步儿开始理解成人的到来和离开。他们能更容易地应对与照护者的暂时分离，更加从容地调节自己的情绪。语言的发展有助于他们加工分离经验（例如“你睡醒后我就会回来”）。

依恋对婴幼儿的发展至关重要，因此，儿童照护机构应大力促进依恋的发展。同时，照护者应该意识到，有的家长可能会担心，如果自己的孩子建立家庭之外的次级依恋关系，可能会给亲子间的主要依恋关系带来消极影响。照护者要让家长们明白，这种担心是没有根据的，家长们大可不必担忧。次级依恋是对儿童主要依恋关系的补充，并不会取代主要依恋。

家庭

儿童被留在托育机构所产生的分离焦虑以及其他所有的情绪，也是家长和照护者共同关心的问题。他们必须帮助儿童应对这些情绪，直到孩子们情绪平复。家长们一旦明白这些情感是强烈依恋的信号，且这种强烈依恋一经建立将保持不变，那么他们可能会为此感到宽慰。儿童要学会如何应对分离焦虑，这种技能会让他们终身受益。儿童发展出的各种依恋行为和应对技能表明，他们正在与他人建立信任，同时，他们也变得更加自主和独立了。

依恋关系的测量

在其生活环境中，如果儿童无法获得成人的照护回应，这会对他们产生什么影响？如果儿童对周围的人漠不关心或排斥，这又会对其依恋发展产生什么影响？为了回答这些问题，以及测量母子间依恋的强度，发展心理学家玛丽·安斯沃斯（Mary Ainsworth）创造性地设计了**陌生情境**（Strange Situation）实验，其中包括阶段化的情境序列。在该实验中，母亲和婴儿一起进入新的环境，婴儿可以在其中自由地玩耍。随后，一位陌生人进入该环境，母亲离开。最后，陌生人离开，母亲返回。在这一系列离开和重聚的情境变换中，婴儿的反应会变化很大，这些反应被用来表示婴儿依恋行为的模式。

只要母亲在场，安全型依恋的婴幼儿似乎能很好地适应新环境，并会独立探索周围环境。虽然他们在母亲离开后会表现出不同程度的不安，但是他们在母亲返回时，都会立即向母亲寻求亲密接触和安慰。不安全—回避型依恋的婴幼儿不会主动寻求与母亲亲近，母亲离开时似乎也不会感到不安。当母亲返回后，他们似乎还回避母亲，即他们看上去对母亲的行为漠不关心。最后，不安全—矛盾型（抗拒型）依恋的婴幼儿会同时对母亲表现出积极和消极的反应。最初，他们似乎非常焦虑，不愿意与母亲分离；紧紧地黏在母亲身边，很难去探索新环境。在母亲离开时他们会表现得很悲伤，可当母亲返回时又会表现出矛盾的反应（寻求与母亲的亲密接触，但又会生气地踢打母亲，并抗拒安抚）。安全型依恋模式与母亲及时且积极地回应她们的孩子有关。相反，对于不安全型依恋的儿童，母亲通常会忽视或拒绝他们，或者对他们的回应缺乏一致性[7]。

有研究者拓展了安斯沃斯的研究（特别是针对受虐待和被忽视的儿童），发现了第四种依恋模式，即混乱型依恋。具有这种依恋模式的婴幼儿会表现出非常矛盾的行为，他们接近父母或照护者，但同时又不与他们进行目光交流。他们也会表现出恐惧、困惑和迷失感。与其他依恋模式相比，这种依恋类型是最不安全的依恋[8]。

早期研究与当代热点

大部分关于依恋的早期研究（Bowlby, 1951；Ainsworth, 1978）主要关注母子间的依恋。后期的研究内容发生了一些变化，现在更多的研究关注男性在养育、支持以及敏感地对待孩子等方面的角色，因此依恋不再被认为是母亲的专属权。父亲并不仅仅是另一个家长；在某些情况下，父亲是孩子唯一的家长。伴随着文化多样性意识的发展，儿童照护行为使得依恋模式出现一些新的变化。生活在大家庭或拥有众多亲属关系网的儿童可能会与多个照护者建立依恋关系，而不是仅仅与母亲建立单一强烈的依恋。母亲，甚至是父亲，可能并不是儿童的主要依恋对象。当前，越来越多来自各种家庭背景的婴儿在几周大时就被送到早期托育机构接受照护。

> **想一想**
> 你是否曾观察到某个儿童在新环境中并未表现出安斯沃斯所描述的反应？如何解释这些不同的行为反应？

现在让我们来设想这样一种情境：一个大约3岁的孩子，当母亲前来接他回家时，他很不情愿地从沙箱里抬起头看了她一眼。这种对父母的漠视真的是不安全型依恋的信号吗？会不会是他觉得度过一天中大部分时间的幼儿园就像家一样？抑或在母亲前来接他时，他恰巧被有趣的事情所吸引？如果这个孩子参加安斯沃斯的陌生情境实验，他可能非常习惯跟母亲分离，为了玩房间中的玩具，他也可能会到其他人的身边去。当母亲离开或返回房间时，这个孩子的反应并不符合安斯沃斯界定的“安全型依恋”儿童的表现。我们必须谨慎地使用研究所得出的结论，因为研究是在特定的时期，以及与当今的儿童照护机构不同的环境中针对不同的人群所进行的。在判断依恋的程度或类型时，我们需要有更全面的视角，例如理解差异性、文化意识和不同的家庭生活方式，盲目地一概而论可能会带来很大危害！

依恋问题

并不是所有的孩子都喜欢那种能培养安全型依恋的理想关系。有的婴儿和照护者并不以相互愉悦以及可使婴儿获得所需高质量照护的方式彼此回应。

缺乏依恋行为的婴儿

有时，婴儿天生就不会表现出强烈的依恋行为，他们可能不具有回应性或吸引力。成人可能发现，在与这些婴儿互动或满足他们的需求时，既感受不到回报，也缺乏满足感。这些婴儿不仅缺乏讨人喜欢的行为，而且甚至会拒绝与任何人亲近。当被抱起时他们可能会身体紧绷，当被抚摸时可能会哭泣。有的婴儿就是不做出回应。他们要么太活跃而无法照护，要么就是太被动。在这些情况下，应该由成人来促进其依恋的发展。

照护者可以通过为婴儿提供支持性的、一致的和及时的回应，来促进安全型依恋的发展。敏感的照护者会找到适应的方式抱起那些排斥他们的婴儿，以此减轻他们的不适感。尽管受到排斥，照护者们仍然会继续与他们接触和交谈。照护者不仅会在照护时间与这些孩子进行互动，而且在其他时间也会对他们格外留心。有时，只是定期地、深入地观察这些婴幼儿，就有助于照护者对孩子们发展出更加积极和尊重的情感。

照护者也会找到方法来帮助那些太主动或太被动的婴幼儿。他们根据孩子的需求来减少外在刺激或增加感官输入的体验。

通过一种主要照护者系统，即为婴幼儿指派特定的照护者，中心式的照护机构能够满足婴幼儿的依恋需求。若要照护者为婴幼儿提供一致和敏感的照护，以促进依恋的建立，那么群体规模就显得格外重要。如果照护者同时要照看12个以上的孩子，就不利于依恋关系的形成。

被忽视或冷漠对待的婴儿

有时，婴幼儿的依恋之所以出问题，主要是由家长造成的。婴儿充分地表现出了依恋行为，但是家长却没有做出回应。无论出于何种原因，家长对婴儿的冷漠或忽视往往会给孩子带来毁灭性的影响。在很长的时间内，婴儿都不会放弃赢得成人的关注，甚至会形成一系列引发成人负面反应的行为；不过，即便成人做出负面反应总比完全不回应要好。

如果婴幼儿未能建立依恋或者建立的是消极依恋，这就为我们敲响了警钟。此时，寻求外界帮助就很有必要。儿童保育工作者可能会察觉到这个问题，并建议家长寻求外界的专业帮助，解决依恋发展问题已经超出了照护者的职责。

在你们的托育机构中，尽管照护方式都相同，但是某个孩子却不能像其他同伴一样茁壮成长，这时你可能会怀疑存在依恋问题。他（她）的体重增加缓慢，或者在合理的时间内未能达到发展的里程碑。这种依恋问题和不能茁壮成长与其他许多因素有关。你可能会发现这个孩子缺乏反应性，排斥每一个人；或者你会发现他（她）对任何人——父母、照护者或陌生人——都会做出完全相同的反应。

如果未能建立依恋将会发生什么呢？哈利•哈洛（Harry Harlow）给出了意义重大的答案。最初哈洛并未刻意研究依恋问题，只是偶然从实验中获取了意外的收获。实验时，哈洛只是想把小恒河猴相互隔离，以便它们生活在无病菌的环境中，彼此也不会互相感染。他将56只刚出生的恒河猴分别在不同的笼子中抚养，让它们远离彼此和自己的母亲。当幼猴长大后，他惊讶地发现，这56只恒河猴与同伴差异非常大，与合群的、懂得合作的同类相比，这些恒河猴更不合群、更加冷漠、更具攻击性。而且这些被隔离抚养的猴子也都不交配[9]。

接下来，我们看看哈洛实验为养育孩子带来哪些启示。尽管实际生活中没有人会试图在完全隔绝的环境中抚养孩子，但是儿童却经常在缺乏足够的人际接触、互动机会和一致性照护的环境中被抚养长大。在这种情况下，产生的问题是多方面的。尽管婴儿每天都会接触那些给他们喂食和换尿布的成人，但是每天可能是不同的成人。婴儿难以区分这些照护者，或者可能发现他们的依恋行为得不到一致性的照护回应。于是，他们发现自己不能影响任何人。最终，这些孩子放弃了与他人互动，并不再试图影响任何人。他们缺乏的不仅是依恋，而且缺乏充分的身体接触，因此，这些孩子被剥夺了由健康的人际关系所带来的很多感官输入体验。他们变得消极和顺从，发展迟滞，从而不能茁壮成长。研究者认为，婴儿在4～6个月大之前应至少与一位依恋对象建立稳定的依恋，这非常重要[10]。请记住原则9：教会儿童信任以建立安全感。不要有不可靠或经常不一致的言行，那样只能教会他们不信任。

脑发育和以依恋为基础的机构

如果照护者和家庭式托儿所的提供者对依恋发展的过程有所了解，就能够帮助家长们真切地认识到他们对于孩子的依恋发展有多么重要性，又会产生怎样的影响。照护者引导家长们区分婴幼儿的面部表情和声音，鼓励家长们在与孩子相处时放慢节奏，细心观察孩子不断发展的能力，这对培养婴儿与父母至关重要的安全型依恋关系将大有裨益。

本章前面提到的脑发育研究非常强调一致且敏感的照护。当婴儿体验到这些安全型依恋时，其脑中会分泌一些被称为**神经递质**（neurotransmitter）的激素，这些激素能够引发一种愉悦感。创伤和（或）忽视会减少这些重要激素的分泌。积极的教养体验似乎能强化个体脑中的某些神经通路。婴儿接受的照护与其脑发育之间呈一种动态关系。如果照护者相对稳定，并且能对婴幼儿的需求做出回应，那么两者之间便会发展出健康的依恋关系。关系是儿童成长与发展的首要因素[11]。

对福利院儿童的研究发现，那里的照护者并未试图促进儿童依恋的发展，因此导致很多人不赞同对婴儿进行群体照护。然而，托儿所的婴儿与福利院的婴儿不同，他们都有父母（至少有一位家长）。大多数被送到托儿所的孩子已经与父母建立了依恋，并持续保持这种关系。而通过研究，我们已经知道福利院里的婴儿缺乏依恋关系。现在，我们已知道，依恋需求是如此重要；并且我们也清楚，当婴儿在家庭以外的环境中度过他们一天中的重要时刻时，他们需要与照护者进行持续、双向和回应式的互动。我们知道，托儿所中的婴儿仍然与其父母保持着依恋关系。

有关照护关系方面的知识正在转变着照护者照护婴儿的工作。以依恋关系为基础的照护机构的一个重要工作原则是：照护者与儿童之间建立和维持积极的关系，并持续一段时间，有时甚至是几年。这种照护的连续性始于婴儿小组的创建，每一个小组都有固定的合格照护者。照护者会为每个孩子制订计划，创建个性化的文件夹。他们也会为家长制订计划，并鼓

想一想

思考你曾经读过的与依恋有关的资料和你曾有机会观察到的任何与依恋有关的事情。照护者照护婴幼儿时的敏感性是如何体现的？婴幼儿又是如何向照护者表达需求的？

励家长们经常来参观他们的机构。这种照护者—儿童之间的关系变成了亲子关系的延伸。甚至在环境的组织上，照护者时刻都要牢记关系的连续性以及安全型依恋的培养；每个小组有专门的房间或活动空间，其他小组不得使用[12]。研究表明，如果照护质量能够达到这样高的水平，那么婴儿在托儿所接受的照护并不会对其成长以及安全型依恋的建立产生不利影响。以关系为基础的照护机构认为照护的质量至关重要。婴儿不但应该而且必须接受良好的照护，而非仅仅照护就够了。

有特殊需求的儿童：早期干预的重要性

当今，一些婴幼儿可能由于发育问题或发育迟滞，进而出现依恋问题。在过去的30多年中，我们在支持这些婴幼儿及其家庭方面的工作卓有成效，为他们提供适宜的“服务体系”，以促进婴幼儿的健康成长和发展。在为有特殊需求的婴幼儿提供适宜的发展性支持的过程中，有这样两个关键原则：一是回应式的照护；二是尊重的、以家庭为中心的互动。

什么是早期干预

早期干预是一个过程，要先识别出那些有发展障碍或存在发展障碍“风险”的婴幼儿，然后制订支持计划，从而让他们能够充分地实现自己的潜能。计划中列出的经验和机会要以儿童的发展需求为基础，尤其要关注他们的认知、运动、沟通和情绪—社会性等方面的能力，以及发展的适应区。早期干预往往是根据年龄范围（3岁前）来界定的，相对于特定的障碍或分类，早期干预通过深入的观察而非使用专门的筛选工具来努力阐明或厘清儿童的需求。

早期干预采用“多学科”的视角，由专业工作者组成团队，一起对儿童的独特优势和需求进行评估。团队成员包括健康、心理学、医学、早教和特殊教育等多个领域或学科的专家。另外，团队中还必须包括一名家庭成员或父母中的一方，要为儿童确定既全面又具文化敏感性的最佳干预计划，他们的问题和担忧至关重要。

指导早期干预的法案

多年来，我们越来越清楚地认识到，专门的支持能够增加残障婴幼儿充分实现其潜能的机会。但是，美国各州解决挑战性问题的方式各不相同，于是我们需要一份早期干预体系的国家议程。1975 年，《全美残障儿童教育法案》（*Education for All Handicapped Children Act*，公法 94-142）通过，这是一项具有里程碑意义的立法，为早期干预奠定了基础。该法案宣布，6 ～ 21 岁的残障儿童有权利接受免费的、适宜的公立教育，这种教育在最少限制的环境（least restrictive environment, LRE）中进行，并以儿童的需求及其家庭的偏好为基础。后续立法，即 1986 年的《全美残障儿童教育法修正案》（*Education of the Handicapped Act Amendments of 1986*，公法 99-457）将服务扩展到了 0 ～ 21 岁，针对婴幼儿的早期干预体系的重要性得以确立[13]。最新的《残疾人教育促进法案》（*Individuals with Disabilities Education Improvement Act*, IDEA, 2004，公法 108-446）是对该法案的进一步细化和修订，阐明了早期干预的主要原则。针对年龄非常小的婴幼儿的服务必须在包容性的环境而非孤立的环境中进行。环境应该是“自然的”，重视日常生活，最好是在婴幼儿的家中或早期保教机构中。2004 年的《残疾人教育促进法案》的 C 部分强制进行发展性评估，发展性评估必须包括对整个家庭的评估，并反映一个全面发展的孩子的独特优势。评估的过程应当具备文化敏感性、及时性、全面性和成本有效性等特点。一旦确定需要转介，就要制订个性化的家庭服务计划（Individualized Family Service Plan, IFSP）。个性化的家庭服务计划专门针对 0 ～ 3 岁的婴幼儿。2004 年的《残疾人教育促进法案》的C部分还提到了个性化教育计划（Individual Education Plan, IEP），该计划针对的是3岁以上的儿童，其建议主要是针对幼儿园和公立教育系统。

早期干预的益处和面临的挑战

早期干预的主要益处是，它能够尽早为残障婴幼儿的发展提供支持，帮助他们克服学习和充分实现其潜能的过程中所面临的诸多障碍。它还能减少儿童出现继发性并发症的概率。例如，为有运动障碍的儿童提供早期支持非常重要，可以防止他们出现语言交流发展迟滞，因为缺乏身体协调性会妨碍那些能促进语言发展的有意义的互动。早期干预项目还可以为家长们提供支持，在他们承受压力时给予援助，并帮助他们获得相关资源。

识别哪些差异和（或）发展迟滞是暂时性的，哪些会持续存在，这是一项重大挑战。是“及时”寻求支持资源，还是假设孩子“长大后自然会好”，这会对儿童的长期学习机会产生巨大的影响。即便对最有经验的照护者而言，协助家长努力找到最合适的资源，帮助他们管理因照护有特殊需求的孩子而频繁产生的压力，也依然充满挑战。

NAEYC 机构认证标准4 评估

如果你对自己所照护的儿童有任何疑问，不要犹豫，一定要进一步了解更多的信息，并寻求早期干预和项目支持的资源。记住，本章的主要关注点是依恋和有针对性的照护，这对所有儿童的发展都至关重要。如果他们怀疑自己照护的某个儿童存在障碍，那么回应式的照护者可能就是最初的干预者。这种早期干预是儿童长期健康成长的关键，但重要的是，照护者先要认识到安全依恋对每个婴幼儿都至关重要。

发展路径

依恋行为

依恋行为

小婴儿 （出生至8个月）	• 在出生后的两周内，能够通过视觉、听觉和嗅觉来识别主要的照护者 • 相比其他人，小婴儿在回应主要的照护者时会表现得更活泼、更高兴 • 约在出生后第一年的下半年，对陌生人的反应或冷静或焦虑
能爬和会走的婴儿 （9个月至18个月）	• 身边有陌生人时可能会表现出焦虑行为 • 会对熟悉的人主动地表达喜爱之情 • 在与主要的照护者分开时，可能会表现出分离焦虑 • 会对父母表现出强烈的情感
学步儿 （19个月至3岁）	• 可能会表现出与前一阶段的儿童同样的依恋行为，但是更能意识到自己和他人的情感 • 情绪表达的控制力提高 • 一旦学会说话，可能会更多地用语言来表达情感

资料来源：摘自 Carol Copple and Sue Bredekamp, eds., *Developmentally Appropriate Practice in Early Childhood Programs,* 3rd ed.（Washington, DC: National Association for the Education of Young Children, 2009）。

多样化的发展路径

你所看到的	14个月大的奥普尔来这家托儿所已经7个月了。现在，每当她来到这里时，仍然看起来很焦虑，她会紧紧地抱住母亲乔伊丝。奥普尔几乎不玩任何玩具，除了恐惧很少会表现出其他情绪。母亲乔伊丝似乎难以安抚她；她们之间也很少有眼神交流。
你可能会想到的	奥普尔的行为表现似乎像不安全型依恋，但她也许只是对人比较慢热。她的母亲似乎很冷漠，让人感到不舒服。

你可能不知道的	奥普尔的母亲乔伊丝5岁前曾在四个收养家庭中生活过。最终，在她6岁时开始由外祖母长期抚养。在照护和养育自己的孩子方面，乔伊丝苦恼自己难以读懂女儿传递给她的信号，并且她经常觉得养育孩子带给她太大压力。
你可能会做的	鼓励乔伊丝来参观你们的机构，力所能及地安排一块安静简单的区域，在这里，你与她们母女俩一起玩耍。观察奥普尔的面部表情（尤其是积极表情），并努力为乔伊丝讲解这些表情的含义。乔伊丝和奥普尔需要对你以及你的机构建立信任。

文化多样性和发展路径

你所看到的	大多数的早晨，22个月大的京子一直是由其母亲抱着送到托儿所（尽管她已经会走路了）。每当母亲把她的外套和各种玩具放进小柜子里时，她都会紧紧地抱住妈妈不放手。京子通常会在母亲（不情愿地）离开时哭很长一段时间，并且也很少与其他小朋友一起玩耍。
你可能会想到的	京子看起来很被动，过分依赖母亲。她自己的许多事情都应该自己做。她来托儿所已经8个月了，为什么每次与母亲分离还是如此困难呢？
你可能不知道的	对于京子的母亲来说，把孩子单独留在托儿所是件很困难的事情。她的成长环境很重视母婴间亲密的身体接触和亲昵行为；她的文化传统也很看重紧密的家庭关系。京子的父亲相信托儿所这样的机构有助于女儿变得更加独立，因此，自从四年前移民到这个国家后，他就一直在寻找各种方法让女儿变得“成功”。
你可能会做的	即使你已经与京子的母亲沟通过，你仍需要多与她接触。尝试了解她对托儿所的期望，并与其分享你们的照护理念。在得出任何关于京子的依恋和依赖性的结论之前，你都应该多听听她母亲的想法。

本章小结

依恋是一个持续互动的过程，深受照护者的回应性以及婴幼儿自身特征的影响。

脑研究

- 当今的科学技术已经让我们对脑功能以及早期高质量照护的重要性有了更深入的了解。
- 安全型依恋关系会直接影响脑发育的方式，积极温暖的互动能够强化大脑中神经通路之间的联结。
- 强大的神经通路能够为儿童各领域的发展提供支持，尤其是认知和社会性的发展。

依恋发展的里程碑

- 能促进依恋经验的某些行为，诸如哭、眼神接触和抓握等，婴儿出生时就具备了。
- 约在出生后第一年的下半年，婴儿通常就会表现出对陌生人的恐惧（8～10个月）和分离焦虑（10～12个月）。
- 敏感的照护者能帮助学步儿与其父母/家庭成员建立信任。这种支持性的照护能促进学步儿的自立能力，以及对更大的外部世界的探索。

依恋关系的测量

- 发展心理学家玛丽•安斯沃斯的研究为测量亲子之间的依恋强度作出了重要贡献。
- 安全型依恋的婴儿在陌生环境中与父母分离时会感到有压力；当父母返回后，他们会积极地向父母寻求亲密接触和安慰。非安全型依恋的婴儿对父母的离开要么反应强烈，要么置之不理；当父母返回时，他们可能会表现出冷漠或矛盾的行为。
- 请谨记，为婴幼儿提供敏感的回应式照护的父母可以为亲子间健康依恋的建立创造安全基地。作为父母之外的照护者，在对婴幼儿的依恋和依赖性做出判断之前，尊重不同家庭的文化价值，仔细聆听家长的意见，这也非常重要。

有特殊需求的儿童：早期干预的重要性

- 早期干预采用“多学科”的视角来识别并规划对残障婴幼儿的支持，帮助他们充分实现自己的发展潜能。
- 1975年颁布的具有里程碑意义的立法，以及1986年和2004年的两次修订法案，将早期干预列入美国国家议程，并提出了评估和干预实践的主要原则。
- 早期干预项目为家长和儿童提供支持，帮助他们“及时”寻求相关资源，促进婴幼儿健康发展和安全型依恋的建立。

关键术语

依恋（attachment）
神经元（neuron）
轴突（axon）
树突（dendrite）
突触（synapse）
镜像神经元（mirror neuron）
信任（trust）
互动的同步性（interactional synchrony）
自主性（autonomy）
陌生情境（Strange Situation）
神经递质（neurotransmitter）

问题与实践

1．假如你正在与一位孩子刚入托的家长探讨有关依恋的话题。你愿意与其分享有关依恋发展过程的哪些内容？你对这位 2 岁孩子的家长的看法有何改变？
2．回顾一下表 5.1“对人脑的再思考”，你认为哪些内容最重要？为什么？你将如何与家长分享这些信息？
3．如果儿童未建立依恋或依恋关系不牢固，对其发展将会产生什么影响？你可以具体从情绪、社会性以及心理 / 认知方面的发展来考虑。
4．请在某家托儿所观察一个孩子与家长分离时的场景。你看到这个孩子表现出了什么样的依恋行为？家长是如何回应的？思考他们的做法有哪些需要改变或补充的？
5．请描述能够促进安全型依恋建立的互动模式。哪些干扰因素可能会造成依恋问题？

拓展阅读

Carol Garhart Mooney, *Theories of Attachment* (St. Paul, MN: Redleaf, 2010).
Deborah Norris and Diane Horn, “Teaching Interactions with Infants and Toddlers,” *Young Children* 70(5), November 2015, pp. 84–91.
Joni L. Baldwin and Patty Sorrell, “Collaborative Identification and Intervention in an Early Childhood Setting: Woody’s Story,” *Young Children* 68(2), May 2013, pp. 44–49.
Julia Yeary, “Promoting Mindfulness: Helping Young Children Cope with Separation,” *Young Children* 68(5), November 2013, pp. 110–112.
Linda Gillespie and Amy Hunter, “Creating Healthy Attachments to the Babies in Your Care,” *Young Children* 66(5), September 2011, pp. 62–64.
Marie L. Masterson and Katherine C. Kersey, “Maximize Your Influence to Make Toddler Mornings Meaningful,” *Young Children* 68(5), November 2013, pp. 10–15.

© Lynne Doherty Lyle

第6章 感知

问题聚焦

阅读完本章后，你应当能回答以下问题：

1. 什么是知觉发展？脑发育如何影响婴幼儿的知觉发展？
2. 新生儿在听觉、味觉、嗅觉、触觉和视觉等方面具有哪些能力？
3. 照护者可通过哪些方式来促进婴幼儿的知觉发展？
4. 制订个性化家庭服务计划的关键因素是什么？

你看到了什么？

贝亚正在探索一串珠子。她盯着那些珠子，或许是注意到了珠子颜色的差异。在触摸这些珠子以感知它们的形状和质地时，她会不时地看向照护者。她把这串珠子放进嘴里，当听到照护者对她说："贝亚，你是真的喜欢这些珠子呀，味道怎么样？"她冲这位照护者笑了笑，一直看着她，但当听到另一位照护者说要准备点心时，她立即把头转向了房间的中心。她轻轻地用鼻子吸了吸，似乎闻到了正在烘烤的玉米面包的香味，这味道充满了整个房间，持续了至少10分钟。贝亚放下手中的那串珠子，爬向了房间的就餐区。

你注意到贝亚在探索那串珠子时运用了几种感官吗？她似乎能够依据照护者的话、厨房传来的香味以及就餐区的摆设，预测食物即将到来。

即使是婴儿也能立即投入到信息收集的过程并加以利用。感觉是指各种感觉器官（如眼睛、耳朵和味蕾等）受到刺激后产生神经冲动以反映身体内外经验的过程；而**知觉**（perception）是指接收和组织感觉信息的能力。寻求世界的有序性和稳定性是我们的一种先天倾向，这种倾向会随着我们年龄的增长而不断得到微调[1]。感觉信息与个体其他各方面的发展紧密相连。这一领域内的学习可被视为一种动态系统，之所以称之为"动态"，是因为它会伴随我们的成长和成熟而不断变化；之所以称之为“系统”，是因为它会不断地影响其他领域的发展。回顾一下本章开篇例子中的贝亚，她已经明显能够整合大量的感觉信息！当婴幼儿不断重复某些经验时，他们开始与周围的人和物建立有意义的联系。当婴幼儿不断地收集、应用并受益于感觉信息时，其大脑中的**神经通路**（neural pathway），或者脑细胞间的树突连接会得到加强。本章介绍了这些感知觉能力，讨论了在自然环境中开展感官刺激丰富的户外活动对婴幼儿发展的重要性。另外，本章还介绍了用以确定儿童是否有感官受损的早期预警信号，以及为有特殊需求的儿童制订的个性化家庭服务计划的内容。总之，婴幼儿会不断地探索周围的世界，并根据自己的发现和经验来认识事物。

感觉统合

人们对早期脑发育的认识日益增强，这证实了许多家长和照护者早已熟知的一些知识，即婴幼儿的学习是相互关联的，某一方面的发育会影响另一方面的发展。**感觉统合**（sensory integration）是指脑通过不同感官来合并和整合信息的过程，它对知觉的发展很关键。当婴儿开始意识到他们的感觉经验时，他们便能够识别不同的人，并开始建立依恋。他们学着用特定的方式来移动身体，以适应新的感觉信息。他们开始把通过某种感官（如视觉）所了解的人或物与通过另一感官（如触觉）所了解的人或物建立联系。感觉经验和运动经验之间的相关性不断加强，这为认知发展奠定了基础。为了在脑中建立健康的学习路径，婴幼儿需要有机会去不断重复某些感官体验。请记住原则 4：投入时间和精力去培养完整的人（关注“儿童的全面发展”）。

想一想

思考本章开篇场景中的婴儿贝亚。她是如何表现其感觉统合的？她的照护者如何帮助她协调各种感官探索？

最初，婴儿的感觉体验和知觉大都很直接，而且多与身体有关。在刚

图 6.1 认识这个世界

婴儿一出生便能感知这个世界，他们的早期经验有助于他们完成其大脑环路。

触觉：初级感觉皮层负责管理触觉。胎儿4个月大时，这一关键脑区就能够加工触觉感知。胎儿大约10周大时，皮肤神经开始出现。

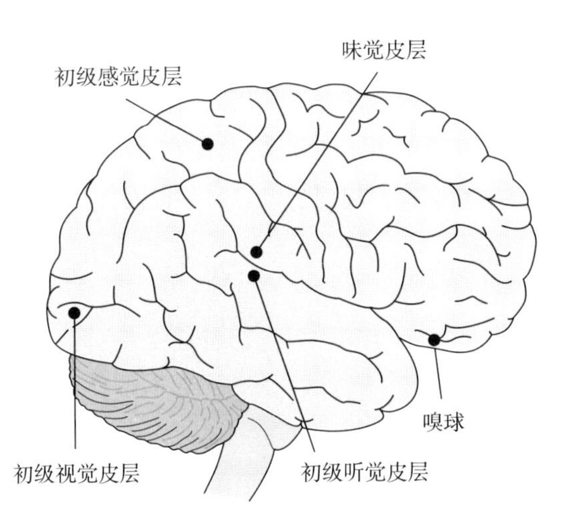

视觉：7个月大时，胎儿的眼睛可以接收来自视觉皮层的一些简单信号。不过，视觉是发展最为缓慢的一种感觉，在婴儿出生后的几个月内，视觉通路中的神经元依然发育不成熟。

味觉：早在7周左右大时，胎儿的舌头上就有大约10 000个味蕾，软腭开始出现。在出生前，胎儿就能通过母亲的饮食接收某些特定的味道，这可能会影响其出生后对不同味觉的偏好。

听觉：胎儿接收到的声音可能会产生长期的影响。约28周大时，胎儿的听觉皮层就能知觉到比较大的噪声。新生儿通常能识别出母亲的声音，并且表现出对母亲声音的明显偏好。

嗅觉：出生时，婴儿便能识别出母亲身上的气味。甚至在子宫中时，胎儿就能察觉到母亲羊水的味道。嗅觉似乎与情绪和记忆紧密相连。

资料来源：摘自“World of Senses” by Joan Raymond, *Newsweek Special Issue*, Fall/Winter 2000, p.18。

出生的第一个月内，婴儿的嘴部非常敏感，嘴就是婴儿主要的学习工具。随着年龄的增长，婴儿通过调整接收远距离信息的感官，学着拓展自身。在图 6.1 中，我们总结了各种感觉所对应的脑区，以及它们在脑中是如何发育的。如今，有关脑发育的研究表明，当神经元在不同的脑区活动时，它们被赋予了特定的功能。在图 6.1 中我们再次回顾了视觉区和听觉区。如果一条原本应迁移到视觉区的神经元，相反却移动到了听觉区，那么它将会变成一条听觉神经元，而非视觉神经。每一条神经元具有承担任何一种神经功能的潜力……具体发挥何种功能取决于它最终处于脑的哪一区域[2]！

神经元在脑中的这一组织过程使得婴儿有能力做出调整以体验不同的感觉信息，并专注于其中的特定方面。这一过程属于神经学范畴，尽管我们看不到它，但是我们能看到婴儿如何调整以适应他们的经验。即便所有感官一直在工作，婴儿最初也意识不到他们从这些感官接收到的信息具有连续性。他们依然无法察觉事件的重复性，也无法解释它们。然而，很快他们就能发现事物之间的联系了。例如，正在哭闹的婴儿在听到特定的声音或看到特定的面孔时就会平静下来，因为他们知道自己即将获得食物或关爱。

研究者们正在综述越来越多的有关户外环境对婴幼儿成长的重要性，以及在大自然中的多重感官体验如何促进感觉统合的信息。在讨论完各个感觉领域后，我们将会分享能够促进户外多重感官体验的积极策略。

虽然本书只介绍了**五大感觉**（five senses）（听觉、味觉、嗅觉、触觉和视觉），但是探索其他可能存在的感觉以及婴儿是否比成人具有更多的感觉能力也非常有趣。下面这段文字摘自《心灵隐喻》（*the Metaphoric Mind*）一书，这本书认为我们拥有 20 种甚至更多的感觉，而并非只是五六种。

> 有的人能在瞬间清晰地察觉到重力和磁场的变化。有的人能察觉到管道中的液体、土壤运动或空气中的静电流所产生的能量。这些人经常被认为在某些方面是特别的、神秘的或是不正常的。其实他们可能只是保留了童年时所拥有的感觉意识而已[3]。
>
> 资料来源：R. Samples, *The Metaphoric Mind*（Menlo Park, CA: Addison-Wesley, 1976）, p. 95.

在开始了解每种感觉或知觉领域的发展之前，先停下来想一想你自己的感觉意识。当成人、照护者和儿童家长放慢生活节奏，在对待彼此和对待婴幼儿时更富同理心，那么本书自始至终所强调的“尊重式的照护”就会随之出现。在我们忙碌、快节奏的生活中，我们与自己的身体和感觉能力脱节了，也意识不到它们与我们所思所做的每一件事的联系。为了成为一名更好的婴幼儿观察者和更敏感的照护者，我们需要审视和重新考虑自己的感觉意识。

访问下列网址，获取更多的信息和资源材料。

感觉意识基金会（the Sensory Awareness Foundation）由皮克勒的朋友夏洛特•赛尔弗（Charlotte Selver）创建，该基金会发起了一项实践活动，鼓励成人重新发现自身的自然平衡，并提升自信；同时它还组织了一些活动，鼓励人们活在当下。

www.sensoryawareness.org

听　觉

新生儿在出生时（甚至在出生前）就已经具备了听力。他们能够感觉声音产生的方向、频率以及持续的时间。研究者发现，时长为 5 ～ 15 秒的声音会对婴儿的活动水平和心率产生最大影响（这两项测量指标通常用来反映婴儿在某一事件中对某种变化的觉察）。如果一段声音时长超过几分钟，那么婴儿对此声音的反应性就会减弱。换句话说，与你不停地说话相比，如果你说完之后停顿一下的话，婴儿可能会更加关注[4]。

新生儿能够识别母亲的声音。实验表明，仅 20 周大的婴儿就能够区分音节“*baw*”和“*gah*”。聆听他人的声音和关注声音差异似乎是一项早期技能。婴儿对于声调高的、富有表现力且以升调结尾的声音更为敏感。这描述了一种语言模式，现在被称为“父母语”（parentese，不同于“儿语”）。婴儿

录像观察 6

男孩通过触觉和听觉探索玩具车

© Lynne Doherty Lyle

看录像观察 6：该录像向我们展现了儿童是如何学会整合感觉信息的。你会看到，这个失明的男孩正在照护者的帮助下运用听觉和触觉来感知一辆玩具车。

问 题

- 你认为录像中的照护者为什么给男孩选择玩具车这种特殊的玩具？
- 当你在探索新事物时，你能意识到自己运用了多少种感官吗？你认为自己最强大、最有用的感官是什么？
- 在该录像中，照护者更多地承担了教的角色。你认为他为什么这样做？你对此有何看法？如果你了解到该男孩是在录制这段视频前不久才失明的，那么你的感受会有何不同？

要观看该录像，扫描右上角二维码，选择“第6章：录像观察6”即可观看。

对这类声音和语言模式的早期回应似乎能鼓励家长和其他照护者与其进行交谈，这种互动不仅加强了成人与婴儿之间的情感纽带，而且也为婴儿今后复杂的语言发展奠定了基础[5]。然而，婴儿对声音或其他感官刺激的反应方式在很大程度上取决于他们当时所处的环境。虽然响亮的或奇怪的声音可能会令婴儿感到不安，但是熟悉的让其安心的照护者陪伴在身边，能为婴儿带来安全感，使他们能够保持镇静和开放心态去学习。此外，婴儿还能够根据某些特定的声音来区分不同的语言。到4个半月大时，婴儿能够从发音相似的词语中识别出自己的名字。母语为英语的婴儿，到5个月大时就能区分英语和西班牙语的差异[6]。

当有人唱歌给他们听时，婴儿也能够感觉到。婴儿会在母亲为其唱歌和对其说话时表现出不同的行为。当母亲唱歌时，婴儿会减少活动频率，更专注地盯着母亲[7]。毋庸置疑，婴儿需要体验不同的声音；但是请谨记，他们也需要安静的时刻来感受各种声音的差异。如果他们所处的环境中噪声水平过高，那么婴儿就需要花费更多的精力去忽略噪声，关注其他事情。每个孩子适应的最佳噪声水平是不同的。在了解每个孩子之后，敏感的照护者能够确定对孩子来说大约多大的噪声水平是合适的。这种意识部分源于你对自己的最佳噪声水平的了解。

有的成人喜欢背景音乐，而有的成人却不喜欢。然而，需要考虑的一点是：如果你想让婴儿关注某种声音，那么你应该单独播放这种声音，并且有始有终。例如，如果一个音乐盒或CD播放器一直在播放音乐，那么婴儿最后将不再聆听这些音乐，因为他们对这些声音不再感兴趣。此外，照护者应确保不用发声玩具或其他发声的工具来代替人声。婴儿能从人的声音变化中判断出很多东西，并且留意人类的声音及其变化是儿童语言发展的开端。

与婴儿相比，学步儿能承受更高的噪声水平，因此，他们可以在规模更大一些的群体中生活。然而，学步儿能承受的噪声水平同样也因人而异，对于某些儿童来说，多种声音会造成过度刺激。当周围环境有太多噪声时，这些孩子可能无法集中注意力。有助于解决这一问题的方法是，只要孩子愿意，照护者可以让个别受到噪声过度刺激的孩子暂时离开，到一个安静的空间。我们会发现，婴儿可以爬进去的码放着被褥的储藏室、帐篷甚至大的木头盒子，都可作为这样的安静空间。

NAEYC 机构认证标准3 教学

嗅觉和味觉

研究表明，婴儿出生时就已经具备了嗅觉和味觉，而且这两种感觉能力会在出生后的几周内迅速发展。新生儿能够区分自己母亲与其他产妇的气味，因此，嗅觉显然在母婴依恋中扮演着重要的角色。（母亲们也经常报告说自己孩子的气味令其愉悦。）

新生儿在闻到令人讨厌的强烈气味时，诸如氨气和乙酸（如醋中就含有这些气味）等，会转过脸去，对于较淡的不怎么感兴趣的气味则不太敏感。他们通常很喜欢香蕉的气味，有点儿排斥鱼腥味，厌恶臭鸡蛋味[8]。当空气中弥漫着某种气味时，新生儿的呼吸频率和活动水平都会提高；气味的饱和度越高，新生儿的心率和活动水平也就越高。

在学步儿的照护机构中，照护者在创设环境时可以充分利用气味这一元素。它们可能是日常照护活动的一部分，比如烹饪食物，或者用“气味瓶”让孩子们感受不同的气味。照护者要慎用那些不能食用但能散发出美味的东西，例如巧克力味的剃须膏或薄荷味的橡皮泥，除非孩子们已经清楚地知道这些物品是不能食用的。

新生儿显然已经发展出某些味觉反应。婴儿天生就厌恶苦味，喜好甜味[9]。因为母乳就非常甜，所以味觉也能促进母婴依恋的发展。婴儿在出生后不久就会对咸味产生感知，当饥饿时他们也能接受咸味。如果用水代替期待已久的母乳，即使10天大的婴儿也会表现出惊讶，不过这种辨别能力似乎与婴儿的饥饱有关；饥饿的婴儿似乎不能快速察觉味道的差异。

注意，不要让婴儿习惯了咸味或其他调料的味道。不需要在婴儿的食

想一想

你如何看待婴幼儿玩自己的食物？他们会从中收获些什么？有哪些可能的文化和性别问题需要考虑？

物中添加调味品；婴儿更喜爱和享受食物未被遮盖的原味。我们大多数人都觉得食物的原味过于平淡，需要“加调味品调剂”；我们正在因这种后天养成的口味嗜好而遭受高血压之苦，很多人不得不在饮食中严格控制盐的摄入量。

在正餐和点心时间，当学步儿面对着各种食物时，品尝味道就成为他们日常活动的重要部分。当然，照护者要小心地为学步儿选择食物，避免可能导致窒息危险的食物。

触　觉

出生后，婴儿对于不适和疼痛的**敏感性**（sensitivity）或反应性会迅速提高。他们身体的某些部位比其他部位对触觉更敏感。例如，头部比四肢的触觉更敏感。婴儿的触觉敏感性因人而异，有的婴儿并不喜欢他人的触摸。照护者需要学会如何与这些“触摸防御”的婴儿相处，尽量避免不必要的触摸给婴儿带来不适。抱起这类婴儿的一种方法是：先把孩子放在枕头上，再连枕头一同抱起，而不是像抱其他的孩子那样直接抱起来。与轻轻的触摸相比，有的婴幼儿对紧紧的拥抱反应更积极，轻微的触摸似乎会让他们感到烦恼不安。

我们应该接触婴儿身体的哪些部位以及如何接触，这些都与文化有关。在你们的照护机构中如果有来自不同文化的儿童，不妨把不同文化中的身体接触禁忌或失礼碰触一一找出来，这将是个不错的主意。例如，某些文化忌讳触摸孩子的头部，如果照护者这样做会让孩子的家长不高兴。请思考：在美国主流文化下，当一个人触摸或轻拍另一个人的头部时，传递了什么信息。如果你的老板轻拍你的头部，你作何感想？在美国文化中，轻拍头部是成人对幼儿或宠物做的动作，不会发生在同辈人或上下级之间。

虽然对大多数成人来说，轻拍或爱抚婴幼儿的头是非常自然的事情，但为了更加尊重他们，我们应该避免这样做。

注意，在与你们照护的儿童进行身体接触时，你们是否会区别对待男孩和女孩。有时，人们可能会无意识地对某一性别的孩子有更多的身体接触。当你照护男孩和女孩时，请尽量平等地对待他们。

触觉感知（tactile perception）即触觉，与运动能力（运动技能）有关。随着婴儿四处活动能力的不断提高，触觉为他们提供了越来越多有关这个世界的信息。儿童几乎是在不停地探寻这些信息。婴幼儿所处环境中的任何物品都应该是安全无毒、可触摸或可入口的（对于婴儿来说，嘴也为他们带来了很多信息）。当你在环境中投放了很多安全的塑料玩具（既可触摸又可入口）时，也不要忘记为婴幼儿提供一些可供他们探索的自然材料，例如木块或毛线。有一种教育观，即华德福教育认为，婴幼儿应该只体验那些由天然材料制成的物品（玩具），因为人造物品（只是看起来像其他物品的东西）可能会给婴幼儿带来感官上的困扰。

照护者要用语言向学步儿描述他们正在感受的东西，如柔软、温暖、毛茸茸、坚硬和光滑等。要确保他们的环境中有足够多质地柔软的物品。有些婴幼儿照护机构的环境布置属于“硬环境”，因为硬的表面和质地坚硬的物品更耐用，也更易清洁。然而，减少环境中质地柔软的物品并不是一种提高成本效用的有效方式，因为“硬环境”会影响照护质量，从而改变整个照护机构的命运。当环境变得温暖且柔和时，人们的行为也会随之改善。

照护者要为学步儿提供丰富的触觉体验。尽管他们已经能够站立并四处活动，但是他们仍需要通过触摸来探索周围环境。下面是一些为学步儿提供全身触觉体验的建议：

- 在装扮区投放一些光滑的、带褶皱的、皮质的以及其他质地的衣服。
- 为孩子们创设一个“感觉体验池”，里面放满诸如塑料球和毛线球

（牢牢系紧，防止孩子被绊倒）这类物品，让孩子们爬到里面玩耍。

- 夏季，让孩子们在塑料游泳池中游泳。
- 让孩子们坐在沙箱里玩耍。

如果你想让孩子们在地上打滚，以获得全身的触觉体验，一定要考虑文化差异，不能违背了某些文化价值。在有些文化中，成人严禁孩子弄得浑身脏兮兮的。

照护者为学步儿设计的其他类型的触觉体验主要是动手（手和胳膊）操作类的活动。一步就能完成的简单的烹调活动能让孩子们获得触觉体验。其他活动还包括玩水、玩沙子、玩橡皮泥或画手指画（手指画有几种类型，如剃须膏就不适合最小的学步儿玩）以及玉米淀粉糊。在这些活动中，确保照护者强调的是孩子们玩的过程而非结果。手指画的意义在于，让孩子们体验颜料并四处涂抹，而不是让他们画一幅漂亮的画带回家。

NAEYC 机构认证标准2 课程

在这些触觉体验活动中，不要因为女孩可能会把全身弄得又脏又乱就将她们排除在外。一些人更能容忍男孩的不整洁，却不能容忍女孩也这样。我们要意识到，有的孩子并不想把自己搞的又脏又乱。这可能是家长（出于个人或文化原因）并不鼓励孩子的邋遢行为所致，但我们也不要因此而责怪家长。然而，有时孩子不乐意参加这类活动是源自其性格或发展阶段的特点。许多学步儿都会经历这样的时期：不喜欢把手弄脏。

并非所有的触觉体验活动都必须让孩子把全身弄脏。在许多优质的学步儿照护机构中，会使孩子们把自己搞得脏兮兮的体验活动非常有限。没有人希望你鼓励孩子在泥巴中嬉闹，除非你真想让孩子获得这种体验。一些简单却很有价值的体验活动包括：用勺子和筛子玩一盘沙子；体验一盘鸟食（只用于体验）或配有水罐、勺子和杯子的鸟食；感受一盘盐（或用一辆小汽车运送盐）。其实，只是让孩子们赤足玩耍就能为他们提供各种不同的体验，因为他们光着的脚底能接触到不同的质地。

活用原则

原则 7 教育儿童要以身作则，言传身教。不要进行空洞的说教。

泰勒坐在地毯上，看着离他很近的照护者。当照护者冲他微笑时，他也回以微笑。泰勒手脚并用地站起来，开始走动，当他发觉自己已经离开了柔软的地毯时，他稍微停顿了一下。然后，他又爬回地毯上，重新坐下。泰勒看向照护者，她正在用手指轻轻地抚摸地毯，泰勒也模仿她摸了摸地毯。照护者说："很柔软。"泰勒专注地听照护者说话。随后，泰勒又手脚并用地站起身来，走向玩具架。在通往玩具架的路上，他看见一个比他小的婴儿仰躺在毯子上。泰勒停下来观察躺着的小宝宝，当他弯腰想更近地看看这个小宝宝时，他发现一名照护者已经走过来坐在他身边。泰勒挨近小宝宝的脸，轻轻地触摸她光滑的皮肤和柔软的头发。他亲了亲小宝宝的额头，然后抬头笑着看向身边的照护者，照护者也回应他一个微笑。泰勒似乎对小宝宝产生了更大的兴趣，他把一只手放在小宝宝身上，轻轻地推推他。照护者对他说："温柔点，温柔点。"他又像刚才那样轻轻地抚摸着。

1. 上述场景中的这些互动是否具有教育意义？
2. 照护者通过哪些举动去鼓励泰勒触摸和探索周围环境？
3. 触觉体验与知觉发展有着怎样的关系？
4. 你能判断出泰勒大约几岁吗？你的判断依据是什么？
5. 你能断定泰勒是一个健康发展的孩子吗？你的判断依据是什么？
6. 如果泰勒没有遵从照护者的示范，而是伸手去抓小宝宝的头发，照护者接下来应该怎样做？

视 觉

相比于其他感觉，我们对视觉的了解更多，这或许是因为我们大部分人在生活中都极为依赖视觉。刚出生的新生儿就能区分明暗；新生儿甚至早产儿都会做出瞳孔反射（瞳孔在光强度增强时自动缩小，而在光强度减弱时自动扩大）；出生只有几个小时的新生儿已经具有了视觉追踪的能力。

他们眼睛的固定焦距约为20厘米远，换句话说，当母亲哺乳时，他们足以看清母亲的脸。

几周大的婴儿就能区分不同的颜色，并且相比于冷色调（蓝、绿），他们更偏爱暖色调（红、橙、黄）。最初，婴儿的眼动并不稳定，不过很快他们的眼动就会变得更加精细化。2个月大时，婴儿聚焦双眼已经能产生单一的映像，尽管可能有些模糊。4个月大时，他们就能够看清物体。6个月大时，婴儿的平均视力接近20/20（相当于我国视力标准的1.0。——译者注）[10]，此时，婴儿的视力已经基本达到成人的水平，尽管他们还必须学着对其所见进行知觉和解释。

大部分新生儿会发现他们眼前所有的人和物都很有趣，尽管有的人和物比别的更有趣。不过最能吸引新生儿注意的是人脸（因为新生儿的视觉能力显然是用来促进其依恋发展的）。

每个阶段的婴儿都需要能够看到有趣的事物。然而，在刚出生的几周内，喂奶和换尿布为婴儿提供了充足的视觉输入。随着婴儿不断长大，越来越多的视觉材料变得更具发展适宜性，因为这些材料能鼓励婴儿四处活动去探索这个世界。婴儿现在能够伸手去够最初只能看的有趣物品，并最终向这些有趣的物品移动。然而，过多的视觉刺激也会带来“马戏团效应”。婴儿会变成一个娱乐式的旁观者，而非积极的参与者，并最终成长为被动的学步儿，只会向他人索取乐趣而不会自己创造乐趣。原本习惯于户外娱乐的孩子们，如今被电视这种终极视觉娱乐体验所吸引。

娱乐式的旁观者完全不同于主动的观察者。娱乐式的旁观者迷恋于源源不断的、新奇的视觉刺激。他们很快就会感到厌烦，要求不断变换视觉刺激。他们可能会对电视节目上瘾，因为他们在某一感官上（视觉）体验到了如此强烈的冲击，以至于他们会忽略这样的事实：实际上他们并未亲身参与到周围的世界中去。最终酿成的观察习惯以及参与感的缺失，对其今后各方面能力的发展都会带来不利影响。

成人在为婴儿创设有利于其视觉技能发展的环境时，要从婴儿身上发现线索。否则，成人很难确定为孩子提供的感觉输入多少为过多，也不知何时为孩子增加有趣的新视觉体验是适宜的。如果婴儿看到某些东西时会哭闹，这可能是因为他们接受了过多的视觉刺激，或者是因为他们正关注的某件物品被拿走了。如果婴儿特别安静，这可能是因为他们正专注于某件事物，或者是因为环境中发生的事情太多而不愿意去探索。当婴儿发现周边环境很有趣，并被允许按照自己的节奏去探索时，他们就能在探索的过程中获得乐趣。请记住原则 7：教育儿童时要以身作则，言传身教。

与婴儿相比，学步儿拥有更广阔的视觉世界，因为他们四处活动的范围更广了。他们也能更好地理解所见的一切。为了更好地了解学步儿的视觉环境，我们可以蹲下身去，从孩子的高度感受他们眼中的世界。你将会发现，蹲下身来所看到的与你平时所看到的有很大差异。

若想减少学步儿所处环境中的视觉刺激，成人可以用矮的障碍物将房间分区。成人的视线可以越过这些障碍物监管儿童，但是孩子们在视觉上体验到的却是相对安静的空间。（障碍物还能在一定程度上起到隔音效果。）有的房间能让学步儿真正关注他们可接触到的事物，而有的房间则会让学步儿过于兴奋，难以集中注意力。

图片为学步儿所处的环境增加了视觉趣味（当然，图片也适用于婴儿的环境）。图片应该悬挂在学步儿能够自己看到的高度。悬挂图片的一种方法是，先将图片塑封好，然后铺平固定在墙上。塑封图片的方法使得图片四角不易松卷，孩子们撕扯不下来，而且也不需要再用会带来吞咽风险的大头针固定。成人要定期更换图片，但也不要更换得太频繁，因为孩子们喜欢经常看到熟悉的事物。在选择图片时，可以选那些清晰地描绘孩子们所熟知的物品或正在活动的其他儿童的图片。确保展示的图片代表不同的种族，也要注意所选图片中的性别信息。应尽量避免带有性别偏见倾向的图片，如小女孩看起来很漂亮，但无所事事；而小男孩正在专心地参与活动。

在为婴幼儿创设环境时，**美学**（aesthetics）或者说被认为美的东西，是一个有价值但却常被忽略的目标。如果成人重视审美，懂得欣赏美，那么他们照护的儿童就更容易发展审美能力。但也要谨记，若儿童能在精心设计的优美的户外环境中玩耍，他们的感觉统合能力将会自然而然地得到促进。

多重感官体验和户外环境

大自然中的景色和声音为许多成人提供了最美好的体验和记忆，令人珍惜。然而，对于越来越多的婴幼儿来说，大自然正逐渐变得越来越抽象，越来越遥远：一些景物只能在图片上看到或者从窗口望见。一些照护机构，甚至是婴幼儿照护机构，仍然倾向只注重“以学习为导向”的室内活动。然而，户外体验及其自然地提供的感觉统合对婴幼儿的发展特别重要，而且非常有助于维持均衡、优质的儿童早期环境。

婴幼儿从户外活动中受益良多。在户外，他们探索的机会，特别是感官体验的机会，都得以拓展。户外环境中的自然材料和活动能为本章探讨的所有感知觉领域（听觉、嗅觉、味觉、触觉和视觉）提供积极的支持。请记住，户外的多重感官体验能为婴幼儿创建独特的学习之梯。自然的光线、清新的空气以及大自然中的景色和声音都有利于婴幼儿的感觉统合，在某种程度上，这也可以促进和拓展婴幼儿的室内体验。当感觉统合成功后，婴幼儿便能运用他们的所有感官来加工信息，这对于每个人来说都具有积极意义。天然的户外空间为婴幼儿体验恰到好处的挑战提供了最佳场所。图 6.2 为设计能带来更多感觉体验的户外活动提供了一些小贴士。

图 6.2　为儿童设计多重感觉体验的户外活动的指导原则

1. 允许婴幼儿以各自独特的方式，通过运动、触觉、味觉、嗅觉、听觉和视觉来感知信息。让每个孩子都能体验到成就感和舒适感：一个孩子可能会安静地坐着观察蝴蝶，另一个孩子可能会在草地上打滚。
2. 一些适用于室内活动设计的指导原则同样也适用于户外活动，照护者要设计均衡的高/低活动区、干/湿活动区、软/硬活动区以及喧闹/安静活动区。
3. 鼓励婴幼儿观察大自然的变化。干沙子具有一定的质感，能从桶中倒出来；而被雨淋过的沙子摸起来则很不同，且具有非常不同的特性。
4. 为婴幼儿设计能调动其全身体验的感官运动活动，从而促进他们的感觉加工能力。帮助他们抬起和移动石头、木块及树枝，并用它们搭建小房子等，这些活动能发展他们的胜任感和身体意识。
5. 用树叶、松果、树枝和树皮等自然材料为婴幼儿设计操作类活动，指导孩子们认识这些材料的细节、气味、质地和形态。
6. 在户外活动区种植一些植物，以吸引昆虫、鸟类和小动物的出现（当然要以安全为前提）。婴幼儿都会痴迷昆虫和动物，并且在自然环境中观察昆虫和动物有助于孩子们天生的好奇心的发展。

资料来源：其中一些指导原则摘自“Beginnings Workshop: Sensory Integration.” *Exchange* 177, September/October 2007, pp.39-58。

访问下列网址获取更多的信息和资源材料。
“儿童与大自然”网站能为读者提供各类新闻、研究和建议，以支持儿童在家里、在学校和在社区的自然环境中的发展。
www.childrenandnature.org
“大地游戏”网站专注于为读者提供可改进户外游戏空间的创意和资源。
www.planetearthplayscapes.com

以大自然为基础的户外体验为婴幼儿提供了满足他们感官需求的理想场所。如果婴幼儿存在某种感官障碍，那么该儿童及其家人可以从个性化家庭服务计划中获益。个性化家庭服务计划包含能够为婴幼儿提供最佳感官发展的自然体验。

有特殊需求的儿童：个性化家庭服务计划中的亲职教育

早期干预极为重要。越早识别出儿童存在障碍或处于某种障碍的“风险”中，儿童及其家人从早期干预服务中获益的可能性就越大。根据相关法律，必须通过发展**个性化家庭服务计划**（individualized family service plan, IFSP）来为3岁以下的婴幼儿提供早期干预服务。本部分内容将讨论那些纳入了个性化家庭服务计划的需求，以及婴幼儿家庭在制定用于概述早期干预服务的这一书面文件的过程中所发挥的重要作用。

个性化家庭服务计划的核心原则是：家庭是儿童最重要的资源，婴幼儿的需求与其家庭的需求紧密相连。个性化家庭服务计划还包含这样一些理念：支持儿童的最佳方式是以其家庭的力量为基础，家庭对孩子的优先考虑逐渐演变成为孩子规划的日常生活和活动。尊重家庭隐私至关重要，在为儿童制订个性化服务的过程中要充分考虑文化差异和儿童家庭的母语。

儿童的家庭有权利拒绝任何服务。服务费用取决于美国各州的政策，但不能因儿童的家庭无法支付费用而拒绝为其提供服务。个性化家庭服务计划必须包含以下要素：

- 婴幼儿当前的生理、认知、交流、情绪、社会性及适应性发展水平。
- 家庭信息（需经家长同意）包括与婴幼儿成长相关的资源、家长对孩子的优先考虑以及各种担忧。
- 期望婴幼儿取得的主要成果（通常每6个月检查一次）。
- 为满足婴幼儿的独特需求所必需的特定的早期干预服务。
- 提供（或阐明为何不在自然环境中提供干预服务）早期干预服务的自然环境（例如儿童家里或早期的保教机构）。
- 一份书面的项目时间表，标明服务何时开始，预计持续多长时间。

NAEYC 机构认证 标准7 家庭

- 负责计划实施与其他机构进行协调的服务协调员的姓名。
- 支持婴幼儿转介到幼儿园或其他合适的服务机构的步骤。[11]

在开展个性化家庭服务计划的整个过程中，对于婴幼儿家庭和父母而言，写下所涉及的人员和资源机构的名字及联系方式，这一点非常重要。如果儿童在以后出现问题，拥有这些信息将大有帮助。早期保教机构的照护者要提醒儿童家长记下这些信息，并保持与这些资源的联系。在孩子的发展过程中，家长可能需要其中某些资源。

查阅表 6.1，该表的焦点是“感官受损的早期预警信号”。在开始制订一份个性化家庭服务计划时，照护者、儿童家长和其他资源专家应该如何

想一想

在你的社区里，你会去什么地方搜集与感官受损儿童有关的资料信息？你将如何整理这些资料？是用主题文件夹、笔记本还是档案袋？你将如何与同事分享你的资料？在你们的照护机构中，当评估儿童时，你会给出哪些指导原则？

表 6.1 感官受损的早期预警信号

请谨记，任何儿童都有可能表现出以下行为中的一种或几种，但是他们的感觉能力并未受限。特定的行为可能是某个孩子的性格或气质所致的，我们应根据孩子的综合情况来看待以下行为表现。

- 频繁揉眼睛或抱怨眼睛不舒服
- 避免与他人进行目光接触
- 容易被视觉或听觉刺激所干扰
- 走路时经常撞上物体或频繁摔倒
- 6个月大时不能把头转向声源
- 说话或交流的声音过大或过小
- 逃避身体接触
- 身体的一侧比另一侧更灵活
- 经常只用某只耳朵去听声音
- 对特定的材料或质地做出过激反应

资料来源：摘自 the California Department of Education, the California Child Care Health Program, and the Portage Project TEACH, Region 5 Regional Access Project, 1999。

利用这些信息呢？

本书一直强调，照护者在婴幼儿的健康成长和发展中发挥着至关重要的作用。照护者是整个团队的一分子，如果他们对自己所照护的孩子的发展有疑问或担忧，就要帮助孩子的家长寻求必要的支持和资源。如果照护者对自己照护的婴幼儿有发展方面的担忧，那么精心挑选的专业机构就要提供信息，以便帮助照护者和婴幼儿家长找到对孩子来说最好的支持。

发展路径

体现知觉发展的行为

小婴儿（出生至8个月）	• 在出生后的两周内，他们能够通过视觉、听觉和嗅觉来识别主要的照护者 • 会看向被他人触碰的身体部位 • 开始区分陌生人和熟人 • 会击打或踢蹬物体，以使其持续发出愉悦的声音
能爬和会走的婴儿（9个月至18个月）	• 会把胳膊伸到袖子里，把脚放进鞋子里 • 会通过拥抱、微笑、跑过去等方式主动对熟悉的人表达喜爱之情 • 在语言方面，理解能力高于表达能力 • 对操控身边事物的意识增强
学步儿（19个月至3岁）	• 认同自己的年龄或性别 • 能通过分组的方式对物体进行分类、贴标签和区分（如软/硬、大/小） • 当把熟悉的物品放进装有其他物品的包中时，能通过触觉识别出熟悉的物品 • 在玩套环玩具时，会自动忽略没有孔的零部件，只玩那些环状的或有孔的物品

资料来源：摘自 Carol Copple and Sue Bredekamp, eds., *Developmentally Appropriate Practice in Early Childhood Programs,* 3rd ed.（Washington, DC：National Association for the Education of Young Children, 2009）。

多样化的发展路径

你所看到的	兹亚娜已经会爬了，但她更喜欢坐着。大多数时间，她都很安静，不太四处活动，但是一点小事情就能吸引她的注意力：投射到地板上的一束阳光、掉到地板上的一张小纸片，以及窗外吹来的一缕微风。她似乎能游离于婴儿房的喧闹之外，也很少要求照护者给予关注。
你可能会想到的	她需要更多的活动，其他同龄孩子的活动量是其10倍。她可能有点忧郁倾向。
你可能不知道的	兹亚娜的感知能力很强，她很享受感知到的一切。她能意识到自己的感觉，并能从中发现无穷的乐趣。她的气质天生就这样，因而很少有额外的要求。她脾气温和，并能专注于身边的事物且不易受干扰。
你可能会做的	欣赏她的这些特点，但是也要确保她能获得足够的关注。生性乖巧安静并不意味着她就应该被忽略。向孩子的家长了解孩子在家中的喜好，家长是否理解她，或者发现是否她在某些方面有些不足。
你所看到的	赛斯是一个爱哭的小男孩，他会因为很多事情而哭闹。例如，照护者帮他穿或脱衣服，他也会表现得烦躁不安，回避与他人进行身体接触。
你可能会想到的	也许这个孩子的气质就是这样，或者他在家里被宠坏了，或者他不喜欢照护者，又抑或他只不过是想自己的妈妈了。
你可能不知道的	赛斯是一个高度敏感的孩子。他很容易被过度刺激，并抗拒身体接触。某些衣物的质地、暴露在外面的四肢、衣服上的商标以及照护者对其身体的接触等等，都可能令他烦躁不安。
你可能会做的	向他的家长了解如何做才能让孩子感到舒适。仔细观察孩子，以发现什么会令其不安，什么不会；剪去衣服上的商标或把商标放在衣服反面；减少过度刺激。不要放弃与他的身体接触，但要找出孩子最易接受的接触方式。尝试用不同的方式与其亲近并注意观察效果。

本章小结

知觉是指接收并组织加工感觉经验的能力。

感觉统合

- 感觉经验能被合并和整合，并影响其他主要发展领域。
- 不同的感觉器官在脑中有各自特定的区域定位，伴随着大脑不断发育成熟，各种感官的作用和反作用会不断交替发生。

听　觉

- 新生儿已经具备一定的听力，他们对高音调的熟悉的嗓音和声音更为敏感。
- 照护者需要留意婴幼儿独特的听觉偏好；每个儿童适应的最佳噪声水平会因人而异。

嗅觉和味觉

- 新生儿能够辨别多种气味和味道，他们更偏爱那些让人愉悦的气味和甜味。
- 在婴幼儿照护机构的环境中，气味应丰富些；照护者要格外留意那些不能食用却散发出香味的物品。

触　觉

- 新生儿的触觉已经十分敏锐；出生后，他们对疼痛和不适感越来越敏感。
- 照护者在与婴幼儿进行身体接触时要警惕潜在的文化问题和性别问题。

视　觉

- 与成人相比，新生儿的视力还十分有限；他们能够区分明暗，并且出生后几周内他们就能区分不同的颜色。
- 照护者在为婴儿创设有利于其视觉技能发展的环境时，要从婴儿自身的角度来发现线索。避免“马戏团效应”，即环境中的视觉刺激太多，效果并不一定好。

多重感官体验和户外环境

- 户外体验及其自然地提供的感官统合对婴幼儿的发展非常重要。
- 为婴幼儿设计积极的户外活动的指导原则鼓励照护者为孩子们提供那些采用不同自然（安全的）材料的动手体验。

有特殊需求的儿童：个性化家庭服务计划中的亲职教育

- 个性化家庭服务计划是由多学科专家团队创建的一份书面文件，概述了为存在障碍（或处于某种障碍“风险”中）的幼儿可提供的早期干预服务。
- 个性化家庭服务计划的核心原则是：家庭是儿童最重要的资源，为有特殊需求的儿童提供支持的最佳方式是以其家庭的力量为基础。

关键术语

知觉（perception）
神经通路（neural pathway）
感觉统合（sensory integration）
五大感觉（five senses）
敏感性（sensitivity）
触觉感知（tactile perception）
美学（aesthetics）
个性化家庭服务计划（individualized family service plan, IFSP）

问题与实践

1. 考察一家婴幼儿照护机构的环境，不要忘记观察户外环境！列出你认为有利于促进儿童知觉发展的因素。当你发现环境中存在“过多的好东西”时，你将如何取舍？
2. 关注知觉发展的某一方面（某种感觉）。发明一种玩具来促进这一领域的发展，你需要考虑哪些因素？
3. 观察一个感官受损的孩子，你发现这个孩子做出了哪些改变来适应环境？环境又是如何支持其努力的？家庭如何参与其中？
4. 读完本章后，假设你将在你们的照护机构与某位家长会面。你们交流的主题是知觉发展，你将与这位家长分享有关每种感觉的哪些关键点？
5. 思考你自己的知觉发展情况，即你对自己感觉的敏感性。你最常用哪一种感觉？最不常用的又是哪一种？哪一种感觉能触发你的大部分记忆？你的个人经验能为你与婴幼儿的互动提供什么启示？

拓展阅读

Emily J. Adams and Rebecca Parlakian, "Sharing the Wonder: Science with Infants and Toddlers," *Young Children* 71(1), March 2016, pp. 94–96.

Karin H. Spencer and Paul M. Wright, "Quality Outdoor Play Spaces for Young Children," *Young Children* 69(5), November 2014, pp. 28–34.

Kimberly D. Doudna, Lindsey L. Arron, Allison E. Flittner, and Carla A. Peterson, "Preparing for Change: Individualizing Transition Plans for Young Children and their Families," *Young Children* 70(4), September 2015, pp. 70–74.

Margaret Caspe, Andrew Seltzer, Joy L. Kennedy, Moria Cappio, and Christian DeLorenzo, "Engaging Families in the Child Assessment Process," *Young Children* 68(3), July 2013, pp. 8–14.

Mary S. Rivkin, *The Great Outdoors: Advocating for Natural Spaces for Young Children* (Washington, DC: National Association for the Education of Young Children, 2014).

Trudi Schwartz and Julia Luckenbill, "Let's Get Messy! Exploring Sensory and Art Activities with Infants and Toddlers," *Young Children* 67(4), September 2012, pp. 26–34.

Cars

第7章 运动技能

问题聚焦

阅读完本章后，你应当能回答以下问题：

1. 发育中的脑如何影响运动技能的发展？
2. 反射行为的作用是什么？为什么反射行为会在婴儿出生后的几个月内发生变化？
3. 在儿童2岁前，大肌肉运动和精细运动技能会呈现何种发展模式？
4. 在为有特殊需求的儿童寻求资源时，照护者可以做些什么支持这些家庭？

你看到了什么？

安东尼站在沙箱中环顾游戏场。他弯腰捡起了脚边的玩具小筛子和勺子，然后“扑通”一声坐下去，两条腿向前伸直，一边用勺子往筛子里放沙子，一边观察沙子漏到膝盖上。几分钟后，安东尼发现沙箱外边有一辆儿童自行车，他站起身来，摇摇摆摆地走过去。当他走到沙箱边时，努力地抬起一只脚，接着又抬起另一只脚，然后迈出沙箱。安东尼抓住车子，将它推离沙箱区域。他一会儿停下，一会儿又推着车子向前走；有时会坐在车子上，有时又会用脚撑着向前走（这辆小自行车没有脚蹬子）。他继续沿着路往前走，这是一条崎岖不平的柏油路，而且还是上坡。他让自行车沿着斜坡慢慢滑行，最后停在一个大门前。他开始攀爬这个门，但是附近的一位照护者走过来，温和地引导他去爬不远处的攀爬架。然后，照护者走向矮桌旁的一群孩子，他们正在给玩具娃娃洗澡，安东尼也跟着她走过来。他抓起桌子上的一块海绵，用手攥紧，看着肥皂水从海绵中溢出来。接着他又把海绵放进澡盆中，从水中取出来，再次在桌面上挤压它。安东尼用海绵擦了一下桌面，然后又把它放进水中。随后，他从另一个澡盆中拿出一个玩具娃娃，把它放到自己面前澡盆里的海绵上。这时，另一个孩子伸手把玩具娃娃拿了回去，安东尼试图留下玩具娃娃，两个孩子还出现了轻微的争抢。然而，当他听到照护者喊大家吃点心时，他松开了手。安东尼拍打着澡盆中的海绵，水花溅到他的脸上，他笑了。他又拍打了几下海绵，然后快速地穿过场地，跑到摆着点心的桌子旁，从一个半满的小水壶中为自己倒了点儿果汁。

运动是童年自然又健康的体验。大多数婴幼儿都喜欢四处活动。上文中提到的安东尼就为我们展现了很多身体运动！当能够自由地四处活动时，小婴儿便能自己去探索周边事物。正是通过身体运动、肌肉的协调、知觉信息的组织，婴幼儿才得以发现和理解周围的世界。婴儿的运动技能看似有限，但是只要敏锐地观察，我们不难发现婴儿已经具备了相当的运动能力。在一岁半前，大多数婴幼儿通常已经掌握了许多基本的运动技能，例如胳膊和手的协调能力，学会走路等，这些技能会贯穿他们的一生。感觉体验为他们提供了重要的反馈。他们将用一年的时间来熟练、拓展和精细化早期所习得的那些最初的姿势和运动。

本章为我们概述了运动发展的进程，包括主要的发展模式、对脑发育方式的考察，以及反射运动、大肌肉运动和精细运动技能在最初两年半内表现出的所有变化和精细化过程。此外，本章还涉及促进儿童运动发展的指导原则，以及家长和照护者支持有特殊需求的儿童所需的一些重要资源。

身体发育和运动技能

新生儿的平均体重约为 3.2 千克，平均身长约为 50.8 厘米。新生儿很娇弱，不能独立生存。但是在健康和关爱的环境中，他们能够迅速成长。到 5 个月大时，婴儿的体重通常为出生时的 2 倍，1 岁时的体重则为出生时的 3 倍。尽管在出生后的第二年内，婴儿的体重增长速度相对慢下来，但还是比出生时的体重翻了近两番[1]。身高也在不断增长，大多数 2 岁儿童的身高约为 91 厘米。通常，婴幼儿的身体发育情况是可预测的。我们经常在书上和医生的诊室里看到儿童的生长发育对照表，然而，每个孩子都是独特的，有的孩子在这一时期出现发育“突进”也很正常。在婴幼儿阶段，儿童具体运动技能的表现可能存在很大差异。

伴随婴幼儿身体的全面发育，其身体各部分的生长速度也不尽相同。新生儿的头部约占整个身长的四分之一，而腿长仅占身长的三分之一。2 岁时，学步儿的头部仅为身高的五分之一，而腿长约为身高的一半。快速的生长发育为婴幼儿带来了挑战，他们必须在身体不断发展变化的同时学习协调身体的运动。婴儿学习协调身体以及精细化身体运动的方式反映了惊人的、有序的生长模式。

运动发展的稳定性可用两条主要的生长发育原则来阐述。第一条原则是**头尾原则**（cephalocaudal principle），在拉丁文中，它是指“从头到尾”的意思。这条原则表明，儿童的身体发育遵循的模式是从头部开始逐渐向下延伸至身体其他各部分。例如，儿童通常先会抬头，然后才依次学会坐和站。第二条原则是**近远原则**（proximodistal principle），在拉丁文中，它意味着“由近及远”。这条原则表明，儿童的身体发育遵循的模式是从身体的中央部位逐渐延伸至外围部位。例如，婴幼儿通常在学会使用手和手指之前，先掌握了大的挥动手臂一类的动作。总之，你会发现婴幼儿总是先学会运用头部（以及视觉等感官技能），然后才学会走路；先学会挥动胳膊，然后才能捡起藏在沙箱角落中的甲虫（指尖抓握）。

正如我们前面所讨论的，儿童的生长发育过程中体重和身高的增加是必然的，但不限于此。脑也会不断地发育和成熟，并遵循从大脑下方的脑干到前额叶皮质的发育顺序。婴幼儿的反射性动作逐渐减少，自发的有意识的动作越来越多。在成长的过程中，儿童的大肌肉动作和精细动作等运动技能也会逐渐完善。随着运动技能的不断提高和扩展，婴幼儿能够更好地阐明自身的需求，更好地探索周围的世界。

脑发育和运动发展

在很大程度上，儿童的运动发展是能被观察到的；我们可以看到婴幼儿的自发运动以及身体技能的精细化。如今，由于神经科学技术的发展，我们还能进一步观察到，伴随婴幼儿的不断成长，其脑变化和发育的模式。成人的脑重约 1.6 千克，新生儿的脑重仅为成人的 25%。3 岁儿童的脑重约为成人的 90%，6 岁儿童脑的大小几乎接近成人，但脑的某些特定功能会在成人期持续发展[2]。在日常生活中观察到的个体行为也能反映其脑的发育情况。反射行为的发展就是很好的例子（见表 7.1）。

个体脑中神经元（又称脑细胞）的数量出生时就确定了，不会随年龄的增长而增加，首先认识到这一点非常重要。而发生变化的是，神经元之间的联结数量会不断增加。脑也会出现**髓鞘化**（myelinization），这是一种脑脂质（髓磷脂）包裹并隔离神经纤维的过程。髓鞘化使得婴儿出生后其脑的尺寸得以迅速增加。随后，神经纤维（或轴突）能更好地传递电脉冲信号（突触），从而建立更稳定的“学习联结”[3]。在 1 岁之前，脑发育主要是神经纤维髓鞘化并不断延伸或发育成“树突树”的过程。另外，大脑中的神经元会四处活动，最后按功能排列。一些神经元会移动到大脑的表层，即**大脑皮质**（cerebral cortex），另一些神经元则移动到皮质下。婴儿出生时，其皮质下就已经发育完全，它负责调节大多数的反射行为以及像呼吸和心律等基本的生命活动。伴随脑的不断发育，大脑皮质中的细胞也越来越成熟，相互之间的联结也不断增多。这些细胞将负责复杂的运动技能以及像认知和语言等高级的思维过程。

探测脑电波活动的脑电图（EEG）或脑电波可以用来测量脑活动。出生后第一年内的发育被视为脑活动的激增。例如，在婴儿 3 ～ 4 个月大时会出现脑活动激增，此时的婴儿能自发地伸手去够物品；到 8 个月大时会出现激增，此时婴儿学会了爬，并探索感兴趣的物品；到 12 个月大时也会

表 7.1 婴儿基本的反射行为

反射	描述
新生儿的反射行为	
觅食反射	当触摸新生儿的面颊时，其头部会转向刺激方向。
吸吮反射	当触碰新生儿的口唇时，他们会表现出吮吸东西的倾向。
踏步反射	当新生儿被竖着抱起并使其足部接触地面时，他们会做出迈步动作 。
抓握反射	新生儿会立刻抓握放入其手里的物品 。
巴宾斯基反射	当触碰新生儿的足底时，其脚趾会呈扇形张开。
莫罗反射	当新生儿的头部突然失去支撑时，他们会双臂伸直，手指张开，仿佛想要抓住什么东西一般。
惊跳反射	当新生儿受到突如其来的噪声刺激时，他们会张开双臂。
强直性颈部反射	当新生儿仰躺着并把头转向一侧时，他们会伸出与其脸相同朝向的手臂，弯曲另一边的手臂。
游泳反射	让新生儿俯卧在水里，他们会用四肢做出协调性很好的类似游泳的动作。
婴儿的反射行为	
交替踢腿反射	当婴儿面朝外被抱起时，他们会交替蹬腿，就好像骑自行车一样。
颈翻正反射	当婴儿转动头部时，其身体也会跟随转动。
降落伞反射	当成人支撑婴儿的腹部及胸部并突然往下移动时，他们的双手、双脚会往外延伸，类似降落伞一样。
抬躯反射	当婴儿以俯卧姿势被托起时，其双臂和双腿会呈“U”字形伸展。

出现激增，此时婴儿正在学步[4]。这些脑活动的激增与突触之间联结的大量形成有关；脑忙于加工所接收到的信息并赋予其意义。已有证据清晰地表明，经验促进了早期脑神经回路的形成。

自由运动、观察和模仿的重要性

当今，有关脑发育的研究让我们更深入地理解了自由运动的重要性和运动技能的发展。当婴儿不断地重复并练习简单的感觉运动模式（例如转头或伸手够物品）时，他们就是在维持重要的突触间的联结。允许活动并鼓励婴幼儿积极地与周围的人和物进行互动的有趣环境，可以提高脑功能的质量（突触密度）以及强化突触间的联结（增加髓鞘化）[5]。

镜像神经元揭示了观察和模仿运动所扮演的有趣角色及其对脑发育的影响。当人们观察某项任务时，执行该任务所需的大脑运动皮质中的相应区域也会活跃起来。我们知道，婴幼儿在观察他人的动作后通常会重复他们所看到的动作（即使是复杂的动作也不需成人教）。镜像神经元为我们理解运动经验如何与认知和社交技能相关联提供了更深入的视角。需要记住的关键一点是，新经验为婴幼儿提供了解释周围世界以及扩展神经联结的机会。当然，在识别和对待早期运动或感觉发展迟滞的儿童方面，新经验显得尤为重要，因为这有利于他们能力的充分发展。

当前的脑研究仍然强调以下重点：

- 运动发展是先天（儿童的生物特性）和后天（经验）相互作用的结果。早在母亲怀孕6周时，胎儿的运动发展就开始了。
- 丰富的神经联结与后天经验一起促使婴幼儿的运动更协调，肌肉更发达。
- 脑中不断增加的髓鞘化影响着精细运动技能的发展。
- 经验促进了生命早期脑神经回路的形成，而且它在调整婴幼儿的脑的能力以便适应环境等方面也发挥着重要作用。

脑研究也清晰地揭示了在脑发育的过程中存在敏感期，但是，也存在巨大的**脑的可塑性**（brain plasticity），即在某种程度上，大脑通常保有一定的灵活性。脑的可塑性在2岁前最大，因为这一时期新的突触仍然在不断扩展，无用的突触还未被修剪掉。脑具有惊人的适应能力。在某些遭受早期脑损伤的案例中，受损脑区的功能会被其他脑区域接管。尽管我们仍然处于强调“机会之窗”对学习至关重要的阶段，但不要忘记，为婴幼儿提供丰富且优质的经验永远不晚。

反射行为

除了一些显而易见的随意的手臂和腿部大肌肉动作外，新生儿很少能做出一些随意运动。新生儿做出的大多数最初动作都属于**反射行为**（reflex），即婴儿在面对不同类型的外部刺激时做出的非习得的、有组织的非随意反应。受到刺激时，婴儿的肌肉似乎能自动反应。

反射行为具有几方面的功能。诸如眨眼、吞咽以及清除面部的遮挡物以便自由呼吸等反射行为具有保护作用。此外，有些反射行为是儿童后期运动技能的初期形式，例如交替踢腿（交替踢腿反射）为儿童以后学步奠定了基础。因为反射行为能够反映脑的发育情况，所以儿科医生和其他婴儿专家都对反射行为颇为关注。当脑发育从脑干转移到大脑皮质时，反射行为会发生改变或者消失。健康的婴儿拥有与成人相同的呼吸反射行为，以及为保持呼吸道畅通的咳嗽和吞咽反射。婴儿的眨眼、眯眼和瞳孔收缩等行为也与成人相同。另外，婴儿还会调节吮吸和吞咽的节奏，并远离令人不适的外在刺激。所有这些常见的反射行为在个体一出生时就会出现，并贯穿一生。

随着婴幼儿的不断成长，他们出生时表现出的某些特定反射行为会改变或消失。其他的反射行为在婴儿出生后的头几个月内出现。随着新的反射行为的出现，婴儿出生时拥有的某些反射行为便开始消失。在表 7.1 中，我们总结了一些最明显的反射行为，以及那些最常受到儿科医生评估的反射行为。这些反射行为被分成两组呈现在该表中：新生儿的反射行为和婴儿的反射行为。

想一想

你认为婴儿期是学习游泳的最佳时期吗？为什么？为什么有些人认为婴儿期是最佳时期？我们不教婴儿学游泳的原因有哪些？

了解婴儿的反射行为如何为他们日后的动作发展奠定基础不仅很有趣，而且还有助于照护者弄清楚婴儿的行为和发展情况。婴儿不是选择某种特定反射行为（例如开始吮吸前做出觅食反射），而是他们不得不这样做，了解到这一点是很有用的。特定反射行为的出现、反射行为的延迟以及其他反射行为的缺失都能揭示发展过程中的个体差异。反射行为的发展很复杂。当家长或照护者发现某个婴儿表现出看似不适宜的反射行为时，他们或许会想与儿童发展专家或儿科医生讨论他们所发现的问题。

活用原则

原则 10　重视儿童每个阶段的发展质量。不要急于让他们达到各个发展里程碑。

某婴幼儿照护中心把所有孩子都视为独立的个体。这里的照护者从不急于推动孩子的发展，而是看着孩子们顺其自然地达到发展的里程碑；每个孩子都按照自己的发展时间表成长。在该中心，除了正常发展的儿童，还有一个早产儿和一个被诊断为发育迟滞的孩子。因此，对这家照护中心来说，遵循让每个孩子都按照自己的发展时间表成长的指导思想就更加重要了。这名发育迟滞的儿童由一位婴儿干预专家细心监护，同时接受经过深思熟虑的个性化家庭服务计划（IFSP）。中心的所有儿童都定期看儿科医生。然而，该中心最近被告知，它能否获得长期资助，取决于它是否有能力让所有的儿童都按时达到相应的发展里程碑，那些被正式鉴定为有特殊需求的孩子除外。因此，该中心的员工被要求参加培训课程，学习运用活动和锻炼来诊断和指导儿童的方法，以便让所有的孩子在能力上更接近达到相应发展里程碑的能力。对此，该中心的主管和员工都颇为震惊，因为他们信奉的教育理念（从玛格达・格伯的工作中总结出的）是“及时”，而非“按时”。

1. 面对这一处境，你会如何反应？
2. 你认为让儿童按照自己的节奏成长是否有意义？为什么？
3. 让儿童按照自己的节奏成长是否也会产生不利影响？如果是，不利影响有哪些呢？
4. 你认为活动和锻炼是否能促进儿童的发展？为什么？
5. 你小时候是否有被“揠苗助长”的经历？如果有，那么你的经历发生在婴幼儿期吗？如果是，你是如何被“揠苗助长”的？

大肌肉运动技能和运动能力

最终，婴儿的运动发展会由主动运动替代反射运动。通常，这些运动技能可以被宽泛地分为两大类：与大肌肉群和大幅度动作有关的大肌肉运动技能；与小肌肉群和更精巧的动作有关的精细运动技能。

脑、身体和环境共同促进婴儿力量的增强和**运动**（locomotion）能力的提高，所谓运动能力，即从一个地方移动到另一地方的能力。不同的发展领域共同推动儿童达到更复杂、更精细化的发展水平。

大肌肉有助于促进婴儿两个方向的运动能力的发展：向上（垂直位置）的运动以及向四周（水平方向）的运动。这两个方向的运动发展相辅相成，因为儿童需要站起来四处移动，锻炼肌肉力量以利于站立起来。逐渐地，婴儿能够控制这些大肌肉，最先得到发展的是那些用于控制头部运动的肌肉。当婴儿掌握了自如地转头和抬头的技能时，便加强了肩部肌肉的力量。当他们开始四处爬行和蠕动，举起胳膊和抬起腿时，便发展了躯干肌肉的力量。所有这些都是为婴儿翻身做准备，就像翻身是为他们坐立做准备（即增强所需肌肉的力量）一样。婴儿将学会在没有任何支撑的情况下坐立。坐的能力源自婴儿发展了必要的垂直方向运动的肌肉。通过学会转头和翻身，婴儿为“坐”做好了准备。帮助婴儿刻意练习坐并不重要，重要的是帮助他们锻炼其肌肉系统。

皮克勒研究中心的研究

根据皮克勒在布达佩斯的皮克勒研究中心开展的研究及其经验，如果不通过表扬或其他激励方式对婴儿进行干预，那么他们将按照可预测的顺序来发展各项运动技能。如果婴儿从出生时就仰躺，并且没有人帮他们实现不能独立完成的姿势，那么婴儿将自己学会翻身、打滚、蠕动、爬行、坐、站和走等运动。他们会将每一种运动技能当成一种玩耍，反复练习并专注于每一个细节，最终掌握所有的运动技能。婴幼儿是研究运动的科学家，不厌其烦地做着各种尝试。婴儿生来就乐于学习。他们对自己的身体有浓厚的兴趣，对发展运动技能有强烈的动机，因此，他们注定会成为富有能力的独立学习者。婴儿在提高运动技能的过程中所表现出的毅力有利于他们日后的学习。

皮克勒的方法鼓励照护者让婴儿在出生后的几个月内仰躺，并自由活动。这是一种以力量为基础的照护方法。在婴儿能够独立翻身前，让他们俯卧相对来说并没有什么帮助。让婴儿仰躺，他们可以拥有更开阔的视野，能够活动胳膊和手，并自由地踢腿。而让婴儿俯卧，他们只有用力抬头才能看到周边的事物，这会给他们造成压力；在美国，很多婴儿在所谓的“俯卧时间”（tummy time）内大声哭闹正说明了这一点。

在位于布达佩斯的皮克勒研究中心，数千名婴儿出生后的头几个月内都是仰躺，直到他们能够独立翻身。诸如婴儿扁平头、头型不正以及颈部和胸部肌肉不发达等很多折磨美国婴儿的问题，在皮克勒研究中心65年的历史中都不曾出现。皮克勒研究中心的不同之处在于，这里的照护者从不干涉婴儿的运动技能发展；他们不使用婴儿餐椅、摇椅或婴儿背带；也从不让婴儿坐手推车；照护者甚至不会帮婴儿调整姿势，直到他们自己能做到。在这里，婴儿的发展是自然的、惊人的[6]。

运动发展的一个基本原则是：稳定性是活动的前提。婴儿还不能四处活动，无论是垂直方向的坐或站，还是水平方向的爬或走，除非他们为四处活动奠定了良好、坚实的基础。相同的原则也适用于其他层面。婴儿的探索（四处活动）与心理发展的稳定性（从依恋关系中获得信任）有关。

正如促进婴儿移动的计划一样，制订计划来发展婴儿肌肉的稳定性也是促进婴儿体格发展的一部分。婴儿不需要照护者“教”他们如何坐或走。对正常发展的婴儿来说，当其必要的肌肉足够发达时，他们自然而然就能

想一想

你对这些发展对照表有何体验？你会如何看待儿童发展的各个里程碑？

录像观察 7

儿童爬楼梯

© Lynne Doherty Lyle

看录像观察 7：这段录像向我们展现了儿童运用大肌肉运动技能练习爬楼梯的过程。请你在观看录像时留意每个孩子爬楼梯方式的细微差别。

问　题

- 儿童在上下楼梯时运用了多少种不同的方式？请描述每一种方式。
- 录像中有哪些其他的环境特征，使得孩子们可以安全地练习上下楼梯？
- 据此场景，你能判断出该照护机构的理念是什么？

要观看该录像，扫描右上角二维码，选择“第7章：录像观察7”即可观看。

坐和走，不需任何学习或练习。

我们也可以从动态系统观来描述早期的运动经验。每一种动作都是由琐碎的经验组成的，运动技能每次被使用都会发生变化[7]。伴随肌肉的生长和发育，婴儿的力量更强大了，平衡性更好了，脑发育也更成熟了。他们把各种必要的技能整合起来，发展出成熟的运动，最终学会走路。每一

表 7.2 贝利对照表：大肌肉运动发展的主要里程碑（年龄：1～40月龄）

技 能	50%的婴幼儿掌握该技能时的月份	90%的婴幼儿掌握该技能时的月份
俯卧时将头抬起90度	2.2	3.2
翻身	2.8	4.7
独立坐	5.5	7.8
扶着东西站	5.8	10.0
爬	7.0	9.0
扶着东西走	9.2	12.7
独立站	11.5	13.9
独立走	12.1	14.3
上台阶	17.0	22.0
向前踢球	20.0	24.0

注：这些常模来自生活在美国的欧裔、拉丁裔和非裔儿童。

资料来源：Maureen Black and Kathleen Matula, Essentials of Bayley Scales of Infant Development Assessment（New York: Wiley, 2000）; selection of items from D. R. Shaffer and K. Kipp, Developmental Psychology: Childhood and Adolescence, 7th ed.（Belmont, CA: Wadsworth, 2007）, Table 6.1, p. 205.

种技能都是对不同能力的建构，它发生在当婴儿积极地把已有的运动能力重组为新的、更复杂的技能之时。新的运动模式会被不断地修改和精细化，直到其所有的组成要素能够流畅地协作。

表 7.2“贝利对照表”改编自美国发展心理学家南希•贝利（Nancy Bayley）编写的《贝利婴儿发展量表》[8]。该对照表呈现了一些有关大肌肉运动发展和运动能力发展的主要里程碑；在美国，这些里程碑被广泛用于评估 1 ～ 40 个月大的婴幼儿的运动发展情况。通过观察儿童执行一系列与其年龄相符的任务的完成程度，分别对各自的运动发展状况进行评估。

另一种考察婴幼儿在出生后头三年的运动发展情况的方式源自皮克勒的研究（见表 7.3“皮克勒对照表”）。贝利对照表和皮克勒对照表之间有几点不同，其中一点是，皮克勒对照表的项目并非建立在测验的基础之上，目的也不是用于诊断。皮克勒对照表的创建是出于教育的目的，旨在为照护者（最初只针对皮克勒研究中心的照护者）照护 3 岁以下的婴幼儿提供指导[9]。

除了目的不同之外，两份对照表的项目和发展时间表也不尽相同。例如，贝利对照表（见表 7.2）中的第一项技能是“俯卧时将头抬起 90 度”，抬头属于大肌肉运动发展的第一阶段。对婴儿进行贝利量表评估的成人会让婴儿俯卧，然后观察婴儿抬头的程度。婴儿抬头的技能在一定程度上取决于其每天有多少“俯卧时间”。20 世纪 60 年代，当《贝利婴儿发展量表》首次编制问世时，大多数美国婴儿都采取俯卧的睡姿，因此，他们有充足的机会练习抬头并锻炼抬头所必需的肌肉。为了降低婴儿猝死综合征（SIDS）的发生，美国在 20 世纪 90 年代开始推行“婴儿仰躺睡”运动，该运动改变了家长和照护者之前让婴儿俯卧睡的做法。现在，大多数婴儿都仰躺睡（而皮克勒早在 20 世纪 30 年代末就提倡这一做法了）。

然而，让婴儿仰躺睡所导致的一个未预见到的后果是，当他们醒着的时候，不能自由地移动（出生后最初几周），也不能通过抬头锻炼颈部和胸部肌肉，故而他们在贝利对照表的第一项内容上表现较差。因此，现在也出现了一项旨在教家长和其他照护者让婴儿在醒着的时间俯卧的运动，即众所周知的“俯卧时间”。如今，许多婴儿专家强烈建议（甚至强制），从婴儿出生时就应每天给婴儿留出“俯卧时间”。然而，俯卧时间的提倡者未必坚持自由的运动观。那些颈部和胸部肌肉力量不足的婴儿，他们醒着的时间可能大多被束缚在诸如婴儿座椅、婴儿背带或其他婴儿车等各种装置中。正是这些限制导致婴儿的肌肉不够强壮，而不是因为他们缺乏俯卧时间。

表 7.3 皮克勒对照表：在日常生活中观察到的儿童大肌肉运动的年龄（年龄：3周至36个月）

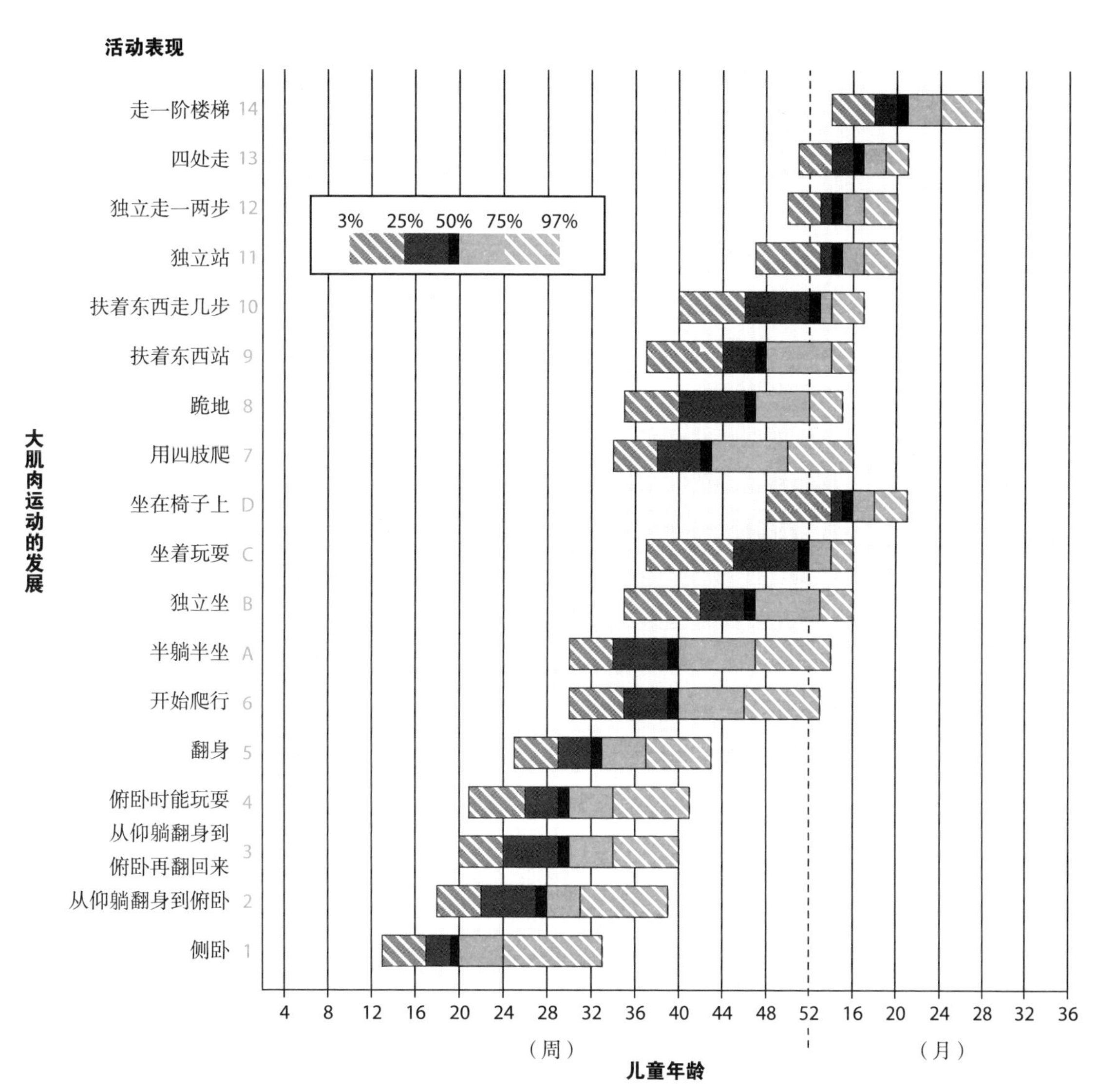

资料来源：摘自 M. Gerber, ed., *The RIE Manual for Parents and Professionals*（Los Angeles: Resources for Infant Educarers, 1979）。

儿科医生会握住婴儿的双手，把他们拉到坐姿，看看他们的头向后倾了多少，以此来定期测试婴儿颈部肌肉的发展情况。皮克勒从来不这样做，遵循她的教育观或格伯的教育理念的人也不会这样做。如果理解了运动自由与所有肌肉系统（包括颈部和胸部肌肉）的发展是多么地息息相关，那么儿科医生也就不会这样做了；而且他们会建议家长和照护者尽量少用便于携带婴儿的那些“装置”，而是让婴儿仰躺在表面相对稳固的地方，以便于他们在醒着的时间内自如活动。如此一来，婴儿的肌肉系统能按照自然顺序发展，当水到渠成时，他们就能侧翻身，最终能独立地翻成俯卧姿势。就这样，他们创造了自己的俯卧时间，任何人都能看出他们的颈部和胸部肌肉有多么强壮。

在皮克勒的对照表（见表 7.3）中，并未包含与抬头有关的任何项目。皮克勒将她的研究结果和理论运用到婴儿的照护工作中。自从 1946 年起，不管是在睡眠时间还是醒着的时间，皮克勒研究中心的照护者让所有的婴儿仰躺，直到他们能够自由地翻身。因此，这里的婴儿大肌肉运动发展的第一个里程碑是侧翻身，而非抬头。一旦婴儿学会独立翻身后，抬头便相应地发生了；随后，他们的颈部和胸部肌肉也会得到充分的发展。在皮克勒研究中心，没有人会通过拉婴儿的双臂使其坐立这种方式来测查他们的颈部肌肉力量。相反，照护者们会在日常生活中密切观察婴儿的一举一动，并关注婴儿在实际达到皮克勒对照表所列出的第一项发展里程碑前完成的所有初级运动。作为主要的照护者，他们会持续观察所照护的婴儿，坚持为婴儿做日常记录。皮克勒关注的不仅仅是发展中的主要里程碑，她更感兴趣的是在婴儿自己达到这些里程碑的过程中所发生的一切，认识到这一点非常重要。皮克勒研究中心的所有员工，包括现在的主管（皮克勒的女儿安娜•塔多丝），仍然继续着皮克勒关于婴幼儿照护机构和育儿课程的工作，但寄宿制照护机构已于 2011 年终止。塔多丝及其同事也为专业人士和其他人员提供培训，这些培训不仅仅在布达佩斯的皮克勒研究中心进行，而且遍布欧洲、美国和南美洲等地。玛格达·格伯的大肌肉运动发展观与皮克勒的类似，她的同事们一直在美国和德国的婴幼儿家长和专业人士中传播她的理念，最近这项工作还拓展到了新加坡和中国北京等地。

我们再来看贝利对照表与皮克勒对照表的另一点不同。在贝利对照表中（见表7.2），成人在评估婴儿“独立坐”这一技能时，先让婴儿呈坐姿，然后成人松开手，观察婴儿保持坐姿的时间。尽管皮克勒对照表也对与“坐”有关的里程碑式的能力发展表现出了很大兴趣，但是皮克勒从不采用这种方式来评估婴儿。皮克勒对照表（见表7.3）包含了“坐”的四个不同的阶段。第一阶段是“半躺半坐”，即婴儿如何逐渐地呈现出坐姿。皮克勒研究中心的照护者们不会刻意测查孩子们的这种能力，而是从孩子们开始表现出坐的动向时就观察他们。一旦婴儿进入坐的阶段（独立坐），那么照护者接下来就会重点关注他们坐着时的举动，这体现在第三阶段“坐着玩耍”上。第四阶段“坐在椅子上”具有十分重要的意义，其原因对每个人来说可能并不是很明显。皮克勒研究中心的照护者不会把婴儿放在椅子上，婴儿必须要独立做到这一点。皮克勒教育观的一条基本原则是，在婴儿自己能够独立做到之前，他们从来不会被置于某种姿势。这意味着在婴儿能够自己独立坐起来或站起来之前，他们不可能坐或站。当他们具备一定能力之后，就能独立地坐到小椅子上了。这一成就标志着婴儿开始能够和其他人一起坐在餐桌旁进餐了。在此之前，婴儿需要照护者抱着喂食。

请记住原则10：重视儿童每个阶段的发展质量。不要急于让他们达到各个发展里程碑。

小肌肉运动技能和手部操控力

婴儿能够逐渐控制的小肌肉包括眼睛、嘴巴、发音器官、膀胱、直肠、脚、脚趾、手和手指的肌肉。本节主要关注手和手指动作的发展，即众所周知的**手部操控力**（manipulation）。该领域的成就并不是一些孤立的技能，而是以某种日益精细化的模式被组织并自我结合起来的。

婴儿学习用手操控物体的顺序表明这一能力是如此的复杂。图 7.1 向我们展示了手部操控力的发展顺序。最初，新生儿通常会将手握成小拳头（尽管通过温柔分娩方式出生的婴儿，其紧握的拳头相对要松弛一些）。他们会紧紧地抓住放入手中的任何物体。但是新生儿还不能控制他们的抓握能力，不管他们多么强烈地想这样做，也还是不能自如地松开紧握的拳头。这也是皮克勒和格伯建议家长和照护者不要往小婴儿手上放任何东西的原因。在 6 个月大前的某个时间（通常为两个半月多一点），婴儿在大部分时间内会松开紧握的拳头，张开双手。

在出生后的最初 3 个月内，婴儿有越来越多的手和手臂动作变成随意运动。婴儿开始追随目标，最初他们会用目光追寻，之后会逐渐张开手去够东西。3 个半月大左右，婴儿通常能够抓到身边的人或物。

在皮克勒研究中心，照护者对婴儿操控技能的观察更加细致，而不只是观察婴儿是否会伸手够东西或抓握东西。照护者们更关注婴儿在每一具体阶段所需要的玩具种类，以鼓励他们发展特定的手部操控技能，并定期观察婴儿如何操控这些玩具。在皮克勒研究中心，照护者最初不会主动给婴儿提供玩具或其他物品来练习抓握，直到婴儿能发现他们自己的双手（即手眼协调）。在《自由游戏的起源》一书中，作者描述了婴儿的这一情况："对自己双手的观察以及双手之间的相互作用为其日后的手部操控能力奠定了基础。"[10] 当婴儿对其双手的注意不被干扰时，他们会长时间地专注于摆弄自己的手或手指，并一直观察它们。

最终，婴儿能够抓握身边可触及的物品。在皮克勒研究中心，婴儿接触的第一件玩具通常是一条棉质的小围巾。婴儿最初用手掌来握持东西（见图 7.1），之后他们能用拇指和食指捏住物品。当婴儿学会运用更多的技能

图 7.1　精细运动发展：婴儿从出生到21个月大时的手部操控力

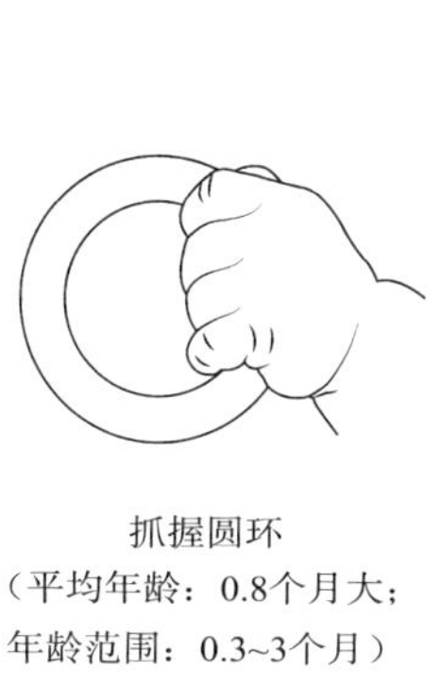

抓握圆环
（平均年龄：0.8个月大；
年龄范围：0.3~3个月）

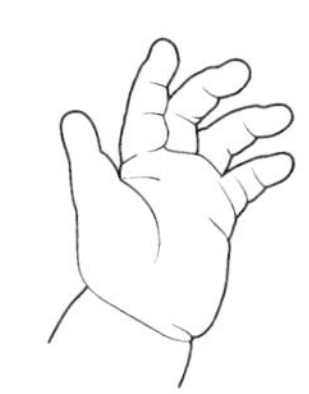

手大多数时候张开和放松
（平均年龄：2.7个月大；
年龄范围：0.7~6个月）

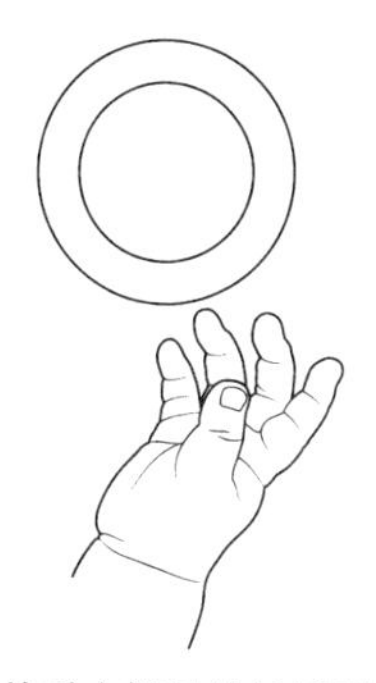

伸手去够悬挂的圆环
（平均年龄：3.1个月大；
年龄范围：1~5个月）

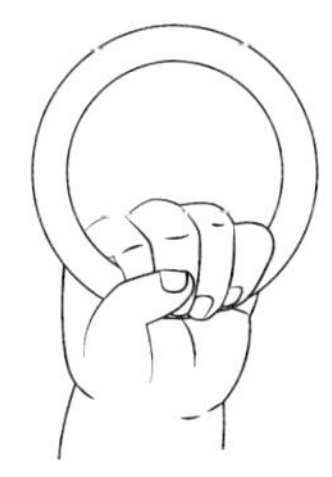

抓握悬挂的圆环
（平均年龄：3.8个月大；
年龄范围：2~6个月）

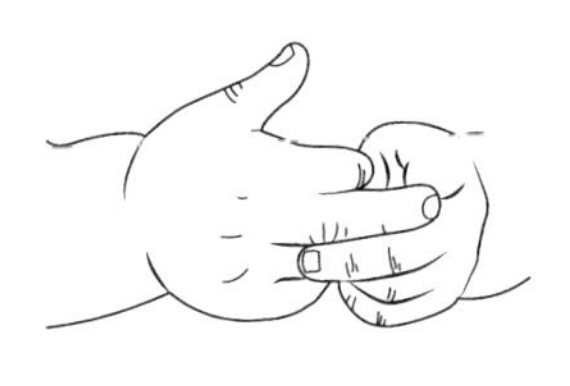

玩弄手指
（平均年龄：3.2个月大；
年龄范围：1~6个月）

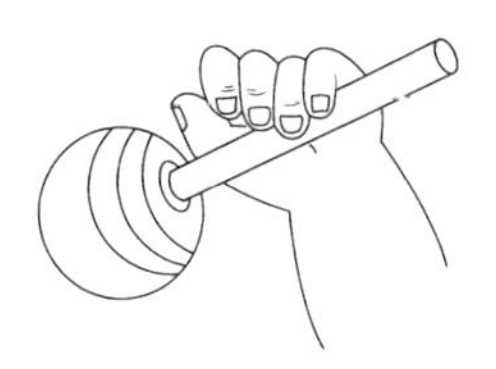

用手掌抓握物体
（平均年龄：3.7个月大；
年龄范围：2~7个月）

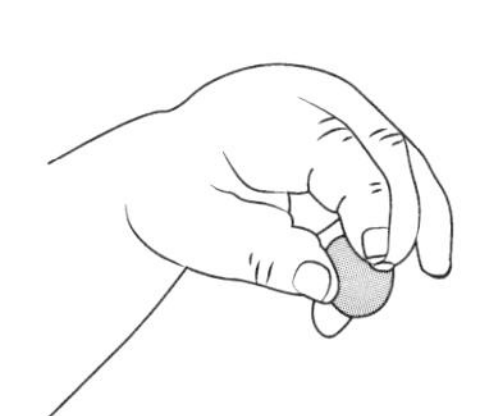

灵巧地用指尖抓握
（平均年龄：8.9个月大；
年龄范围：7~12个月）

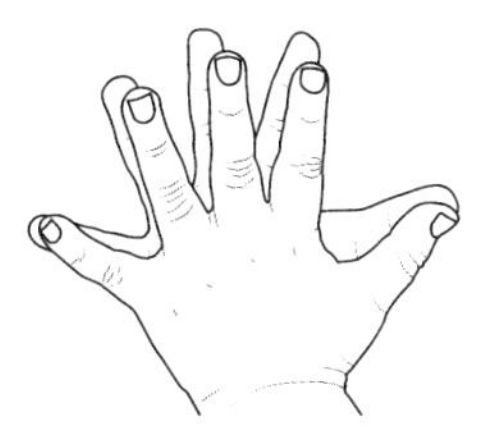

拍手（中线对齐技能）
（平均年龄：9.7个月大；
年龄范围：7~15个月）

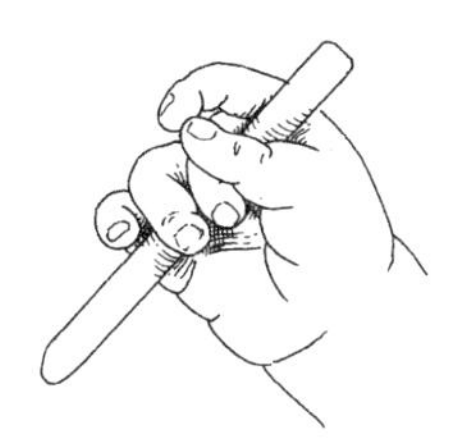

自发地涂鸦
（平均年龄：14个月大；
年龄范围：10~21个月）

资料来源：*Bayley Scales of Infant Development, Second Edition (BSID-II)*. Copyright © 1993 by NCS Pearson, Inc. Reproduced with permission. All rights reserved. *Bayley Scales of Infant Development* is a trademark, in the US and/or other countries, of Pearson Education, Inc. or its affiliates.

鼓励儿童的自理能力，有助于其精细运动的发展。

和不同的手势来操控物品时，他们就能用指尖抓握来捏起较小的物品。他们继续使用食指做出戳、钩和刺等各种动作。当然，所有这些技能都对婴儿的游戏具有一定的价值，例如，把小碗放进大碗中，拿开玩具的遮盖物，探索不同玩具的特性（譬如皮球会滚动，积木不会滚动等）。

鼓励自理能力的发展

对学步儿来说，许多精细运动的发展得益于鼓励他们完成一些自理任务。随着他们越来越擅长用餐具吃饭，自己倒牛奶、脱鞋和拉上衣服拉链（成人帮着插好拉头），他们运用双手和手指的能力也在不断发展。

当学步儿游戏时，成人给他们提供各种玩具和材料，这就为他们增加了练习手部和手指能力的机会。这些玩具和材料包括装扮的衣服、玩偶和玩偶的衣服、橡皮泥、纽扣和拉链板、门闩板、成串的珠子、嵌套玩具、简单的形状识别玩具、拼插积木、玩具电话、水彩笔、蜡笔、马克笔、安全剪刀、拼图、积木、小图片、小汽车和小卡车，等等。照护者需要确保自己鼓励男孩和女孩平等地参与各种精细运动的活动。

让我们来回顾一下本章开篇的例子，安东尼所处的环境中有各种各样的设备和选择，这就为其提供了许多机会去发展走、跑、攀爬和平衡等技能。同时，他也在抓、拿、捞、倒和挤压玩具及材料的过程中发展了精细运动技能。这些经验不仅有助于其感知技能的发展，而且也有助于其认知发展。请记住原则8：将问题视为学习的机会，并让儿童努力自己去解决问题。不要溺爱他们，总是让他们生活得很轻松，或者保护他们不受任何问题的困扰。

促进运动发展

照护者可以做一些事情来促进婴儿的运动发展。他们应尽量让婴儿在醒着时可以无拘无束地活动。皮克勒的研究表明，即使是最小的婴儿也会平均每分钟变换一次姿势[11]。因此，如果婴儿被限制在婴儿座椅或摇篮里，他们就无法自然地做他们处于自由状态时想做的一切。总之，照护者应避免使用各种限制婴儿活动的装置。（当然，婴儿汽车安全座椅除外，它是必要的安全用具。）

照护者应鼓励婴儿练习他们已经习得的技能。在当前的发展阶段，婴儿充分地去做他们正在做的一切，以便为下一发展阶段奠定基础。如果刻意地去教婴儿翻身或走路，势必会妨碍他们充分地探索和运用他们已经习得的技能。每个婴儿都有自己内部的“发展时间表”，只有当他们自己做好准备时，才会自然而然地达到每一个发展里程碑。

照护者应允许婴儿自己通过移动来变换姿势。变换姿势的过程比保持大肌肉运动活动不能只限于户外活动时间，必须允许和鼓励照护者在室内也开展此类活动。

© Frank Gonzalez-Mena

某种姿势更重要，因为这一过程能促进婴儿运动的发展。真正为站立奠定基础的是婴儿的坐和爬，而非在成人帮助下学习站。

此外，适宜的压力也有益于婴儿身体的生长发育。当婴儿处于令其不适的身体姿势时，照护者应避免立刻帮助他们，而是先等一等，观察他们自己是否能够摆脱困境。显然，你不要让婴儿单独承受巨大的不适以及长时间处于无助之中，但是也不要事事都让他们觉得太容易。合理的或适宜的压力能促进婴儿的成长，提高他们克服困难的动机，并增强他们的身体和心理力量。

最重要的是，促进婴儿所有运动领域的发展，但是无须刻意去推动它们的发展。因为我们生活在快节奏的文化背景下，一些人急切盼望自己的孩子“按时”甚至提前达到每一个发展里程碑。其实，在儿童的发展过程中，“及时”比“按时”对发展的里程碑更具指导意义。每个孩子都有自己的发展时间表，我们没有理由对某个孩子强加影响。需要关注的问题是，婴儿是否很好地运用了自己已有的技能？在运用这些技能的过程中是否在不断取得进步？有了这两方面的考虑之后，你就不必再担忧婴儿是否完全按照发展对照表中的节奏发展了。请记住原则2：当你可以完全与个体儿童独处时，请保证优质时间。不要只满足于监管群体儿童，更要（不仅仅是短暂地）关注个体儿童。

在促进学步儿的运动发展时，照护者也应遵循适用于婴儿的那些原则。学步儿需要四处自由地活动，用不同的方式自由地体验他们已有的技能。大肌肉活动不能只安排在户外活动时间，必须允许和鼓励在室内也开展此类活动。软环境，例如室内的枕头、垫子、塑料泡沫积木和厚地毯，以及室外的草坪、沙子、塑胶垫和席子等，都有助于学步儿在上面打滚、翻筋斗和跳跃。各种不同类型的小型攀爬和滑行设备（包括室内和室外的），可供学步儿体验不同的技能。当学步儿最初学习推带轮子的玩具和日后用脚蹬它们时，这些玩具（可能仅限于年龄较大的学步儿在户外玩）能为孩子们带来完全不同的体验。学步儿四处搬运较大的轻型积木能鼓励他们发展各种运动技能；学步儿会将积木搭建成步行道、房子以及其他抽象的建筑物，然后他们会运用这些来锻炼自己的大肌肉运动技能。

NAEYC 机构认证标准2 课程

闲逛、搬运东西和乱扔东西等是学步儿经常练习的大肌肉运动技能。与其把这些行为视为学步儿“调皮捣蛋”的表现，不如把它们作为课程的一部分。一些照护机构专门为学步儿准备了扔着玩的玩具（扔完后再放回原处）。有的照护中心甚至从天花板上悬挂下一个大桶，里面装满各种物品，这样做的唯一目的是让孩子们把物品倒出来（然后再装回去）。闲逛通常包括学步儿从地上捡起某些物品，并把它们运到另一个地方，然后放下。有时，学步儿是主动丢弃这些物品，有时只是掉落在一边，就像忘记了一样。图7.2

图 7.2 2岁儿童的活动路线图

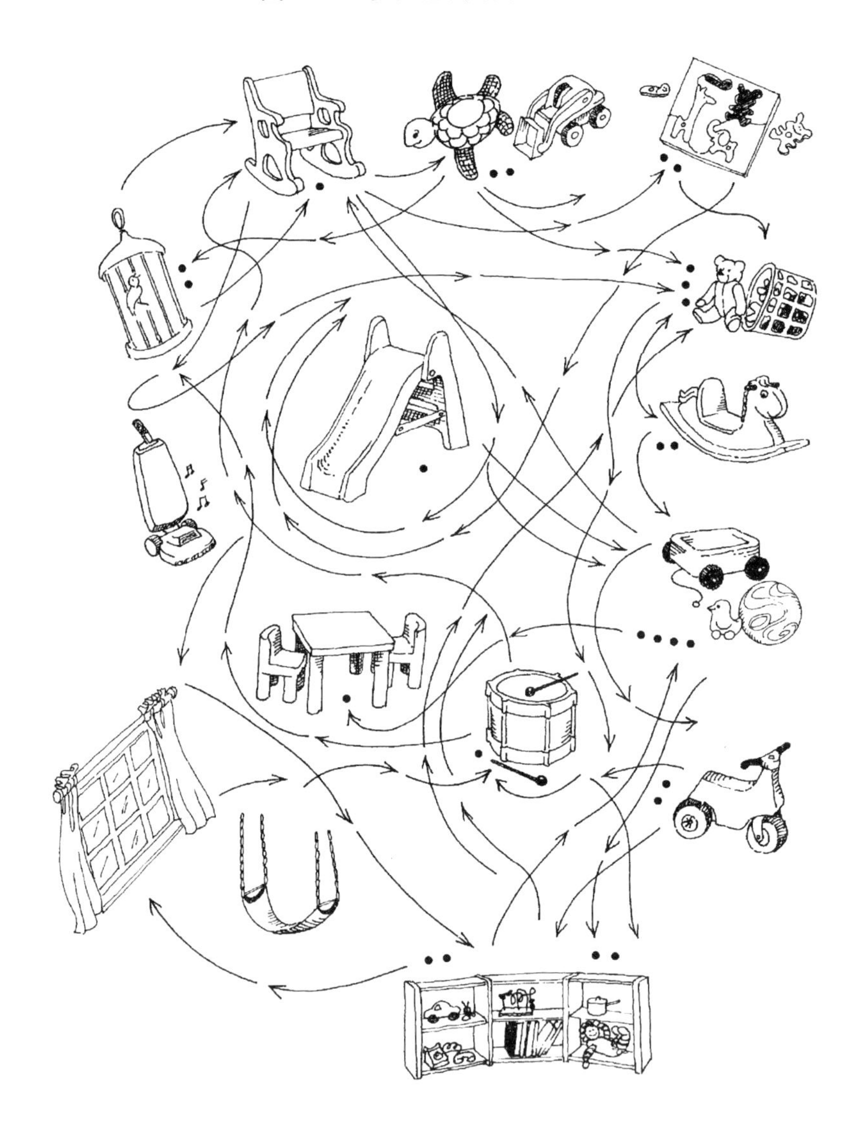

中的路线图呈现了一个 2 岁的孩子在 20 分钟内的活动路线。图上的黑点代表孩子每次放下和捡起这个物品的地方。从图中我们可以看出，这个孩子的活动路线以及捡起和放下物品的次数。该图展示了 2 岁孩子的典型行为。通常，随着儿童年龄的增长，他们能在特定的活动上投入越来越多的时间。越接近 3 岁，学步儿就越不可能花太多时间四处闲逛。但是在学步期的初期，这项频繁的活动是大肌肉运动发展的组成部分，因此需要确保室内和室外环境都能满足孩子的这一需求。

另外请记住，缺乏营养的食物会导致儿童营养不良，进而使儿童的肌肉和骨骼缺乏力量，而这些又是他们日常运动发展和活动所必需的。营养不良的儿童可能会出现中枢神经系统问题，这会限制儿童协调和控制运动的能力。超重的婴儿也会限制自身的运动发展，他们通常不愿或不能发展必要的运动技能。

我们需要谨慎地对待有关脑发育的信息，警惕任何借用脑研究结果来推销儿童玩具和材料的市场行为。自然的日常生活经验和互动是促进重要神经联结的最好方式。我们一定要严谨和敏感地对研究结果进行解释，始终都应该保护每个孩子的独特性。

我们还要注意，与女孩相比，我们是否更多地鼓励了男孩的大肌肉运动。其实，女孩和男孩一样，都需要强健的身体和熟练的运动技能。在学步期，男孩和女孩都喜欢玩互相追逐的游戏。自由地在地板上翻滚、在枕头上蹦跳、摔跤和翻筋斗，这些活动既适合男孩也适合女孩。音乐律动、舞蹈和圆圈游戏鼓励所有学步儿动起来且享受快乐。儿童散步时沿途也能发现有趣的事情。照护者只需记住，给儿童选择的权利，并尽量保持小规模的群体照护。

想一想

你认为环境会如何影响婴幼儿的运动发展？（不要忘记考虑营养和练习因素。）

有特殊需求的儿童：寻找资源

本章关注 0 ～ 3 岁婴幼儿的身体发育和运动技能的发展。在为有特殊需求的婴幼儿开展工作时，对健康发展的深入了解仍然是早期干预和评估的主要指南。例如，我们认为反射是非常重要的，因为它们可以反映脑发育的情况。要使有特殊需求的婴幼儿充分实现自己的发展潜能，帮助其父母和家庭寻求相关的指南和资源就尤为重要。本节列举了一些与婴幼儿特殊教育相关的美国国家资源，推荐了与婴幼儿父母和家庭共享资源的指南。

资源通常包括婴幼儿可能需要的具体服务，但它们也可以通过适宜的服务把婴幼儿家庭和照护者联系起来，这些服务可能是家长和照护者为婴幼儿提供最好的支持以及彼此互相支持所需要的。资源要有效，就必须是最近的，并且与婴幼儿及其家庭的需求相关；此外，资源还必须及时，并针对每个家庭的具体问题进行个性化定制。

在为有特殊需求的婴幼儿家庭提供资源方面，婴幼儿照护者和教师处于一种独特的地位。他们了解婴幼儿发展的里程碑，也了解和观察过自己照护的婴幼儿。正如我们前面所提到的，他们的记录和观察在个性化家庭服务计划的制订中发挥着重要的作用。照护者或教师与残障儿童家庭分享自己的疑问和担忧是早期干预的第一步。为残障儿童家庭寻找支持信息和资源有助于家长认识到，在努力为孩子寻求最佳发展的路上，他们并不孤独。

照护者和教师需要建立一个资源图书馆，这一点非常重要。为了保证其中的资源是最新的，要定期查阅网站以确保信息准确无误。这些资源应该公开共享，例如，张贴在婴幼儿保育和教育机构的入口处或下车点。有些家长可能不愿意承认自己有疑问或需要帮助，但他们可能很乐意私下寻找答案。一旦他们获得一些信息，并增强了信心，他们可能会公开寻求更多的资源。试着每次分享两三种资源，因为它们可能各自有着不同的价值。这样也可以让家长们知道，他们的问题或担忧可能不止一种解决办法。

好的资源通常是便于获取的，不论是线下地址或线上网址，这些联系信息都很清晰完整。好的资源也会考虑到文化多样性，用多种语言提供信息。好的资源不会包含“引起惊恐的”信息，而是提供具体的、基于发展的、专业性的参考。

及时提供资源的一种益处是，有助于家长和照护者感受到情感力量的支持，进而通过这些资源而获取相关的知识。另一种益处是，好的资源会为照护有特殊需求的儿童提供“方向感”。随着儿童及其家庭需求的变化，资源的获取也需要不断拓展。一种好的资源通常能够带来另一种资源！

下面的资源清单列出了各种机构以及不同的残障种类。选择这些资源是因为它们的信息库内容广泛；幼儿特殊教育领域内的资源在不断增加。本书对这些网站的描述非常简短，照护者在推荐给婴幼儿家长前应事先浏览一下网站。在本书出版之时，这些网站都是可用的，但网站会经常更新内容。所有的信息资源都需要经常检查，以确保其准确性和关联性。

婴幼儿特殊教育资源

美国之弧（Arc of the United States）

http://www.thearc.org

针对智障和相关残疾人士及其家庭的美国国家组织网站。该网站包括政府事务、服务、立场声明、常见问题、出版物和相关链接等。

儿童福利协会（Association to Benefit Children, ABC）

http://www.a-b-c.org

儿童福利协会是一个项目网络，这些项目包括儿童保护、残障儿童的教育、艾滋病毒阳性儿童的照护、就业、住房、寄养和日托等内容。

残疾公民联合会（Consortium for Citizens with Disabilities, CCD）

http://www.c-c-d.org

该联盟包含一个关注儿童早期特殊教育的教育工作小组，即美国总统所属的特殊教育卓越委员会，主要职责是反思特殊教育的问题、2001年IDEA准则以及其他相关问题。

与残障相关的网络资源（Disability -Related Sources on the Web）

http://www.arcarizona.org

该资源中的许多链接包含补助金资源、美国联邦政府资助的项目和发育迟滞干预机构、辅助技术、美国国内和国际组织，教育资源及其目录。

婴幼儿分会（Division for Early Childhood, DEC）

http://www.dec-sped.org

婴幼儿分会是特殊儿童理事会（the Council for Exceptional Children）的一个分会，倡导改善有特殊需求婴幼儿的状况。儿童发展理论、儿童照护机构的数据、养育数据、研究和其他相关网站的链接都可以从该网站找到。

社区整合项目研究所（Institute on Community Integration Projects, ICI）

http://ici.umn.edu

特殊教育领域内关于儿童早期教育和早期干预服务的研究项目可在该网站查阅。

NAEYC 机构认证标准4 评估

美国学习障碍协会（Learning Disabilities Association of America, LDA）

http://www.ldaamerica.org

学习障碍协会旨在推进针对智力正常但表现出知觉、概念或天生运动协调性障碍的儿童的教育和公共福利。

美国儿童发展协会（National Association for Child Development, NACD）

http://www.nacd.org

这一国际组织的主页提供各种项目、研究和资源的链接，主要涉及学习障碍、注意缺陷障碍/注意缺陷多动障碍、脑损伤、自闭症、天才及其他相关主题。

美国残障儿童宣传中心（National Dissemination Center for Children with Disabilities, NICHCY）

http://www.nichcy.org

该组织提供有关特殊障碍、早期干预、特殊教育、个性化教育项目的信息和转介，以及有关残障儿童资源的父母指南列表。

特殊教育新闻（Special Education News）

http://www.specialednews.com

该网站讨论如何应对贫困和残障的问题，其中包括行为管理、冲突解决、早期干预和特殊障碍等方面的主题。

互联网上的特殊教育资源（Special Education Resources on the Internet, SERI）

http://www.seriweb.com

该网站提供关于儿童早期特殊教育各个领域的信息，其中包括残障、发展迟滞、行为失调和自闭症等。

关于辅助技术和残疾的家庭中心（The Family Center on Technology and Disability）

http://www.fctd.info

这个全国性的中心利用辅助技术服务于残障儿童及其家庭，网站上关于技术帮助的信息都是免费的。

美国国家学习障碍中心（The National Center for Learning Disabilities, NCLD）

http://www.ncld.org

美国国家学习障碍中心服务于有学习障碍的个体及其家庭、教育人员和研究者。该中心促进相关研究的开展和信息的传播，并倡导用政策保护有学习障碍的个体的权利。

特殊儿童委员会（Council for Exceptional Children, CEC）

http://www.cec.sped.org

特殊儿童委员会是最大的专业组织，致力于提高有各类特殊情况的个体（包括天才）的教育体验。

支持天才的情感需求（Supporting Emotional Needs of the Gifted, SENG）

http://www.sengifted.org

该网站面向家长和教育者开放，提供关于天才儿童的识别及其情感发展的相关信息。

早期学习的社会性和情绪基础研究中心（Center on the Social and Emotional Foundations for Early Learning, CSEFEL）

http://csefel.vanderbilt.edu

早期学习的社会性和情绪基础研究中心关注如何促进0～5岁儿童的社会性－情绪发展和入学准备。

婴幼儿社会性情绪干预技术援助中心（Technical Assistance Center on Social Emotional Intervention for Young Children, TACSEI）

http://www.challengingbehavior.org

婴幼儿社会性情绪干预技术援助中心创建了基于研究的免费资源，为存在发展迟滞或发展障碍风险的儿童家长和相关机构提供援助。

发展路径

体现运动技能发展的行为

小婴儿（出生至8个月）	● 表现出许多复杂的反射行为：寻找可以吸吮的东西；摔倒时抓紧支撑物；转头以避免呼吸受阻；躲避强的光线、强烈的刺激味道和疼痛 ● 伸手去够物品，抓取物品 ● 抬头、支撑头部、翻身、搬运和操控物品
能爬和会走的婴儿（9个月至18个月）	● 坐 ● 爬行、被成人拉着站起来 ● 走、弯腰、慢跑、倒着走 ● 投掷物体 ● 用笔在纸上涂画

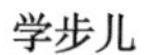

学步儿（19个月至3岁）	● 上下楼梯，能从一阶楼梯上跳下来 ● 踢球、单脚站立 ● 串珠、在纸上涂鸦、会用剪刀 ● 画圆

资料来源：摘自 Carol Copple and Sue Bredekamp, eds., *Developmentally Appropriate Practice in Early Childhood Programs,* 3rd ed.（Washington, DC：National Association for the Education of Young Children, 2009）。

多样化的发展路径

你所看到的	摩根不久前刚学会走路，但是她总是四处走动。她不仅到处走来走去，而且还攀爬眼前所有的可攀爬物。除了睡觉时间，这个孩子没有一刻会安静下来，不过她的睡眠质量很好。毋庸置疑，这些活动消耗了她很大的精力。
你可能会想到的	摩根是一个过度活跃、多动的孩子。等她上学后估计就需要接受治疗了。
你可能不知道的	摩根很像她的父亲，他们都精力充沛。她的父亲是运动员，这份职业对身体有很高的要求，因此他很自豪自己精力充沛。他也很高兴女儿像自己一样。他从不担心女儿过度活跃，因为他见过那些过度活跃的孩子，摩根的表现和他们不一样。其中一点不同是，那些过度活跃的孩子似乎睡眠很少，而摩根的睡眠总是很好。
你可能会做的	为摩根提供足够的活动空间，并确保她的安全。将存在安全隐患的物品移走，以免她在攀爬时遇到危险。确保她有充足的户外活动时间来呼吸新鲜空气，而且宽敞的户外空间可以使她充分释放自己的能量。同时，也帮助她参与一些安静的活动。尽管她可能不喜欢阅读区，但是你可以想办法吸引她过去。

你所看到的	文森特穿着盛装来到了照护中心。很明显，他的衣着限制了他的活动。他的皮鞋鞋底有点滑，这导致他不敢跑动。户外活动时，他从不攀爬。在室内活动时，他也很拘谨，因为他回避所有可能会把衣服弄脏的感觉体验（如玩水、玩沙子、玩橡皮泥，甚至是使用马克笔）。

你可能会想到的	文森特的父母过于重视孩子的衣着，未考虑到孩子运动发展的需求。父母限制了孩子发展身体运动的能力，显然他们并未理解自由活动和感官体验对孩子成长的重要性。
你可能不知道的	文森特一家来自其他国家，他们把孩子入学视为特殊的荣誉，而且认为你们的照护中心就是学校。他们强烈地认为孩子应该穿戴得体，并很奇怪为什么其他孩子竟然穿牛仔裤或旧衣服。他们认为孩子的外表是家庭关爱孩子的一种体现。
你可能会做的	你需要进一步了解文森特的家庭及其理念。在互相信任的基础上，与家长建立友好的关系。不要催促家长做出改变，而应帮助文森特在这种限制性的条件下发展其身体运动技能。最后，你可能会和家长共同探讨如何让孩子获得更多的机会参与身体运动，同时仍能积极反映其家庭理念。

本章小结

儿童的身体发育和运动技能的发展进程通常遵循一种稳定的发展模式。

身体发育和运动技能

- 在成长过程中，婴儿逐渐学会了协调身体运动；运动发展的速度受诸多因素的影响。
- 头尾原则和近远原则共同促进了运动发展的稳定性。

脑发育和运动发展

- 髓鞘化以及不断扩展的树突之间的联结数量能够解释婴儿出生后脑的迅速发育。
- 婴幼儿的运动发展受到进入大脑皮质以及脑外周区域的神经元的影响。

反射行为

- 反射行为是指婴幼儿在面对不同的刺激时做出的先天的、无意识的反应。有的反射行为在婴儿出生时就具备了，有的则需要在几周或几个月后才逐渐显现。
- 反射行为会随着脑发育而不断变化和（或）消失。

大肌肉运动技能和运动能力

- 随着婴儿练习一般化运动，其大肌肉运动技能得以发展。
- 虽然存在大肌肉运动发展的里程碑，但是我们应该谨慎使用；每个孩子都是独特的，其发展速度不尽相同。

小肌肉运动技能和手部操控力

- 在婴儿出生后的18个月内，与婴儿的手和手指有关的精细运动技能得到迅速发展。
- 自理任务是促进婴幼儿精细运动技能发展的最好的活动之一。

促进运动发展

- 鼓励婴幼儿充分地练习他们已经习得的运动技能；不要刻意“教”他们运动技能。
- 日常生活经验和互动是促进脑发育和神经联结的最好的方式，进而会影响运动发展。

有特殊需求的儿童：寻找资源

- 相关的、及时的资源有助于照护者和婴幼儿家长为有特殊需求的婴幼儿寻找到适宜的早期干预服务。
- “好的”资源是指那些便于获取、具有文化敏感性、发展适宜性并引用了专业知识的资源。

关键术语

头尾原则（cephalocaudal principle）
近远原则（proximodistal principle）
髓鞘化（myelinization）
大脑皮质（cerebral cortex）
脑的可塑性（brain plasticity）
反射行为（reflex）
运动能力（locomotion）
手部操控力（manipulation）

问题与实践

1. 回顾表7.2，假如你们照护机构中的某位儿童的母亲从某畅销杂志上看到了该信息，并且希望与你探讨其意义。思考下列问题，你会如何回答。

   A. 如果她的孩子很健康，运动技能发展似乎也很正常。你会如何与她进行讨论？

   B. 你担心她的孩子在运动发展方面有些滞后，并一直在寻找机会与她探讨该问题。你会如何与她进行讨论？

   C. 如果是孩子的父亲而不是母亲带着这份对照表前来咨询。你会如何与他进行讨论？

2. 发明一种能促进婴儿运动发展的玩具。思考并讨论这种玩具如何促进婴儿的身体发育。

3. 假设你将组织一次家长会，探讨如何创设有利于儿童运动发展的环境，请列出探讨的大纲。需要考虑以下几点：

   A. 确保安全

   B. 促进而不是拔苗式地推动儿童的发展

   C. 教给家长关于发展适宜性环境的知识

4. 讨论相关的资源如何帮助家有特殊需求儿童的家长。“好”资源的要素是什么？

拓展阅读

Allyson Dean and Linda Gillespie, “Why Teaching Infants and Toddlers is Important,” *Young Children* 70(5), November 2015, pp. 94–96.

Ani N. Shabazian and Caroline Li Soga, “Making the Right Choice Simple: Selecting Materials for Infants and Toddlers,” *Young Children* 69(3), July 2014, pp. 60–65.

Anna Tardos, “The Child as an Active Participant in His Own Development,” *Bringing up and Providing Care for Infants and Toddlers in an Institution,* ed. A. Tardos (Budapest: Association Pikler-Lóczy for Young Children, 2007), pp. 127–134.

É. Kálló and G. Balog, *The Origins of Free Play* (Budapest: Association Pikler-Lóczy for Young Children, 2005).

Emmi Pikler, “Give Me Time: Gross Motor Development Under Conditions at Loczy,” *Bringing up and Providing Care for Infants and Toddlers in an Institution,* ed. A. Tardos (Budapest: Association Pikler-Lóczy for Young Children, 2007), pp. 135–150.

Frances M. Carlson, *Big Body Play* (Washington, DC: National Association for the Education of Young Children, 2011).

J. Gonzalez-Mena, E. Chahin, and L. Briley, “The Pikler Institute: A Unique Approach to Caring for Children,” *Exchange* 166, November/December 2005, pp. 49–51.

第8章

认　知

问题聚焦

阅读完本章后，你应当能回答以下问题：

1. 描述一下什么是“认知体验”。从婴儿期到学步期，它又是如何变化的？
2. 你会如何比较和对照皮亚杰和维果斯基的理论？
3. 成人会采用哪些适宜的指导原则来促进婴幼儿的认知发展？
4. 基于脑的学习原理如何支持婴幼儿的认知发展？
5. 高质量的儿童早期融合项目的主要构成是什么？

你看到了什么？

尼克手提一个空水壶站在那里。随后，他走到一个玩具箱旁边，伸手从里面拿出一个小塑料碗、一个鸡蛋包装盒和一个花生酱的瓶盖。他把这些物品在矮桌上摆成一排，并假装从水壶中往它们里面倒东西。他动作谨慎，有条不紊地“注满”每一个容器，包括鸡蛋盒的每一个区隔。完成了这项任务，他似乎很满意，欢呼着将水壶扔到一边。当他注意到桌子上放着一盆植物时，他开始穿过房间走到了另一边。然后，他又立即返回放水壶的地方，在那些阻挡他视线的玩具和毯子中翻找。他找到了水壶，拿着它来到了那盆植物旁边，小心翼翼地假装给植物浇水。他又一次扔下水壶，捡起了一个玩具娃娃。他责备这个娃娃，生气地将它摔向地板。连着扔了几次，接着又用毯子把它包裹起来，轻轻地把它放进玩具箱里，哄它睡觉。当他蹲在玩具箱旁边时，看到一本封面上画着消防车的绘本。他看了一会儿书中的图画，然后把那本书顶在头上，在房间中来回跑动，模仿汽笛声发出尖叫。当经过一个玩具架时，他看到一辆木制的消防车。他把它拿出来在地板上推着前行。突然，他停下来盯着消防车上的洞，这些洞貌似是为小小消防员们准备的座位，但并没有消防员坐在上面。他愣了片刻，环顾周围，然后再次走到了那个水壶旁并把它捡起来。他小心翼翼地用水壶往消防车的“小座椅”上倒着自己假想的液体。

我们对这个世界的认识和理解源于我们与人和物的积极互动。婴幼儿天生就主动且乐于互动。尼克便是一个很好的例子，他主动地投入到自己的世界中。他能将已知的事情用新的方式表达，这一能力清晰地反映了他以往的经验。他寻求自己感兴趣的体验，并且他的表现表明，他能为解决问题做出相应的调整。这些以及其他一些技能都与认知或心智发展相关，这也是本章所关注的主题。我们将讨论瑞士杰出的认知心理学家皮亚杰以及俄国的发展心理学家维果斯基的一些工作。本章还将探讨有关早期脑发育的知识正在向人们证实婴幼儿是如何学习的，探讨这一理解的深刻含义。最后回顾儿童早期融合项目对正常儿童和残障儿童的裨益。

认知体验

收集信息、组织信息并最终利用信息来适应世界，这个过程便是**认知体验**（cognitive experience）的本质。每当谈及认知或心智成长这类话题时，人们也很容易提到诸如智力、学习甚至学业成绩这类相关的概念。大多数人认为，认知过程是与智商和学校类型的经验（包括成绩）相联系的。优质的婴幼儿照护机构将会促进婴幼儿的认知和智力发展，但它看起来与传统的课堂环境设置并不相同。理解儿童如何成长和学习是创设适宜性发展环境的基础，这样的环境将会促进婴幼儿的认知发展。

婴儿是如何发展认识和理解力的呢？起初，他们直接通过感官来感知经验。婴儿若想获得理解感觉信息的能力，就必须能够区分熟悉的和未知的；随后他们将开始思考、构想，并最终在体验和探索环境的过程中形成心理意象。

这一过程基本上是不可见的，因此，我们必须通过观察外显的身体运动来推测某些关于认知的假设。婴儿最初运用他们的身体来探索世界。他们将感官获得的信息内化，并通过其身体运动表现出来。婴儿通过一些简单的动作，诸如舔、抓握和伸手去够等，来收集重要的信息。你可以看到婴儿一遍又一遍地重复这些动作，并且他们很快就能把这些动作精细化。例如，当新生儿第一次将嘴靠近乳头时，他们的嘴会张得很大，并且做好了吮吸准备。仅通过几次尝试，他们便学会了根据乳头的大小调整嘴巴张开的程度，并能根据对含住乳头的预期来调整自己嘴部的动作。他们已经能将简单的动作精细化了。不久，他们便能判断可以够到多远的物品，以及手指需要呈现什么样的形状才能拿起一个杯子或玩具。多年以后，当他们长大成人，他们的这些动作会更加精细化，甚至不用看就可以够到一个东西，在钢琴上弹奏一段美妙的旋律，或者在电脑键盘上实现盲打。所有这些肌肉的精细化，其实都始于婴儿调整其嘴部以适应乳头的大小。在这个例子中，认知与精细动作的发展紧密相连。关于认知与大肌肉运动发展、社会性发展和情绪发展的紧密关系，你或许还能想出更多的例子。学习和思维支持所有领域的发展。

认知，这一认识的过程也涉及语言能力。当婴幼儿通过他们的感官来体验这个世界时，他们需要标签来区分和记住他们的经验。通过创建标签，儿童提高了其交流能力，并且开始控制和管理自己的行为。这些拓展的能力为婴幼儿提供了更多理解这个世界的机会。

感知运动经验：皮亚杰

为我们理解婴幼儿的认知发展作出巨大贡献的理论家是让·皮亚杰(Jean Piaget)。他对儿童如何逐步认识他们所处的世界非常感兴趣。他并不十分关注儿童究竟知道多少（即知识量或智商），而是更看重儿童的理解力，以及儿童最终是如何说明或解释事物的。他将第一阶段，即婴儿从出生到2岁，命名为**感知运动阶段**（sensorimotor stage）。该名称意指感知觉和肌肉运动的协调性，因为协调是思维的开始，所以这一名称很贴切。表8.1列出了感知运动阶段的组成部分。

逐渐地，婴儿开始认识到他们能控制自己和客体（包括人和物——译者注）之间的互动。他们很喜欢这种新知识，并且不断地验证它。这种接受和加工新信息（或把玩它）的过程被皮亚杰称为**同化**（assimilation）。这一过程使婴儿获取自己的信息，并将新经验纳入先前发展的心理概念或类别中。皮亚杰用**顺应**（accommodation）这一术语来描述当新信息精细化或拓展先前的心理类别时所发生的事情。最初，感官同化所有的信息，但是随后它们开始顺应具体的图像和声音（例如，关注面孔，忽略刺眼的光线）。正是通过同化（接受经验）和顺应（调整经验）这一不断发展的动态系统，婴幼儿得以适应这个世界。这是一个贯穿一生的过程。

表8.1 感知运动阶段

年龄	感觉运动行为	举例
出生至1个月	反射，简单的先天行为	哭、吮吸、抓握
1～4个月	将简单的行为精细化，重复并进行组合	伸手够、抓握、吮吸手或手指
4～8个月	借助人和物重复某些活动，开始有限的模仿	婴儿偶然间使得婴儿床上的一个物品移动，注意到后，他们会努力想让其再次发生
8～12个月	意图性：计划某种运动使一些事情发生	用绳子把玩具拉得更近
12～18个月	尝试用人和物去制造出一些新的事件	如果一个小球从桌边滚下去会弹跳起来，那么一本书会不会这样呢？
18～24个月	能够想象事件并解决问题，通过心智组合产生新“发明”，开始使用词汇	假装扔球，以引起照护者或父母的注意：“看这儿，球！”

当婴儿练习这些最初的动作并将它们结合在一起时，他们就是在热衷于探索自己的身体，为自己的感受和行为而着迷。最终，他们从对自己身体的着迷，转向关注他们的行为给环境带来的影响。他们对伸手敲打玩具所造成的结果很感兴趣。随着婴儿由关注自己转向关注环境，由关注动作转向关注结果，一种新的理解力正在发展着。婴儿开始意识到，他们与这个世界上的其他客体是相互独立的。

随后，你可以在有艺术经历的学步儿身上看到同样的发展。最初，孩子们对拿着画笔在纸上乱涂乱画的那种感觉最感兴趣。之后，他们开始关注自己涂或画这一行为的结果。有些幼儿 3 岁以后才开始关注这一结果。

对于婴儿来说，知道自己身处一个充满客体的世界中，自己只是其中的一分子而非全部，这是其理解力发展的重要一步。然而，他们对客观事物的看法与成人的差别还很大。婴儿只承认他们能够看到、接触到或通过其他感官感觉到的事物的存在。当你把他们最喜爱的玩具藏起来时，小婴儿并不会去寻找，因为他们认为玩具已经不存在了。正如俗语所说的“眼不见，心不烦”。如果你拿出之前被藏起来的玩具，对他们来说就是再造了一个玩具。这种对世界的理解使“藏猫猫”游戏变得非常有趣：这是多么奇妙的力量，能使一个人在瞬间消失又重现！难怪“藏猫猫”游戏在全世界都如此令儿童着迷。小婴儿缺乏的是皮亚杰所谓的**客体永久性**（object permanence），或者说是一种即便看不见、听不到或摸不着时仍然能记住人或物的能力。最终，婴儿能意识到他们看不见的客体依然存在。但是获得这种意识是一个渐进的过程。

大约在 1 岁左右，儿童开始以更复杂的方式思考，开始使用工具。给他们一根木棍，他们将用它来获得一个伸手够不到的玩具。给他们一根绳子，绳子另一端拴着他们想要的东西，他们便知道该如何去做。“新奇”本身成为一种目的。儿童会有意识地操控周围的环境，看看将会发生什么事情。

伴随着所有这些尝试，儿童会发展出一些新能力：判断降落的物体将会落在哪里的能力；在短暂的间隔后仍然记住某一动作的能力；预测的能力。观察一个 18 个月大的学步儿，他已经拥有了关于球的经验。他可能会让球滚下桌子，然后将头转向球可能坠落的方向；如果球滚到了椅子下面，他可能会想办法再把它拿回来；又或者如果他让球滚向某个洞，他会跑到这个洞的旁边看球落入其中。

婴儿理解力的进一步发展是，他们能够通过思维找到解决问题的方法。在充分地体验如何运用其感知觉和肌肉后，婴儿开始能够对行为的方式进行思考，并且在付诸实施之前先在脑中进行预演。这是迈向自我调节的一大步。他们能够思考过去和未来的事件。你能看到他们正在使用心理意象，并且把想法与看不见的经验和事物联系起来。他们可以扔一个想象中的球，或者在开始解决问题之前先考虑解决问题的方法。

表 8.2 简要概述了皮亚杰认知发展的四个阶段。本章主要关注第一阶段（感知运动阶段）和第二阶段的一小部分（前运算阶段）。

表 8.2　皮亚杰的认知发展阶段

阶段	概述
感知运动阶段（0～2岁）	儿童从反射行为向符号性活动发展；能够区分自己和其他客体；具有初步的因果意识。
前运算阶段（2～7岁）	儿童能够使用符号，如语言；拥有了更好的推理技能，但在感知上仍然局限于此时此地。
具体运算阶段（7～11岁）	儿童具有了逻辑思维能力，但只限于具体事物；能将事物按照数量、大小或类别排序；也能将时间和空间联系起来。
形式运算阶段（11岁以上）	儿童具有了抽象的逻辑思维能力；在解决问题时能够同时考虑多种办法。

社会文化的影响：维果斯基和皮亚杰

语言的出现和假装能力标志着感知运动阶段的结束，以及皮亚杰所说的**前运算阶段**（preoperational stage）的开始。并非只有皮亚杰一人重视思维和语言以及它们对儿童如何理解其世界的影响。近些年来，许多发展心理学家更加关注婴幼儿的认知发展。维果斯基的工作为理解语言的重要性和婴幼儿如何获得问题解决的技能提供了一种新的视角。

皮亚杰和维果斯基的研究结果表明，婴幼儿具备问题解决的能力，并且他们的认知技能也会迅速发展。通过对比皮亚杰和维果斯基的工作，我们能帮助照护者和家长理解认知发展和发展适宜性实践，尤其是它们如何与儿童的社会文化世界相关联。通过强调前运算阶段儿童的技能，以及回顾皮亚杰和维果斯基的观点，我们能更好地了解婴幼儿是如何成为独立的、自我调节的学习者的。

前运算阶段的儿童能在思考的过程中使用心理意象。尽管他们的思维仍与具体的事物相联系，但却不再局限于感知觉和身体运动。虽然学步儿并不常这样做，但是他们能够在站着或静坐时进行这样的思考。（然而，他们仍然需要收集大量具体的经验来进行思考；因此，请不要为任何人所迫而让学步儿静坐在那里接受教育。）因为随着他们保持和存储心理意象的能力不断提高，进入前运算阶段的学步儿具备了较强的**记忆**（memory）或回忆过去事件的能力。虽然他们也许还不会使用“昨天”一词，但他们能够记住昨天甚至前天发生的事情。

想一想

你发现婴儿具有哪些问题解决的技能？在学步期，这些技能又有怎样的发展？

自我调节的学习者

随着经验的不断增加，婴幼儿的**预测能力**（ability to predict）提高了，于是他们对未来的感知也增强了。他们继续通过试错来强化这一技能，不但在具体的世界中运用（“我想知道如果我把沙子倒在水槽里会发生什么”），而且还会运用于社会交往之中（“我想知道如果我把沙子倒进杰米的头发里会怎样”）。有时，他们的这些尝试既具有社会性又具有物理性，并且他们也会从意识层面思考这些尝试（“如果我掐这个婴儿，他会哭吗？”）。有时，儿童并不能做出清晰的决定，但是他们仍然采用试错的方式来解决问题（“我想知道如果我打艾琳，大人会不会过来关注我？”“如果我可着劲淘气，是不是就能让妈妈和照护者停止讲话，赶快带我回家？”）。孩子们那些看似淘气的行为也许是在进行这样的科学试验，这些科学试验最终会促成儿童的自我调节。

我们暂停一会儿，回顾一下皮亚杰的主要观点。皮亚杰认为：

- 知识具有功能性——它能引导某些事情。
- 从经验中获得的信息有助于个体适应这个世界。
- 重要的知识可以用来成就某些事情（儿童的游戏经验便是很重要的知识）。

皮亚杰关于婴幼儿认知发展的观点包含四种重要的假设。第一种假设是，人和环境的互动非常重要。随着婴幼儿的不断成长和成熟，他们能运用经验去**建构新知识**（construct new knowledge）。儿童对客体做出的动作（如吮吸、拉和推）是认知发展的核心力量。

第二种假设是，皮亚杰将婴幼儿的成长视为渐进的、连续的过程。在婴儿出生后的头几天，客体永久性的概念就开始缓慢地发展。伴随这一概念“质”的成熟，也为学步儿进行“假装游戏”提供了记忆和语言的基础。

皮亚杰认为，相继的发展阶段之间存在一定的联系。第三种假设指出，儿童每一阶段发展的质量都非常重要。日后生活中的技能或能力取决于早期成就的成熟和提高。换句话说，请不要揠苗助长，促使婴幼儿变得“更聪明”。根据皮亚杰的观点，“心智结构的成长”将会促进自然的（适宜的）学习。

皮亚杰提出的第四种基本观点涉及婴幼儿建构计划的能力。他认为这是婴幼儿在最初两年需要发展的重要能力之一，他将这种能力视为**意图性**（intentionality）。当儿童选择某些物品，摆弄它们，重复同样的动作，并创造计划时，意图性便逐渐产生了。通常，这一过程需要个体的全神贯注，所以婴幼儿看起来如同“陷入沉思”一般[1]。

请思考一下产生和使用心理意象的复杂性以及建构思维计划的能力。思维不再仅限于感知觉和身体运动，它也是一种社交体验。当婴幼儿主动探索周围世界中的事物时，他们也经常与其他人进行互动。

社会互动与认知

维果斯基认为，认知活动有其社会互动的源头。他强调社会互动的重要性，并且为皮亚杰的心理发展阶段论（儿童具备能力只是因为生理方面得到了发展）补充了重要的内容。通过对比皮亚杰和维果斯基的观点，我们能更好地理解婴幼儿的思维是如何产生的（见表 8.3）。

正如皮亚杰一样，维果斯基也认为儿童建构了他们对这个世界的理解。婴幼儿不断地积累和练习那些重要的见识和技能。维果斯基会认同皮亚杰的观点：知识具有功能性，因为它有助于个体适应这个世界。但是，维果斯基会强调这些见识和技能是共同建构的。婴幼儿能在那些经验丰富的学习者的帮助下习得一些重要技能（尤其是那些人类特有的技能，如特殊记忆和象征性思维）。当然，这种帮助并非总是通过课堂的形式。在生活中，照护者通常会给婴幼儿适宜的提示以帮助他们思考自己的经验。如果照护者介入得太早或太晚，可能就会错过重要的学习机会。维果斯基关于**辅助学习**（assisted learning）以及学习如何促进发展的观点有别于皮亚杰的理论。维果斯基的核心观点是，社会互动是儿童获得问题解决能力的先决条件，并且早期的语言经验对这一过程非常关键。维果斯基认为，通过辅助学习，儿童能不断地从他人那里学习，然后在游戏中将学到的知识化为己有。在

表 8.3 皮亚杰和维果斯基的认知发展观的比较

相似点	
• 都认为婴幼儿能够建构自己的知识，从经验中形成他们的信息库	
• 都认为只有当婴幼儿做好准备时才能习得新能力，以往的技能是学习新知识的基础	
• 都认为游戏能为学习和实践生活技能提供重要的机会	
• 都认为语言对于认知发展至关重要	
• 都认为认知是由“天性和教养”共同促进的	
不同点	
• 皮亚杰认为知识主要是自我建构的，强调发现取向	• 维果斯基强调共同建构的知识和辅助学习的重要性
• 皮亚杰认为成熟（经历整个发展阶段）使得认知提高；发展会促进学习	• 维果斯基认为学习可以在专家（成人或同伴）的辅助下得到提升（而非强迫式推进）；学习能促进发展
• 皮亚杰认为亲身体验的、感知觉刺激丰富的游戏为日后成人化的行为提供了宝贵的锻炼机会	• 维果斯基更具体一些，他强调了假装游戏，他认为这种游戏能使儿童区分物体本身及其意义，并体验新的因果联系
• 皮亚杰认为语言为许多先前的经验提供了标签（自我中心言语），并且它也是儿童进行互动的主要途径	• 维果斯基认为语言对于心智成长绝对必要；自言自语最终会内化为更高水平的心理能力和自我引导的行为
• 皮亚杰的阶段理论是普遍的，它可以应用于世界各地的儿童；思维的本质在很大程度上独立于文化背景	• 维果斯基强调文化和社会对促进心智成长的重要性；文化会影响认知发展的过程（推理能力在不同的文化中可能并非在同一阶段出现）

皮亚杰看来，儿童是通过游戏经验发现知识的，然后将这些知识运用于他们与他人的社会互动之中。皮亚杰认为发展先于学习（“心智结构”成熟并促进学习）。而维果斯基提出**最近发展区**（zone of proximal development，ZPD）这一术语来描述成人如何适宜地帮助儿童进行学习。最近发展区是

指儿童自己能够独立完成的（独自操作）与在他人指导下能够完成的（辅助操作）任务之间的差异。

我们来想象一个婴儿，他爬到一张非常矮的桌子底下后，试图坐起来，但是那里却没有足够大的空间。他继续尝试抬起头，直到意识到自己被卡在那里了。他开始尖叫。照护者一直静静地陪伴其左右，注视着桌子底下。这时，她开始帮婴儿调整他的头部，同时用语言引导他保持很低的爬行姿势。她运用语言和身体线索引导婴儿从桌子底下爬出来。

维果斯基会将这个孩子所体验到的头部碰撞和身体被困住称为“独立表现的水平”。而他从桌子下面爬出来的方式，维果斯基将之称为“辅助表现的水平”。你也许会问：为什么要这么麻烦？为什么不直接把桌子移走？根据维果斯基的观点，如果照护者在儿童解决问题时给予了适当的帮助，儿童便会在这一情境中停留更长的时间，并且学到更多。[注：瑞吉欧•艾米利亚（Reggio Emilia）的学校正在验证多年以来玛格达•格伯所倡导的问题解决。在鼓励互动的积极回应性环境中，问题解决和学习的效果会最好。成人从儿童身上获取线索，根据情况给予适当的辅助，直到儿童能独立地完成任务。如果儿童不需要或者不想要帮助，成人只需后退到一旁观察。]

在理解帮助和引导儿童这一概念时，“适宜的”是一个关键词。适宜的帮助需要照护者尊重并敏感地回应儿童，时刻考虑什么是对儿童最有利的。请记住原则 8：将问题视为学习的机会，并让儿童努力自己去解决问题。不要溺爱他们，总是让他们生活得很轻松，或者保护他们不受任何问题的困扰。

语言与认知

“指导性的”或社会共享的认知是维果斯基的儿童心理发展理论的根基。当照护者和家长以合作的方式与孩子互动时，他们便为孩子的心智成长提供了工具，这些工具对语言发展非常重要。根据维果斯基的观点，语言在认知发展中发挥着核心作用。语言是婴儿与成人之间的第一种交流形式，照护经历为婴儿和成人体验这些交流提供了机会。在整个婴幼儿期，孩子们体验到的所有手势、言语和社会互动的符号都逐渐地被他们内化。维果斯基认为，这种与自己的最终交流（内化的语言）对自我调节和认知发展非常重要。维果斯基的理论承认，认知和语言是分别发展的，但是它们在社会交流的情境中开始互相融合。他人的语言有助于婴幼儿通过言语组织和调节自身的行为[2]。你是否经常听到婴幼儿重复地说着（也可能是用一种简略的形式）他们刚刚听到的或被告知的话语？与皮亚杰相比，维果斯基更强调这种自言自语（以及后来的假装游戏）对认知发展的重要性。

现在，人们更加关注儿童所处文化背景的重要性，以及这些早期的社会互动是如何影响儿童的心智发展的。在维果斯基的社会文化理论中，他关注社会互动如何有助于儿童获得本土文化中的重要技能和行为方式。他认为，成人与儿童分享一些文化活动（例如烹饪），非常有利于儿童更好地理解他们所处的世界。虽然维果斯基的某些观点对于大部分家长和照护者来说似乎显而易见，但人们确实对它们存在着误解。有些人会强迫儿童学习一些不适合他们年龄的东西，例如在儿童 3 岁时就使用闪卡教他们数学，并且利用维果斯基的理论来为自己辩护。通过梳理维果斯基的一些概念，我们不得不赞赏维果斯基对每个儿童的独特性以及他们所处文化历史背景的重视。

NAEYC 机构认证标准7 家庭

皮亚杰和维果斯基都对我们深入理解婴幼儿的心理发展作出了重要贡献。皮亚杰关注生理变化对认知发展的作用，维果斯基强调社会互动会提升儿童的思维和问题解决能力。目前，单纯地采用其中任何一种理论都不足以解释儿童的认知发展。随着儿童的不断发展和成熟，他们需要敏感性高的成人的支持。

现在，我们来看看下面三个儿童的行为和游戏，考察它们是如何与皮亚杰和维果斯基的生物和社会观点相联系的。试着确定每一个儿童身上发生了什么，以及环境会如何影响他们。通过讨论皮亚杰和维果斯基的观点，我们就能抵制那些强迫要求采用不适宜的学校式学业经验来教育婴幼儿的压力。请记住，皮亚杰和维果斯基都认为游戏对儿童的学习极其重要，强迫儿童去学习不适宜的知识，并不能真正促进儿童对这个世界的理解。

第一个孩子仰躺在一块毯子上，周围放着一些玩具。他轻轻地将头转向了手臂旁边的小球。他伸手去够，这样的动作使他偶尔能触碰到那个小球。小球滚动起来，还能发出声响。他听到这声响有点惊奇，眼睛看向小球。他还是静静地躺着，目光转来转去。然后，他又开始挥动自己的手臂，这次的幅度更大、更彻底，小球又一次滚动了，发出了同样的响声。他再次感到惊奇，脸上露出惊讶的表情。你甚至能够听到他的疑问："是谁干的？"他看着小球，又看看周围，紧接着再看向小球。然后，他再次静静地躺着。过了一会儿，他的手臂又伸出去，这一次他试探性地挥舞。他并没有碰到球，什么事情也没有发生。他又静静地躺在那里。他再一次试探性地重复着同样的动作。这一次他的手从他的眼前掠过，他的脸上突然露出了兴奋的表情。他目不转睛地看着自己的手，你甚至可以听到他在问："那是什么？它从哪里来？"他动了动手指，眼中充满了喜悦。他好像在说："看，它能动！"他继续挥舞手臂，那令人着迷的手指移出了视线。他的手再次从小球旁边轻轻滑过，小球发出了飒飒的声响。他的眼睛便立刻搜寻这声音的来源。

第二个孩子就坐在第一个孩子身旁的一块毯子上，但一个矮围栏把他们隔开了。她手中拿着一个橡胶玩具，并把它在地板上摔来摔去，听着"啪啪"的声响，她发出咯咯的笑声。她松开手，玩具弹到了毯子的另一边，她开心地爬过去寻找。她停下来探索一条细绳，绳子的一端系着一颗大珠子，她抬头想看看绳子的另一端在哪里。这条细绳消失在毯子旁边矮架上的一堆玩具中。她满怀期待地拉扯这条绳子并开心地笑着。然后，她看到一个鲜红的小球从那堆掉下来的玩具中滚出来。她爬过去，开始用手拍这个小球，小球发出一阵阵的声响。她似乎很期待这个小球能够滚动。当它不动时，她会更加用力地去尝试。小球缓缓地移动了，她立刻追过去。她越来越兴奋，当她去追小球时，手偶然碰到了小球，于是球滚出去了，消失在房间角落的沙发底下。她看见小球滚动，开始去追它，小球不见了，她停止了追球。她很疑惑，爬到沙发边，但并没有掀开沙发垫去看看下面有没有球。虽然她看起来有些失望，但还是爬回到毯子和吱吱叫的橡胶玩具旁边。最后，她又开始将橡胶玩具摔向地板，听着它发出的声响而笑了起来。

第三个孩子坐在桌子旁，正在拼一个由三块拼图组成的拼图版。遇到困难时，她会向旁边的成人求助，成人会用语言提示她如何摆放。当她完成拼图时，她会将它翻过来倒扣在桌子上。听到木制的拼图块撞击桌面的声音，她笑了。她又重新拼这个拼图，这一次速度更快了，并且不需要成人的帮助。当完成拼图后，她把它放回了矮架上，然后走向另外一张桌子，那里有几个儿童在捏橡皮泥。她也想要一块橡皮泥，可是没有了。这时一位照护者介入，让每个孩子从自己的橡皮泥中分出一些来给她。她心满意足地坐下来捏她的橡皮泥，偶尔还会和其他孩子讲讲她正在做什么。她自言自语，并不直接回应其他孩子所说的话。在这个小桌上，虽然大家都在讲话，但却很少互动。我们关注的这个孩子正在把橡皮泥滚成一个球，她坐在椅子上看了一会儿这个球，然后她开始揉捏和塑型，我们可以明显地看出她的每一个动作都带有目的性。当她捏出一个不对称的块状物时，她坐下来，满意地看着自己的作品，宣布自己已经完成了，但她并不是对一个具体的对象在宣布。她站起来走开了。当她离开桌子时，另一个孩子从她的橡皮泥上掰了一块揉进自己的橡皮泥里。她并未注意到这些。当看到盛有食物的推车被推进房间时，她立刻跑到角落的水池边洗手。我们提醒她用肥皂彻底清洗她的手和手臂，看得出来，她很享受这一过程。

游戏与认知

认识到游戏对婴幼儿的重要性，以及它是如何促进婴幼儿的认知发展的，这非常重要。在观察儿童时，我们通常很难从他们的躯体行为和游戏中推测他们正在思考什么。运用皮亚杰和维果斯基的早期认知发展的观点，我们可以尝试猜测儿童的所思所想，推测他们是如何受环境影响的。首先，我们可以观察儿童从无意识甚至偶然的行为向有目的指导性行为的转变，这些目的性行为通常表现在问题解决、心理意象、表征思维和假装游戏中。同时，我们也可以看到，成人适宜的支持是如何帮助儿童学会彼此合作的。

到了两岁，即使儿童对他们的世界没有直接经验，他们也能对其进行思考。他们也开始使用符号来表征事物。能够做一些**假装游戏**（pretend play），标志着儿童的思维发展迈出了重要一步，同时还标志着开始使用语言。当儿童能通过符号来表征事物，并且具备了不需亲身经历也能思考周围世界的能力时，假装游戏就出现了。

花时间观察一下假装游戏中的 2 岁和 3 岁的儿童。你可能会发现，随着认知水平的提高，儿童会呈现三种不同的变化或趋势。

NAEYC 机构认证标准2 课程

孩子越小，越容易在自己的假装游戏中以自我为中心。随着年龄的增长，儿童逐渐习得了这样一种能力：使自己走出自我中心阶段。随后，他们开始扮演其他的想象角色。你会发现 1 岁的儿童会假装给自己喂饭。稍大一些，他们会假装给自己的玩具娃娃喂饭。然而，他们的玩具娃娃却一直很安静，没有回应。大约 2 岁，儿童具备了“唤醒”玩具娃娃的能力。此时，他们可以让娃娃自己吃饭。现在，儿童可以在自己的游戏中为他人设定角色了。他们可以旁观，考虑他人的感受，思考一种角色与另一种角色的关系。（玩具娃娃饿了吗？他应该给它准备多少“食物”呢？）随着儿童不断长大，假装游戏也会变得更为复杂，并且涉及更多的人（例如，几个 4 岁大的儿童在表演区假装去“杂货店购物”）。

当儿童开始用一个物品来替代另一个物品时，我们就能欣赏到假装游戏中的另一个变化。在假装游戏中，婴幼儿需要真实的物品或真实物品的复制品。如果一个婴幼儿在给自己喂饭，他（她）会需要真正的杯子或勺子（或塑料复制品）。随着年龄的增长（约22个月大），他（她）便具备了用某一物品替代另一物品的能力。此时，尤其是在给玩具娃娃喂饭时，也许一根小木棒就能被当作一把勺子。

活用原则

原则8　将问题视为学习的机会，并让儿童努力自己去解决问题。不要溺爱他们，总是让他们生活得很轻松，或者保护他们不受任何问题的困扰。

凯特琳和伊恩是你所在的家庭式托儿所的两个学步儿，他们18个月大了。从6个月大时你就开始照护他们。凯特琳精力充沛，活泼好动；而伊恩却不够主动，通常喜欢看着凯特琳玩耍或跟随她玩耍。这天早上，凯特琳忙着将不同的形状插进塑料盒上的小孔中。当某一形状不能完全插进一个小孔时，她会用手使劲地敲打以使它能够插进去，然后她很快又在盒子上寻找另一个小孔。每听到一个形状掉进盒子里的声音，她都高兴地咯咯笑起来。伊恩的手中拿着一只毛绒玩具狗，在一旁看着她；他似乎对此活动很感兴趣，但却并没有靠近凯特琳并加入她的举动。突然，凯特琳不再摆弄那个塑料盒，而是走向积木区，照护者已经在地上放了一些积木和一辆新的红色小汽车。她立刻就发现了这辆新小汽车并说：“车！”这引起了伊恩的注意，他也向积木区走来。凯特琳推了一下这辆小汽车，它跑（速度超过了她的预期）到了附近一个书架下，不见了。凯特琳跑到书架旁，想要取回小汽车，但是它钻到书架下太远了，凯特林无法够到它。伊恩看着照护者，他的表情像是在说：“现在应该怎么办？”

1. 你将会如何描述上文中每个孩子进行探索和解决问题的方式？
2. 你将会如何与每个孩子互动，从而为他们提供更多个人学习的机会？
3. 你是只关心伊恩解决问题的方式，还是只关心凯特琳解决问题的方式？为什么？
4. 你将如何帮助这两个孩子取回那辆红色小汽车？
5. 为了提高婴幼儿的问题解决能力，你会努力给他们创设什么样的环境？

最初，这种替代具有局限性。替代物需要与真实的物品看起来很相似，并且儿童一次并不能替代很多东西。婴幼儿需要一些可以利用的物品来促进他们的游戏。重要的是，我们要认识到，随着儿童不断长大（接近4岁时），对他们来说，用一个很熟悉的物品替代其他物品也许会比较困难。

伴随假装游戏的继续发展，儿童可以发明一些动作，并能把它们组合起来。这些组合会随着儿童年龄的增长而得到拓展，并且会变得越来越复杂。某个婴幼儿最初也许只能假装给自己喂饭。但随着他（她）将这些动作进行组合，并将其整合到其他经验中时，他（她）最终可能会“开一个餐馆”，并为许多玩具娃娃提供食物（当然也可以为任何会配合他的人提供食物）。

学步儿认知能力的发展表现在许多领域。然而，假装游戏是我们在学步儿身上观察到的最显著的能力之一。儿童的这种目的性行为的发展需要成人为他们创设练习环境，需要得到成人的尊重。

支持认知发展

促进认知发展的先决条件是安全感和依恋。在建立依恋的过程中，随着他们能将依恋对象与其他人区分开来，婴儿会发展出诸如分化这样的技能。依恋也表现出意图性，婴幼儿会尽其所能来吸引依恋对象靠近并留在自己身旁。执着地哭闹的婴幼儿就是在表明他们想要父母留在身边的强烈意图（早期认知行为的标志之一）。这种行为也许会令人厌烦，通常也不会被视为一种认知行为，但是事实上，它的确是一种聪明且目的性很强的行为。

回应婴幼儿的其他需求也是促进其认知发展的先决条件之一。那些需求未得到满足的儿童会尽其所能地争取他人满足其需求，这会致使其认知发展受限。而那些需求始终能得到满足的儿童会感到信任和放松。感到放松的儿童愿意去探索周围的环境。他们的认知能力便在不断的探索中得以发展。

邀请或鼓励儿童在感觉刺激丰富的环境中进行探索，可以促进其认知发展。如果给予孩子机会，允许他们用自己希望的任何方式去摆弄某些东西，他们必然会遇到一些问题。请记住，就像本书前面提及的，问题解决恰是婴幼儿教育的基础。在一日生活中，让婴幼儿去解决他们所遇到的各种问题会促进其认知发展。“自由选择”能确保儿童发现那些对他们来说有意义的问题。对我们大多数人来说，解决他人的问题不如解决关乎自己的问题更有趣。

在问题解决过程中，如果成人能给予儿童一些诸如增加言语提示的帮助，这将有助于儿童解决问题（例如，描述感觉输入，“这只小兔子摸起来柔软而温暖”，或者“这是一种很刺耳的声音”，或者“这块海绵浸湿了”）。此外，成人还可以通过提出问题、指出关系、表达情感以及无条件的支持来帮儿童解决问题。

想一想

你是否见过照护者为婴幼儿包办太多的现象？长此以往，你认为会产生什么影响？

在解决问题的过程中，要鼓励儿童与他人进行互动。婴幼儿从同伴那里获得的信息也很有用，这可以为他们提供更多的问题解决方法。请记住，皮亚杰和维果斯基都认为，儿童与物和人特别是同伴的互动，能够很好地促进他们的认知发展。这些物品包括我们为他们提供的表演游戏的道具。通过假装游戏，儿童建立起了心理意象，它们对思维过程而言非常重要。

现实生活经验的重要性

对婴幼儿来说，没有必要为他们创造“学业学习”的体验。他们可以通过现实生活中的日常活动来学习一些重要的概念。正常的谈话可以教会他们形状和颜色，例如，“请将红色的枕头递给我”，或者“你想要一块圆形的还是方形的饼干？”在玩积木和沙土的过程中，儿童便会自然而然地

NAEYC 机构认证标准3 教学

掌握数字概念，包括大小和重量的比较。支持认知发展的重要途径包括：为儿童提供各种材料让他们去体验；让他们有机会去发现各种关系；培养他们相信，他们可以让自己世界中的某些事情发生。

户外体验也是鼓励婴幼儿认知发展的一条极好的途径。当他们拥有种豆子的经验时，例如，浇水、采摘、剥豆、清洗，以及吃豆子，他们就会真正理解“豆子”一词的含义。正是因为这么多的关联，当他们以后看到豆子这个词或者听到相关的故事时，就能自然而然地解读该词的意思了。这种“早期读写能力”的体验开始让儿童理解阅读的内涵。因此，我们不必刻意去教婴幼儿认识字母表。成人可以提供机会帮助婴幼儿建立概念，并（按照读写能力的发展循序渐进地）引导他们真正享受阅读本身的乐趣。

婴幼儿天生就具有创造性。如果你不以限制性的条件和毫无创造性的环境阻碍他们，他们将会教你用你从未想过的方式玩玩具和使用材料。好奇心是推动创造性发展的动力之一，它需要被重视和培养。婴幼儿是这个世界的新来者，他们想知道每一件事物是如何运作的。他们并不想被告知，而是希望靠自己去发现。他们都是科学家！在他们看来，任何事情都不是理所当然的，而是必须证实每一个假设。我们需要呵护他们的这一品质！

请记住原则4：投入时间和精力去培养一个完整的人（关注“儿童的全面发展”）。而不是只重视儿童的认知发展，或把认知发展从整体发展中剥离出来。

请谨记，根据皮亚杰和维果斯基的观点，婴幼儿：

- 会投入到根据自己的经验来创造知识的过程之中。
- 会建构自己的理解。
- 能用创造性的建构过程来理解自身的经验。

在这个主动建构的过程中，婴幼儿学会了用新方式组合他们已知的事物。我们来思考一下假装游戏的发展。通过不断地探索和操控事物，学步儿尝试新的组合，并尝试以新的方式对已知的元素进行再组合。这种将已知事物以新方式进行组合的过程便是创造性的本质。

认识到创造性是认知发展的一部分，凸显了为之进行规划和允许其发展的重要性。当婴幼儿有机会去探索和尝试时，他们的理解力就会得到提升。一旦儿童理解了事物是如何运作的(通常是儿童与该事物游戏的结果)，他们似乎就能自然而然地开始创造性地使用它。探索不等同于创造力，探索是起点。当你想促进儿童的认知发展时，可以尝试我们在本章中提到的一些建议。接下来，我们来看看富有创造性的问题解决过程。

基于脑的学习

有关早期脑发育的研究已经引起了广泛的关注，这些研究可能证实了许多家长和照护者们已知的某些有关婴幼儿如何学习的知识，但同时也造成了关于发展的许多误解，引发了对诸如“益智玩具”“屏幕时间”以及“超级刺激”的过度营销和宣传。值此当口，我们要为婴幼儿考虑，真正关心他们是如何学习和成长的。毫无疑问，在未来的若干年内，许多有关脑发育和学习的问题终将得到解答。现在已经有一些重要的发现清楚地表明人脑是如何学习的。

想一想

你曾在玩具店或商店的玩具区看到过“益智玩具”吗？商家是如何介绍它们的？你又是如何评价这样的玩具市场的？（注：“益智玩具”通常是指那些号称能让您的孩子变得更聪明或提高其智商的玩具。）

依恋对于发展来说非常重要，在信任的、回应式的关系中，学习效果才会最好。脑作为一个各部分相互协调的整体发挥其功能，涉及所有的发展领域。婴儿是主动的学习者，当成人对婴儿寻求关注的线索和信号作出回应时，他们的大脑便会更加积极活跃。环境的作用是强大的，学习环境与学习内容同样重要。日常活动需要对关系保持敏感（了解群体的大小，婴儿与照护者的比例，以及照护每一个婴儿所花费的时间）。富有意义的经历会增加它被记住的可能性。经验和重复能够加强大脑回路中的神经通路，

录像观察 8

父亲为学步儿换尿布

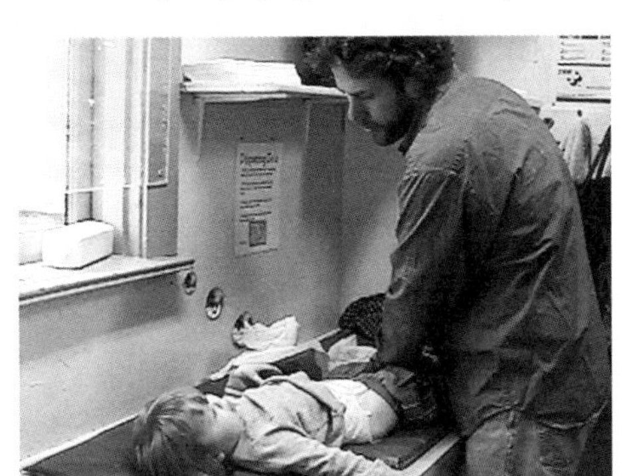

© Lynne Doherty Lyle

看录像观察 8：该视频为我们呈现了一个与认知发展有关的活动案例。

问 题

- 你认为我们为什么会选择换尿布的场景而不是其他更明显的儿童探索知识的场景呢？
- 你看到了哪些体现这个孩子与其父亲之间关系的证据？关系在认知发展中发挥了怎样的作用？
- 你能否解释这个孩子的行为如何表明如厕训练并不仅仅是生理问题，也与认知密切相关？
- 请解释该场景是如何说明儿童在日常生活情境中学习语言的。

要观看该录像，扫描右上角二维码，选择“第8章：录像观察8”即可观看。

但请不要将训练与重复相混淆。重复是儿童敏感的，源于他们自己的行为和需要；而训练则是由成人引导的，满足的是成人的需要（而非儿童的需要）[3]。

脑密度（或神经联结）和髓鞘化对学习的影响最大，而非脑的大小。不断被强化和精细化的脑回路和神经通路能将经验转化成学习。受益于当今先进的技术，大脑皮层中的树突分支也能得到精确的测量。在生命的头两年，随着脑活动的增加，生长的突飞猛进的确与皮亚杰理论中的感知运动经验相吻合[4]。

现在，我们越来越意识到，没有哪一种理论能完全解释儿童是如何学习的。将皮亚杰的理论和维果斯基的理论结合起来，有助于我们理解儿童早期的认知发展。基于脑的学习原理，例如动手操作、以探索为主导、合作以及开放式体验，其实与皮亚杰和维果斯基的观点很相近，而且发展适宜性实践也有助于我们理解婴幼儿学习在本质上的相互联系[5]。

基于脑的学习提供了证据，表明强大的神经通路是通过早期经验而产生的，并且早期脑发育的研究强调了以下几个关键点：

- 天生的能力和强烈的好奇心与各种不同的经验相互作用，共同促进了早期问题解决技能的发展。
- 在出生后的最初六个月内，婴儿的主要任务是发展安全感。
- 随后的六个月（以及以后），婴幼儿的主要任务转向探索和新发现，而且主动的运动维持着神经突触之间的联结。
- 认知发展是以情绪上的安全感和社会关系的稳定性为基础的。

请再回顾一下在前文提到场景中玩耍的三个儿童。试着对他们脑中可能发生的事情保持敏感。你能想象他们的神经通路被加强了吗？“神奇的智慧之树”长得更加枝繁叶茂了吗？（注：《神奇的智慧之树》是马里昂·黛蒙德论述脑发育的图书，在拓展阅读中会提到。）请展开你的想象和思考。请记住原则5：将儿童视为值得尊重的人。不要把他们视为可以随意摆布的物件，或者脑袋空空的小可爱。

访问下列网址，获取更多的信息和资源材料。

婴幼儿照护机构（the Program for Infant/Toddler Care）促进了回应式照护的传播，确保了婴儿从一开始就能接受丰富且积极的照护。该网站提供了多种资源。

www.pitc.org

项目建构（Project Construct）是一种建构主义的学习取向，其理论基础是儿童通过与环境的互动来学习知识；通过亲身体验的直接经验，儿童获得对所处世界的理解，并学会了合作。

www.projectconstruct.org

有特殊需求的儿童：儿童早期融合项目

本章主要探讨儿童是如何开始学习和理解他们周围世界的。在自然情景中了解周围的世界，或尽可能少地受约束，这对于有特殊需求的婴幼儿的发展和学习而言非常重要。如今，不论是在家里还是在早期保教机构中，越来越多的正常婴幼儿与残障婴幼儿在一起学习和游戏，这反映了每个儿童的归属感。反对将残障儿童与正常儿童进行隔离教育，这是儿童早期融合项目的核心。

在过去 30 年里，美国颁布的联邦立法在促成这些变化方面发挥了基础性作用，现在，人们为有特殊需求的婴幼儿提供了服务和融合项目。融合可以采用不同的形式，因此为了实现高质量的儿童早期融合项目规划，对“融合”有一个基本的理解非常重要。

儿童早期融合项目支持每个婴幼儿及其家庭作为项目、社区和社会的正式成员，广泛参加各种活动。不论儿童的能力如何，融合体验的理想结果都包括成就感、积极的社会关系和友谊，以及学习并充分发挥自己潜能的机会[6]。

获得广泛的学习机会以及基于游戏的活动和环境，是高质量儿童早期融合项目的关键特征。在这些项目中，成人要推动所有儿童参与和投入活动，并获得归属感。当有特殊需求的儿童需要特殊干预时，干预活动要以日常活动为基础，且要关注儿童的全面发展。

像个性化家庭服务计划的要求一样，婴幼儿家庭、照护者和专业人士的合作是制订和实施高质量的儿童早期融合项目的基础。需要为婴幼儿的家庭和相关组织提供一种支持体系，从而确保他们的努力可获得成功。各种资源、政策、研究和资金提供的质量框架，应该能够反映和指导积极的融合教育实践。

如今，我们知道，高质量的儿童早期融合项目可以让正常儿童和残障儿童、照护者及家长获益。对于残障儿童而言，融合项目可为他们提供更好的发展结果，在自然环境中习得的技能可以更好地迁移到其他的学习经验中。同伴榜样也可以提高儿童的社交能力和社会互动。对于正常儿童而言，融合项目可以让他们更好地理解人与人之间的差异，提供体验多样化友谊的机会。有时，为了照顾融合的儿童而进行的调整能促进其他儿童更具创造性地解决问题。对于照护者和教师而言，融合项目让他们有机会成为团队中的重要一员，收集有价值的信息，强化他们对儿童早期发展与学习的透彻理解。对于残障儿童的家庭而言，融合项目为他们提供了有关残障的客观信息，使他们有机会教孩子接纳残疾，也让他们有机会认识到他们并不孤立，而是社区的一员[7]。

支持融合项目的社区可通过限制对单独的特殊教育项目的需求，从而更好地分配他们的早教资源。每个人都有机会学习新知识，每个人也都有机会去解决问题。

请记住，儿童早期融合项目并不是通过简单地把一个残障儿童与其正常发展的同伴们放在一起就能实现的。有意义地参与，而不仅仅是加入活动，这是儿童充分实现自己的潜能所必需的。我们要始终欣赏每个儿童的独特性，并允许他（她）表现出自己的最佳能力水平。

发展路径

体现认知发展的行为

年龄段	行为
小婴儿 （出生至8个月）	● 对人的声音做出反应，能够注视面孔 ● 寻找掉落的玩具 ● 试图让一些事情发生 ● 能从不同的视角识别物体，当看到玩具被藏在毯子下面时，能够找出它
能爬和会走的婴儿 （9个月至18个月）	● 尝试搭积木 ● 当想要的玩具被藏在其他物品（如毯子或枕头）下面时，会坚持寻找它们 ● 能够使用木棍等工具来获取玩具 ● 推开不想要的人或物
学步儿 （19个月至3岁）	● 在他人帮助下自己穿脱衣服 ● 知道许多家庭用品的用途 ● 使用自己和他人的名字 ● 开始意识到他人享有权利与特权

资料来源：摘自 Carol Copple and Sue Bredekamp, eds., *Developmentally Appropriate Practice in Early Childhood Programs,* 3rd ed.（Washington, DC: National Association for the Education of Young Children, 2009）。

多样化的发展路径

你所看到的	麦迪逊常常维护她的独立性（她经常说“我来做！”）。2岁半时，她喜欢给物品分类。你曾听过她“教”其他同伴一些具体的描述，比如“坚硬”“柔软”，甚至还给颜色命名。她非常喜欢听故事，还经常评论她所知道的故事中的人物。她更喜欢室内活动和独自行动。在与其他儿童合作时她常遇到问题。
你可能会想到的	麦迪逊是一个聪明的小女孩！她根本不能与同伴产生共鸣，她常常觉得和他们玩没意思。她应该多参与一些户外的群体活动。要过多久她会对整个机构感到厌倦？

你可能不知道的	麦迪逊是独生女，她的父母在育儿上很专业。他们花很多时间来陪伴麦迪逊，给她讲故事，和她玩一些语言类的游戏。他们希望麦迪逊交很多朋友（这也是他们将她送到这里来的原因），但其父母觉得她未来的学业更重要。
你可能会做的	继续支持麦迪逊对故事的喜爱。当她和其他儿童一起听故事时，让她拿着书，甚至让她讲故事中的一部分。使用一些“情感”词汇（开心、伤心、惊讶）来描述故事和其他儿童。如果条件允许，你们可以在户外讲故事，并在操场上设计一些“拓展”活动，鼓励她与其他儿童互动。鼓励麦迪逊的父母来参观你们的机构，试着了解更多他们对麦迪逊的发展目标的期望。
你所看到的	戴文是一个温顺的小男孩，他从不抵触任何事情！通常，他只是看着其他同伴，并不会与他们互动。当你给他一个玩具玩时，他只是看看玩具，然后就把它丢在一边了。大约3岁时，他仍然很少讲话，并且很乐意你替他讲话。母亲将他送到幼儿园后，通常很快就离开。
你可能会想到的	你很担心，戴文应该自己做更多的事情。母亲似乎在逃避什么。这究竟是怎么回事呢？
你可能不知道的	戴文的母亲经历了艰难而漫长的分娩过程，因此戴文在出生时大脑轻度缺氧；但你并不知道其中的具体信息。戴文的母亲也很担心他反应迟钝，她曾经与戴文的医生聊过这些，现在她会在家里和戴文做一些简单的游戏。她特别想和你聊一聊，她对于目前的境况感到很内疚，但是她不知道该从何入手。
你可能会做的	继续与戴文互动，但不要给他带来压力。给他提供多种感官体验，比如玩水和玩沙子，并且示范活动的每一个步骤。（“这是香皂，把它放在你的手里。现在去碰一碰水。”）当戴文的母亲来幼儿园接送孩子时，你都需要在场。尽快与她约定时间来谈一谈戴文的问题。

访问下列网址，获取更多的信息和资源材料。

美国融合教育专业发展中心（the National Professional Development Center on Inclusion）与各州合作，为支持融合项目的开展提供专业援助。家长、早期干预的提供者、学校和相关机构都可获得所需的资源。

http://npdci.fpg.unc.edu/

金字塔+：科罗拉多社会情绪能力和融合教育中心（The Colorado Center for Social Emotional Competence and Inclusion）通过整合美国公认的融合教育实践，致力于提高融合教育活动在婴幼儿保教机构中的应用。

www.pyramidplus.org

皮特是一名智力发育迟滞的学步儿，阅读下面关于他的故事并思考“融合”应该是什么样的。皮特已经20个月大了，但他还是只会爬，也没有表现出站的意愿。由于未知的原因，皮特在出生时遭遇了缺氧。作为其个性化家庭服务计划的一部分，他每周有三个上午要参加一个幼儿早期融合项目。

皮特坐在地板上，看着另外两个孩子和照护者一起滚皮球。他似乎对这个游戏很感兴趣，已经看了好几分钟了。他专注地看着皮球在三个人之间滚来滚去，如果皮球滚远了，他会转过头去看着其中一个孩子把皮球捡回来。不过，他并没有明确地表现出想参与到游戏中的意愿。

“皮特，你愿意和我们一起玩这个游戏吗？”照护者问道。（这位照护者参与了皮特的个性化家庭服务计划，知道球类游戏对皮特是很有价值的体验。）皮特并不回应她的话，只是继续盯着那个皮球。

“我们可以离你近一点，这样你也可以玩了。”这位照护者把皮球滚向皮特，皮球停在了他的脚边，可是他没有做出任何动作，只是用目光继续追随着皮球。

“皮球碰到你了，是不是？你想摸摸它吗？”照护者继续鼓励皮特。皮特缓缓抬起头，看了看照护者，接着又看向皮球。然后他伸出一个手指，轻轻地“戳”了一下皮球。皮球缓慢地滚动起来，皮特的脸上露出了笑容。

突然，坐在皮特身旁的一个孩子跨过皮特的膝盖猛地推了一下皮球，球迅速滚向了照护者的身边。

“戴维一定是想让我们继续刚才的游戏，他把球又推给了我。”照护者解释道。然后她对另一个孩子说：“玛丽萨，当皮球滚向你时，把你的手张大一些。”说罢，照护者张开自己的手掌，并弯曲着手指向玛丽萨示范接球的动作。当照护者看到玛丽萨把球推向皮特时，她说：“皮特快看，玛丽萨把球推到你这边来了！”球停在了皮特的膝盖附近。他看着球，这次他不再用手指去戳球，而是试图用手掌将球推开。不过他的动作有些缓慢和谨慎，他没有碰到球。

“做得很好，皮特，再试一次！”照护者继续鼓励他。经过两次尝试，皮特的手掌接触到了球，并把它推到了远处。他只是用眼睛追随着皮球，并未表现出爬过去把球捡回来的意愿。

戴维立刻站起来去捡球，但是他在返回的路上发现地板上有一只小虫子，于是就把球扔在了一边。这时，玛丽萨也走向了积木区。照护者把球捡回来，对皮特说：“你想让我把球推到你那边吗？”皮特此时正盯着戴维和那只小虫子，听到照护者的话后，皮特看向照护者，张开手，攥紧手，然后又张开手准备接球。

“看来你已经准备好了，球要过去喽！”球滚向了皮特，他把球停下来，然后双手紧紧地抱着它。他并没有把球放下来或试图再把它推回给照护者，而是用双手来回玩球。几分钟后，他让球滚远了，然后转身看向正在和玛丽萨一起搭积木的戴维。照护者对皮特说：“你想继续跟戴维和玛丽萨玩吗？你也可以爬到积木区。”皮特看了看照护者，然后缓慢地改成爬的姿势，快速向积木区爬去。

毫无疑问，皮特有很多与戴维和玛丽萨一起玩球的机会。老师会鼓励皮特，并给他做示范，但是并未刻意给他压力。和所有儿童一样，有特殊需求的儿童在参与活动时也需要充足的时间和机会，而融合项目恰恰可以提供宝贵的学习机会。

我们要谨记，对于喜欢探索的婴幼儿来说，不论是正常还是残障，运动发展与问题解决都是结合在一起的，为他们设定界限和安全防护是家长、照护者和教师面临的真正的安全问题。玛格达•格伯将运动技能称为婴儿不断发展的**身体智慧**（body wisdom）。在所有的婴幼儿保教机构中，不论是否实践融合原则，满足婴幼儿基本的需求，并支持早期依恋的形成，对婴幼儿的健康成长都是至关重要的。在婴幼儿的发展和学习过程中，成人要支持他们进行探索，对于有特殊需求的儿童，有时还必须给予鼓励。在安全的环境中为婴幼儿提供各种选择和游戏机会。家长、照护者和教师需要花费很多精力与婴幼儿相处！给予婴幼儿有指导的自由，这是我们的座右铭。

本章小结

认知是指思维和心智技能，它包括获取、加工和运用信息的能力。

认知体验

- 认知和理解源自儿童主动地与人和物的互动过程。
- 儿童适应外部世界的能力始于对感觉信息的加工，并随着语言能力和问题解决技能的发展而逐渐成熟。

感知运动经验：皮亚杰

- 正如皮亚杰所描述的，认知始于感知觉和肌肉运动的协调。
- 感知运动阶段包括六个亚阶段，它们从个体出生时的简单反射逐渐过渡到心理意象的形成，再到2岁时开始使用语言。

社会文化的影响：维果斯基和皮亚杰

- 维果斯基和皮亚杰都认为婴幼儿能运用经验来建构或形成新知识，但维果斯基认为，这一过程是共同建构的，他人的辅助非常重要。
- 维果斯基强调儿童所处社会和文化背景的重要性；2岁后，由于语言的产生和假装游戏的出现，儿童的认知发展非常迅速。

支持认知发展

- 支持认知发展的最好方式是吸引和鼓励婴幼儿在感官体验丰富的环境中进行探索。
- 当婴幼儿有机会在一种安全、适宜的环境中探索、尝试和解决问题时，他们的数学概念、读写能力和创造力的发展就会得到促进。

基于脑的学习

- 对婴幼儿来说，学习具有整体性。在信任和回应式的关系中，学习效果最佳。
- 基于脑的学习原理与皮亚杰和维果斯基的认知发展观非常相近，这些原则同时也与发展适宜性实践一致。

有特殊需求的儿童：儿童早期融合项目

- 儿童早期融合项目能让正常儿童和残障儿童一起学习和游戏。美国联邦立法反对将残障儿童与正常儿童进行隔离教育。
- 正常儿童和残障儿童、照护者、教师和家长都能从儿童早期融合项目中获益，每个人都有机会从中学会一些新东西，学会理解和尊重差异。

关键术语

认知体验（cognitive experience）
感知运动阶段（sensorimotor stage）
同化（assimilation）
顺应（accommodation）
客体永久性（object permanence）
前运算阶段（preoperational stage）
记忆（memory）
预测能力（ability to predict）
建构新知识（construct new knowledge）
意图性（intentionality）
辅助学习（assisted learning）
最近发展区（zone of proximal development）
假装游戏（pretend play）
身体智慧（body wisdom）

问题与实践

1．哪些行为体现了儿童的认知发展？请至少描述三种。

2．讨论皮亚杰和维果斯基关于儿童心智发展的主要观点。针对每一种理论，你会与家长及照护者分享哪些指导原则？

3．为婴幼儿设计一种能够促进他们认知发展的玩具，并阐述为什么这一玩具对认知发展有益。

4．你被某婴幼儿照护机构邀请在其家长会上做嘉宾演讲。演讲主题是有关认知发展的，你愿意分享哪些主要观点？

5．儿童早期融合项目是如何让残障儿童和正常儿童共同受益的？

拓展阅读

Carol Copple, *Growing Minds: Building Strong Cognitive Foundations in Early Childhood* (Washington, DC: National Association for the Education of Young Children, 2012).

Claire Lerner, "Screen Sense: Making Smart Decisions About Media Use for Young Children," *Young Children* 70(1), March 2015, pp. 102–104.

David Elkind, "Touchscreens and Young Children: Benefits and Risks," *Young Children* 71(1), March 2016, pp. 90–93.

Deb Curtis, Kasondra L. Brown, Lorrie Baird, and Annie Marie Coughlin, "Planning Environments and Materials That Respond to Young Children's Lively Minds," *Young Children* 68(4), September 2013, pp. 26–31.

Diane E. Levin, *Beyond Remote-Controlled Childhood: Teaching Young Children in the Media Age* (Washington, DC: National Association for the Education of Young Children, 2013).

Elena Bedrova and Deborah J. Leong, *Tools of the Mind: The Vygotskian Approach to Early Childhood Education*, 2nd ed. (Upper Saddle River, NJ: Pearson/Merrill Prentice Hall, 2007).

Julia Luckenbill and Lourdes Schallock, "Designing and Using a Developmentally Appropriate Block Area for Infants and Toddlers," *Young Children* 70(1), March 2015, pp. 8–17.

Leah Schoenberg Muccio, Rheta Kuwahara–Fujita, and Johanna J. Otsuji, "Ohana Math: Family Engagement to Promote Mathematical Learning for Hawaii's Young Children," *Young Children* 69(4), September 2014, pp. 24–30.

Rebecca Parlakian, "Inclusion in Infant/Toddler Child Development Settings: More Than Just Including," *Young Children* 67(4), September 2012, pp. 66–71.

Sandra Petersen, "School Readiness for Infants and Toddlers? Really? Yes, Really!" *Young Children* 67(4), September 2012, pp. 10–13.

第9章
语　言

问题聚焦

阅读完本章后，你应当能回答以下问题：

1. 描述在接受性语言期和表达性语言期都发生了些什么。
2. 语言能让儿童做哪些事情？语言是如何影响思维和认知发展的？
3. 脑发育是如何影响语言发展的？
4. 请比较促进语言发展和早期读写能力发展的指导原则。它们有哪些相似或不同之处？
5. 什么是双语能力？它是如何影响语言发展的？
6. 在与有特殊需求的儿童的父母和家庭相处时，我们要谨记哪些重要原则？

你看到了什么？

照护者迈克和一个小孩子坐在矮桌前，他们正在共享点心。“艾丹，你想喝点牛奶吗？”迈克问道。

艾丹回答说：“嗯嗯嗯，哦，牛奶！”，同时伸手去够杯子。

迈克为艾丹的杯子里倒入了少量牛奶。艾丹把杯子移到自己的嘴边，尝了一小口。然后他对着杯子说：“咪咪咪，呼呼，呼。”他非常开心，嘴唇在牛奶中吮吸着，不小心把牛奶溅到了自己的脸上。迈克说：“我来给你擦擦脸。”然后起身去拿湿毛巾。艾丹把杯子放下，杯子倒了，牛奶洒在了桌子上。他指着这一滩牛奶说：“哦哦哦哦，牛奶……”

迈克回应道：“是的，牛奶洒出来了。我们需要一块海绵。”他一手拿了一块海绵，把它放在洒出来的牛奶上；另一只手用湿毛巾帮艾丹擦脸。在擦脸时，艾丹很不情愿，发出“咦咦咦咦”的反抗声。把一切都整理好后，迈克拿来了一个盒装的牛奶，他问艾丹：“你还想喝牛奶吗？”

艾丹肯定地回答：“呃呃，牛奶！”并用力地摇了摇头，将杯子推给迈克。

在这个简短的场景中，艾丹用几种声音和一个简单的词表达了丰富的意思。不久之后，相同的场景也许会包含一些类似下面这样的语言表达。

“我，牛奶。”（意思是，“是的，我想喝一些牛奶。”）

“牛奶，洒。”（意思是，“看，有人把牛奶洒了。”）

“我，不。”（意思是，“不，谢谢，我不想再喝牛奶了。”）

当艾丹长成学步儿时，他将会使用一些更长的短语来表达同样的意思，例如：

“给我牛奶。”（或许还会加一个“请”字。）

“噢，噢，迈克，我洒牛奶。”

“我不想再喝牛奶了。”

甚至不需要纠正，最终艾丹将会这样说：

“请给我一些牛奶。”

“噢，噢，迈克。我把牛奶弄洒了。”

“谢谢，我不想再喝牛奶了。”

艾丹和照护者之间的交流代表了儿童学习说话和使用语言的早期能力，这是一个异常复杂的过程。婴儿在很小的时候就开始协调他们的手势并发出一些有意义的声音。他们开始组织自己的经验，使它们变得易于理解，以方便进行交流。语言发展的能力涉及所有其他方面的发展，并且受情绪和社会性发展的影响。通过运用语言，婴幼儿逐渐学会整合他们的经验（正如艾丹在上述场景中所表现的那样），并且给出或接收相关反馈。

本章考察了语言发展的基础，以及个体需要借助语言来发展的多个方面。我们将回顾语言赋予个体的能力，以及环境如何影响语言、脑发育和早期读写能力。同时，我们还会就如何促进语言发展和双语学习，以及如何支持有特殊需求的儿童的家长和家庭给出具体的指导。

语言发展的进程

语言通过抽象的符号或词语来表征经验和事件。尽管词语的组合具有一定的规则，但是在最初，婴幼儿还是会以一种奇特且富有创造性的方式将它们组织在一起。我们将**语言**（language）定义为具有一般意义的任意符号的系统组合。它使得我们能够交流那些不在眼前的事物，以及过去或未来的事物。重要的是要记住，我们生命早期所经历的声音、符号和互动，都与我们思考和理解这个世界的方式紧密相连。

虽然婴儿天生就具有与人沟通的倾向，但他们并非生来就掌握了语言。截至目前，人们还未真正搞清楚儿童是如何获得使用语言这一能力的。通常，人们针对语言发展的讨论主要集中于个体在何时掌握何种水平的语言（见表 9.1）。没有哪一种理论或方法能够完全解释这一能力的发展。因此，将不同的方法结合起来更有助于我们理解语言是如何形成和发展的。我们已经讨论过依恋对于婴儿发展的重要性。在这种回应式的关系中，婴儿通过与照护者之间反复的模仿和照护交流，学会了**社会互动**（social interaction）。这是语言发展的关键。当婴儿得到照护，并在这种照护中找到了乐趣时，他们就会模仿照护者，进而照护者也会继续采用这种方式来回应婴儿。这种交互行为似乎能自我强化。

在世界各地，婴儿语言发展的方式都非常相似。获得语言的能力似乎是与生俱来的，或天生的。语言的发展需要许多心智技能和身体机能。随着婴儿的不断成长，成熟有助于他们发展掌握语词（或标签）和理解符号的能力。皮亚杰指出，客体永久性为语言发展奠定了基础。在使用第一个语词之前，婴幼儿必须有能力理解或阐释他们的世界。维果斯基则强调语言发展的社会文化环境。社会互动有助于婴幼儿理解经验与合适的经验标签之间的关系[1]。

本质上，在儿童习得语言时，还有一些重要的事情似乎也在发生。将

表 9.1　语言发展：儿童在何时掌握何种水平的语言

年龄	听/理解	说
出生至3个月	• 婴儿会被噪音、惊吓或哭声唤醒 • 能听人讲话，当你说话时婴儿会把头转向你 • 当对他们说话时，婴儿会微笑 • 婴儿能识别你的声音，如果他们正在哭，听到你的声音便会安静下来	• 婴儿会发出一些有趣的声音 • 婴儿经常重复某些声音（如咕咕叫） • 出于不同的需求，婴儿会发出不同的哭声 • 婴儿看到你时会微笑
4～6个月	• 婴儿能对不同的语调（大声的或温和的）作出不同的反应 • 婴儿会寻找声源（如电话铃响、狗叫声） • 婴儿会注意玩具发出的声响或噪声	• 婴儿独处时会发出咯咯声 • 婴儿会（通过声音或手势）要求你重复某些事情，这可能是游戏的一种形式 • 婴儿用语音或非哭声来吸引和保持你对他们的关注
7～12个月	• 婴儿喜欢玩藏猫猫或拍手游戏 • 当对婴儿讲话时，他们会聆听 • 婴儿能识别一些表示日常物品的词汇，如果汁、杯子和娃娃等	• 婴儿用语音或非哭声来吸引并保持你对他们的关注 • 婴儿会模仿不同的语音 • 婴儿的咿呀声中会有或长或短的声音群，如“嗒嗒”“啊噗啊噗”“嘘嘘嘘” • 婴儿会说一两个词（“拜拜”“不”“爸爸”），虽然说得还不是很清晰
12～24个月	• 学步儿能遵循简单的命令，并理解一些简单的问题（“滚球”“布娃娃在哪里？”） • 当被问及时，学步儿能指出身体的某些部位 • 当提到书中的某些图画时，学步儿能指出这些图画	• 学步儿在开始说话时会用很多不同的辅音 • 学步儿能将两个语词组合使用（“不要果汁”“要牛奶”） • 学步儿能使用一两个词的问句（“小猫，哪里？”“走了，拜拜？”）
24～36个月	• 幼儿能够执行两个要求组合起来的命令（“把球捡回来放在桌子上”） • 幼儿会持续地关注声源（电话铃响、电视声、敲门声等） • 幼儿能够理解词义差异（“前进/停止”“里/外”“大/小”“上/下”）	• 幼儿通过说出人或物的名字将你的注意力吸引或引导到那些人或物上 • 大多时候，幼儿的话能被理解 • 幼儿会使用2～3个词的“句子”来谈论或索要某物 • 幼儿差不多能用语言表达任何事物

资料来源：摘自 *How Does Your Child Hear and Talk?* American Speech-Language-Hearing Association （Rockville, MD），1988。

它们归纳为三个“I”或许对我们有帮助。儿童必须具有天生的能力，必须要有一定的认知技能和心智结构来发展语言。儿童也需要一定的机会以回应性的方式与他人互动，这样他们就可以很好地模仿对方。模仿过程涉及互动且以天生的能力为基础，我们还需要对此进行进一步探讨。考察语言发展的两种水平：接受性语言（从出生到1岁）和表达性语言（从第一年末到开始说出第一个词），有助于我们更深入地了解个体语言发展的进程。

接受性语言：回应的重要性

婴儿会与父母或照护者分享他们发出声音的喜悦。他们开始将语言与社交活动联系在一起。当婴儿咿呀学语时，他们发现自己得到了回应；反过来，这又鼓励他们去回应和模仿他们的回应者。他们会有意识地关注词语的节律、音高和发音。语言成了一种方式，它既可以让婴儿兴奋，也可以安抚他们。

最终，婴儿开始将语音或语音模式与客体或事件建立联系。例如，他们注意到，当他们拿着某个物品（如泰迪熊）时，相同的语音模式总是反复出现；他们的故事书的同一画面总是会匹配同样的声音。他们还注意到，每当换尿布时，总是会听到同样的声音语音模式。这种婴儿能够吸收和理解的语言就称为**接受性语言**（receptive language）。

当然，虽然最初对婴儿说话时，他们就会做出反应，但是他们只是对语音（音高和音调）做出反应，并非真正理解了词语的意思。随后，当他们开始对词语的意义做出反应时，这才是真正的接受性语言。有时，照护者会惊讶地发现，接受性语言的发展是如此超前。当用有意义的方式对着婴儿说话时，他们要比预期能更早地理解这些话。

表达性语言：熟悉环境的重要性

伴随婴儿的哭声和早期的咿呀学语得到照护者的回应，他们会学着将这些声音精细化，最终发出更具体的语音信号。他们越是明白自己发出的信号或信息被接收了，发送信息的技能就会越熟练。通过与一两位照护者互动，他们学会清楚地表达不同的感受，如饥饿、不适、生气和愉悦。这种首次清晰的表达或对一个语词的使用被称为**表达性语言**（expressive language）。成人对儿童的积极回应，正是婴儿开始将声音与意义建立联系的关键。同样，在熟悉的环境中有反复听到熟悉客体名称的机会，对婴幼儿开始使用语词也是十分重要的。

对于听到儿童说出第一个词的人来说，那一刻将是一份惊喜。某一天，一个小女孩看到柜子上放着一根香蕉，便伸手去够，嘴里说着"蕉"。这时照护者对她又是微笑又是拥抱又是抚摸，还会立马递给她一根香蕉。也许她会对这些反应感到吃惊；也许她会对照护者回以微笑，并把这个新词再说两三遍。之后，当另一个照护者来照看她时，她可能会被要求再表演一遍。照护者们为她的这一新成就而欢欣，或许会将此告知其父母；也许会按捺住自己的这份喜悦，让家长自己去发现这一特别事件，幸运地成为听到孩子说出第一个词的人。

大多数婴幼儿很快便能掌握他们的第一批词汇及其意义。当然，他们在熟悉的环境中从父母和照护者那里最常听到的词语会影响他们的词汇量。在18个月大时，婴幼儿就能通过快速映射这一过程来迅速习得语言。**快速映射**（fast mapping）是指婴幼儿利用环境线索，迅速、合理且准确地猜测陌生词语含义的过程。这种对语词的部分理解，在婴幼儿只听到过该词语一次之后便能发生[2]。例如，他们能快速地学会新动物的名称，因为其大脑内已经"映射"了已知的（或熟悉的）动物的名称。如果已经知道了"猫"，那么掌握"狗"这个词语就会相对容易一些（同时可能伴随一些关于毛皮、四条腿和尾巴的假设）。婴幼儿关于新词的心理图示产生得相对较快，因为他们不会停下来去搞清楚新词的准确定义。他们会用熟悉的背景和重复来归纳新词的意义。当然，有时也会发生错误，他们对词的理解还很有限。成人和儿童同时关注相同的事件，将有助于儿童准确地习得词的意义。“猫”和“狗”的问题很快就解决了，接下来将学习“鸟”和“飞机”！

儿童自己能将语言精细化，并逐渐掌握语法规则。他们并不需要成人帮他们纠正，也不需要参加什么语言课程。他们通过参与真实的对话来学习语言，推动他们向前发展。有时，对话就像在绕圈子，成人试图用一种更加准确的形式重复儿童所说的话，以此促进儿童习得语言。如果成人所说的话并没有增加其他内容，那么这种没完没了的对话就没有意义。成人更应该意识到，当儿童开始使用较长的短语来交流时，他们同时也是在使用语言这一重要工具进行思考。

NAEYC 机构认证标准3 教学

语言所赋予儿童的：认知链

进入学步期后，儿童的交流能力会有显著提高。当婴幼儿习得语言后，他们表达需求和收集信息的能力也会相应地扩展。除了能促进交流外，语言对自我调节、思维和认知也能产生巨大的影响。

虽然婴幼儿在习得语言之前就能进行“思考”，但是只有在真正开始使用语言时，他们的认知能力才会突飞猛进。这种给经验贴标签、表明客体永久性的能力使儿童步入了符号王国。正如语言的定义所指出的，经验并不需要在“此时此刻”；它们能够被记住，一个词语可以代表一个客体。随着儿童为自己的经验收集标签，他们的记忆也随之发展。儿童很快会在记忆库中形成一些分类，并且最终形成一个复杂的分类系统。看见一只猫的经历及学习这个标签的过程会逐步提高儿童的理解力，他们知道了猫有许多种，同时这种四条腿的生物还属于“动物”这一更大的类别。虽然他们能够从这一理解中归纳信息，但是这都源于“猫”这一标签。

推理以及整理经验的能力是语言发展的结果。观察和倾听游戏中的学步儿，你可能会经常听到他们自言自语接下来要做什么（“现在我要去沙箱那边，然后我要铺一条路”）。这种“言语指导”或自言自语，使得儿童能够计划自己的行为，即**自我调节**（self-regulation），并将自己的学习经验从一种情境迁移到另一种情境。这种关注和组织信息的能力最终会促使儿童形成抽象思维和更正式的认知思维。语言会提高我们的适应能力和应对技能。它为我们提供的技能，不仅能让他人更加清晰、准确地理解我们，也能使我们更加具体、准确地理解周围的事物。在一个需求不断增长的世界里，对家长和照护者来说，理解儿童如何有效地应对将是一个重要的目标。

脑和早期的语言发展

在婴幼儿努力习得语言时，他们的脑中正发生着什么呢？在这一领域中，一些有关脑的研究非常具体且引人瞩目。我们会关注并回顾一些重要的研究发现。基因和经验（先天和后天）共同作用以促进脑健康地发育。正如本章前面所提及的，一个婴儿在生理上也许能发出声音，但是离开了后天的互动，就有可能出现语言发展迟滞。这些早期的互动影响了脑中的神经通路和联结。语言发展依赖于早期的神经联结（突触），这些联结是通过与他人进行回应式互动而形成的。而且，这些早期经验似乎与学习语言的某些特定方面的黄金时间或最佳时期相联系。

在刚出生的几个月里，婴儿的脑具有**神经可塑性**（neuroplasticity），也就是说，婴儿的脑非常灵活且敏感。这也说明了为什么婴儿最初能对所有语言的声音做出反应。但是，这种可塑性会随着年龄的增长而减弱。在脑发育的初期，神经元似乎聚集在一种被称为音素（语言学中的最小声音单

录像观察 9

儿童和照护者一起进餐

© Lynne Doherty Lyle

看录像观察 9：该录像中的这个案例为我们展示了儿童如何从情境中获取语言的意义。

问 题

- 录像中的照护者做了哪些工作来帮助儿童拓展他们的语言技能？
- 你认为专门的“语言课程”会比你从录像中看到的这种方式更有效吗？
- 如果有人让你解释喂养如何成为一门课程，你会使用这一场景来说明你的答案吗？

要观看该录像，扫描右上角二维码，选择“第9章：录像观察9”即可观看。

位）的声音模式周围。当这些模式（例如“pa”或“ma”）被不断重复时，“听觉地图”便形成了；神经通路得以加强，大脑环路也随之变得更加稳固和持久[3]。这就使得婴儿能够组织母语中的声音模式。到 1 岁时，如果儿童没有机会经常听到某些声音模式，他们将很难建立新的通路。这就是我们长大后学习另一种语言如此困难的原因。这些神经通路再也不可能像刚出生第一年那样容易建立了。

帕特里夏·库尔博士是华盛顿大学学习与脑科学研究所的副主任，是一位语言与听力学教授。她近年来的一项研究补充了有关早期脑发育的一些关键点。儿童早期对语言的接触可以改变其大脑，这一信息进一步拓展了我们对听觉映射的理解。在 8 ～ 10 个月大时，婴儿开始从“世界公民”（对所有声音都做出反应）转向更仔细地聆听声音的区别。婴儿的大脑活动增加，开始组织自己母语中的特定“声音统计数据”。他们更多地只针对那些声音做出反应。社会互动和面对面的交流在这一过程中发挥着至关重要的作用[4]。

另一种有关听觉地图是如何形成的观点源自考察镜像神经元在语言发展中作用的脑研究。最初讨论了镜像神经元与动作模仿模式的关系；激活这些神经元，我们能模仿或重复在他人身上观察到的准确的动作。（请记住：婴儿能模仿另一个人做出的动作，却不能模仿机器人做出的同样的动作。）现在我们知道这一模仿模式也同样适用于声音。超过 9 个月大的婴儿能学习一种从未听过的新语音（镜像神经元被激活），但前提是，这一语音是由真人发出的。对来自录音机或视频中的相同词语，这一年龄段的婴儿还不能进行学习[5]。我们还需要记住，镜像神经元似乎会受到某种目标或意图的影响（在最初的研究中，食物通常就是目标）。重复的声音和语言学习需要嵌入在有意义的日常经历中。这一点对于早期读写能力特别重要。

大脑活动与语言能力

当婴幼儿习得语言时，他们的大脑对这一复杂任务的处理变得更加专门化。日益增加的脑电活动主要集中在左半球的大脑皮层。在半岁到 1 岁期间，婴儿不断提高的语言能力与其脑活动的增加有关。大约在 7 ～ 12 个月大时，婴儿开始将音素加入音节中，并将音节整合为语词[6]。请回顾表 9.1 的内容，以及在本章开篇场景中艾丹与照护者之间的互动。试着去想象一下，当婴幼儿通过经验理解了声音的意义后，大脑中的树突（那些“神奇的智慧之树”）快速扩展的过程。通常，儿童在 1 岁时所说的第一个词恰恰就是语言爆发的开始。

词汇量也与经验有关。学步儿的词汇与其所经历的互动数量紧密相关。婴儿需要听到词语，并且这些词语需要与真实的事件相联系。不同的经验能产生持久的神经联结。意义能促进联结！电视节目并不奏效；对于很小的婴儿来说，电视只是在制造噪声。语言的情绪环境似乎也会影响神经通路。将词语与愉快的经验（或消极的经验）相联系会影响记忆。婴幼儿容易记住对于他们来说很特别的玩具或最喜欢的食物的名称。

脑研究表明，语言发展的确存在黄金时间或最佳时期。语言发展的“机会之窗”可能并不会骤然关闭，但是，在个体出生后的最初两年，有两个特殊事件对脑的发育至关重要。感知运动系统通过髓鞘化得以加强，同时依恋关系也逐步建立。这两个事件，即髓鞘化和依恋，会影响脑功能。由于脑发育是整体进行的，因此它们会影响婴幼儿语言的习得，以及我们对脑发育关键期的理解。

促进语言发展

照护者和家长可以从一开始就使用语言与婴儿交流，旨在促进婴儿的语言发展。早在婴儿可以跟你讲话之前，你就开始跟他们讲话。使用真实的、成人的语言与婴儿讲话，在与他人谈话时，有意识地把婴儿也带进来。倾听婴儿的声音，同时也鼓励他们学会倾听。家长们可以帮助照护者了解自己孩子的独特交流模式。即使是很小的婴儿也会对语言做出回应，他们身体运动的节律与早期语言对话的节律相一致。

记得在照护或游戏时间（选择适当的时机），与婴儿进行一些早期对话。大多数成人似乎会自然而然地这样做，他们模仿孩子的声音，同时也会发出自己的声音。在这些时候，使用真实的标签来描述婴儿的经验是很重要的。当婴儿做出反应时，可以把你的独白变成一段对话。

与婴儿谈论过去、未来以及现在。对于婴儿来说，“现在”可能是最主要的体验，但是随着他们进入学步期，昨天、上周和明天也会成为你们对话内容的一部分。知道将会发生什么有助于婴幼儿预测事件，并开始理解物体、事件和人的标签。

和婴幼儿玩一些关于声音和字词的游戏。讲故事、唱歌，以及背诵或创造一些节律和儿歌。要确保婴幼儿参与活动的价值和空间，许多孩子具备了创造出有趣的声音和字词的惊人能力。这始于最初的咿呀学语，并一直持续到儿童能创造出自己的无意义的韵律和声音游戏。还要谨记，将语言与大肌肉运动活动结合起来。当听到诸如“杰森，我看见你在台阶上”这样的话时，杰森能学到空间关系以及与之相关的介词。

和孩子们一起玩儿歌和字词游戏。

年龄稍大一些的学步儿，当他们的世界不断拓展时（婴儿在日常照护和游戏中发现了足够多的对话），要确保他们拥有大量可以交流的经验。一次短途郊游或在社区的散步都能提供对话素材。图画、新奇的物品、科学和自然界中的点点滴滴都能激发儿童的兴趣，促使他们产生一些即兴的讨论和对话。

问题也可以成为促进语言发展的重要工具。向婴幼儿提一些需要选择作答的问题，例如："你想要一块苹果，还是一块香蕉？"也可以问一些开放性的问题（即没有正确答案的问题），例如："你在路上看到了什么？"只要婴幼儿喜欢并且不觉得像是在被审问，封闭性的问题（即只有一个正确答案的问题）也是可以的，例如："你在路上看见了一只狗，是吗？"鼓励婴幼儿通过提问来搞清楚他们不理解的事物。除了回答问题，他们有时还喜欢问问题，因此他们能够收集和练习使用事物的标签。

从婴儿期开始，你就可以为孩子大声朗读。只要他们感兴趣，你可以为单个儿童或者一组儿童朗读。把读书变成一种频繁、简短和自发的活动，也就是说，让阅读成为一种伴随悉心照护和亲密依偎的有趣活动。讲故事或读书的时间应该更像家长在家里为婴幼儿所做的那样，而不应该像幼儿园老师们所开展的圆圈教学。和书本的这种愉悦联结有助于婴幼儿的早期读写能力的培养。

促进早期语言发展的指导原则见图 9.1 中的总结。

早期读写能力

与学习语言技能相似，婴幼儿会使用同样的方式来学习读写技能。快速的脑发育在促进语言发展的同时也为读写奠定了基础。依恋关系的建立，知觉 – 运动经验的组织化，以及对认知事件的加工，这些都促进了婴幼儿

图 9.1 促进早期语言发展的指导原则

1. 在日常照护和游戏时间，鼓励婴幼儿进行对话。
2. 当事情发生时，描述它是如何发生的；使用婴幼儿需要学习的事物的标签。
3. 对婴幼儿讲话并与他们互动；放慢语速，鼓励他们思考自己正在说的话。
4. 与婴幼儿玩有关声音的游戏；讲故事，唱儿歌。
5. 给婴幼儿提供一些有趣的体验，进而也可以成为谈话素材；真正地去倾听他们。
6. 为年龄较大的学步儿提供与其不断扩展的世界相关的新经验，供其谈论。
7. 通过分享新奇的事物（如科学和自然界中的点点滴滴）来激发儿童的兴趣，并鼓励孩子针对这些事物开展有趣的对话。
8. 把问题作为重要的语言工具，鼓励儿童在需要更多信息时主动提问。
9. 让读书成为令儿童感到愉悦的事情；让儿童指认图片、押韵声音以及发现有趣的人物。
10. 给你的宝宝读书吧！（美国国家图书馆协会的口号。）

读写能力的萌发。

读写能力（literacy）——从最初的倾听和说话的能力，到最终的阅读和写作的能力——始于婴幼儿早期的许多日常生活经验。读书识字这一过程最初都是从家庭开始的。婴幼儿聆听他们周围的声音，并用声音与照护者互动。他们观察周围人的面部表情，并关注自己感兴趣的事物的细节。他们喜欢旋律和儿歌，喜欢听抑扬顿挫的语言。一旦开始独立使用语词，他们便逐渐意识到这些语词能够被写下来和读出来。婴幼儿的口语和书面语意识的发展，是以一种相互关联的整体方式进行的，而不是按阶段来发展的。这种持续的读书识字的过程被称为**读写萌发**（emergent literacy），这一过程从出生时便开始了。有意义的经验以及与他人的互动是进行交流和发展读写能力的关键。

活用原则

原则 3 了解每个儿童独特的沟通方式（哭声、言语、动作、手势、面部表情以及身体姿势），并教给他们你的沟通方式。请不要低估他们的交流能力，哪怕他们不具备或者只有十分有限的语言能力。

你刚刚被一家新的婴幼儿照护机构雇用，成名一名儿童照护者。主管建议你在最初的几天先慢慢了解这里的儿童。上班第一天的早晨，你看到了下面几幕互动场景：一位志愿者母亲正高兴地与其 14 个月大的女儿玩“藏猫猫”游戏。显然，这个小女孩很喜欢这种轮流对话的方式，她们不时地发出阵阵笑声。一位照护者正在给一个男孩换尿布，她告诉男孩，她要为他换干净的尿布了。男孩热切地看着她，当她还在讲话时，他就已经伸手去够尿布了。另一个孩子正在门口小声地哭泣，她的母亲刚刚转身离开。一位照护者坐在她旁边安慰着（“我知道你很难过。”“妈妈午饭后就会来接你的。”）。这个抽泣的孩子依偎着照护者，却并不想坐在她腿上。在房间远处的角落里，你看到两个孩子在玩积木，一位照护者坐在他们旁边。其中一个孩子说了几句西班牙语，另一个孩子只会说英语。你可以听到照护者用西班牙语和英语重复着每一个孩子的话。

1. 描述你所看到的照护者与婴幼儿的语言和交流模式。
2. 婴幼儿独特的交流模式是如何被照护者体察到的？
3. 阐述照护者是如何尊重每一个孩子的。
4. 如果你是这些场景中的照护者，你将会做哪些不同的事情？
5. 当你努力地与婴幼儿进行交流时，你发现最大的挑战是什么？

这种互动的意义已经被美国佛罗里达州立大学的艾米·韦瑟比教授进一步证明。她的“First Words Project”考察了早期读写能力的情况。这一项目发现，学龄前儿童的读写萌发技能的预测因素可以追溯到婴幼儿与照护者之间的早期互动。早期的分享行为，如分享注意、情绪和意图，对于语言发展和后来的读写能力都非常重要。那些能使用大量的手势和声音，并且更早理解和使用语词的婴儿，会逐渐发展成为具有清晰和稳定的读写萌发技能的学龄前儿童。在游戏中喜欢各种各样的物品，以及表现出了解一点书本（如怎样拿书，怎样翻书）的学步儿，将发展成为喜欢并具有某些前识字技能的学龄前儿童[7]。

与婴幼儿的所有互动，都格外强调尊重和回应性的环境，在这种环境中，成人喜欢与儿童分享语言和识字活动。对话是有意义的，并且具有方向性或意向性。这种读写中的意向性，意指照护者支持那些有益于婴幼儿早期读写能力发展的日常经验。例如，照护者可能会有意识地为13个月大的孩子提供一些机会，让他们自己去捡一些小物品（这就是在练习对于书写十分重要的精细运动技能）；再后来会给他们一些蜡笔玩（提供书写和绘画的直接经验）。成人意识到这些经验之间的关系，并有意识地提供给儿童，从而支持了这一重要的发展目标[8]。

早期读写能力与入学准备

促进读写能力的发展在当今是一个重要的话题。与此相关的一个目标是确保所有儿童至少在小学三年级时都知道如何阅读，许多人对此都非常感兴趣。然而，我们如何去做我们应该做的却至关重要，尤其在面对年龄较小的婴幼儿时。早期读写能力（或读写萌发）与阅读准备不同，阅读准备更多的是教儿童辨认形状和颜色，以及使用书写工具。新的观点认为，成人要确保婴幼儿有合适的书看，有与听、说、读、写相关的经验。

最近的一些研究特别关注了“绘本共读”这种方式，我们可以借助这一方式来辅助儿童观察和探索书面语言。当家长和照护者与婴幼儿共读绘本时，他们就是在向婴幼儿展示：书面语言和图画是用来传达意义的。婴幼儿针对绘本作出的评论和提出的问题，某种程度上也为其口语的发展提供了机会。同时，当照护者为婴幼儿读故事时，孩子们也开始意识到话语是可以书写的。这种绘本共读涉及了说明书面故事的口语。这一研究提示我们，经常参与绘本共读的婴幼儿能够发展出更多的言语及非言语的读写萌发行为[9]。这些行为包括：共同注视（和照护者一起看图画）；表示理解了书中内容的面部表情；翻书和拿书的意图；对故事内容的记忆（预测将会发生的事件）；给故事中的事物或行为贴标签[10]。

有关亲子共读的研究指出，为婴幼儿提供单独或与成人一起看和探索绘本的机会非常重要。然而，这也会产生一些问题。我们是否应该期望所有的婴幼儿都表现出这种读写萌发的技能呢？也许我们不应该有这样的期待。进一步的研究需要关注更大的婴幼儿群体，考察更多样化的环境。此外，不同的婴幼儿在亲子共读中的兴趣也会有所差异，并非所有的婴幼儿都会对绘本表现出相同的兴趣！为他们提供共读绘本的时间非常重要，我们还需要更多的研究来理解和促进重要的读写萌发行为[11]。

当前针对读写萌发开展的研究提示家长和照护者要注意以下几点：

- 不仅要对成人发起的读写和语言互动保持敏感，更要对儿童发起的这种互动保持敏感。
- 故事书/绘本共读是促进读写萌发的重要工具。
- 我们需要更多研究来关注不同的语言和文化背景下的学步儿，尤其是他们的早期书写意图。
- 家庭环境（父母在家中表现出对读写活动的喜爱）在为婴幼儿提供读写萌发活动方面发挥着重要的作用。
- 双语婴幼儿的照护者需要特别敏感地与其家庭建立融洽的关系，关注婴幼儿的口语发展，并为他们提供一些母语及其文化方面的材料。

要谨记，婴幼儿的发展不能揠苗助长。要从婴幼儿那里获得你想要的线索。刺激过度丰富的环境以及成人对婴幼儿过高的期望都会阻碍他们的健康成长。在令人困惑和不知所措的环境中，婴幼儿会感到紧张甚至沮丧。

口语是读写能力的基础，因此，照护者需要经常与婴幼儿进行一对一的对话，并保持目光接触。正如前面所提及的，当婴儿的咿呀学语变成话语时，成人需要重复并更加准确地将这些话说给他们听。目前，大部分读写能力的研究都强调回应和互动式早期交流的重要性。

在谈及早期读写能力时，我们需要特别强调原则 7：教育儿童时要以身作则，言传身教。让婴幼儿看到你是如何全身心投入到语言和印刷品读物上的。让他们看到你每天都在阅读书籍且非常享受；每天都写一些东西（在购物单上添加一种物品，给自己写一张备忘纸条）。图 9.2 列出了促进婴幼儿读写能力发展的指导原则。在阅读时，请思考你会如何促进婴幼儿读写能力的发展，如何确保他们将来会很享受自己的读写技巧。

图 9.2 促进婴幼儿读写能力发展的指导原则

1. 提供感官刺激丰富的环境，包括声音和语言的互动、唱歌、亲子共读、欢快的环境以及墙上的简单图画。
2. 提供丰富的社会环境，便于婴幼儿有机会观察他人，并与之互动。
3. 定期地改变周围的环境布置：移动家具、更换游戏区的图画和地毯。
4. 和婴幼儿一起探索环境，朝窗外看、凝视镜子、玩水槽中的水。
5. 带婴幼儿外出。告诉他们将要去哪里、将要做什么，并一一告知沿途中见到的物品的名称。
6. 当婴幼儿主动和你嬉闹时，请和他们一起玩，对他们取得的新成就要表达你的兴趣和热情。
7. 尊重婴幼儿以及他们各自家庭在语言、社会文化和经济方面的差异。
8. 提醒自己：每个孩子的读写能力的发展过程都是独特的（就像其他领域的发展一样）。
9. 为婴幼儿的听、说、读、画提供有趣且丰富的素材。
10. 向婴幼儿展示你对周围世界的兴趣和好奇心。

即使是婴儿也会喜欢书。

© Frank Gonzalez-Mena

访问下列网址，获取更多的信息和资源材料。

北卡罗来纳大学教堂山分校的弗兰克•波特•格雷厄姆儿童发展研究所（Frank Porter Graham Child Development Institute）分享了促进早期发展和影响公共政策的知识。

www.fpg.unc.edu

预防和早期干预政策中心（the Center for Prevention and Early Intervention Policy）关注妇幼健康以及儿童早期发展的相关问题，该网站可下载大量资源。

www.cpeip.fsu.edu

文化差异、双语和双语学习者

所有这些指导原则都会受到文化的约束。一些文化对于语言实践和语言社会化过程的看法与我们的观念存在着显著的差异。关于语言和读写能力，他们可能为自己的孩子设定了不同的目标，所以他们可能从最初就会采用不同的方法。你或许并不赞同你们机构中某些孩子的父母所采用的具有文化差异性的促进语言发展的方法，但是你必须尊重这些文化差异，并且努力去理解他们的价值观和方法对于特定文化下的个体来说有何裨益。

人类学家雪莉·布莱斯·希斯为我们提供了一个例子，展示了语言方面的文化差异。她描述了这样一种文化，该文化中的婴儿在1岁之前一直是被抱着的，并且照护者很少对他们讲话。他们通过沉浸于语言之中来学习语言，而不是照护者直接教他们，这一点在他们后来的语言运用中得到了体现。他们对情境中的客体持有一种整体认识。一旦当某一客体脱离具体情境，他们便难以再描述它。例如，将某一客体按属性分类，并将其与脱离具体情境的其他客体进行比较。当向他们分别出示一张红色球和一张蓝色球的闪卡，并提问"是红色球大，还是蓝色球大"时，这一文化中的儿童很难按照颜色和大小这两个属性进行分类；但是在现实生活中，他们能确定哪一个球更大，而且，如果你要求将大球抛起来，他们也能正确地执行指令。有别于美国和加拿大文化所强调的教儿童学习概念（如颜色、形状和大小），这一文化更重视儿童对语言的创造性使用，包括比喻。该文化中的儿童在创造性的语言游戏和使用比喻方面都有出色的表现[12]。

托育机构中的儿童也会受照护者所持文化的影响。在两种文化中成长的儿童会将这两种文化进行整合，这被称作二元文化（bicultural）。两种文化是否相互冲突并让儿童感到左右为难，主要取决于儿童、家长、照护者以及这两种文化本身。有时，儿童似乎被困于两种文化之中，在教养过程中经历了许多痛苦。美国和世界其他地区的许多儿童虽然都具有二元文化背景，但他们仍然只说英语。然而，也有许多具有二元文化背景的人能说不止一种语言。

婴儿从一开始就可以学习两种语言，进入学步期后，他们就能熟练地在不同的人和场景之间来回切换。**双语能力**（bilingualism）是一项需要重视和培养的技能。当儿童的语言背景与照护者的语言背景不同时，托育机构应为儿童发展这项技能提供很好的机会。照护者要利用各种有利的机会把儿童培养成为精通双语的人（当然，需要先征得家长的同意）。你可以跟儿童讲你自己的语言（如果儿童在家里说不同的语言），也可以讲另外一种语言（如果你自己也精通双语）。

NAEYC 机构认证标准1 关系

要心存“语言关系”这根弦。两个人初次见面时，语言关系的建立并不需要客套话。对于两个只讲英语的人来说，别无选择，他们的语言关系是英语，连想都不用想。但是，当两个精通双语的人见面时，情况就不同了。他们有选择的余地，一旦做出选择之后，虽然他们都完全有能力说第二种语言，但是使用彼此关系的语言会让他们感到最舒适。

当说双语的照护者面对小婴儿时，她只是在一定程度上面临语言选择问题，因为此时的婴儿并非某一语言群体的正式成员。如果双语能力是托育机构的一个培养目标，那么照护者从一开始就使用目标语言来建立关系便很简单。

“语言关系”的目标

对于一个语言已经发展到一定程度的儿童来说，建立这种语言关系会有一定的难度，因为在儿童学习第二种语言之前，你们的交流都会存在困难。双语目标的强度、儿童的安全感及其需求得到满足的程度，决定了我们是否使用第二语言而不是儿童的母语来建立他们与主要照护者的语言关系。如果儿童和照护者都擅长非言语交流，做出这一选择便不会如此困难。一旦建立了语言关系，儿童便会产生学习第二语言的动机，不久他们就能与照护者进行语言交流了。另外，我们还需谨记，虽然有些儿童似乎能很快“学会”语言，但是语言习得并非一蹴而就的事情。起初，照护者与儿童的交流肯定不理想，并且这种情况会持续一段时间。将婴幼儿置于一种他们不能理解他人话语的环境之中真的是一件很糟糕的事情。设想一下，当你完全依赖于某个人，但他（她）却不会说你的母语时，你将会有怎样的感受。

如果把双语能力作为重要的目标，最初，儿童很容易遭受缺乏交流的痛苦，最好的办法是请两位照护者来照顾儿童。其中一位照护者可以用第二种语言与儿童建立语言关系，另一位可以用儿童的母语与其建立语言关系。这样儿童就能够在一种安全的环境中逐渐精通双语。这种学习双语的方法在世界不同地区的许多家庭中都很常见。

请注意，当双语父母或英语并不熟练的父母不情愿时，你最好不要让他们同儿童说英语。如果你这么做，便是忽视了语言关系，你还可能损害儿童与父母之间的交流。作为一位双语者，玛格达•格伯认为父母使用他们在婴幼儿时所说的语言来与自己的孩子交流是很自然的事情。即使是那些英语已经很熟练的父母也会发现，照看孩子时使用母语更容易。请注意，千万不要因为语言而阻碍了家长向孩子表达关爱的能力。

如果双语是培养目标，那么你需要关注在你的机构中或周围环境中语言交流的质量。除非你非常精通与儿童交流时所使用的语言，否则双语这一目标就会妨碍交流。如果你使用目标语言来表达自己的能力有限，那么你重视的应该是交流和儿童的语言发展，而不是双语这一目标。

正如前面所提及的，如果双语是目标，并且有不止一个成年照护者，那么这一问题的解决办法就是，一个成人用一种语言与儿童建立关系，另一个成人用第二种语言与之建立关系。这样，儿童就能够与精通某种语言的人建立关系，并且也能确保在学习第二语言时进行良好的沟通。如果不能与精通某种语言的人交流，儿童便会错失一些东西。与一位精通某种语言的人和一位掌握另一语言的人交流，儿童能收获一些额外的益处，并且不会错失第一语言的发展。下面的场景就为我们展示了在一个家庭式的托儿所中，儿童和照护者是如何使用双语的。

天色已晚，一位女士正在火炉上加热玉米饼。一个3岁的小男孩站在餐桌旁看着她。小男孩用西班牙语告诉她：我饿了。她微笑着用西班牙语回应小男孩，同时递给他一块温热、柔软且卷好的玉米饼。另一个3岁的孩子站在门口，用英语说想要一块玉米饼。她也给了第二个孩子一块玉米饼，并仍用西班牙语来回应。两个孩子都站在了桌边，津津有味地吃着。

一位男士走进厨房，说道："好香啊！"

女士回答道："是啊，你猜是什么？"

"是玉米饼，很好吃。"第一个孩子用英语说道，并举起他的饼给这位男士看。

"你想咬一口吗？"第二个孩子问。

"这是你的，"女士说着便递给男士一块新鲜且温热的玉米饼。

他们三个都满足地吃着玉米饼。然后，男士说："奶奶呢？问问她要不要玉米饼。"

第一个孩子跑出房间喊道："Abuelita, Abuelita, quieres tortilla?"（西班牙语：奶奶，奶奶，要玉米饼吗？）

第一个儿童只有3岁，他正在努力掌握两种语言，并学着何时该使用何种语言。另一个儿童正在接触第二种语言，发展他的接受性语言。看情况，说不准哪一天他就能开口说第二种语言了。在此期间，他处在一种他能够使用第一语言且可以被理解的环境下学习另一种语言。

根据情境选择使用适宜语言的技能并不仅仅局限于使用双语的儿童。所有的说话者都能较早地学会识别不同的语言风格。请认真倾听两个3岁儿童之间的讲话，仔细分辨这与他们和成人讲话方式的差异。例如，倾听儿童玩"过家家"时的说话方式。其中一个儿童扮演妈妈，她会按照她察觉到的成人说话方式来说话；另一个扮演宝宝的儿童会用一种完全不同的方式说话。很明显，他们已经知道与同伴说话是一种方式，与成人说话则是另外一种方式。儿童也会根据不同的成人而改变他们的说话方式。他们与母亲的说话方式，也许不同于与父亲、照护者或陌生人的说话方式。

语言具有文化约束性，它对我们生活的影响是无法估量的。婴幼儿在听、说和回应等自然环境中学习使用语言。语言会影响他们如何感知这个世界，如何组织自己的经验以及与人沟通。

想一想

当今社会，为什么双语和双语教育话题如此重要？它对婴幼儿托育机构有何启示？

有特殊需求的儿童：为其父母和家庭提供支持

本章多次提到，针对语言发展和双语学习者，与其父母和家人进行有效沟通非常重要。我们知道，家庭是婴幼儿最重要的资源，依靠家庭的力量能够为婴幼儿的发展和学习提供直接的支持。在帮助有特殊需求的儿童及其家庭时，这一点尤为重要。

孩子的出生是一件令人兴奋和惊奇的大事，同时也会让我们的生活发生很多变化。父母和其他家庭成员总是会对这个新到来的小家伙有着美好的期望，对他们的未来满怀梦想。如果这个小家伙身患残障又会发生些什么？谁能回答关于照护这个孩子的无穷问题，并帮助其家人寻求所必需的援助和知识资源呢？所有的期望可能瞬间就会化为恐惧、否认、内疚和愤怒。

面对有特殊需求的婴幼儿家庭，在尝试提供具体的支持策略之前，照护者和教师谨记几条重要的原则或许会非常有用。首先，对任何一个婴幼儿的发展和学习来说，家庭是最重要的影响因素，早期干预要认识到婴幼儿家庭的这种至关重要的作用。与婴幼儿家庭的有效合作是逐步建立起来的，其基础是双方的相互信任。每个家庭都有其独特的优势，在为孩子制订干预计划时，每个家庭都应该是积极的参与者和决策者。文化、母语以及不同家庭之间的差异都应该得到尊重，干预服务应该是个性化的、灵活的和回应式的。我们应该支持和鼓励家庭活动，教育时机就出现在日常活动和各种不同的情境中，特别是对有特殊需求的婴幼儿而言。干预机构、照护者和婴幼儿家庭之间的协调和合作能够创造出全面、易行且性价比高的早期干预服务[13]。

下面的支持策略可以帮助家有特殊需求儿童的家长应对因照看孩子而产生的消极情绪影响。通常我们认为，悲伤是孩子被诊断为残障后家长最普遍的反应。接着可能是否认和愤怒，家长可能要经过几年才能接受诊断结果。然而，并不是所有的家庭都会经历悲伤反应，他们可能会变成孩子病情的“专家”，或努力将诊断结果“正常化”和淡化。要注意保护他们的经历，或者对他们表示共情。许多家长或许并未充分意识到孩子残障所带来的全部影响，帮助他们寻找相关的支持资源至关重要。

准确而具体的信息能够增强家长的力量感。照护者应该为婴幼儿的家长提供记录观察细节的文档，以便让他们“看见”孩子的进步。在分享信息时要注意尊重家庭隐私；留出“来聊一聊”的时间和私人空间。照护者和教师还需要谨记的重要一点是，尽管他们是早期干预团队的重要成员，但他们并不是治疗师。

想一想

假设在你们的照护机构中有一个儿童存在沟通障碍。你需要考虑哪些事情？请列出一些合适的语言活动。

反思图 9.3“沟通能力发展的里程碑和沟通障碍的预警信号”以及后面的“发展路径”专栏。照护者和教师应该如何与婴幼儿家长分享这些信息，从而达到增强家长的知识基础并促进相互理解呢？

为有特殊需求的婴幼儿的父母和家庭提供支持是一件耗时费力的事情。若要建立高质量的关系，形成真正的团队协作，以及成人之间的真诚合作，就需要我们为之付出努力，并分享彼此的真实感受。将挑战和问题视为学习的机会还需要信任和相互尊重。照护者与婴幼儿家长之间开诚布公且敏感地沟通，恰是为有特殊需求的婴幼儿提供高质量服务体系的基础。所有这些努力定能带来持续的积极效果！

图 9.3 沟通能力发展的里程碑和沟通障碍的预警信号

小婴儿（出生至8个月）：小婴儿最初进行沟通是为了满足其需求，随后会不断拓展他们的交流范围，包括进行有趣的交换，学习与照护者互动的节奏。这一时期，沟通障碍的预警信号包括：

- 对社交接触普遍缺乏兴趣（婴儿回避目光接触，身体僵直）。
- 对人的声音或其他声音无反应。

能爬和会走的婴幼儿（6～18个月）：婴幼儿会爬和会走以后，能运用语言进行一些有趣的尝试，并进行有目的地交流。这一时期的婴儿通常能说出他们的第一批词。他们会反复地练习新学会的词语，并随时随地使用它们。这一时期，沟通障碍的预警信号包括：

- 在8～9个月大时，婴儿停止了咿呀学语（失聪的婴儿最初会咿咿呀呀，随后便停止了）。
- 即使在熟悉的环境中，婴儿也没有兴趣与物品或照护者互动。
- 在9～10个月大时，婴儿不会追踪成人所指的方向。
- 在11～12个月大时，婴儿不会给予、展示或指向物品。
- 在11～12个月大时，婴儿不会玩拍手游戏或藏猫猫游戏。

学步儿（16～36个月）：这一时期是儿童典型的语言爆发期。学步儿掌握的词汇量快速增加，他们开始使用一些简单的语法。这一时期，沟通障碍的预警信号包括：

到24个月的时候，儿童

- 只会说25个或更少的词语

到36个月的时候，儿童

- 词汇量有限
- 只能说很短、很简单的句子
- 出现的语法错误显著多于其他同龄儿童
- 不能谈论未来的事件
- 大多数时候，对问题的理解不正确
- 经常被他人误解
- 与同龄人相比，社会性游戏的形式很少
- 难以维持一段对话

资料来源：摘自“Early Messages,” *Child Care Video Magazine,* Fall 2002。

发展路径

体现语言发展的行为

小婴儿 （出生至8个月）	● 使用声音和非声音的交流来表达兴趣和施加影响（用哭声表达痛苦，用微笑发起社会互动） ● 咿呀学语中使用了各种声音 ● 能组合各种咿呀学语；理解熟悉的人或物的名称 ● 能聆听对话
能爬和会走的婴儿 （9个月至18个月）	● 能咿咿呀呀地说出一个长句子 ● 会饶有兴致地看绘本，并指认一些人和物 ● 开始使用我、你等人称代词 ● 能用摇头表示不，能说两到三个清晰的语词 ● 表现出对成人语言的高度关注
学步儿 （19个月至3岁）	● 能将语词组合起来 ● 能听一会儿故事 ● 能说出近200个语词 ● 发展出一些体现在语言上的想象思维，开始玩假装游戏 ● 会使用“明天”和“昨天”

资料来源：Carol Copple and Sue Bredekamp, eds., *Developmentally Appropriate Practice in Early Childhood Programs,* 3rd ed.（Washington, DC: National Association for the Education of Young Children, 2009）.

多样化的发展路径

你所看到的	到托育机构后，贾伊总是让所有人都知道他来了！他跑进房间，让妈妈把东西放在他的小柜子里，并立即大声命令其他儿童。他的语言清晰，并且几乎都是命令口吻（“上车”“现在过来”）。他喜欢玩那些充满活力的学步儿游戏，但似乎总是想主导游戏。如果不能成为游戏中的领导者，他就会感到很沮丧。现在，他仍然通过动作（打或抓）而非语言来表达他的情绪。

你可能会想到的	贾伊是一个好斗的小男孩。他不会用过多的语言来表达情绪。他开始成为一个麻烦了！
你可能不知道的	贾伊是三兄弟中最小的一个。他的两个哥哥经常命令他和戏弄他。他们很喜欢看电视，经常带他一起玩一些电视中播放的游戏，这些游戏通常涉及很多假装的打斗（有时甚至会失控）。
你可能会做的	每当贾伊到来，你都为他提供一些时间和空间来释放其精力和情绪，让他将自己的沮丧表现出来。在开始具体的活动之前，让他玩水或沙子是一个好主意。让他知道和你在一起是安全的，你会帮助他满足其需求（通过语言向他表达），而并不一定非要成为领导者。鼓励贾伊的朋友用语言表达想法，尤其是当你看到他们不愿服从贾伊的命令时。你发现在下午的某些时候，贾伊很喜欢听故事。充分利用这一时间，读一些有关情绪或他感兴趣（如汽车）的书。你也可以让他的母亲把这些书带回家。询问他的母亲，孩子们在家里是否看了太多的电视，并提醒她为孩子们提供一些其他形式的活动。
你所看到的	赫玛是一个非常安静的小女孩；英语是她的第二语言。当她和母亲到来时，几乎都是母亲在讲话。她说女儿在家中能讲很多话，她认为赫玛现在或许可以读一些书（赫玛还不到3岁）。赫玛常常独自在娃娃区和其他安静的区域（如图书区）一个人玩。她并不回避其他儿童，但也不会主动与他们接触。
你可能会想到的	赫玛的父母对她要求很苛刻。他们对她造成了很多压力，这使得她在与其他儿童接触时产生退缩行为。
你可能不知道的	在赫玛所处的文化中，儿童被认为是家庭的特殊礼物。父母事事包办，孩子很少有机会表达自己的需求。他们的文化认为，与儿童的交流并不重要，但是学业成绩却非常重要。赫玛的父母希望她能在学业上获得成功。
你可能会做的	更多地去了解赫玛的父母，尊重他们的价值观。鼓励他们参观你们的照护机构。让他们看看你们与儿童的互动和对话。鼓励赫玛使用她所知道的词语，循序渐进地邀请其他儿童和她一起游戏（可能每次只邀请一个孩子）。让赫玛的父母知道你们也很重视读写能力，但是要与他们分享更多有关读写萌发品质的信息。

本章小结

语言是具有一般意义的符号系统。

语言发展的进程

- 在语言发展方面，社会互动对于何时掌握何种水平的语言非常关键。
- 互动、模仿的机会以及一些与生俱来的能力的成熟，共同促进了语言的发展。
- 接受性语言期（从出生到1岁）是婴儿接收、组织和理解经验的一段时期。
- 表达性语言期（从1岁到说出第一个词）是婴幼儿发出更加具体的声音和词汇，并将其精细化的一段时期。

语言所赋予儿童的：认知链

- 儿童通过语言可以标记他们的经验，揭示客体永久性，并进入符号王国。
- 认知和语言一起促进了儿童的推理能力，发展了他们整理经验的能力，拓展了他们的适应和应对技能。

脑和早期的语言发展

- 语言发展取决于早期的神经联结（突触），当频繁听到的声音在大脑中形成“映射”时，这种联结会变成更加持久的通路。
- 婴儿出生后的最初两年内，两个事件——髓鞘化和依恋——对他们的脑发育（以及语言发展）至关重要。

促进语言发展

- 语言发展的指导原则关注“与”婴幼儿进行互动，而不是“对”婴幼儿进行指导。
- 有趣的相关经验为婴幼儿提供了可倾听和讨论的多种事物。

早期读写能力

- 婴幼儿学习早期的读写技能与其习得语言技能的方式相似，所有的发展领域都是在一种有意义的、关系导向的环境中共同进步的。
- 早期读写能力的指导原则围绕着丰富的感官体验展开，在这些体验中，婴幼儿看到成人投身其中，并分享语言和文字。

文化差异、双语和双语学习者

- 当儿童身处双语环境中或者已经开始学习两种语言时，双语便存在了。这一过程可能在出生时就存在了，但并不是必需的。
- 建立“语言关系”要求关系双方的敏感性、理解和尊重。在照护过程中，高质量的语言交流才是其目标。

有特殊需求的儿童：为其父母和家庭提供支持

- 为父母提供支持的核心信息是，认识到家庭是儿童最重要的资源；依靠家庭的力量能够为有特殊需求的婴幼儿的发展和学习提供直接的支持。
- 在用独特的方式照护残障儿童的过程中，每个家庭都会受到情绪影响；花点时间学习与家长分享婴幼儿的观察文档、资源，以及私下“来聊一聊”的最佳时机。

关键术语

语言（language）
社会互动（social interaction）
接受性语言（receptive language）
表达性语言（expressive language）
快速映射（fast mapping）
自我调节（self-regulation）
神经可塑性（neuroplasticity）
读写能力（literacy）
读写萌发（emergent literacy）
双语能力（bilingualism）

问题与实践

1. 回顾表9.1。一位家长向你请教她8个月大的孩子的语言发展问题。表9.1中的信息对你有何帮助？人们可能会如何不恰当地使用该表？
2. 到当地的图书馆浏览儿童图书专区。至少选择5本你认为适合学步儿的书籍，并说明你选择它们的理由。
3. 观察一名3岁以下的孩子。你发现了哪些与语言有关的行为，以及哪些与读写萌发有关的行为？这名婴幼儿能借助语言做哪些事情？
4. 比较语言发展（图9.1）与读写能力发展（图9.2）的指导原则。你从中发现了哪些相似点和差异？这两个领域的发展是如何联系在一起的？

5. 假设在你们的照护机构中有一个孩子讲另一种语言。你将如何与这个孩子交流，并帮助她与其他孩子进行互动？
6. 你将努力为有特殊需求的儿童的父母和家庭提供哪些支持？你要牢记哪些注意事项？

拓展阅读

J. Gonzalez-Mena, "Caregiving Routines and Literacy," in *Learning to Read the World: Language and Literacy in the First Three Years* ed. S. E. Rosenkoetter and J. Knapp-Philo (Washington, DC: Zero to Three, 2006), pp. 248–261.

Karen N. Nemeth, *Basics of Supporting Dual Language Learners: An Introduction for Educators of Children from Birth through Age 8* (Washington, DC: National Association for the Education of Young Children, 2012).

Karen N. Nemeth and Valeria Erdosi, "Enhancing Practice with Infants and Toddlers from Diverse Language and Cultural Backgrounds," *Young Children* 67(4), September 2012, pp. 49–57.

第10章 情　绪

问题聚焦

阅读完本章后，你应当能回答以下问题：

1. 描述婴儿的情绪发展。从第一年（婴儿期）到第二年（学步期）情绪发展有哪些变化？
2. 你是如何定义气质和心理韧性的？有关这两个发展概念的研究对婴幼儿照护者有何帮助？
3. 比较婴幼儿的恐惧和愤怒。成人能够采用哪些照护策略来帮助他们应对这两种强烈的情绪？
4. 成人应该如何支持儿童的自我指导和自我调节？成人的这类行为又将如何促进早期的脑发育？
5. 描述儿童早期干预领域面临的五种挑战。在婴幼儿保教工作中存在哪些相似的挑战？

你看到了什么？

下面是一个家庭式托儿所的场景。2岁的索菲娅正在把玩具从一个矮架子上拿下来，然后放进一个硬纸盒里。这时，她停止了手中的活动，向窗外望去，并用舌头舔了舔冰冷的玻璃。再之后，她漫无目的地走到一个3个月大的婴儿旁边，这个婴儿正躺在照护者旁边的毯子上。索菲娅猛地伸出手，想去摸婴儿的头。照护者伸出手温柔地抚摸着索菲娅的头说："轻一点儿，轻一点儿，索菲娅。你可以摸，但你必须轻轻地摸。"索菲娅鲁莽的动作变成了轻轻的抚摸，她轻抚了这个婴儿一分钟，就像刚刚照护者轻抚她一样。但是，随后她变得很激动，她的抚摸变成了重重的拍打。照护者制止了她，并再次说："轻点儿，轻点儿。"她再次摸了摸索菲娅的头，并且握着她的手。但是，这次索菲娅的反应有些不同，她抬起另一只手去打这个婴儿，同时脸上飘过一丝果决的表情。照护者制止了她，并紧紧地抓住她的手。索菲娅的意图受挫，她转向照护者，瞪着眼，开始用力挣脱，反抗着，同时发出尖叫声。最后，照护者把这个愤怒的小女孩从那个无助的婴儿身边带走。照护者平静地对她说："索菲娅，我知道你很生气，但是我不能让你伤害小特恩。"

随着时间的推移，索菲娅将学会如何管理自己的情绪。她生活中的成人，通过接纳她的强烈情绪，尊重她有产生这些情绪的权利，默默地一直守护着她。当然，他们同样也不会允许她去伤害他人或自己。她将会知道，强烈的情绪要用社会可接受的方式来表达；而且，她也要明白，一些有用的应对技能，有助于她管控好每天都可能遇到的那些真实的挫败。

情绪和情感在儿童发展的早期就联系在一起了。这些情绪是什么以及它们来自哪里，家长和照护者都特别感兴趣。**情绪**（emotion）一词源自拉丁文，意思是离开、使烦恼或兴奋。情绪是对某一事件的情感反应，虽然它们由外部事件触发，但却源于个体内部。**情感**（feeling，也译作感受）一词是指对某种情绪状态的身体感觉或意识。它也包括回应这种情绪状态的能力。

关键是，情绪和情感都是真实的。它们可能都由外部因素触发（例如，被某个人诱发），但情感本身归属于它们的体验者。你永远不要低估他人的情感。婴幼儿可能会因为一件你认为微不足道的事情而难过，但是他（她）的感受是真实的，我们应该承认和接纳这种情感。在接纳的基础上，婴幼儿能够学会评价自己的情绪和情感，让自己平静下来，并以社会可接受的方式来行动。当照护者和家长帮助婴幼儿识别他们自身的感受并学会应对时，他们便是在帮助儿童形成一种内在的自我指导和能力。

本章主要关注情绪发展，以及婴幼儿的情感是如何随时间而变化的。本章讨论了影响情绪发展的因素、尊重个体气质的重要性，以及如何培养儿童的心理韧性；特别关注了如何帮助婴幼儿（像开篇场景中提到的索菲娅）应对恐惧和愤怒；涵盖了强烈的情绪（与压力有关）会影响大脑中的神经化学物质。此外，还强调了儿童早期干预领域面临的一些挑战，以及这些挑战与婴幼儿保教机构所面临的挑战何其相似。

情绪和情感的发展

情绪和情感会随着时间而不断发展和变化。新生儿的情绪与即时的体验和感觉有关。新生儿的情绪反应并不明确，更像是一种泛化的唤起或平静的反应。精细化的反应有赖于出生之后的发展。在出生后的头两年，随着认知能力——记忆以及理解和预测能力——的逐步发展，情绪表达也随之逐渐发展。

温柔分娩技术的倡导者，法国妇产科医师弗雷德里克·勒博耶认为，婴儿从出生的那一刻起就开始有了情绪。在勒博耶宣传他的温柔分娩技术之前，人们普遍认为婴儿在出生时并没有太多的感受。即使他们有感觉，他们能做出情绪反应的可能性也很低。现在的研究表明，婴儿在出生时的

这个婴儿看到了一个陌生人，不知道该如何回应。他看着照护者的脸可能会让他安心，而这种安心源自“社会参照”。

确能够运用他们的各种感官。因此，研究者和照护者不再质疑婴儿能够感受到情绪这一问题。虽然婴儿在出生时无法说出他们的情绪体验，但是他们的生理反应能被观察到。有证据显示，他们在面对强刺激时会表现出紧张。我们曾经认为新生儿出生时恐慌的哭声和攥紧的拳头是正常的，甚至是必需的。现在，勒博耶和其他一些人已向我们证实，当减少那些强刺激，如强光、噪音和剧变的温度，新生儿可以非常放松和平静。某些通过勒博耶分娩法出生的婴儿甚至刚出生就会微笑[1]。

出生后的第一周，婴儿的情绪反应依然不够明确。小婴儿要么处于唤起的状态，要么处于平静的状态。他们也许会哭得很厉害，但是我们很难为他们的感受贴上合适的标签。然而，随着他们逐渐发育成熟，这种唤起的状态开始逐渐分化成一些熟悉的成人式的情绪，如愉悦、恐惧和愤怒。直到 2 岁，你仍能看到他们这些基本情绪的细微的变化。学步儿已经可以表达自豪、尴尬、害羞和同理心。

研究显示，婴儿快满 1 岁时便能将他人情绪表达的信息与环境线索联系起来。例如，一个 12 个月大的婴儿在面对某一潜在的危险事件（如陌生人或新环境）时，可能会先根据其信任的照护者的面部表情来检验成人的情绪反应。如果该照护者看起来很高兴或很惬意，那么，婴儿便会比较放松并接受这种环境。反过来也是如此，如果照护者看上去忧心忡忡，婴儿也会表现得很担忧。在情绪领域，这种“检验”被称作**社会参照**（social referencing）[2]。婴儿会借用他人的情绪来指导自己的情绪。他们能够使用这种信息和经验让自己平静下来。我们稍后将会介绍自我平静技巧。

有时，人们想把情感分为两类：好的和坏的。然而，所有的情感都是好的；它们携带能量，拥有目的，并能为我们提供一些对于自我指导而言很重要的信息。另一种更好的划分方法是将它们区分为“正性”情感和“负性”情感。高兴、愉悦、快乐、满足、满意和力量感，这些都是“正性”情感，婴幼儿应该充分地体验这些情感。你可能不希望把力量感划归到婴幼儿的

"正性"情感之列，但它对婴幼儿却至关重要。当他们发现自己能够做一些事情时，例如影响周围的事物特别是人时，他们的力量感便产生了。依恋和随之而来的信任感是确保婴儿感到有力量的一种途径。

"负性"情感，尤其是恐惧和愤怒，是最需要照护者关注的感受，我们会在本章详细讨论。对于照护者来说，重要的是知道如何支持儿童努力学习应对技巧。同样重要的是，照护者也需要了解婴幼儿的气质类型，知道如何培养他们的心理韧性。确保健康以及理解气质和心理韧性这两个发展概念，都与儿童的自我指导和自尊的积极感觉直接相关。

气质和心理韧性

气质（temperament）是个体的行为风格与回应这个世界的独特方式。它包括一系列受先天（遗传基因）和后天（社会互动）因素影响的人格特征。这些有关情绪和运动反应的独特模式是从无数指导脑发育的遗传指令开始的，随后这些模式又受产前和产后环境的影响。随着婴儿的不断发展，他（她）拥有的独特经历和生活中的社交环境会影响其气质的特性和表达。

实践已经证明，评估气质、衡量个体的特质是如何形成的，是极具挑战性的事情。对婴幼儿的气质开展的最持久和最全面的研究，始于几十年前亚历山大•托马斯和斯特拉•切斯的工作。受他们研究的启发和鼓舞，产生了越来越多有关气质的科学认识，包括气质的稳定性、气质的生理基础，以及根据儿童的养育和与照护者的互动，气质又会产生怎样的变化。图 10.1 总结了托马斯和切斯所描述的有关气质的 9 种特质。通常，依据个体的特质，测量则沿着从"低"到"高"的连续体进行。

托马斯和切斯讨论的这些特质可以分为三种气质类型。容易型婴儿（约占总数的 40%）适应性强、可接近并拥有积极的情绪。迟缓型婴儿（约占

图 10.1 气质的9种特质

1. **活动水平**：一些婴幼儿会到处爬或走动，似乎时刻都在做些什么；而另一些则喜欢待在某个地方，几乎不动。

2. **生活节律**：从出生起，一些婴幼儿的吃饭、排便和睡觉都很有规律；而另一些则与之相反，他们的生活节律难以预测。

3. **趋避性**：一些婴幼儿喜欢新鲜事物且乐于去探索；而另一些则回避几乎所有的新体验。

4. **适应性**：一些婴幼儿能很快、很容易地接受新体验；而另一些则与之相反。

5. **注意广度**：一些婴幼儿可以长时间地玩一个玩具，并且很高兴；而另一些则经常变换玩具。

6. **反应强度**：一些婴幼儿会大声地笑，当他们想哭时也会号啕大哭；而另一些则只是微笑或呜咽。

7. **反应阈限**：一些婴幼儿可以感知到每一种光线、声音和触觉刺激并做出反应，他们通常会很烦躁；而另一些似乎并不在意这些变化。

8. **注意分散度**：一些婴幼儿可以轻易地被有趣的事物（或危险的事物）所分心；而另一些婴幼儿则不会因此分心。

9. **情绪状态**：一些婴幼儿似乎总是微笑，并且心情愉悦；而另一些则易被激怒。

资料来源：摘自 S. Chess, A. Thomas, and H. Birsch, "The Origins of Personality," *Scientific American* 223, 1970, pp.102-109。

总数的 15%）最初对新环境表现消极，但是随着时间的推移和耐心的增加，最终他们都能够适应环境。困难型婴儿（约占总数的 10%）通常有着消极的情绪，行为具有不可预测性（特别是与饮食和睡眠相关的行为），面对新环境和陌生人，会反应强烈并且易怒[3]。需要注意的是，约有 35% 的婴幼儿并不符合某一具体类型；相反，他们表现出独特的混合气质特征。

理解气质有助于家长和照护者尽最大努力与婴幼儿进行积极的互动，即使这些儿童的性情各不相同。拟合优度模型（the Goodness of Fit model，托马斯和切斯的又一贡献）阐明了如何做到这一点，那就是创设环境，使

教学

这些男孩发现了一只蜗牛。每个孩子的情绪反应各不相同。是他们的不同气质导致了这种差异吗？

© Lynne Doherty Lyle

之尊重每个婴幼儿的气质，同时鼓励更多适应性互动。鼓励迟缓型儿童的照护者给予儿童更多的时间去适应，吸引他们慢慢地进入新情境，逐步培养儿童的独立性。在照护快乐、好奇心强的儿童时，照护者要确保他们在探索外界时是安全的，并且专门留出一段时间与他们进行互动。照护者需要始终对儿童保持敏感的关注，即使对那些容易型的儿童亦是如此。在照护那些烦躁、喜怒无常的儿童时，照护者需要灵活处理，提前做好应对变化的准备，并为他们提供一些充满活力的游戏，耐心地引导他们，并与之进行积极的互动[4]。

识别和理解个体差异有助于成人以一种关爱和支持的方式来应对婴幼儿气质所带来的挑战。然而，照护者在使用气质类型和标签时需要特别谨慎。如果成人的预期开始不恰当地塑造儿童的行为方式，那么自我实现预言便会发生。如果儿童被当作“困难型”孩子来对待，那么，不管他们真实的气质类型是什么，他们的行为都可能会被贴上“困难型”的标签。

婴儿的真实气质是怎样的？气质在出生时就是稳定的吗？某些行为确实具有研究者所谓的“长期稳定性”。例如，在应激性、社交或羞怯等方面得分很高或很低的婴幼儿，若干年后再对其进行测量时，他们可能还是会做出相似的反应。托马斯和切斯认为，3 个月大时，婴儿的气质就已经确定了。然而，如今的大多数信息表明，儿童 2 岁后的气质比之前更稳定。随着年龄的增长，气质本身可能也会随之发展，早期行为会发生改变并重新组织成为新的更复杂的反应[5]。经验塑造也不断调整婴幼儿必须以特定方式行事的倾向。在儿童如何被回应以及如何社会化等方面，文化多样性发挥着巨大的作用。每一个家庭都是独特的。

心理韧性与健康的情绪发展

哪些因素有助于特定气质模式稳定呢？这一问题吸引了许多发展心理学家深入研究**心理韧性**（resiliency，也译作心理复原力）这一特质，考察它是如何影响健康情绪发展的。心理韧性是一种以适应性的方式克服困境的能力。这一领域的大部分研究都是围绕问题青少年开展的，特别是处于青春期的青少年。这些青少年通常已经被认定处于某一问题情境中，最明显的问题就是贫穷。当前，一些有关心理韧性的研究开始将关注点从“逆境中的恢复”转向了能力和内在力量。在儿童早期发展中促进能力和内在力量的发展是一个重要目标，可以防止日后问题的出现。促进一个人的心理韧性和秉持对个体的尊重这两者有着共同的目标，即实现健康的情绪发展。

心理韧性是指一些人尽管身处逆境仍能茁壮成长的能力。如今，它被视为一种动态过程，而非一种稳定的特质。儿童并非在所有的环境下都具有心理韧性，但是他们能学会应对问题并让自己感到舒适。想要保护儿童免于所有的压力是不现实的（有关心理韧性的研究通常会考察多种压力源，如贫穷、高风险条件、缺失父母的爱），但是，促进心理韧性的发展可帮助儿童积极应对一些压力，从而获得新的力量[6]。我们在本章随后讨论恐惧和愤怒时将会用到这一概念。

具有心理韧性的儿童拥有某些具体特征。他们积极应对生活中的挑战，寻找解决问题的办法。他们似乎也理解因果关系，认为事情的发生通常是有原因的。具有心理韧性的儿童能够获得积极的关注，他们很有吸引力，善于交际，性格随和。最重要的是，他们积极地看待这个世界，并且相信生活是有意义的。

访问下列网址，获取更多的信息和资源材料。

搜索研究所（Search Institute）是一家独立的非营利组织，它创建了一个关于心理韧性的儿童发展资产框架，相关资源也可从该组织的网站上获得。

www.search-institute.org

有关心理韧性的研究告诉我们，有一些保护性因素可以促进心理韧性的发展。婴幼儿的照护者在做课程计划和创设环境时可以把这些保护性因素整合进来。很小的婴幼儿就能通过生活进行学习，认识到自己是有能力的人，这个世界是非常有趣的。这种早期学习能促进儿童的情绪稳定及健康发展，并且培养他们掌握可终生受用的应对技巧。考察图 10.2 列出的策略表，你还能补充哪些促进心理韧性发展的策略呢？

图 10.2　提高心理韧性的照护策略

1. 了解你所照护的儿童（从发展、个体和文化的角度去了解），与每一名儿童建立积极、关爱的关系。
2. 在你们的机构中建立一种集体感，让每一名儿童都体验到一种归属感，并且尊重他人的权利和需求。
3. 与儿童家庭建立紧密的关系，以促进彼此的信任和尊重。
4. 创建清晰、一致的机构组织结构，这样儿童就能预知常规安排，感到安全。
5. 使学习内容富有意义并具有关联性，这样每名儿童都能发现其中的联系，并从中体验自己的能力。
6. 采用可信的测评程序，如建立档案，让家长看到自己孩子的独特发展，并为此感到自豪。

资料来源：摘自 Bonnie Bernard, *Turning the Corner: From Risk to Resiliency*（Portland, OR:Western Regional Center for Drug Free Schools and Communities, Far West Laboratory, 1993）。

帮助婴幼儿应对恐惧

一个婴儿坐在地板上玩一个柔软的皮球。她停了下来，环顾整个房间，好像在寻找什么。当她发现母亲就在旁边时，脸上露出了放松的表情。她笑得很灿烂，继续玩那个皮球。她听见门被推开了，从另一个房间传来了声音。这时从外边走进来两个人，她愣住了。其中一个是一位照护者，她热情地朝婴儿走过来，并伸出双臂，亲切而兴奋地说着什么。这个婴儿僵住了。随着照护者的靠近，她的整个身体似乎都在向后躲闪。她仍然一动不动，当照护者的脸靠近时，她突然发出了一声嚎叫。尽管照护者温柔地安慰她，并稍微后退了几步，她仍然身体僵硬并继续尖叫，直到照护者远离她。母亲上前来安慰她，她才安静下来。她紧紧地依偎着母亲，慢慢地停止了抽泣，怀疑地盯着这个陌生人。

照护者保持着一定的距离，说："对不起，我吓到你了。我看你是真的很害怕我。"照护者用一种温柔、平静且使人安心的语气继续说道。

这个婴儿具备了区分母亲和陌生人的认知能力，因此，她对母亲具有明显的依恋，并体验到了强烈的恐惧感。“陌生人焦虑”是一种普遍的正常焦虑。上述场景中的那个照护者发现，远离婴儿是比较有效的方法。下一次她会更加谨慎，慢慢地靠近这个婴儿，给她一定的时间来“预热”。该照护者将会发现怎样才能让这个婴儿接受她。对于某些儿童来说，成人可以直接靠近他们；但对另一些儿童来说，陌生人离他们足够近，但不打扰他们，他们才会感到放松。这样做的目的是让儿童在做好准备后自己决定是否接近陌生人。

随着婴儿步入学步期，导致他们恐惧的原因也会随之改变。一两岁之后，儿童对噪音、陌生的事物、不熟悉的人、疼痛、坠落和突如其来的移动的恐惧感都会降低。然而，新的恐惧源又会产生（例如，想象的怪物、黑暗、动物和身体威胁等）。请注意，婴幼儿的恐惧源开始从即时的事件和感知觉，逐步转变为更加内在的一些事件，如想象的、记忆中的或预测到的。这一变化与儿童日益发展的思维能力以及理解潜在危险的能力有关。请考虑下面情境中照护者的做法。

学步儿们正在教室里进行各种活动。架子上的南瓜灯显示现在大概是一年中的什么时间。在表演区低矮的舞台上，三个儿童正在戴帽子、围围巾和穿其他道具服。一个儿童戴着面具，牵着爸爸的手走进教室。他看见舞台上的三个儿童，便立即跑过去加入他们。其中两个孩子仍继续在做自己手头的事，而另一个孩子看到面具，开始轻声哭泣。他往后退，试图躲到放道具服的箱子后面。他一直盯着那副戴面具的脸孔。一位照护者看到这种情况，便很快向他走去。

照护者如实地跟戴面具的儿童说：“凯文，乔希不喜欢你的面具。他想看到你的脸。”她把凯文的面具取了下来，然后对乔希说：“看，乔希，这是凯文。他刚才戴了面具。你害怕的是这个面具。”乔希仍然看起来很紧张，他看看照护者手中的面具，又看了看凯文的脸，然后再次看向面具。"你想看看这个面具吗？"照护者想把面具递给乔希。凯文抗议了，他抢过面具，又把它带上。乔希又开始害怕了。照护者果断地把面具从凯文的脸上再次取下来并说道："凯文，我不能让你戴这个面具，因为乔希非常害怕它。"她把这个面具交给了另一位照护者，示意他把面具拿走。凯文这次只是略微反抗了一下，接着就开始忙着戴一顶毛茸茸的帽子，在镜子前自我欣赏着。随后，乔希从箱子后面爬出来，环顾左右发现面具不在了，他又看了看凯文的脸。接着他从箱子里拿出一顶安全帽戴在头上，然后走过去与凯文一起照镜子。看到问题已经解决，这位照护者便离开，前去擦拭饮水机溢出的水。

这位照护者与前面场景中的照护者一样，他们都理解并接受儿童的恐惧。接受儿童的恐惧对于儿童最终识别、辨认并接受自己的情绪非常关键。为婴幼儿提供安全感，并帮助他们找到自己应对恐惧的方式也非常重要。可用一种引导儿童学习自我平复并知道何时需要寻求帮助的方式来安慰儿童。

有时，如果婴儿能够"再次学习"曾经让其恐惧的情境，可能也会对他（她）有所帮助。这种再学习被称为**条件化**（conditioning，也译作条件作用）。例如，引发恐惧的特定的客体或活动，如果伴随一种让人愉悦的事物出现或由一个令人喜爱的人来解释，那么它就可能不会产生什么伤害。然而，对于条件化这一过程我们还需做些说明，如果儿童感到高度焦虑则要立即停止，可过几个月后再尝试。图 10.3 总结了一些有助于婴幼儿应对恐惧的指导方针。

考虑下面的情况。你自己的应对技巧能帮助你回应这些儿童吗？你掌握的有关儿童气质的知识又将如何帮到你呢？

一个 9 个月大的婴儿刚刚被母亲送到照护中心，母亲上班快要迟到了。尽管她把儿子交给照护者时已经和他待了几分钟，但不巧的是，今天的照护者是一位替班的新手，所以当母亲跟他说完再见匆忙出门

想一想

你会如何应对自己的恐惧？你会采用退缩和逃避的方式来寻求舒适和安全感吗？你觉得把恐惧发泄出来有助于应对它们吗？

图 10.3 帮助婴幼儿应对恐惧的照护策略

1. 把儿童的恐惧视为合理的；承认恐惧对他们来说是真实的。
2. 支持儿童，让他们相信自己能找到应对办法。
3. 在可能的情况下，用预见来阻止某些恐惧情况的发生；请陌生人慢慢地接近婴幼儿，尤其当他们的着装有些另类时。
4. 让学步儿做好准备面对可能存在的恐惧情境；让他们有所预期。
5. 将恐惧情境分解为可以控制的几部分。
6. 将陌生的情境（如去郊游）与熟悉的物品（如拿着特定的玩具）相结合。
7. 给婴幼儿一定的时间去适应新事物。

后，他就开始哭闹。他坐在地板上，非常害怕，一会儿尖叫，一会儿抽泣。这个孩子的行为可能意味着什么？如果你是这位替班的照护者，你会如何回应这个孩子呢？

一个 2 岁的女孩正在看身边的一摞书。她坐在一个软垫子上，看起来非常放松。在她旁边，一位照护者抱着另外一个孩子，这个孩子拿着一本书正在看上面的图画。此时坐在垫子上的女孩拿出一本书开始浏览。当翻到一幅小丑的图画时，她猛地将书本合上，看起来非常害怕。你会如何解释这个女孩的行为？如果你是照护者，你将如何回应她？

一个 2 岁半的女孩正在用大的塑料积木搭一座围墙。她站在里面，看起来非常自豪，她说："老师，快看我的房子。"这时街上传来一阵警报声，她僵住了。然后她跑到婴儿床边，爬到了床底下，蜷缩得几乎让人看不到她。你将如何解释这一行为？如果你是照护者，你会如何回应她？

你在回应儿童时，是否承认了他们的情绪？你是迫切地想把他们从恐惧的情绪中解救出来，还是帮助他们自己找到释放情绪的办法？你是否知道，每种情境下出现的恐惧有何意义？

一般来讲，恐惧能够保护个体远离危险。从婴儿身上，我们很容易看出恐惧是如何产生的。他们会对坠落、感觉到的强烈攻击做出恐惧反应，也会对与负责其健康的主要照护者的分离做出恐惧反应。恐惧能够保护他们远离那些危险。对于学步儿来说，由于认知能力的发展，他们的恐惧更为复杂。害怕时，愤怒的婴幼儿经常会发飙；而恐惧的婴幼儿常采用回避的方式来保护自己。

帮助婴幼儿应对愤怒

与恐惧一样，婴幼儿的愤怒也会令照护者颇为头疼。请再回顾一下本章开篇的场景。你还记得索菲娅以及她对那个婴儿和照护者的不满吗？回顾一下照护者是如何分别对待这两个儿童的。当时，照护者保护了小婴儿特恩，但是她的做法却让索菲娅感到愤怒。尽管如此，照护者还是通过接受和承认索菲娅的愤怒这一事实，从而以一种尊重的方式处理了她的愤怒。但是，她不允许索菲娅以伤害特恩这种方式来发泄愤怒。

索菲娅的愤怒看似是因她想做的事情被阻止而起，但有时愤怒的原因并不与即时的情境相关，而是来自更深的层次。如果你不能发现导致婴幼儿产生某种情绪的真正原因，你通常很难将它作为真实的和正当的情绪来接受。当愤怒的原因并不明显，或者成人认为这个原因缺乏合理性时，他们通常会这样评论，如“哦，没什么好生气的”；或者“噢，别这样，你并不是真的生气了”。但是，即便原因不明显或者貌似缺乏合理性，婴幼儿的感受也是真实的。懂得尊重的照护者不会否认婴幼儿的情绪表达。他们关注并试图表达从儿童身上所觉察到的东西。他们这么做是在告诉孩子：“你的感受非常重要。”识别和接受儿童情感的重要性不容忽视。我们无须为自己的情感找理由，它们存在就足够了。

如果照护者要接受儿童的情感并对此做出反应，他们自己必须设法保持平静，做到容忍，并且能够自我控制。他们必须具有同理心。然而，他们同时也不能否认自己的情感。正如第1章中的原则6所提到的，诚实地向儿童表达你的真实情感，并能够确定何时表达这些情感会比较合适。优秀的照护者懂得何时以及如何将自己的情感搁置，以便更好地理解儿童的情感。这就是一种共情关系。帮助儿童识别、接受和应对自己的情感非常重要。记住，这也是一种促进自我调节发展的重要方式。

除了接受儿童的情感，并在适当的时候表达自己的情感（通过榜样教学），照护者还可以采取其他几种方式来应对婴幼儿的愤怒。当然，首先要考虑一些预防措施。确保婴幼儿每天不会遇到过多令其沮丧的问题。玩具应与儿童的年龄相符合，并且完好无损。那些不能用或者缺少某些零部件的玩具会让儿童沮丧。当然，照护者也无须消除所有的挫折源，因为这样做会让婴幼儿错失解决问题的机会。记得要满足婴幼儿的生理需要，困倦或饥饿的儿童比精力充足的儿童更容易发怒。脾气暴躁会阻碍问题的解决，因为儿童会在徒劳的愤怒中放弃继续解决问题。

想一想

你如何表达你的愤怒？你会用不同的方式表达你的愤怒吗？你是否发现，当你感到愤怒时，特别是当你无法将愤怒发泄出来时，你通常不会把愤怒表达出来？

婴儿表达情绪和情感的途径比较有限。哭可能是他们唯一的选择，哭涉及声音和身体方面的活动，因此对于婴儿来说，哭是一种很好的释放。随着婴儿的不断成长，当他们可以灵活地使用自己的身体以及语言时，最初的哭就会演变成精细的身体活动和言语。允许婴儿通过哭来表达愤怒的照护者，也能够将愤怒的学步儿的能量引向软陶泥、扔豆袋以及向别人倾诉自己的感受等活动上。这种方法不会让婴儿和学步儿学会以不良的方式否认自己的愤怒或将其压抑。

看一看下面的情境，并想一想照护者可能会如何应对。先来看第一个愤怒的2岁儿童。

录像观察 10

这个小朋友也想荡秋千

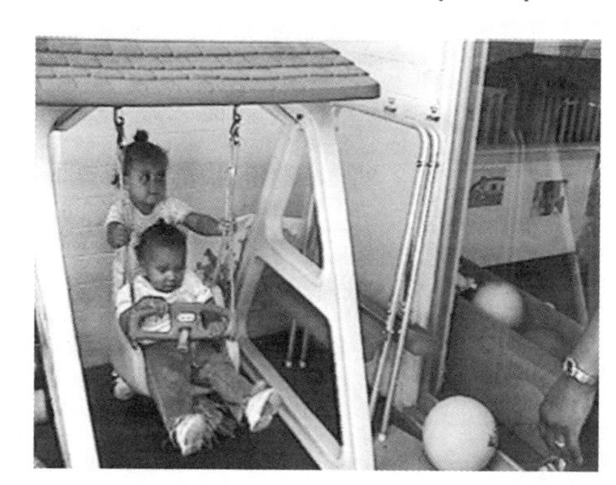

© Lynne Doherty Lyle

看录像观察 10：该录像向我们展示了一个儿童渴望某物却无法得到时的情感。看这段录像时请注意你自己的感受。你是否被你所看到的儿童的情感所影响？

问　题

- 你认为这个儿童有何感受？从中你能发现什么？你是如何知道的？
- 如果你是这个儿童，你将会有何感受？
- 她是否很好地应对了自己的情绪？如果是，那么她是如何应对的？如果你身处这种情境，你会如何应对呢？
- 通过荡秋千这个例子，你发现该机构关于独立性或依赖性的理念是什么？

要观看该录像，扫描右上角二维码，选择“第10章：录像观察10”即可观看。

在婴幼儿照护中心低矮的栅栏旁，一个小男孩正在玩一把塑料耙子。他把耙子插进栅栏，并且转动它。当他想把耙子拽出来时，发现它被卡住了。他一边拽耙子，一边转动它，但是耙子一点也没有松动。他流露出挫败的表情。他小小的手关节因为长时间握着耙子的手柄而变白了，他的脸则因为愤怒而变红。他用力地踢着栅栏，然后坐在地上哭了起来。

还有一个因为另一原因而愤怒的2岁儿童。

一个小女孩被母亲拽进照护中心，她又哭又踢。母亲非常生气，把不情愿的她交给照护者，匆忙地告别后便离开了。小女孩去追母亲，

活用原则

原则6 诚实地向儿童表达你的真实情感。不要刻意伪装自己的感受。

照护者认为，她的工作有一部分内容是帮助儿童应对自己的情感。她将表里如一地为儿童树立榜样，也就是说，表现自己真实的情感，而不是假装一切安好。她并不会表现出强烈的情感，以免儿童受到惊吓，但是，她认为成人心情烦躁时不应伪装。在这家照护机构中，有一位儿童的母亲与照护者有着不同的文化背景，不管发生什么事情，她总是面带微笑，照护者从来都无法判断她的真实情感。照护者告诉了她原则6的内容，并问她是否赞同。她解释说，在她的文化中，平静永远是一个目标。把情绪表现出来是不好的，因为它会破坏群体的和谐。她说她希望自己的孩子也能学会控制自己的情感表达，她现在正在教他这么做。照护者担心这位母亲的做法可能对她的孩子不利，但同时她认同文化差异。照护者的目标是架起一座连接两种文化的桥梁，尽力去理解这位母亲的观点，以便于她们一起找到最有利于这个儿童的方法。

1. 对上述内容你有何感想？
2. 你是否可以同时理解照护者和这位母亲的观点？
3. 在这两种观点中，你是否更倾向于其中的一种？
4. 你认为照护者和这位母亲能互相理解并找到对这个孩子最有利的方式吗？实现这样的目标需要哪些条件？
5. 这个孩子能同时学习这两种情感表达方式，并最终在两种文化中运用自如吗？如果可以，需要哪些条件？如果不行，为什么？

求她不要走。但是房门已经关上了，她抓着门把手，试图打开它。当她发现打不开门时，便躺在门前的地板上哭闹起来。

有时，愤怒能调动起额外的能量来解决问题，或者能激发动机去继续努力。并非所有的问题都有满意的解决方案，在上述两个情境中，愤怒可能是儿童用来表达挫败感的唯一方式。这种表达也可以被视为对独立性的一种维护。学会调节自己的困难情绪需要一定的时间和值得信赖的环境。

警示：某些文化对于表达愤怒持不同的观点，并且它们并不把独立性视为一种目标。因此，考虑每一位家长对其孩子的不同期望非常重要。

自我平静技巧

大部分婴儿都能找到让自己平静下来的方法，并且直到学步期甚至以后还会使用这些方法。重要的是，儿童并不会只依靠他人来解决自己的情绪困扰。大多数婴儿天生就拥有不同程度的**自我平静技巧**（self-calming technique）。最初，这种自我平静技巧非常简单，正如婴儿的情绪也非常简单一样（虽然强烈）。最常见的自我平静技巧是吮吸拇指，这从婴儿出生（甚至之前）时便开始了。随着婴儿情绪的复杂化，他们应对情绪的能力也随之提高。在婴幼儿照护中心可以观察到各种自我平静行为，它们将有助于你更好地了解这些行为的作用。

12个孩子正在从事着各种各样的活动。两个婴儿在房间角落的婴儿床上睡觉。一个6个月大的婴儿坐在照护者的腿上，抱着奶瓶吃奶。两个3个月大的婴儿仰躺在用栅栏围起来的角落里，正看着两个学步儿将玩具塞进栅栏的板条间。一位照护者照看着这些孩子，同时还关注一个想要出去进行一些户外活动的孩子。在房间的另一角，四个学步儿和另一个照护者坐在一张桌子前吃点心。突然，隔壁房间传来一声巨响，打断了所有孩子的活动。

一个婴儿醒了，并开始哭，随后她吮吸自己的拇指，将头埋进毯子里，一会儿又睡着了。另一个婴儿并未醒来，只是惊了一下，身体微微蜷曲，很快平静了下来。

那个6个月大的婴儿停止了喝奶，紧张地看着照护者，用她的另一只手摸索着，想要紧紧抓住些什么。

那两个仰躺着的婴儿开始哭起来。之后，其中一个停止了哭泣，努力挣扎着要改变姿势；另一个仍然在哭。

那两个正在玩玩具的学步儿停下了手中的活动：其中一个坐下来，开始缠绕自己的头发；另一个走向他的小柜子，去找他的小毯子。那个想出去玩的孩子跑向照护者，并在途中捡起一个玩具娃娃。他站在照护者旁边，抚摸着玩具娃娃的丝质裙子。

正在吃点心的孩子们，有一个大哭起来，并且无法自我平静，直到照护者安慰他："是的，这声巨响吓到你了。"其他三个孩子：一个哭着要更多的点心；一个哭着找妈妈；还有一个爬到桌子底下，小声抽泣。

有些自我平静的行为是后天习得的，其他一些，诸如吮吸拇指，则似乎是天生的。当新生儿疲惫或受挫时，即便没有乳头，他们也会表现出吮吸行为。婴儿长大一些后，吸吮拇指或其他手指依然能使他们平静下来。知道他们信任的人就在附近并随时能与他们联系（看他们一眼或叫他们一声），都有助于婴儿自我平静。自我平静行为的增长，比如从简单的像吮吸手指到复杂的如分享重要情感，其过程都会受到社会关系的影响和支持。

培养自我指导与自我调节

成人帮助小婴儿识别自己的情绪并支持他们努力自我平静，也是在培养他们内在的自我指导和自我调节意识。随着婴幼儿学会调节他们的感官输入、运动技能、问题解决能力和语言，他们能更好地指导或控制周围事情的发生。当婴幼儿学会如何恰当地回应环境要求时，他们也会更多地受到他人（父母、照护者和同伴）的影响。回忆一下本章开篇场景中的索菲娅。在照护者的帮助下，她正在学习如何以一种更被社会所接受的方式来管理自己强烈的情绪。这一自我调节的复杂过程需要花费很多的时间和毅力，每天的经历都为婴幼儿提供了练习的机会。不要忘记，每种文化对于情绪和情绪调节可能会有不同的界定。在一个家庭或一种文化中被接受的情绪和情绪调节方式，在另一个家庭或另一种文化中可能并不适用。

回应并尊重婴幼儿的基本需要，为他们协调自己的自我指导和自我调节意识奠定了基础。亚伯拉罕•马斯洛在其经典的需要层次理论中区分出了这种自我指导的、持续的努力；他把这一过程称为**自我实现**（self-actualization）。他指出，健康的人们总是处于不断的自我实现过程中。他们能够意识到自身的潜能，并努力做出选择，使自己朝着目标前进。马斯洛认为，自我实现者能够清晰地感知现实，具有开放性和自发性，有活力，较为客观，具有创造性，有能力去爱，尤其是拥有强烈的自我意识[7]。马斯洛明确指出，人们只有在满足了生理、情感和智力的需要后，才能获得以上这些特质。他将需要划分为五个层次（见图 10.4），并且强调只有当某一层次的需要得到满足后，个体才会发展到下一个需要层次。

马斯洛的需要层次理论对于照护者有何启示？层次 1 和层次 2 的需要是婴幼儿照护机构所主要关注的，这些层次上的需要通常是根据许可要求来不断调整的。层次 3、4、5 的需要则强调建立情感支持和保持关爱关系的重要性，如果个体要充分实现自己的潜能，这些需要就必须获得满足。

图 10.4　马斯洛的生理、情绪和智力需要的层次

层次5

自我实现

（有关成就、自我表达和
实现个人潜能的需要）

层次4

尊重　　自尊

（有关与他人保持满意关系的需要：
被尊重、接受和欣赏，拥有社会地位）

层次3

爱　　亲密性

（与爱、喜欢、关怀、注意以及
他人的情绪支持有关的需要）

层次2

安全　　保护

（与身体安全有关的需要，以避免外部危险或任何伤害个体的事物）

层次1

性　活动　探索　操作　新奇

食物　空气　水　温度　排泄　休息

（身体最基本的需要：获取食物、水、空气、性满足和温暖等）

资料来源：Abraham H. Maslow, *Motivation and Personality*（New York: Harper & Row, 1970）, p. 72.

本书将重点关注这三个层次的需要。在满足婴幼儿基本需要的同时也回应他们更高层次的需要，这一点非常重要。婴儿期尊重式的照护能鼓励婴儿成为主动的学习者，并最终能够调节自己的需要和人际互动。

虽然马斯洛强调了满足需要的重要性，但是他同时也指出了过度放纵的危害。如果儿童的需要在大多数时间总是能被立即满足，那么有时不妨也可以让他们等上一会儿。马斯洛说："婴幼儿需要的不仅是满足，他还需要去了解物质世界中的一些限制，这些限制阻碍着他的满足……这意味着控制、延迟、限制、放弃、对挫折的容忍以及惩戒。"[8]

所有的生物都有某种对压力甚至问题的需要。通过推动儿童对抗某些事情，适宜的（不要太大或太小）压力为他们提供了机会去尝试自己的能力，发展自己的力量和意志。问题、障碍，甚至痛苦和悲伤，这些都有利于个体自我指导的发展。图 10.5 列出的策略有助于照护者培养婴幼儿的自我指导和自我调节能力。这些策略促进了成人与儿童之间相互尊重的关系，进而滋养了儿童的自我指导意识。

NAEYC 机构认证标准 1 关系

图 10.5 培养自我指导和自我调节的策略

1. 帮助婴幼儿关注他们所知觉到的；使用语词来描绘他们的体验："汤是热的。""那个很响的噪声吓到你了。"
2. 给婴幼儿留出安静的时间，使他们能够关注自己的体验和情绪，尤其是当他们专注地投入某一活动时。
3. 为婴幼儿提供适宜的环境和稳定的关系，让婴幼儿的自我指导意识推动他们朝向他们需要发展的方面发展（如爬行、走路或说话）；当他们做好准备时，他们会自然而然地发展。
4. 提供选择：当一个人（不论什么年龄）拥有选择时，他（她）更倾向于从经验中学习，因而会变得更有能力，最终成为自信的决策者。
5. 鼓励独立：照护者保持在场，为婴幼儿从事冒险性活动提供一个信任基地；尊重和关爱的关系允许儿童坚持，也允许儿童放弃。
6. 帮助婴幼儿理解他人的观点和感受；以一种积极的方式引导他们的行为，支持他们处理所遇到的限制。

情绪化的脑

许多有关脑发育的研究结果均已清楚地验证了本书介绍的照护原则，这些照护原则正是本书的核心理念。从早期发展的角度去理解脑的变化能让我们更加意识到，敏感的、回应式的照护对于婴幼儿的健康成长有多么重要！我们知道脑极易受到影响，脑具有可塑性，会对各种各样的经验做出反应。脑具有复原力，它能够抵消一些消极体验，前提是这些消极体验不会持续过久。脑还具有情绪性！它能够加工情绪，并对其做出反应。

在语言发展之前，早期的情绪交流是婴儿与其父母或照护者进行沟通的基础。这些早期的情绪交流实际上促进了脑的发育。当一种回应式的关系建立后，婴儿看到对方时便会体验到喜悦。视觉接收到的情绪信息通过大脑右半球皮质上的神经元进行加工，并且大脑的活动会增加。这种大脑唤醒通常会引发婴儿躯体活动的增加。如果这一行为发出的信号得到了家长或照护者的正确回应，那么大脑发育就会得以强化。敏感的成人不仅能影响婴儿的情绪表达，而且也能影响他们大脑中神经化学物质的分泌[9]。

当今的脑研究已经为这种早期大脑功能专门化提供了更多洞察。大脑的右半球主要负责处理强烈的消极情绪和创造性。在最初的 18 个月，这一区域会发育得更大，并且它主导着儿童最初三年的大脑功能。大脑的左半球在这一时期的发育较为缓慢，它主要负责语言、积极情绪和对新经验的兴趣[10]。因为大脑的右半球发育得更为迅速，并且主要负责调节强烈的情绪，因此，照护者辅助婴幼儿调节情绪的作用就显得非常重要！

压力与早期的脑发育

在本书中，我们已经多次强调稳定的关系对婴幼儿生活的重要意义。根据我们对情绪性大脑的了解来看，在婴幼儿紧张时，敏感且带有安慰性的支持是发展其自我调节能力的关键。如果照护者接受儿童的情绪，为其创设安全的环境供他们进行情绪表达，教给他们一些应对策略，婴幼儿就能逐渐学会应对生活中持续不断的挫折和挑战。

另外有研究揭示了语言发展与经历压力情绪之间的联系。脑成像技术，特别是核磁共振成像（MRI）的运用，已经证明位于大脑中部的杏仁核是加工恐惧、焦虑和其他潜在消极情绪的重要结构。美国加州大学洛杉矶分校的神经科学家戈尔纳兹·塔伯尼亚的研究表明，当我们能够识别并给情绪贴上合适的标签时，我们的情绪反应便会减少。塔伯尼亚发现，能激活大脑额叶区的语言加工降低了杏仁核的反应[11]。用词语标识婴幼儿的情绪，尤其是消极情绪，对大脑发展具有现实意义。大脑的额叶区对情绪中心能够起到调节作用。这便是为什么给情绪贴标签和使用情绪词汇能够帮助儿童调节他们的情绪反应，并且可以进行长期调节。

在本章的前面部分，我们提到适宜的压力能为婴幼儿提供成长机会。压力对于发展而言也许是必要的，但是多少压力算过多呢？频繁且强烈的早期压力体验（贫穷、虐待、忽视或感觉剥夺）实际上会导致婴儿的大脑自我重组。婴儿的“压力调节机制”设定在较高的水平上，有助于他们更有效地应对压力（它与心理学中所谓的“战斗或逃跑”体验相关），并且在这一过程中大脑会释放出特定的化学物质。其中最易理解的一种神经化学物质是类固醇，又称之为皮质醇，能够从唾液中测得。在压力期，大脑会释放皮质醇。它通过减少大脑中特定区域的突触数量来改变大脑的功能。如果这些神经联结持续地被皮质醇破坏，就会造成认知、运动和社交行为方面的发展迟滞。值得庆幸的是，在第一年得到温暖且悉心照护的婴儿在压力期较少产生高水平的皮质醇[12]。依恋体验是一种抵御压力的保护性缓冲器。

访问下列网址，获取更多的信息和资源材料。

美国国家儿童创伤性压力网（the National Child Traumatic Stress Network, NCTSN）是一个独特的专家合作组织，旨在让遭受创伤和压力的儿童及其家庭获得更多的服务。

www.nctsnet.org

忽视的影响

截至目前，大多数有关脑的信息都强调依恋和回应式照护对于神经系统健康发展的重要性。我们已经知道，儿童接受过量刺激或承受过多压力将产生不良后果。然而，当婴儿的父母抑郁，并且婴儿发出的情绪互动线索被忽视时，又将会产生怎样的后果呢？久而久之，这个婴儿也会发展出抑郁行为，变得更加消极和退缩。他（她）也许会开始转向自我刺激和自我安抚。在测试时，这类婴幼儿的心率加快，皮质醇水平升高，并且大脑活动减少。如果父母抑郁且忽视婴儿，那么婴儿在 6 ～ 18 个月大时形成长期发展迟滞的风险最大。6 ～ 18 个月也是形成情感依恋的主要时期。需要补充的重要一点是，如果抑郁的父母接受了治疗并且症状得到缓解，则其孩子的大脑活动可恢复正常水平[13]。这充分说明家庭支持对于婴幼儿的健康发展是多么的重要。

关于婴幼儿的情绪发展，现有的脑研究强调以下几点：

- 情绪（和社会性）的发展与认知和语言紧密相连。
- 过多的压力以及相关激素的分泌，久而久之会导致儿童在自我调节、学习以及对日常环境适应等方面出现问题。
- 3岁前的大脑功能专门化在自我调节和情绪发展方面发挥着重要作用。
- 脑和神经发育提示并支持儿童早期的发展适宜性实践。

对于我们所有人尤其是婴幼儿来说，情绪会充实和增强我们的经验。

如果婴儿要学会忍受并适应强烈的负面情绪，那么他们便需要一个支持性的环境。别忘了愉悦和高兴也是强烈的情绪，能够让儿童产生一种积极的态度，即相信这个世界有很多美好的事物值得去探索。相互尊重的关系是情绪健康发展的前提。

有特殊需求的儿童：挑战和趋势

儿童早期干预有着复杂的历史，为有特殊需求的婴幼儿及其家庭提供优质的支持服务是一项充满挑战的任务。尽管有多机构合作的立法授权，但在美国的许多地区，仍缺乏一致的规划和项目实施。在这一部分，我们将考察早期干预中的五种具体挑战和趋势，以及这些挑战和趋势对婴幼儿保教工作的影响。

儿童发展的基本原则对有效的早期干预服务和项目实践很关键，认识到这一点的重要性是早期干预的第一个挑战。发展框架要求照护者、教师、父母和社区谨记：每个儿童都是独特的。理解儿童的发展可以促进我们重视每个儿童的独特性以及他们的特殊需求，同时重视儿童能力的全面发展。这一原则在本书中被多次提到。与婴幼儿家庭建立真正的合作关系基于的是这样一种知识：家庭是儿童最重要的资源，是他们依恋的基础。回应式的亲子互动是儿童发展和学习的关键。

但是，我们面临的挑战是，从事早期干预的很多个人和机构来自不同的领域，缺乏坚实的有关儿童发展的知识背景。只有照护者、教师和专家充分理解了儿童早期的发展，他们才能更好地帮助婴幼儿家庭，尤其是有特殊需求的婴幼儿家庭，找到合适的支持和资源。幸运的是，已有证据表明，早期干预中的发展取向在不断增加[14]。跨机构推广这一认识的趋势与我们将要讨论的第二个挑战有关，即劳动力发展。

在早期干预和儿童早期保教工作中还存在另一个主要挑战：创建并采用一种有效的培训模式来培养一支富有能力的劳动力。“有效”是指得到鼓励的教育实践活动在不同的师资培训项目之间具有一致性，并且其结果可以测量。美国各州需要为教师培训制定明确的专业标准，开发全面的职业路径，尤其是在儿童早期保教领域和早期干预领域，因为对于照护者和教师而言，确实存在许多令人兴奋的就业机会。生命的最初几年对个体有着长期的影响；受过优质培训的教育者可以发挥巨大的作用！

照护者和教师可能非常了解如何与婴幼儿相处，但是，有时在执行过程中也会遇到挑战。例如，针对某一残障儿童的某项具体活动，一项个性化家庭服务计划可能不会为照护者列出“究竟要做多少次”才会有效这样的事情。知道做什么并理解发展结果非常具有挑战性！教师培训项目需要在职前（在获得毕业证书或学位之前）和在职（持续的与工作相关的培训）教育领域不断拓展。师资教育项目的趋势需要理解，当教什么（信息）和为什么教（理解）与什么是能力相融合时，成人才能获得最佳的学习效果。成为个性化家庭服务计划团队的一员，以及创设有效的早期融合课堂，都必定需要各种各样的技能。

早期干预的第三个挑战与师资教育和劳动力发展有关，即目前缺乏定量研究数据来支持最佳教育实践。研究与实践之间的脱节也同样存在于儿童早期保教工作中。找到足够的有效研究来支持教师的行为和项目实践，并向儿童及其家庭展示积极的发展结果，这依然是许多教育领域所面临的挑战。但这一挑战在早期干预领域尤为重要和紧迫，因为有特殊需求的小婴儿更加脆弱。基于证据确凿的研究，早期干预活动的时机，对于婴幼儿充分实现自己的发展潜能至关重要。

根据皮克勒的方法和格伯的理念，作为婴幼儿保教领域的一种主要趋势，尊重的、回应式的课程在早期干预和儿童早期保教领域中可能是师资教育的一个亮点。有关应用这一方法和理念的国内外机构（项目）的研究正在被汇总，本书的作者们认为，这些研究已经在为师资教育项目提供指导。该取向的一个关键因素是，教师和照护者关注婴幼儿在每一个成长和学习阶段的发展质量。

早期干预的第四个挑战与早期干预服务体系本身有关。早期干预过程涉及多个机构的相互协作，为有特殊需求的婴幼儿提供评估、诊断和制订项目计划，然而这一过程往往缺乏整合和协调。在机构内部和机构之间进行团队合作和集体解决问题时，通常都会面临挑战。另外，再加上婴幼儿家庭压力大，社区资源有限，我们便很容易理解为什么早期干预体系可能需要一种更综合的办法，才能确保对婴幼儿及其家庭持续有效。

与早期干预服务体系内部协调所面临的挑战相关的是，我们需要更多的评估和反馈。可测量的结果和教学实践都需要被清晰地阐述。如果要确保所涉及的婴幼儿及其家庭拥有积极的发展和学习体验，那么密切关注早期干预服务体系每一层级的细节就至关重要。更广泛的家庭参与度、对文化差异的敏感性，以及受教育程度更高的劳动力，这些发展趋势应该会造就一批更有知识的家长和照护者，他们会对早期干预过程提出更多的问题。家长和照护者提供早期的一些信息（例如在个性化家庭服务计划中），将有助于形成证据充分、更易理解的干预措施[15]。

第五个也是本部分讨论的最后一个挑战是资金问题。40年前颁布的为有特殊需求的婴幼儿提供服务的国家立法授权从未获得足够的资金资助。针对有特殊需求的儿童，美国各州在教育经费的分配上差异很大。有特殊需求的婴幼儿的家长们往往很难为孩子找到足够且合适的支持。为了获得公立学校的基金，有些措施已经导致了“逆向”融入。在某些情况下，服务被规定只针对那些残障最严重的儿童，为了获得任何服务，那些在融合项目中可能会表现很好的儿童便被隔离在了特殊教育机构中[16]。

NAEYC 机构认证标准4 评估

儿童早期保育和教育、婴幼儿照护和早期干预一起促使公众越来越意识到孩子出生后最初三年的重要性。这三个领域的发展趋势，加之它们以

想一想

想一想你所在的照护机构中比较难应付的某个婴儿，描述这个孩子的行为。你的反应是什么？如果在同样的情境中，今天你又会如何处理？

更明确、更协作的方式所做出的努力，应该会推动州和国家层面更多的资助计划。这三个领域为汇集其有文献记载的研究和最佳实践所提供的力量，可能会为它们带来更多的资金以及项目的可持续性发展！

儿童早期干预所面临的挑战可能多种多样，并且非常复杂；但是，有关人生最初几年至关重要的认识是证据确凿的，并且为越来越多的人所接受。当前的发展趋势正在为早期干预带来更多的公众关注和支持。对儿童早期保育和教育的从业者来说，他们需要富有远见的领导来推动实施基于研究的最佳实践。婴幼儿家庭和社区机构之间需要进行明智的合作，以一种高性价比的、可持续发展的方式实施自然的融合项目。对于参与儿童早期干预和婴幼儿照护的人们来说，这是一个令人兴奋的时代。基本原则越来越清晰，支持所有婴幼儿及其家庭需要的最好方式是，为他们提供尊重的、回应式的照护。

发展路径

体现情绪发展的行为

小婴儿（出生至8个月）	• 能清楚地表达不舒适、舒适或愉悦 • 伤心时通常能被熟悉的成人所安慰 • 大声笑（开怀大笑） • 丢失玩具时，会表现出不高兴或失望 • 能清楚地表达某些情绪：愉悦、愤怒、焦虑或恐惧、伤心、高兴、激动
能爬和会走的婴儿（9个月至18个月）	• 完成新任务后会感到自豪和开心 • 能表达消极情感 • 认识某事物或掌握某技能后会持续表现出愉悦 • 坚持自我，表现出强烈的自我意识

学步儿 （19个月至3岁）	● 常常表现出带有攻击性的情感和行为 ● 能在对比鲜明的状态和心境之间转换（如固执对屈从） ● 恐惧源不断增加（如怕黑、怕怪物等） ● 能意识到自己的和他人的情感 ● 更经常地用语言来表达自己的感受，能用象征性的游戏表达情感

资料来源：摘自 Carol Copple and Sue Bredekamp, eds., *Developmentally Appropriate Practice in Early Childhood Programs,* 3rd ed. （Washington, DC: National Association for the Education of Young Children, 2009）。

多样化的发展路径

你所看到的	雅各布来幼儿园时总是面带笑容。他机灵且随和；即使事情不如意，他也能如此。他喜欢和一群小朋友一起玩，你甚至发现他很有同理心（轻拍并安抚一个正在哭的儿童）。
你可能会想到的	在几乎所有的3岁儿童中，雅各布是很招人喜欢的，但是忙起来的时候，你总会忘记他。有时候你会因为自己没有花更多时间去陪伴他而心生愧疚。
你可能不知道的	雅各布在家中排行老二，他有一个比他大2岁的哥哥，现在家里又添了一个宝宝。他的家庭经济有些拮据，父亲干两份工作，母亲在外做餐饮工作（同时还要照顾小宝宝）。在家中他们没有太多的时间去关注雅各布。
你可能会做的	给予雅各布更多关注：看见他时，你可以朝他微笑；或者当你抱着其他孩子时，也可以坐在雅各布身边。尽量抽些时间陪他一起做他最喜欢的事情。吃饭时，让他帮你发放餐巾纸。请记住，所有的儿童都需要特殊的关注。雅各布不要求并不代表他不喜欢被关注。不要因为自己过于忙碌而忽视了他。
你所看到的	梅根是一个主动、热情的孩子，刚两岁半。她会让所有人知道，此刻她是开心还是难过！她经常大惊小怪，还常常因为抢玩具或者其他物品而与其他小朋友发生冲突。

你可能会想到的	梅根是一个很难管教的孩子。你欣赏她热情的特质，但是你讨厌她的攻击性倾向。她常常显得很沮丧，甚至在开始活动之前也是如此。
你可能不知道的	梅根是一个精力充沛的孩子。她经常与5岁的哥哥追逐打闹。她从父母那里接收到了一些难以捉摸和明显矛盾的混合信息：父亲（来自另一种文化）不喜欢她活跃的行为，并且经常因此训斥她；母亲刚开始外出工作，并且很喜欢这份新工作，她将梅根的行为视为其日益独立的标志。
你可能会做的	帮助梅根调节这种强烈的反应。当事情不合她的心意时，同情并安慰她，但要明确地限制她的攻击行为。给她更多的时间去转变；让她知道点心马上就准备好了，吃完后她就可以出去玩。为她提供更多主动活动的机会，帮助她更好地应对挫折。请牢记，她现在的活跃行为能为她将来的领导才能奠定基础。

本章小结

情绪是对某一事件的情感反应。

情绪和情感的发展

- 小婴儿的情绪反应还不是很精细化；几个月后，婴儿的情绪波动状态开始分化为愉快、恐惧和愤怒等情绪。
- 学步儿能够表达自豪、尴尬、羞愧和同理心；成人需要支持他们努力去学习应对日常挫折的技能。

气质和心理韧性

- 气质，或者个体的行为风格，统称为特质。理解这些特质有助于照护者以关爱和支持的方式回应儿童。
- 心理韧性，或者说克服逆境的能力，被视为一种动态过程；关于心理韧性的研究表明，某些照护策略能够促进儿童心理韧性的发展，并有助于培养儿童毕生的应对技能。

帮助婴幼儿应对恐惧

- 婴儿第一年中的常见恐惧是陌生人焦虑。在学步期，恐惧变得更为复杂，可能与想象中的怪物、动物、黑暗和具有伤害性的威胁有关。
- 重要的是接受恐惧有其合理性，给婴幼儿一定的时间去适应新经验。

帮助婴幼儿应对愤怒

- 尊重孩子的照护者会接受并反思婴幼儿的愤怒；他们不会否认儿童的情感，而是会保护这个儿童（和其他儿童）学会发展更多的应对技能。
- 愤怒能调动儿童额外的能量去解决问题或发泄挫败感。需要谨记：不同的文化对于表达愤怒持有不同的观点。

自我平静技巧

- 学会解决个人的情绪困扰是非常重要的技能。一些自我平静的行为可能是天生的（如吮吸手指），另一些可能是后天习得的（如情绪分享）。
- 信任的发展会影响自我平静行为的发展，充满关爱的社交关系有助于自我平静行为的形成。

培养自我指导与自我调节

- 马斯洛和其他研究者的工作启示我们，照护者用尊重的方式满足婴幼儿的基本需要，这对于满足他们更高层次的需要非常重要。
- 成人与儿童间相互尊重的关系能够培养儿童的自我指导和自我调节意识。

情绪化的脑

- 婴儿与照护者的早期情绪交流（在语言发展之前）能够促进脑发育。相互尊重的关系能够强化大脑通路，并且是情绪健康发展的前提。
- 频繁且强烈的早期压力体验会导致婴儿的大脑自我重组。压力激素的释放会造成大脑特定部位突触数量的减少。

有特殊需求的儿童：挑战和趋势

- 早期干预领域存在五种主要的挑战：需要更扎实的有关儿童发展的知识；早期干预劳动力的扩充；更多关于早期干预的有效研究；干预服务体系内部的更多协作和评估；更多可持续的资金。
- 早期干预、儿童早期保育和教育以及婴幼儿照护一起促成了一个重要趋势：越来越多的公众认识到最初三年对于儿童一生的重要性。这几个领域的组合力量应该能促成更多的资金计划以及干预项目的可持续发展。

关键术语

情绪（emotion）

情感（feeling）

社会参照（social referencing）

气质（temperament）

心理韧性（resiliency）

条件化（conditioning）

自我平静技巧（self-calming technique）

自我实现（self-actualization）

问题与实践

1. 回顾依恋的定义。它在情绪发展中发挥着怎样的作用？
2. 有关气质的知识会如何帮助你更有效地与婴幼儿进行互动？你会如何鼓励婴幼儿发展心理韧性？
3. 你会如何帮助一个 8 个月大的婴儿从恐惧中平静下来？如果一个 2 岁的儿童感到恐惧，你又会采取哪些不同的方式来应对？
4. 你会如何帮助学步儿应对愤怒？请描述你最近和一个愤怒的学步儿的相处经历，以及你是如何回应他（她）的。
5. 你会如何描述自己的气质？你认为自己是一个具有心理韧性的人吗？想一想这些问题的答案会对你与婴幼儿的互动产生哪些影响？
6. 在早期干预领域存在哪些挑战？目前的趋势又会对婴幼儿的保育和教育机构产生哪些影响？

拓展阅读

Enid Elliot and Janet Gonzalez-Mena, “Babies’ Self-Regulation: Taking a Broad Perspective,” *Young Children* 66(1), January 2011, pp. 28–33.

Jamilah R. Jordan, Kathy G. Wolf, and Anne Douglass, “Increasing Family Engagement in Early Childhood Programs,” *Young Children* 67(5), November 2012, pp. 18–22.

Judy Jablon, Amy Laura Dombro, and Shaun Johnsen, *Coaching with Powerful Interactions: A Guide for Partnering with Early Childhood Teachers* (Washington, DC: National Association for the Education of Young Children, 2016).

Linda Gillespie, “It Takes Two: The Role of Co-Regulation in Building Self-Regulation Skills,” *Young Children* 70(3), July 2015, pp. 94–96.

Marilyn Chu, “Preparing Tomorrow’s Early Childhood Educators: Observe and Reflect About Culturally Responsive Teachers,” *Young Children* 69(2), March 2014, pp. 82–87.

M. Gerber, “Helping Baby Feel Secure, Self-Confident and Relaxed,” *Educaring* 1(4), Fall 1980, pp. 4–5.

Travis Wright, “Too Scared to Learn: Teaching Young Children Who Have Experienced Trauma,” *Young Children* 69(5), November 2014, pp. 88–93.

第 11 章 社会技能

问题聚焦

阅读完本章后，你应当能回答以下问题：

1. 有哪些早期社会行为的例子？
2. 描述埃里克森心理社会发展阶段理论的前三个阶段。你如何看待他关于婴幼儿社会技能发展的观点？
3. 为什么学会应对因分离引发的恐惧和其他情感是一种重要的社会技能？
4. 引导和管教是如何支持社会技能发展的？
5. 管教的一个重要方面是教会儿童亲社会行为。亲社会行为的例子有哪些？为什么它们在鼓励婴幼儿方面非常重要？
6. 成人能够给予婴幼儿哪七件礼物来促进他们脑的健康发育？

你看到了什么？

一位母亲抱着女儿走进了婴儿照护中心，孩子的神情看起来非常紧张，她双手紧紧地搂着母亲的脖子。母亲把孩子的尿布袋放进门口处的小壁橱里，跟照护者打了个招呼，然后对女儿说："瑞贝卡，我必须要走了。你会留在这里跟玛丽娅一起玩。我走后她会照顾你的。"她弯腰想把女儿放下来。这时，玛丽娅已经走了过来，半跪在地上准备迎接瑞贝卡。瑞贝卡不想下来，她把母亲抱得更紧了，所以母亲只好抱着她坐在地板上。她们坐了几分钟，瑞贝卡稍微放松了一些。她伸手抓住一个推拉玩具的把手，在地毯上推来推去。她被这个玩具吸引住了，慢慢地从母亲的腿上下来并稍微离开了一点。于是，母亲站起来，弯腰亲了女儿一下，说道："我该走了，再见。"说着便向门口走去。瑞贝卡跟过去，看起来很伤心。在门口，母亲转身向她挥挥手，投了一个飞吻，便离开了。听到关门声，瑞贝卡发出一声哀号，然后便跌坐在地上抽泣起来。

所有人都必须学习一系列重要的社会技能，其中最重要的一种便是学会如何与他们在乎的人分离。瑞贝卡正在学习这一技能。在本章的后面部分，你将会看到玛丽娅是如何帮助瑞贝卡处理她的分离情绪的。

社会技能是本章的重点，它界定了与他人进行互动和联系的适宜行为的范围。这些行为有助于个体的社会化，即学习某一特定文化的规范和期望的过程。社会性发展是其他各领域发展的基础，同时也得到各领域发展的支持。随着婴幼儿学会管理自己的身体，他们便越来越有能力去控制周围其他人的活动。随着认知能力及观点采择能力的发展，他们能够使用已掌握的言语与他人合作，与人分享自己的观点和情感。情绪的自我调节有助于婴幼儿独立性的发展，正是这种不断发展的控制和调节自身行为的能力，最终促使儿童成为某个群体的成员。作为社会化过程的一部分，婴幼儿学习社会技能需要一定的时间，并且也需要他们信赖的成人所提供的充满关爱的支持。

NAEYC 机构认证标准1 关系

用发展的视角来看待社会技能非常重要。婴幼儿，尤其是学步儿，在社会生活中需要去完成一些特定的任务。在安全依恋的基础上，儿童能产生普遍的信任，因此在与父母分离时会比较放松。肌肉和动作发展为从如厕训练到自己吃饭等社会技能奠定了基础。认知和语言技能有助于婴幼儿解决问题，以及清楚地向他人表达自己的需求。自我意识和日益发展的情绪管理能力为同理心的发展奠定了基础。正是通过这种同理心，即对他人的感同身受，我们才能建立相互依赖的关系，我们的社会才会变成一个充满关爱的社会。

当然，父母是儿童的第一任教师，他们在儿童社会技能的发展过程中扮演着重要的角色。重要的是，照护者要理解并重视儿童父母在家中都强调了哪些社会技能，以避免儿童接收到相互冲突的信息。显而易见，照护者与家长的合作关系非常重要。值得注意的是，婴幼儿会从尽责的成人那里学习社会技能，这些成人关爱他们，为他们树立其文化所强调的榜样行为，并且始终尊重他们。

本章总结了从婴儿期到学步期社会技能的发展过程。我们重点强调了埃里克森的理论，以及他提出的三个发展阶段，分别是信任、自主性和主动性。我们也将讨论引导和管教如何促进婴幼儿的社会性以及亲社会行为的发展。促进脑的健康发育以及培养自尊的重要性将是本章最后要探讨的主题。

儿童社会技能的发展在历史上从来没有像现在这样重要过。我们承受不起下一代认同强权即公理，我们需要教会婴幼儿不诉诸武力来解决冲突。这种教导需要从婴儿做起！艾米·皮克勒的第一本著作是《平和的婴儿，满足的母亲》（1940 年于匈牙利出版），关注的就是培养平和的人这一主题。她把这一主题运用到工作中，建立并运营着皮克勒研究中心，在那里，儿童在一种居家式的环境中被抚养长大。的确，观察者为那么小的婴幼儿所展现出的社会技能感到惊讶。

我们在“活用原则”专栏中阐明了另一个重要的社会化问题。若成人过多地关注智力和认知技能，他们便会忽视儿童社会技能的不足，那么儿童的发展便会失衡，处于不利的状态。皮克勒和格伯的理念都强调完整儿童即全面发展的重要性。

早期的社会行为

依恋是社会技能发展的首要因素。从一出生，婴儿便能根据人们与其说话的节律或身体活动，移动自己的身体，同步地与他人互动。这些舞蹈式的活动非常细微，甚至连说话者都没有察觉，但是它们的确存在。这种互动只出现在婴儿对语言（任何一种语言，不限于婴儿自己家的语言）的回应中，而不会出现在对其他类型节律的反应中[1]。

活用原则

原则 4 **投入时间和精力去培养一个完整的人（关注“儿童的全面发展”）。不要只重视儿童的认知发展，或把认知发展从整体发展中剥离出来。**

科迪 26 个月大了，他所在托育机构的照护者们对他大为赞赏。科迪是独生子，父母都是专业人士。小科迪说起话来像个大人，会使用大量的词汇和复杂的句子。他会说许多从广播中听到的歌曲的歌词，并且喜欢跟每个人讲述他新近看过的视频节目。他似乎正在努力自学阅读，并且在数字概念方面已然是个奇才了。他很少关注其他儿童，大部分时间都在向成人或自己展示他的许多技能。他似乎不知道该如何融入其他小朋友的游戏，甚至不知道如何以孩子的方式与同伴亲近。科迪的才能如此令照护者赞叹，以至于他们对科迪应该好好学习社会技能以便与同伴更好相处的需求视而不见。没有人担心科迪。

1. 你觉得是否应该为科迪担忧吗？为什么？
2. 如果你是这个照护机构的员工，你会如何帮助科迪，使他对其他儿童感兴趣并愿意与他们交往？
3. 如果你认为科迪的发展是失衡的，你将如何与其父母谈论你所察觉到的这一切？
4. 你觉得科迪为什么需要如此多的成人关注？
5. 对于科迪的发展，你还有什么想法？
6. 关于科迪，你还想知道哪些事情？

模仿是我们能够观察到的另一种早期社会行为。在婴儿出生后的最初几周内，他们会模仿诸如睁大眼睛或吐舌头之类的行为。婴儿的早期微笑也是一种社会行为，能够使身边的成人与他们进行社会交流。关于婴儿最初的微笑是否为真正意义的社会性微笑，研究者们还存在争议，但通常这些微笑都会引发社会性回应！

在出生后的几个月内，大部分婴儿都能通过非言语的方式有效地与人交流，并且会与特定的人形成依恋关系。当陌生人出现时，婴儿常常会表现出恐惧或**陌生人焦虑**（stranger anxiety）。对于那些能够很好地与父母交流的婴儿来说，这种反应似乎最为强烈。当陌生人保持沉默且不与婴儿交流时，婴儿的这种反应则会有所减轻。在这一时期，通常是半岁至1岁之间，婴儿还会表现出**分离焦虑**（separation anxiety）。当重要他人远离他们或单独把他们留下时，婴儿会感到难过。对于小婴儿来说，建立信任是缓解这一焦虑的主要方式，但是这需要一个过程。我们将在本章详细探讨这一问题。

2岁时，学步儿已经能够做出一些非言语的社会性姿态（social gesture），这在一定程度上可以预测他们中哪些人会成长为受欢迎的学龄前儿童，而哪些人将会在同伴关系上遇到困难。那些可能成长为受欢迎的学龄前儿童的婴儿已经能做出许多友好的姿态，并且会经常展示这些姿态，例如，与他人分享玩具、拍手和微笑。那些经常对同伴做出威胁性或攻击性姿态，或者混用友好和不友好姿态的婴儿，很可能会成长为不受欢迎的学龄前儿童[2]。

心理社会发展的阶段

埃里克森是关注儿童社会性发展的先驱理论家之一。他在其主要著作《童年和社会》（*Childhood and Society*）一书中指出，在生命中的每一个阶段都会产生个体需求与满足此需求的能力之间的矛盾或冲突。这些矛盾或冲突往往具有社会基础：他人能够帮助个体解决这些问题。问题解决后，积极的成长便产生了，个体将会进入下一个发展阶段。埃里克森从毕生发展观出发，提出了八个独立的发展阶段；在本章，我们仅讨论前三个阶段（详见表11.1）。

表 11.1 埃里克森心理社会发展的前三个阶段

（用黑体突出的阶段适用于3岁以下儿童）

年龄	阶段	描述
0～1岁	**信任对不信任**	**如果儿童的需求得到满足并被悉心照护，他们便会信任这个世界。否则他们会认为这个世界是一个冷漠和充满敌意之地，并发展出一种基本的不信任感。**
1～3岁	**自主对害羞和怀疑**	**儿童在诸如进食和如厕等方面变得更加独立。他们能够表达并坚持自己的意见。如果他们不能习得某种程度的自我满足，他们就会怀疑自己的能力并感到羞愧。**
3～6岁	主动对内疚	儿童会自信地融入这个世界：尝试新活动，探索新方向。如果成人为他们设定严苛的界限，他们就可能经常越界，那么他们就会对这些让其陷入麻烦的内驱力感到内疚。

信任

心理社会发展的第一阶段的任务是建立**信任**（trust）。在出生后的第一年，如果婴儿发现自己的需求能够始终如一且温和地被满足，他们就会认为这个世界是友好的。他们会相应地发展出埃里克森所谓的“基本的信任感”。如果婴儿的需求未能始终如一地被满足，或者虽被满足但却以一种冷漠和粗鲁的方式，他们便会觉得这个世界不友好，进而产生不信任感。如果没有其他事件来改变他们对于生活的看法，那么这些婴儿会把这种看法一直带入成年期。

想一想

你是一个拥有基本信任感的人吗？你认为是什么使你建立了这种信任？

如果婴儿被送到托儿所，那么这里的成人有责任确保他们照护的婴儿获得基本的信任感。婴儿的需求必须是每个照护者的主要关注点。除了强调婴儿的个体需求外，没有其他办法能保证婴儿照护机构顺利开展。发展基本信任感的重要性还意味着，在托育机构中的婴儿需要相对固定的照护者以小组的形式照护他们。照护机构的稳定性将有助于婴儿的身心健康以及信任感的建立。

NAEYC 机构认证标准1 关系

建立信任还意味着要应对分离。随着依恋的增强，儿童若与依恋对象分离便会体验到痛苦。托育机构的照护者需要花大量的时间和精力来帮助儿童管理他们的分离焦虑。请再次回顾本章开篇的场景——瑞贝卡跌坐在地上抽泣着。

> 照护者玛丽娅走过来半蹲在瑞贝卡身旁，轻抚着她的肩膀。瑞贝卡抬头看了看，推开了玛丽娅的手。玛丽娅继续待在瑞贝卡的身旁，对她说道："妈妈离开了，我知道你很难过。"瑞贝卡又开始大哭起来。
>
> 玛丽娅仍旧待在她旁边，但是没再说什么。瑞贝卡的哭声渐渐平息下来，只是轻轻地抽泣。她抽泣了一会儿，然后认出了母亲放在小壁橱里的尿布袋。她伸手去够它，布满泪痕的小脸上充满了对尿布袋的渴望。玛丽娅帮她将尿布袋拿过来，瑞贝卡紧握着它。玛丽娅从中拿出了一个戴着围巾的毛绒小熊，瑞贝卡一把抢过来，猛地抱在怀中。她抚摸着围巾，时不时地将它拿到鼻子前闻一闻。她的表情越来越放松了。
>
> 玛丽娅悄悄地离开了，瑞贝卡似乎并没有察觉到。玛丽娅拿来了一大盒玩偶和毛毯，把它们放在瑞贝卡旁边的地板上。瑞贝卡立即爬了过来，把玩偶盒翻过来。瑞贝卡用一个小毯子包裹起一个玩偶，并将它放到盒子里睡觉，紧挨着她那个戴围巾的小熊。

请注意玛丽娅是如何帮助瑞贝卡应对分离焦虑的。她陈述了分离的情境和瑞贝卡的感受，并没有过多地去安抚她，只是一直陪在她身边，留意着她对安抚做出的反应，鼓励瑞贝卡从熟悉的物品中寻求慰藉。她通过创设环境来吸引并支持瑞贝卡。

NAEYC 机构认证标准 2和3 课程 教学

帮助儿童度过分离焦虑期 婴幼儿期，分离是如此重要的事件，应对分离是如此重要的社会技能，因此，照护者需要对此高度重视，并有所规划。要始终做到诚实，阐述事实并包含一些情绪感受的标签（“你妈妈必须去

上班，你因为她的离开而感到伤心”）。在处理分离体验时要把握好度，避免低估儿童在这一过程中所体验到的痛苦的重要性和程度。婴幼儿需要花时间去建立信任；同时，如果他们感到恐惧，照护者也要接受这一事实，提供支持并帮助他们发展出应对技能。照护者需要提醒自己，有些儿童喜欢与人亲近，有些儿童则喜欢与玩具或其他感兴趣的东西待在一起。

接纳儿童从家里带来的物品，因为这些物品可能会让他们感到安慰。特殊的毯子、毛绒玩具甚至是母亲的旧钱包都可能是儿童特定的依恋物，它们能为儿童的情感需求提供暂时的支持。允许婴幼儿以其独特的方式获得情感上的安慰，即使天气暖和，一些儿童可能仍想要留一件特殊的毛衣在身边。还要谨记，即使儿童面对分离似乎并不是特别难过，帮助他们应对分离问题仍然十分重要。应对分离和丧失是一项毕生的任务！在我们的一生中，我们会失去那些最亲近的人，并且有许多生活事件会改变我们的环境。在出生后的最初三年发展出的应对技能将终身受用。当婴幼儿学会应对分离恐惧时，他们就会获得一种掌控感，他们的信任感也会逐渐扩展到社会关系中的其他人身上。

想一想

你还记得某次你与某个依恋对象分离时的情景吗？你还记得当时的感受是什么？是什么帮你应对它们的？有人帮你应对这些吗？

照护者的分离问题 有时，因为自身的经历，照护者会难以处理婴幼儿与分离有关的情绪。他们可能对于自己过往的分离事件仍有挥之不去的感受，并且不愿意去揭“旧伤疤”。在这种情况下，当他们面对这些遭遇丧失感的孩子们时便会觉得不舒服。这些照护者不是努力去理解当下发生的事情，反而是想转移婴幼儿的注意力，让其回避那些感受。但是分离的痛苦并不会因此而消失，孩子们需要学会应对这些情感。事实上，分离也是婴幼儿课程的一部分，照护者需要关注这一问题，并为此做出规划。

照护者识别婴幼儿分离情绪的范围也很重要。丧失感可能包括轻微的不适、焦虑、孤独、忧伤甚至悲痛。儿童可能会体验到其中的一种感受，也可能会体验到所有的感受。虽然婴幼儿还没有足够的能力去描述自己的感受，但是我们很容易发现，他们体验到的情绪范围与成人相同。

想一想

你有分离问题吗？与其他认识的人相比，儿童的感受会让你更难过吗？如果是，对于你自己的分离问题，你能做些什么？如果不是，你认为你是如何学会应对分离的？

照护者还需要面对这样的事实，即家长也会有分离问题。有时，家长自己会因为离开孩子而感到痛苦，所以他们似乎会把分离问题放大，甚至会制造出额外的问题来。如果家长因为自己害怕跟孩子说再见而偷偷地溜走，这时的分离问题就会变得更加难以处理。有些告别则太过冗长和复杂，本来为分离已做好准备的儿童却又不愿意与父母分开了！有些家长会因为自己离开时孩子总是哭闹而沮丧；还有些家长则会因为自己离开时孩子不哭而苦恼。照护者要敏感地对待家长的这些感受，鼓励他们在白天时打电话过来询问孩子的情况。一些家长在离开孩子时会感到内疚，他们也需要支持和安慰。

请注意，即使在儿童照护机构内部也会存在分离问题。每次轮班，照护者来了又走了；在跟父母回家之前，婴幼儿也不得不应对与喜欢的照护者之间的分离。在家庭式的托儿所中，由于其规模相对较小，其中的成人也不多，这种进进出出的情况也就会少些。

自主性

2岁时，学步儿开始在周围四处活动，此时，埃里克森的心理社会发展的第二阶段，即**自主性**（autonomy）便出现了。进入学步期后，儿童开始将自己视为独立的个体，不再只是其依恋对象的一部分。他们会发现自身的力量，并且逐渐变得独立起来。同时，他们不断发展的能力允许他们去完成更多想做的事情。他们会学习一些自理能力。

儿童为如厕学习所做的准备，便是其日益增长的能力与独立性的驱动力相结合的一个例子。儿童的这些必要能力体现在三个独立的领域：身体的（如控制）、认知的（如理解）和情绪的（如意愿），这三个领域能力的目标都是让儿童更加独立。要更加关心体贴他们，尽量避免和他们较劲。最好让孩子们认识到，你对他们自身能力及独立性的发展是全力支持的。

语言为自主性其他方面的发展提供了线索。学步儿经常会说“不”！这就是我们熟知的儿童进一步要求分离和独立的线索。他们会以一种近乎挑战的方式来区分自己与他人。如果你让他们进屋，他们偏要在外面待着；如果你要他们别动，他们偏要动；如果你给他们喝牛奶，他们偏要喝果汁。

与对抗父母相比，儿童较少对抗照护者。因为亲子之间的联结更强，情意更浓。与在托儿所相比，许多儿童在家中感到更安全，因此他们更愿意通过语言或行动来表达自己。在父母面前，儿童的行为会更加反叛且肆无忌惮，请家长千万不要因此而认为是自己做错了什么，这一点很重要！对于学步儿来说，表现出拒绝行为是正常的，甚至是好的。这表明儿童的自主性和独立性正在不断增强。

想一想

你会对学步儿的自主性行为反应强烈吗？如果是，为什么？如果不是，又为什么？你认为你的答案与你的文化有关吗？

语言为儿童的自主性提供了更多的信息。“我来做！”表明了儿童独立的意愿。通过利用孩子的这一意愿，你可以促进他们自理能力的发展。当儿童想要亲自“去做”的时候，照护者要创设适宜的环境，支持他们能够完成自己想做的事情。

有时为了公平起见，在儿童玩完一个游戏或玩具之前，通常会被要求放弃一个回合或与他人分享。当这种情况发生在并非私人财物的环境中时，孩子们学到的非但不是分享，反倒是对事物的漠不关心。对儿童来说，是玩这个玩具还是那个玩具以及玩多长时间，这些都不是问题。问题是，为了避免不断被打扰或转移注意力而产生的痛苦，他们学会了不投入，不参与。假如你给孩子玩一个玩具，但是只要你愿意，你随时可将它收回，孩子从来也没有机会玩尽兴过。试想一下这个孩子会有什么感觉，对其注意力的持续时间又会有怎样的影响？一些儿童的注意力持续时间较短是否源于过分强调了这种分享？儿童照护机构需要为婴幼儿提供机会去完成任务，并允许他们拥有私人空间，在那里并不总是需要分享。

主动性

当年龄较大一些的学步儿逐渐接近学龄前期，埃里克森用**主动性**（initiative）这一术语来描述该阶段。儿童对自主性的关注终将成为过去式，曾经那些用于脱离父母的控制、追求独立并经常导致反抗或叛逆的能量，现在又转向了新主题。当儿童去寻求新的活动时，这些能量就会推动他们去创造、发明和探索。在新的发展阶段，学步儿成为他们自己生活事件的发起人，并从他们新发现的力量中获取热情。

面对幼儿对主动性的需求，照护者应该为他们提供信息、资源、自由和鼓励。虽然年龄较大的学步儿仍然很需要限制，但是照护者可以用一种儿童能接受的方式来设定或保持这些限制，使他们不会因为自己的主动性而感到内疚。具有主动性的个体会成长为有价值的公民。当周围的人有意识地鼓励儿童成为探索者、思考者和行动者时，他们便可以在生命早期收获这一品质。

引导和管教：传授社会技能

NAEYC 机构认证标准3 教学

引导和管教是传授儿童社会技能这一持续过程的一部分，有时，这是一个颇具挑战且令人沮丧的过程。暂缓下来，先对这一过程加一界定，思考一下自立和自尊这两个长期目标，也许对我们有所帮助。（当你试图支持一个尖叫的学步儿决定从另一个孩子那里抢走玩具时，这也许就派上用场了！）引导（guidance）是将你所处文化的规范和期望教给儿童的一种思想方法，管教（discipline）是完成这一任务的特定手段。你的引导思想决定了你的管教手段，没有哪一种手段或技巧始终奏效，但是你的理念应该保持连贯和一致，并支持儿童不断实现积极的社会化。

婴儿的安全及控制

在出生后的最初三年，婴幼儿学习了许多社会技能。为了帮助他们应对挫折、解决问题和建立安全感，要求照护者必须重视和尊重他们的独特性。出生后的第一年，照护者给予婴儿的引导必须易于接受，并且有助于信任的建立。婴儿不需要管教，因为他们自身还存在许多限制。对婴儿的引导意味着要为他们提供安全和回应性的照护；需要为婴儿提供他们所缺乏的控制。比如，当新生儿并非因饥饿而在痛苦中哭个不停时，这就是在婴儿需要时提供控制的一个例子。有时，将他们紧紧地包裹在毯子里就能帮助他们平静下来，此时毯子似乎为他们提供了其四肢尚未具备的那种控制。

紧紧地包裹，这会给婴儿提供他们缺乏的那种控制，这一主题对于学步儿来说似乎已经有所不同。在学步儿的那种发展不完善的控制能力下降的情况下，他们也可能喜欢这种“被紧紧包裹的感觉”（来自外部的控制）。紧紧地抱住失控的学步儿，同时安慰他们，通常有助于其重新获得内在的控制。

对学步儿的限制

学步儿需要感受到，即使他们不需要外部这种紧裹的控制，他们的生活中仍然会有很多**限制**（limit）。我们可以将限制，即行为准则，看成是一种不可见的围栏或界限。因为儿童不知道有这些界限，所以他们就需要去试验，去一一发现。正如我们中的许多人忍不住会去摸一下“油漆未干”标示下的油漆一样，学步儿也常常忍不住要越过某一限制，看看它是否真的存在，以及确认它是否可掌控。有些儿童比其他儿童尝试的次数要多，这也许与气质有关，但是，所有的儿童都需要知道存在一些限制。这些限制会提供一种安全感，就像那条紧裹的毯子对于新生儿的作用一样。

为了说明限制带给人们的安全感，请想象一下你驾车行驶在一座高架桥上。你可能经常会开车通过一座高架桥，两边的护栏就是施加的限制。想象一下，如果两边的护栏被拆除，你自己还会驾车穿过这座桥吗？事实上你知道，你并不是真正需要这些护栏。毕竟，当你驾车通过这座桥时，你撞护栏的概率极低。但是，只要想到没有护栏的桥，就会让人害怕。这些护栏提供了一种安全感，就像为学步儿设定的限制为他们的生活提供了安全感一样。

任何对学步儿的引导、管教和限制的讨论，都会迅速引发人们对如何处理他们咬人、打人、扔东西和违拗等行为的讨论。没有哪一种单一的答案能够回答所有儿童在不同情境下的所有行为。唯一适用的答案便是“视情况而定”。

咬人 我们先来看一看咬人。首先，人们会问：“这个孩子为什么会咬人？这一行为背后意味着什么？”如果孩子特别小，他们的这种咬人行为可能代表了一种喜爱。有时，当成人示范以玩笑式的轻咬、轻啃或“吃掉”来表达爱意时，婴儿便会通过咬自己喜爱的人这种方式来模仿成人的行为。嘴是表达型器官，当孩子太小，无法用言语表达强烈的情感时，咬人或许就能帮助他们实现表达。

当然，并非所有的咬人行为都是出于喜爱，一些咬人行为则是因为力量。当孩子还小时，他们的身体力量是很弱的。但他们下巴的肌肉却很有力，小小的牙齿也很锋利。即使是小婴儿，咬人一口也会造成伤害。一些孩子在与比他们大的孩子相处时，会用咬人作为一种达到自己目的的手段。小孩子还可能出于好奇而咬人，出于愤怒而咬人，或是希望引起注意而咬人。

杜绝咬人的方法是预防，不要等到咬人行为发生后才考虑应该怎么办。咬人是一种具有强大破坏力的行为，因此不能任其持续发展。被咬者会感到非常疼痛，并且咬人者对自己拥有如此强大的力量以致对他人造成伤害也感到震惊。阻止孩子咬人之后，一种有用的技术是重新引导儿童的内驱力。给咬人的孩子准备一些专门用来咬的物品，如用于磨牙的橡皮环、软布、橡胶或塑料制品等。为他们提供这些选择后，还要告诉他们“我不能让你咬XXX，但是你可以咬这个塑料环或这块湿毛巾”等诸如此类的话。

除了控制咬人行为以及提供可咬的物品外，其他你所能做的取决于儿童咬人的原因。如果咬人行为是在模仿他人，那么请努力消除模仿源。如果咬人行为是一种情绪表达（爱、挫败或愤怒），那么就应教会儿童一些其他的表达方法，帮助他们将自己的能量转向用积极的方式表达他们的情绪。如果是涉及力量的问题，那么就应教会儿童一些其他技能来得到他们需要和想要的东西。如果是关注的问题，那么就要寻找方法来关注儿童，使他们不再用咬人来吸引成人的注意。针对咬人行为并没有一蹴而就的解决之道，可能需要大量的头脑风暴、讨论甚至团队合作，识别出这一行为的根源，进而找到切实可行的方法。

咬人是一种攻击（有意伤害）行为。其他困扰照护者的攻击行为还有打人、踢人、推人、抓头发、扔东西以及毁坏玩具和材料。为了弄清楚如何应对这些行为，你必须经历一个解决问题的过程，观察每个出现这些行为的儿童，发现其行为可能的根源，行为背后表达的意义，环境对行为的影响方式，成人的行为如何激发儿童的攻击行为，以及儿童还能通过哪些方式来表达自己的情绪，等等。警惕那些提倡单一解决之道的建议。行为是复杂的，儿童之间也存在差异。没有一种方法在任何时间适用于所有的儿童！

违拗 **违拗**（negativism）是照护者必须了解的学步儿的另一类困难行为。我经常听到照护者们抱怨：“他们就是不按照我说的去做。”产生这一问题的部分原因可能是，即使学步儿能够理解你的期望，他们也并不总能将言语信息转化为身体控制。另一原因是，当学步儿面对要求和命令时，他们通常会唱反调，跟你反着来。

处理违拗的秘诀是避免挑战，远离权力争斗。如果你接近一个行为越

图 11.1 支持婴幼儿社会性发展的引导和管教技巧

1. 设计婴幼儿的照护环境，避免出现容易引发麻烦的点；提供充足的时间、空间和材料以支持婴幼儿的发展需要。
2. 欣赏每一个孩子的气质和独特性。一些婴幼儿能通过语言来表达自己的消极情感，另一些则需要通过肢体动作来宣泄挫败感。
3. 请注意，有时自然而然的结果也许是最好的老师（例如，“你打了他，他便不愿意再和你玩了”可能会非常有效）。始终注意与安全有关的问题，并能解释结果。
4. 始终避免使用任何可能造成（身体上或心理上）痛苦的惩罚手段，痛苦会引发攻击行为。
5. 当你为孩子们的行为设定限制时，要向他们解释原因：婴幼儿在理解了规则之后才会更愿意去遵从。不期待立即就能得到他们的认可，做好反复解释的准备。
6. 在你的照护机构中培育家庭与照护者之间的合作关系；管教实践深深地根植于家庭的信念之中。
7. 要以身作则。“管教”这个词来源于拉丁语中的“传授”一词，用言传身教来引导婴幼儿。

界的学步儿，例如一个小女孩爬到了桌子上，首先你要保持镇静，就事论事，而不是一味训斥。通过积极的措辞阐明儿童行为的界限，诸如“滑梯才是用来爬的”或“脚应该放在地板上”。充满智慧的教师可能会简单地说：“你可以把脚放在这里。”然后拍拍那个合适的地方。十次有九次儿童的脚都会立刻放上去！她说话的方式不带挑战性，表达的是一种自信和积极的态度[3]。

图 11.1 列出了一些有关引导和管教婴幼儿的基本注意事项。

传授亲社会技能

教学

亲社会行为（prosocial behavior）是一种重要的社会技能——为他人做事不计回报，或与他人交往不计个人得失。亲社会行为并非遗传而来，

© Jude Keith Rose

亲社会行为包括帮助他人。

它是儿童后天经规划或受教而习得的。我们通常所认为的亲社会或利他行为包括同理心（与他人同感共情）、同情（为他人而感到难过）、友善、怜悯、合作、关爱、安慰、分享、轮流以及冲突解决。

上面列出的这些行为并不是婴幼儿的典型行为。虽然一些儿童确实具有某些友善和合作的先天倾向或气质，但是在大部分时间，成人和照护者还需要支持和鼓励儿童的亲社会技能，并进行示范。帮助婴幼儿看到亲社会技能的价值，指导他们运用这些技能，促进他们与同伴成功地进行互动，我们希望他们未来在一个更加和平的世界中生活。图 11.2 给出了一些促进和传授亲社会技能的建议。

促进儿童的社会性发展和培养他们的亲社会技能是一项挑战，这需要花费时间和精力……以及大量的重复工作和耐心。家长和照护者必须担负起这项职责，当他们在培养诸如友善和宽恕之类技能时，他们也许可以更多地了解自己在敏感性和同理心方面的能力。

图 11.2 促进和传授亲社会技能的指导原则

1. 创设便于培养婴幼儿自理能力的环境；遵循固定的常规日程表，用图片来标示不同的区域，便于婴幼儿自己能找到和使用（并最后放回）材料。
2. 鼓励婴幼儿的想法；接纳他们的贡献，并支持他们努力去分享、关爱和互助。
3. 向婴幼儿示范一些你想让他们习得的亲社会行为；关心那些难过的孩子；当有孩子与你分享时要说“谢谢”。
4. 承认并支持婴幼儿为合作做出的努力；设计合作性的活动，例如设计一项绘画活动，让孩子们合作完成一幅完整的画。
5. 培养婴幼儿的集体感，营造有助于他们互相支持和彼此关心的氛围；多多地使用诸如“我们组”“我们所有的朋友”和“看看我们一起做的”这样的短语。
6. 关注每一个经常被欺负或排斥的孩子；欺负者以及被欺负者都需要特别的关注，支持他们变得自立，并获得良好的自我感觉。
7. 尝试教婴幼儿解决冲突（但不要期望他们在童年中期之前就能完全掌握）；鼓励婴幼儿互相交流，教给他们一些必要的词语，帮助他们理解彼此的观点，帮助他们做出某种结论，表扬他们为之付出的努力。

访问下列网址，获取更多信息和资源材料。

“不可思议的岁月：父母、教师和儿童的社会技能培训系列”（the Incredible Years: Parents, Teachers and Children Social Skills Training Series）是一个循证项目，其目标是预防和治疗儿童的行为问题，并促进儿童的社会性和情绪能力的发展；这些项目是在不同文化和社会经济群体中开展的。

www.incredibleyears.com

促进脑健康发育

当前，有关脑的研究尤为强调早期社会接触的重要性。本章所讨论的社会性发展源于早期的依恋经验，这些经验引发了一系列令人惊奇的与脑功能有关的活动。

婴幼儿环境创设的先驱罗纳德•拉利，一直是一位诠释与高质量婴儿照护有关的脑研究的领导者。他提出的七件“礼物”，对于婴幼儿脑的健康发育和社会性发展都至关重要。

1. 养育即关爱和给予。因为每一个婴儿都是独特的，养育意味着对每一个婴儿给予因人而异的回应。当婴儿感受到照护者回应式的养育时，舒适感和安全感便会建立。这种关系中的舒适感对于婴儿的依恋和社会性发展都非常重要。
2. 支持是指儿童接受照护的背景。支持婴幼儿意味着照护者必须尊重他们的各种情感。照护者通过承认婴幼儿的挫败感、鼓励其好奇心，以及为其订立促进与他人社交的规矩，从而为婴幼儿提供支持。
3. 安全感与养育和支持有关，这是让婴幼儿感到安全的原因。当照护者向婴幼儿提供了值得信任和回应式的照护，并且一贯地恪守安全规则时，照护者便为他们提供了安全感。
4. 可预见性是对婴幼儿的安全感和心智成长都至关重要的“礼物”。可预见性既具有社会性，又具有环境性。婴幼儿需要他们能够依赖的人，需要能够找到他们想要的东西或想去的地方。可预见性既避免了混乱，也避免了死板。它使婴幼儿感到安全，允许他们寻求挑战。

NAEYC 机构认证标准9 物理环境

5. 专注可以支持婴儿在其所处环境中的注意力。如果环境中没有太多的玩具、太多的干扰或太多的人，婴儿或学步儿的注意力持续时间会提高。当婴幼儿有机会专注于有意义的体验时，成人要尊重他们，因为此时重要的大脑回路正在形成。
6. 智慧的照护者会给予婴幼儿鼓励，如“我欣赏你的努力；你正成长为一个有能力的人。”通过鼓励，婴幼儿自身的学习得以强化。模仿、试验和探索等行为是学习的关键环节，作为对这些关键环节的回应，给予鼓励正是让孩子知道：模仿很重要，试验很重要，探索很重要。

7. 儿童经验的拓展包括“让孩子沐浴（而不是淹没）在语言环境中”。成人要留意婴幼儿自身的发展线索，以他们独特的经验为基础。参与他们的假装游戏，与孩子交谈，对活动做出积极的回应，这些都在向幼儿表明学习的重要性[4]。

能提供这七件礼物的儿童照护机构在为儿童的社会性发展奠定基石的同时，也为脑研究成果的实际应用提供了基础。当前的研究强调了早期的神经通路是如何形成的，提醒我们社会性发展对这些神经通路的形成是多么重要。健康的大脑必是具有社会性的大脑！

所有儿童的特殊需求：自尊

所有儿童都需要充满爱的关系、稳定的环境以及体验世界乐趣的机会。这些价值取向不仅为本章讨论的社会技能奠定了基础，而且也为儿童在所有发展领域内的健康成长和学习奠定了基础。若要帮助有特殊需求的婴幼儿充分实现自己的潜能，就要有一种关爱、稳定、真实且具有鼓励性的环境。

照护者、教师、家长和社区要意识到一些积极信息的重要性，这些信息能促进婴幼儿自尊的发展。例如，残疾的“标签”往往忽视了每个孩子的独特性，因此，在考虑个体儿童的早期干预方案时，需要用描述性的档案（descriptive profile）代替残疾标签。以家庭优势技能为中心的家庭参与，必须作为有效制订个性化家庭服务计划的至关重要的因素。注意儿童能做什么和不能做什么，这对于在融合项目中如何安置他们非常关键。

录像观察 11

一起玩的女孩们

© Lynne Doherty Lyle

看录像观察 11：该录像向我们展示了在儿童穿越一个游戏建筑物时，她们相互交往，享受彼此陪伴的场景。请注意，录像中的成人并没有以任何方式来教导或打断她们。她只是静静地坐在旁边，以便孩子们需要她时能找到她。

问　题

- 当看到这么小的孩子就能如此积极地互动时，你是否感到惊讶？为什么？
- 在与学步期儿童的互动方面，你有什么经验？
- 录像中的这些孩子展示了哪些社会技能？

要观看该录像，扫描右上角二维码，选择“第11章：录像观察11”即可观看。

如今，我们已经认识到，有特殊需求的儿童及其家庭需要在支持性服务体系中获取有关他们能力的积极信息。我们每个人都需要了解我们能做什么！这种反馈所产生的内在积极感是个体情绪健康和熟练的社交互动的先决条件。内在积极感的发展方式对于理解和欣赏而言很重要。

社会技能和社会化过程是本章的重点。与他人互动的基础是依恋。从滋养性的依恋经历中，儿童学会了重视自己和他人。这种对自身的重视称之为**自尊**（self-esteem）。自尊对于所有儿童来说都非常重要。照护者为儿童创设高质量的体验来理解自尊需求，这也非常重要。

自尊的定义较为复杂。随着儿童的成长，当他们不断地体验并与这个世界互动时，他们的自尊也会不断得到重塑。虽然自尊是一种对积极价值的个人评估，但它并不是“我、我的”这样简单的价值感。自尊的个体是自信的、乐观的，对他人的情感和需求是敏感的。自尊的发展也是贯穿一生的，这一过程显然根源于婴儿期和学步期。

培养自尊的经历

就自尊的发展而言，有两种类型的经验最为重要。当婴儿体验到安全且充满关爱的依恋关系时，他（她）的自我概念便开始发展了。自我概念是婴儿经由对自己的感受而逐渐形成的，反映在自己与他人的互动中。当婴儿得到回应，且身处充满爱的关系中时，他们的自我概念便是积极的和可信任的。

有助于自尊发展的第二种重要经验是成功地完成任务。当学步儿探索世界并与之互动时，他（他）的自我意象正在发展。自我意象是对个体经验的自我评价。如果学步儿在生活中经常被拒绝，并且很少有机会去试验自己的技能，那么他（她）的自我意象可能就比较低。缺乏经验会制约其对自身能力的看法。

小婴儿需要（与他人）安全的关系，需要主动（独自）探索世界的机会。当拥有积极、可信任的自我概念，主动、有活力的自我意象时，儿童会觉得生活是可接受的和有意义的，这就是自尊的起点。儿童认为自己是有爱心的、有能力的，这让他们最终会以同样的方式来看待他人。

停下来想一想，埃里克森、皮亚杰和维果斯基的工作与儿童关于自我的积极情感有何联系。埃里克森强调信任的建立（通过与他人的关系）以及自主性的获得（通过对日常生活事件的体验）对个体健康的发展至关重要。皮亚杰和维果斯基将儿童视为他们自己世界的积极参与者。身体活动会引发认知活动，并最终形成一些应对技能。自尊的个体通常会拥有良好的应对技能。

当婴幼儿经历生活的挑战和限制时，他们就会需要内在的个人基地的稳定。这对于所有儿童来说都很重要，对于有特殊需求的儿童来说也许尤为重要。我们都需要一个“像家一样”舒适的港湾，一个始终接纳我们并能够让我们重新出发的地方。自尊的本质就是具备创造这样一个地方的能力。

成人如何帮助儿童培养自尊呢？我们在前面已经指出“安全依恋”的重要性。自我感觉良好的成人通常会将这种感觉传递给他们的孩子。重要的是，照护者和家长要将自尊视为一个毕生的过程，这也有助于他们满足自己养育孩子和应对挑战的需求。

成人给予儿童的反馈必须是真实的。正如持续的消极信息一样，持续的积极信息并不能让儿童为迎接现实世界做好准备。如果照护者和家长没有反馈给儿童真实的信息，儿童将难以应对来自同伴和学校的挑战。请记住，要相信儿童的能力并促进他们的心理韧性。同时还需要记住，最初是依恋培育了儿童的能力和心理韧性，而且依恋也是社会技能和自尊赖以发展的主要因素。

发展路径

体现社会技能发展的行为

小婴儿 （出生至8个月）	• 将成人视为新鲜有趣的事物；想和成人一起玩 • 通过微笑或出声来发起社会性的接触 • 期待被举高或喂食，通过移动身体来参与活动 • 骑在成人的膝盖上弹跳，并试图让成人再次这样做
能爬和会走的婴儿 （9个月至18个月）	• 喜欢和他人一起探索事物，并以此为基础来建立关系 • 让别人做一些能带给他们欢乐的事情（给玩具上发条，朗读） • 对同伴表现出相当大的兴趣 • 用坚定的自信来体现强烈的自我意识；指导他人的行为（如说“坐在这儿！”）
学步儿 （19个月至3岁）	• 从同伴游戏和共同探索中获得更大的乐趣 • 开始认识到合作的好处 • 认同自己与同龄或同性别的儿童一样 • 在与他人的关系中表现出更多的控制和自我调节 • 喜欢小群体活动；开始对他人有同理心

资料来源：摘自 Carol Copple and Sue Bredekamp, eds., *Developmentally Appropriate Practice in Early Childhood Programs,* 3rd ed.（Washington, DC: National Association for the Education of Young Children, 2009）。

多样化的发展路径

你所看到的	玛凯拉会长时间地把脸贴近同伴的脸，这种行为让同伴很厌烦，也影响了玛凯拉的同伴关系。到18个月大时，她还不能像同龄的其他儿童那样四处走动，经常会摔跤。

你可能会想到的	她缺乏社会技能。她需要更多的机会去练习运动技能。
你可能不知道的	她的父母已经知道了儿科医生对玛凯拉发展的担忧，但是他们还在犹豫是否要听从医生的建议带玛凯拉去做一些测试。
你可能会做的	观察玛凯拉，判断她是仅仅需要学习社会技能和运动技能，抑或还存在其他方面的问题。与其父母建立合作关系。如果他们信任你，你也许可以支持他们采纳儿科医生的建议。

文化多样性和发展路径

你所看到的	14个月大的泽维尔正在哭闹，并黏着准备离开的母亲。
你可能会想到的	这是一种可预见的典型行为。这也是泽维尔成为独立的个体必经的阶段，他是在公开地表达自己的情绪。
他的母亲可能会想到的	这令她很难堪，因为这显示了泽维尔缺乏适当的教养。
你可能不知道的	这个家庭无意把孩子培养成为一个独立的个体；他们更担心孩子没有礼貌和不尊重长辈，因为礼貌和尊重长辈是他们特别想让孩子学习的集体导向行为的道德规范。
你可能会做的	更多地了解这个家庭的观念，并与他们分享你的看法，但千万不要用说教的方式。支持泽维尔的表现，并帮助他逐渐形成其家庭所期望的行为。

本章小结

社会技能是后天习得的行为，它将我们联系在一起，帮助我们独立，促进合作和相互依赖的人际关系。

早期的社会行为

- 依恋是社会技能发展的首要因素。
- 婴儿会模仿成人的社会行为；学步儿会表现出陌生人焦虑和分离焦虑。

心理社会发展的阶段

- 埃里克森的心理社会发展阶段是依据儿童需要解决的社会性问题来划分的。
- 本章讨论的前三个阶段分别为：信任对不信任、自主对害羞和怀疑、主动对内疚。

引导和管教

- 这两个概念相结合，共同促进向婴幼儿传授社会技能这一过程不断向前发展。
- 婴儿需要安全感和充满关爱的控制。
- 学步儿需要一些限制来支持他们，帮助他们控制自己的挫败感和挑战。

传授亲社会技能

- 亲社会技能涉及不计回报地与他人交往；它能促进个体积极的社会化。

促进脑健康发育

- 罗纳德•拉利是一位诠释脑研究的领导者，他提出有七件“礼物”可促进儿童的脑的健康发育和社会性发展。

所有儿童的特殊需求：自尊

- 所有的儿童都需要成人回应他们的依恋需求，并且尊重他们各自独特的发展模式。

关键术语

陌生人焦虑（stranger anxiety）
信任（trust）
自主性（autonomy）
主动性（initiative）
限制（limit）
亲社会行为（prosocial behavior）
自尊（self-esteem）

问题与实践

1. 在我们的社会中，你认为最重要的社会技能是什么？你会如何向婴幼儿传授这些社会技能？
2. 我们在埃里克森的理论中讨论的儿童早期（前三个阶段）的挑战和社会技能有哪些？
3. 讨论“引导”和“管教”对你来说意味着什么。在分别照护婴儿和学步儿时，你的指导方法会有哪些差异？
4. 列出一些你认为能表明积极的社会性发展的行为。照护者和家长如何在最初三年鼓励儿童发展这些行为？
5. 为什么你认为教婴幼儿亲社会技能在当今儿童课程中至关重要？

拓展阅读

Carla B. Goble, Sarah Wright, and Dawn Parton, “Museum Babies: Linking Families, Culture, and Community,” *Young Children* 70(3), July 2015, pp. 40–47.

Donna Wittmer, “The Wonder and Complexity of Infant and Toddler Peer Relationships,” *Young Children* 67(4), September 2012, pp. 16–26.

J. R. Lally and P. Mangione, “The Uniqueness of Infancy Demands a Responsive Approach to Care,” *Young Children* 61(4), July 2006, pp. 14–20.

Kaleigh Elizabeth Paul, “Baby Play Supports Infant and Toddler Social and Emotional Development,” *Young Children* 69(1), March 2014, pp. 8–14.

Marylou H. Hyson and Jackie L. Taylor, “Caring about Caring: What Adults Can Do to Promote Young Children’s Pro-social Skills,” *Young Children* 66(4), July 2011, pp. 74–84.

Rosa M. Santos, Angel Fettig, and LaShorage Shaffer, “Helping Families Connect Early Literacy with Social-Emotional Development,” *Young Children* 67(2), March 2012, pp. 88–93.

第三编

聚焦机构

BIG WAVE SURF SHOP

第 12 章 物理环境

问题聚焦

阅读完本章后，你应当能回答以下问题：

1. 如何为婴幼儿创设安全的环境？
2. 如何为婴幼儿创设健康的环境？
3. 婴幼儿照护机构的布局需要包括哪些区域？
4. 环境的发展适宜性与安全和学习有怎样的联系？
5. 游戏环境中应该包括哪些要素？
6. 在评估婴幼儿环境的质量时，你应该考虑哪五个维度？除此之外还需考虑哪四个方面？

你看到了什么？

奥莉维亚坐在地板上，卡伊仰躺在她的旁边。卡伊从仰躺转向侧躺，接着又转成俯卧。他停下来，抬起头朝着奥莉维亚微笑，奥莉维亚也朝他微笑，然后尖叫起来。卡伊再次翻身，又迅速地转成仰躺。他环顾四周寻找奥莉维亚，却发现自己已经移动到了一个新的地方，他看起来很高兴。现在，奥莉维亚正手脚并用，爬向附近一个低矮的平台。她轻松地爬到了那里，并坐在上面，从新角度环顾着整个房间。她看到卡伊还在继续翻滚着，几乎滚到了房间的另一边。她迅速地从平台上爬下来，朝着卡伊爬去。此时卡伊正仰躺着，手里还挥动着一块方巾。奥莉维亚拿来另一块方巾递给卡伊，这样卡伊两只手里就各有一块方巾了。奥莉维亚坐下来，捡起脚边一个柔软的球。她捏了捏小球，然后爬着将它放进一个桶里，桶里原本已经有一个小球了。接着，她把两个小球都倒出来，看它们朝不同的方向滚去。看到这一幕，卡伊开心地笑了。

将这一场景与下面的场景进行对照。

萨凡纳和奥莉维亚同岁，特拉维斯和卡伊同岁。萨凡纳被束缚在婴儿秋千上，特拉维斯被固定在婴儿座椅上。秋千停下来时，萨凡纳很焦急，直到一名照护者过来再帮她推秋千。特拉维斯手里拿着一个玩具，一不小心，玩具掉到了地板上，现在他够不到玩具了。特拉维斯哭起来，这时照护者走过来，把玩具捡起来递给他。她又拿来三个玩具放在特拉维斯的腿上，然后离开了。特拉维斯把所有的玩具都扔到地板上，又开始大哭起来。这时，萨凡纳的秋千也再次停了下来，她也变得焦躁，开始发脾气。当那位照护者走过去帮萨凡纳推秋千时，她对同事说："我觉得我们应该买一台电动秋千。"然后，她又走向正在尖叫的特拉维斯，说道："小家伙，我觉得你在故意扔那些玩具，想让我过来帮你捡。"接着，她拿来一个挂着玩具的支架，放在特拉维斯的面前，特拉维斯伸手抓住了一个圆环，想把它拽下来。"现在，这些玩具不会再掉到地板上了！"照护者一边说着一边再去推萨凡纳的秋千。

你都看到了些什么？你是否注意到奥莉维亚和卡伊能够自由地四处活动，亲自去体验周围的环境？他们沉浸在自己正在做的事情中，也能够彼此互动。而萨凡纳和特拉维斯呢？他们能够看到周围环境中都有些什么，但却无法触及。他们依赖照护者与他们互动，由照护者维持其兴趣。

上面的这两种环境都是安全的，安全是婴幼儿照护的首要条件。随后，本章还会进一步讨论这两种场景所体现出的环境特点。美国儿童发展协会（CDA）的评估程序将婴幼儿照护机构的优质环境界定为：促进婴幼儿健康成长和学习的安全环境。

在本章中，我们考察了优质照护环境中的每一种要素，然后介绍了贝蒂·琼斯和利兹·普雷斯科特开发的"教学/学习环境中的维度"这一评估工具[1]。

安全的环境

在筹划婴幼儿的活动环境时，安全是首先需要考虑的因素。班级规模和师生比是创设安全环境需要考虑的重要因素。美国西部儿童与家庭研究教育中心与加州教育厅共同制定了表12.1所示的指导原则。

创设安全的物理环境的清单

- 给所有的电源插座加保护盖。
- 给所有的取暖器加保护盖，使儿童远离它们。
- 保护儿童远离所有不防碎的窗户和镜子。

表12.1　班级规模和师生比设定的指导原则

班级规模设定的指导原则（平行班级）

年龄	师生比	班级人数	班级需要的最小面积（m^2*）
0～8个月	1:3	6	33
8～18个月	1:3	9	46
18～36个月	1:4	12	56

混龄班级的规模设定指导原则（家庭式托儿所）

年龄	师生比	班级人数	班级需要的最小面积（m^2*）
0～36个月以上	1:4**	8	56

* 关于空间的指导原则是每一群体充足空间的最低标准。这一面积不包括入口、走廊、换尿布或休息区域。

** 在这4个被指派给同一个照护者的婴幼儿中，2岁以下的儿童不能超过2个。

资料来源：改编自 the Far West Laboratory for Educational Research and Development and the California Department of Education。

- 移除或系好所有的帷帐等。（清除长绳、细线和任何能缠绕的带状物品，以防止儿童勒伤或窒息。）
- 避免使用所有易导致儿童滑倒的地毯。
- 从当地的消防部门获取一些处理火灾的应急预案。考虑灭火器的数量和摆放位置、安全通道，以及带还不会走的婴儿逃生的方法。定期安排消防演习。
- 确保环境中无有毒植物。（许多家庭和花园中常见的植物含有致命的毒素。如果你不清楚哪一种有毒，请务必查证！）
- 确保所有的家具稳固并且维护良好。
- 拿走玩具储存箱的盖子，以免发生意外。
- 确保所有的婴儿床和其他儿童家具达到《消费者保护法》规定的安全标准：木条间需衔接紧密，不会卡住婴儿的头；床垫需牢牢固定，防止婴儿跌入床垫和墙壁的缝隙导致窒息。
- 始终确保所有的药品和清洁用品远离儿童。
- 注意有小零件的玩具，这些小零件可能会松动并被婴幼儿误食（如毛绒动物玩具上的扣子）。
- 清除所有破碎或受损的玩具和其他物品。
- 确保所有的玩具或材料是无害的或不含有毒物质。
- 了解急救和心肺复苏的方法（CPR）。
- 准备一个随时可用的急救箱。
- 在手机中存入急救号码和家长的紧急联络信息。及时更新家长的紧急联络号码。
- 确保所有的设施符合儿童的年龄特点。例如，对学步儿来说，攀爬设施应按比例缩小。
- 做好儿童监护，允许孩子们冒一些小风险去探索，但不能任其进行可能带来严重后果的冒险活动。（对男孩和女孩来说，你所允许的冒险程度要无差异。）

在你的照护机构中，如果有一些有特殊需求的儿童，你需要根据他们的特殊情况或障碍进行安全检查。例如，是否有适合轮椅上下的缓坡？是否有一些安全的活动设备来满足他们的特殊需求？

健康的环境

健康的环境与安全的环境同等重要。适宜的光线、舒适的温度和良好的通风等环境因素均有益于婴幼儿的身心健康。

NAEYC 机构认证标准5 健康

创设健康、卫生环境的清单

- 勤洗手。洗手是防止传染病传播的最佳途径。咳嗽、打喷嚏、擦鼻涕和换尿布后以及准备食物前都要洗手。用洗手液代替块状肥皂，用纸巾代替毛巾。洗手后要避免接触水龙头和装废弃物的容器。（脚踏式水龙头和脚踏式垃圾桶可以避免洗净的手再次被污染。）
- 也要勤给儿童洗手，特别是在饭前以及换尿布和如厕之后。
- 不要让儿童与他人共用毛巾或其他私人物品。
- 婴幼儿可能会经常用嘴舔或咬东西，因此需要每日清洁玩具和游戏器材。
- 进入供婴儿平躺的地板区域时要穿袜子或拖鞋，不能穿室外鞋。
- 定期用吸尘器清洁地毯，用拖布清洁地板。
- 确保每一个儿童都有自己的小床或床垫，定期为他们换床单。
- 换尿布时采取一些常规的预防措施以防止疾病的传播。每次换尿布前，用消毒液清洁隔尿垫的更换区域，或提供新的卫生纸，以保证更换区域表面的干净卫生。每次换完尿布后要仔细洗手。

- 在准备食物、发放食物和清洁餐具时采取常规的预防措施。处理食物前先洗手。把食物和奶瓶储存在冰箱里以备使用。用开水清洁餐具和奶瓶。（带有热水加热器的洗碗机可用高温灭菌。）如果没有洗碗机，可使用稀释的消毒液来解决。所有储存食物都要标明日期。定期清洁冰箱，丢弃过期的食物。
- 确保所有的儿童都能及时接种免疫疫苗。
- 学会识别常见疾病的症状。
- 明确规定生病的儿童表现出哪些症状就不能再来托育机构。论及这一话题，家长和照护者的看法和需求通常会有所不同。
- 给儿童安排吃任何药物均需要有医生的许可条，而且，确保只给儿童吃药瓶上写有其名字的处方药。

尽管你并不想在这些有益于健康的措施上妥协，但是，你必须意识到，每当涉及健康问题时就会出现文化差异。有些家长对保持良好健康的措施可能持不同观点，你要尽量谨慎对待他们。

同时，你还需要对那些患有慢性疾病的儿童的特殊需求保持敏感，他们有时会有一些免疫系统的问题，需要特别的保护，以防止来自其他儿童的病毒或细菌的感染。仔细地检查健康与卫生措施，确保你们能为这些儿童提供他们所需的保护。也许有些人会指责你们过度地保护这些儿童，要抵制这些批评。

营养

照护者必须高度关注婴幼儿的饮食及喂养方式。食物必须与儿童的年龄、身体状况、文化或宗教习俗相匹配。儿童在最初三年发展出的口味和饮食习惯对其一生都会产生重要的影响。在美国，肥胖问题已经引起社会的广泛担忧，所以儿童照护机构应该注重饮食习惯的培养。为儿童提供各种各样的健康食物也可能会带来意想不到的问题，如果照护机构与家长们就此进行探讨尤其为甚。我们的目标是让儿童在成长过程中多吃有益健康和营养丰富的食物，偶尔吃一些富含糖和脂肪的食物。炸薯条、甜甜圈和糖果这类食物并不适合儿童。进食环境以及与照护者的互动能够营造一种温暖、舒适的就餐体验，鼓励儿童养成良好的饮食习惯和对食物的积极态度。

喂养婴儿

婴儿的饮食发展经历了许多阶段，最初只能进食流体食物，随后他们开始学着咀嚼和吞咽固体食物，最后学会自己进食。婴儿最初的食物是母乳或其他婴儿食品。婴儿入托后，虽然照护者不能决定给婴儿喂养哪种食物，但是他们的行为会影响婴儿的母亲是否继续坚持母乳喂养。因为母乳具有得天独厚的优势，能够很好地满足婴儿的成长需求，提高他们的免疫力，防止病菌感染，因此照护者应该大力支持母乳喂养。在照护机构中，照护者在安静、私密的角落里摆放一把舒适的椅子，这一简单的设施就是在传递支持母亲给婴儿哺乳的信息。另一种支持母乳喂养的方式是，照护者有意识地安排婴儿进食的时间，让母亲到来时恰好给饥饿的婴儿哺乳。此外，照护者了解如何安全地储存母乳，也有助于婴儿的母亲安心地坚持母乳喂养（见表 12.2）。

有关如何确保婴儿食物卫生和安全的详细介绍，请查阅苏珊•阿伦森和帕特里夏•斯帕尔所写的《健康的孩子：机构手册》一书[2]。该手册提供了婴儿第一年的饮食模式样例，介绍了他们可以吃什么以及何时吃。本书还包括诸如何时给婴儿喂固体食物，何时开始喂牛奶，如何避免奶瓶龋，以及如何断奶等诸多细节。当然，理解每一个家庭喂养婴儿的方式也非常重要，尤其是在存在一些文化差异、食物限制或相关禁忌的情况之下。有

表 12.2 储存和使用母乳的注意事项

- 母亲挤出的母乳应该装在一个干净卫生的瓶子里，冷存送到照护机构。
- 如果母乳送到时就是冷冻的，需立即储存于冰箱或冷柜中。
- 存储母乳的所有瓶子上需要清晰地标明母乳收集的时间和婴儿的名字。
- 婴儿未喝完的母乳应该丢弃，不能继续再食用。
- 冷藏的母乳不得超过48小时。
- 在加热母乳时，使用流动的自然水或将其置于装有温水的容器中，时间不超过5分钟。
- 母乳不能置于常温下，这样会滋生细菌。
- 不能用微波炉加热母乳。

特殊需求的婴儿可能会需要特殊的饮食或喂养方式，照护者需要从家长那里了解这些信息。

照护者需要向婴儿提供良好的个性化的营养搭配，或者让家长为婴儿提供有营养的食物和奶瓶。大多数儿科医生建议婴儿在 3 ～ 6 个月大后方可喂养固体食物，并且需要缓慢地过渡，每次只给婴儿喂一种固体食物，喂的量也需要从一勺开始，然后逐渐增加到有益于婴儿的合适的量。关于添加固体食物的顺序，大多数儿科医生的建议都有所偏好，首选麦片等谷物类食物。对于一些容易引发过敏的食物，如蛋白、果汁，特别是坚果和花生酱等，大多数医生建议不可过早给婴儿食用。不要给婴儿喂食由几种食物做成的混合食物，比如砂锅菜，因为一旦发生食物过敏，你很难确认是由哪一种食物引起的。婴儿的食物中不能含有盐、糖、人工色素和调料等添加剂。婴儿需要纯粹的、自然的和未加调味料的食物。不要给 1 岁以下的婴儿喂蜂蜜或玉米糖浆，因为这些食物可能含有一种特殊的孢子，这类孢子会引发食物中毒，婴儿对此更易感。不要给婴儿喂食容易噎住的食物，如生胡萝卜和爆米花。

录像观察 12

喂养常规

© Lynne Doherty Lyle

看录像观察 12：该录像向我们展示了喂养儿童的环境，该环境对于儿童来说具有发展适宜性，而且效果也很好。请观看这一非常安静但颇具启发意义的喂养场景。

问　题

- 你认为该机构的照护者为什么让儿童坐在桌边的矮椅子上而不是高椅子上？这一环境设置是否告诉了你该机构育儿理念的某些信息？
- 这种环境的安全性如何？从中你能看到哪些潜在的危险？
- 在该环境中，儿童的安全感和舒适感如何？哪些因素可能让他们感到安全和舒适？

要观看该录像，扫描右上角二维码，选择“第12章：录像观察12”即可观看。

喂养学步儿

不管照护者给他们喂什么食物，婴儿通常都是张开小嘴欣然接受；但是进入学步期后，他们可能开始变得挑食。出生后的第一年里，婴儿发育迅速，因此必须摄入充足的食物。但是，学步儿的成长速度急剧下降，通常他们的食欲也会随之降低。如果成人没有注意到这一变化，那么他们的担忧或行为便可能导致学步儿产生进食问题。焦虑的成人会想尽各种方法催促和哄骗学步儿吃饭，但这些做法会引发他们自然的抗拒，这种现象非常普遍。为学步儿提供各种营养丰富的食物很重要，但是，让他们自己决定吃多少和吃什么也非常重要。小份食物有助于鼓励他们坚持吃完！新鲜的空气和运动对于学步儿胃口的影响非常大，因此，应尽可能让他们多运动，多呼吸新鲜空气。观看皮克勒研究中心的学步儿吃饭，让人眼界大开。因为该中心把新鲜的空气和运动放在首位，所有的学步儿每天都参与大量的活动，呼吸充足的新鲜空气。当他们在饭点坐下来准备吃饭时，他们是真的饿了。看到这一年龄段的孩子们能够如此大口地吃饭，这真是件令人开心的事情。照护者并没有用什么特殊的游戏来哄他们吃饭，但是孩子们都能有滋有味地进餐。

许多针对婴儿的喂养原则也适用于学步儿。选择那些纯粹、天然的食物，即加工时不添加任何添加剂的食物。学步儿喜欢手抓食物（婴儿亦如此），但请记住，并不是所有的文化都认为手抓食物是合适的。如果学步儿的家长不反对，你可以考虑为孩子提供一些可手抓的食物。可以给他们提供一些水果或蔬菜类零食，而不是小甜饼或高盐的饼干。只有当学步儿长出牙齿并能够咀嚼时，方可给他们吃一些诸如苹果片或胡萝卜条等松脆的食物。避免给学步儿吃爆米花、坚果、花生酱、热狗圈、葡萄以及其他可能引起窒息的食物。将热狗纵向切成小片，一定不要做成圈状！将葡萄切成两半，如果是大颗的葡萄则切成四半。这些注意事项对于特殊儿童来说更为重要，他们的肌肉反射可能还未完全发育好，更可能被噎到或引发呼吸困难。

学习环境

婴幼儿照护机构的大部分组成**结构**（structure）源自精心设计的环境。路易斯·托雷利认为，“精心设计的环境……能够促进婴幼儿的情绪健康，刺激他们的感官，挑战他们的运动技能。精心设计的群体照护环境能够促进儿童的个性和社会性的发展。”[3]

如果你思考婴幼儿的学习如何取决于他们的情绪健康、感官体验和自由活动，那么你可能会对本章开篇中萨凡纳和特拉维斯所处的环境产生质疑。我们来回顾一下本章开篇的两种场景。重新阅读对这两种场景的描述，并回想你在本书第二编了解的运动发展以及它与感知觉和认知的联系。在第一种场景中，奥莉维亚和卡伊可以在环境中四处活动；与之相反，萨凡纳和特拉维斯则被束缚在秋千和婴儿座椅上。他们能有多少发现呢？只能学着如何吸引成人的注意而已。而奥莉维亚和卡伊则不同，他们在探索和学习许多事情，并不需要成人的关注，而且还能提高自己的能力。

研究表明，行为会受环境的影响[4]。结构化的环境为我们如何在其中行事提供了线索。我们可以比较一下图书馆和健身房。或者想一想便利店如何传递人们所期望的信息，它们在门口放置购物车，设立开放式货架和自助收款台。相比之下，在珠宝店里，你能做的就是坐在玻璃柜前，等待店员从柜台后开锁为你取珠宝。

想一想

环顾你现在所处的环境，这一环境传递了哪些信息来引导你的行动？思考你最近体验过的与之不同的环境，它又传递出了什么不同的信息？

如果环境是经过精心设计的，并且保持一致，那么婴幼儿也会从中获取信息。事实上，学着接收这样的信息是儿童社会化过程的重要组成部分，因为他们正在学习对不同的行为环境作出不同的预期[5]。

如果学习环境不适合有身体障碍的儿童的特殊需求，他们将会从环境中获取某些特定的信息。例如，如果坐轮椅的儿童不能去室外或者穿越厚地毯，那么他在该机构中的体验将会受限。如果玩具或设备超出了他（她）的能力，那么他（她）会认为这些东西都不是为其准备的。因此，照护者学习环境可以是户外的，也可以是室内的。如今，许多婴幼儿需要更多户外活动，特别是在那些仍然有天然元素的环境中。

需要为机构中的所有儿童提供便利的环境，包括那些有特殊需求的孩子。

虽然婴幼儿的许多学习发生在游戏区，但是学习并不局限于此。照护机构的整个环境，包括照护区，都是婴幼儿的学习环境。请看图 12.1、图 12.2 和图 12.3 所示的教室样例。

布　局

不管是中心式的照护机构还是家庭式的托育之家，创设婴幼儿的照护环境都需要坚持一些基本的原则。要专门设置接送孩子的区域，而且在这一区域附近还要配置存放儿童物品的柜子。睡眠区应该远离游戏区，并且拥有柔和的氛围：让人放松的颜色，安静且无干扰。就餐区也应该与游戏区分开，尽管两者会有一定的交集，有时照护者可能会用餐桌来开展一些其他活动。当然，就餐区应该临近厨房或其他加热或烹饪设备。换尿布的区域应该远离就餐区，靠近盥洗室，或者至少临近洗手池。室内游戏区的布局应该令人愉悦，充足的光线能激发儿童的探索欲。同时，我们也要设计一个同样能促进儿童探索的室外游戏区。在布达佩斯的皮克勒研究中心，

图 12.1 婴儿的教室

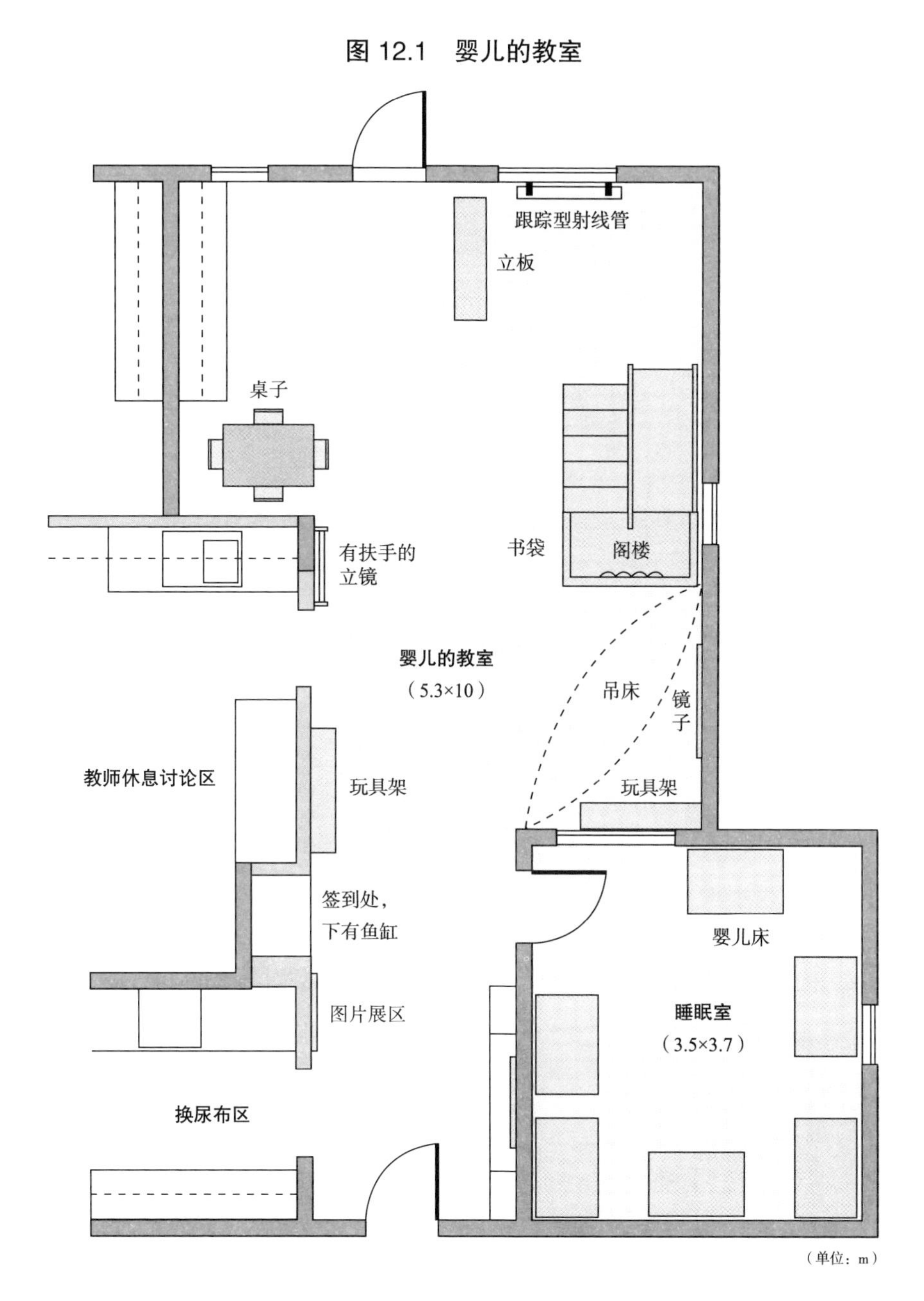
跟踪型射线管
立板
桌子
有扶手的
立镜
书袋
阁楼
婴儿的教室
（5.3×10）
吊床
镜子
教师休息讨论区
玩具架
玩具架
签到处，
下有鱼缸
婴儿床
图片展区
睡眠室
（3.5×3.7）
换尿布区
（单位：m）

图 12.2 学步儿的教室

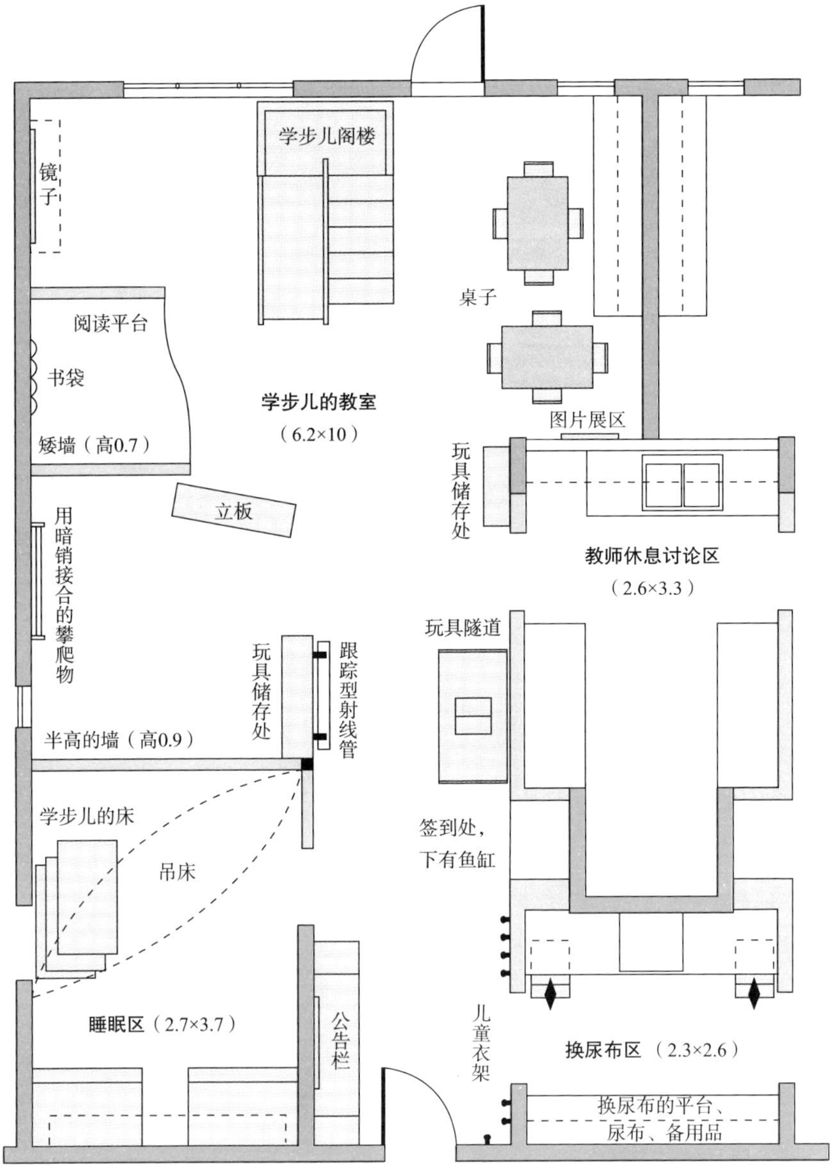

学步儿阁楼
镜子
桌子
阅读平台
书袋
矮墙（高0.7）
学步儿的教室
（6.2×10）
图片展区
玩具储存处
立板
用暗销接合的攀爬物
教师休息讨论区
（2.6×3.3）
玩具隧道
玩具储存处
跟踪型射线管
半高的墙（高0.9）
学步儿的床
吊床
签到处，
下有鱼缸
睡眠区（2.7×3.7）
公告栏
儿童衣架
换尿布区（2.3×2.6）
换尿布的平台、
尿布、备用品

（单位：m）

图 12.3 婴幼儿的教室

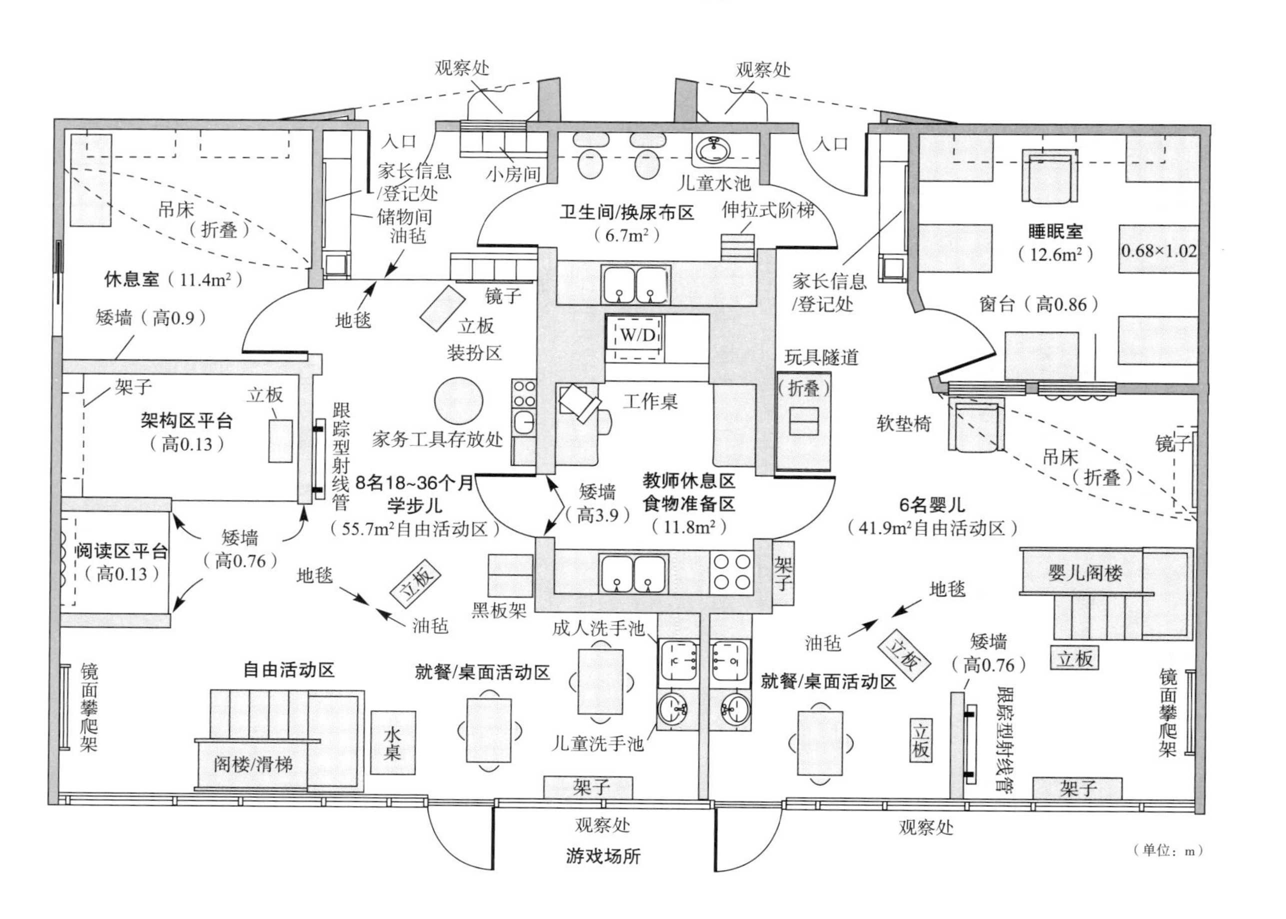
观察处
观察处
入口
家长信息
/登记处
储物间
油毡
小房间
卫生间/换尿布区
（6.7m²）
儿童水池
伸拉式阶梯
入口
家长信息
/登记处
吊床
（折叠）
休息室（11.4m²）
矮墙（高0.9）
地毯
镜子
立板
装扮区
W/D
工作桌
玩具隧道
（折叠）
睡眠室
（12.6m²）
0.68×1.02
窗台（高0.86）
软垫椅
镜子
吊床
（折叠）
架子
架构区平台
（高0.13）
立板
跟踪型射线管
家务工具存放处
8名18~36个月
学步儿
（55.7m²自由活动区）
矮墙
（高3.9）
教师休息区
食物准备区
（11.8m²）
6名婴儿
（41.9m²自由活动区）
阅读区平台
（高0.13）
矮墙
（高0.76）
地毯
立板
油毡
黑板架
架子
成人洗手池
婴儿阁楼
地毯
油毡
立板
矮墙
（高0.76）
立板
镜面攀爬架
自由活动区
就餐/桌面活动区
就餐/桌面活动区
阁楼/滑梯
水桌
儿童洗手池
立板
跟踪型射线管
镜面攀爬架
架子
架子
观察处
游戏场所
观察处
（单位：m）

儿童也可以在户外就餐和睡眠，并且环境设计很适合这两项活动。那里的每一名儿童都有两套寝具，其中一套便放在户外。通常，储物区和办公区（至少包括一张桌子和一部电话）也是环境的一部分。如果环境中的每一区域与其他区域有明显的区别，那么婴幼儿就能逐渐学会每一区域内的期望行为。

用于照护活动的家具、设备和材料等会因机构的目标和理念而有所不同。下面介绍的内容都与本书所提倡的理念相一致。

就餐区

在就餐区或临近区域，冰箱和加热食物的设备是必需的。同时，也要配备水槽和操作台。洗碗机要放在便于使用的地方。准备食物的餐具和器皿，不易破碎的盘子、杯子、勺子以及儿童的奶瓶和奶嘴（家长送孩子入园时带来的）等也都是必需的。就餐和准备食物的区域要有储存食物、餐具和厨具的地方。使用矮小的桌椅便于婴幼儿自己就餐，有利于培养和增强他们的独立感。（某些儿童在小规模的群体中就餐会更好，因为小群体中的刺激少。照护者在选择餐桌时也要考虑到这一点。）虽然某些照护机构认为高椅子是必要的，但是我们提倡为那些能够自己坐到椅子上的儿童提供低矮的桌椅；对于那些不能坐椅子的小婴儿，照护者需要抱着他们喂食。当然，如果儿童在就餐时吃着吃着就离开了餐桌，那么照护者就需要培养他们坐在餐桌前用餐的习惯。另外，照护机构也要为照护者们提供舒适的就餐区域，不管是在餐厅还是其他地方，要使他们感觉像在家里一样，而不是让他们就餐时不得不站着或蹲坐在小椅子上。

睡眠区

睡眠家具的安排取决于儿童的年龄。小婴儿睡在摇篮里会比较安全；

大一点的婴儿则需要睡在婴儿床里。学步儿可以睡在童床或地板上的床垫上。每一个儿童都应该有自己的寝具，儿童之间不应该共用婴儿床、童床或其他寝具。

在婴幼儿照护机构中，虽然每个儿童独立睡觉是一种标准做法，但是出于文化和健康考虑，照护者需要认识到，有些文化并不认为独立睡觉的安排对于婴幼儿来说是正常的或健康的。

换尿布区

换尿布区域要配备尿布台或桌子，以方便成人为婴幼儿换尿布。通常，尿布台要方便儿童侧躺在成人的身旁。在皮克勒研究中心，尿布台的安排则方便儿童躺在垂直于开放边缘面向成人的地方。然后成人只需弯腰便可以直接为儿童换尿布，而不需转向另一侧。换尿布所需的必需品都应该存放在尿布台附近，成人伸手就可以够到。这些物品包括尿布、每次换完尿布后用于消毒尿布台表面的清洁用品，以及用来存储或处理脏尿布的装置。换尿布的区域还必须配备有温水的洗手池、香皂和毛巾。注意，该水池不能设置在准备食物或清洗餐具的地方。

如厕区

学步儿喜欢儿童卫生间，需要配有香皂和纸巾（或卫生的毛巾）的洗手池。不论是室内的还是室外的卫生间，都要临近游戏区。

发展适宜性

学习环境中最重要的因素是环境设置要适合特定年龄组的发展。婴儿不能在专门为学步儿创设的环境中接受照护，正如学步儿在专门为婴儿和学龄前儿童创设的环境中会表现出行为差异一样。发展的适宜性至关重要。

当婴儿和学步儿被安排在同一个房间时，你必须保持高度的灵活性。环境不仅必须满足特定年龄段儿童的需求，而且必须适应儿童随着时间的推移而不断成长和发展的变化。

婴儿的发展适宜性环境

适合婴儿的环境与适合学步儿的环境有哪些不同？它们的差异某种程度上在于空间的大小。儿童的年龄越小，其周围的空间和班级规模就应该越小。对于新生儿来说，空间可能会令其产生恐惧，诸如摇篮这样非常有限的空间对他们来说才是适宜的。那些年龄稍大但仍不能自如活动的婴儿则需要相对较大一点的活动空间，但是空间也不宜过大。他们需要在地板上活动，但要保护这些无助的婴儿不被他人踩到。对于这一阶段的婴儿来说，婴儿围栏是最适宜的。当婴儿通过翻身或爬的方式能四处活动时，他们便需要更大的空间了。我们通常所用的标准围栏就太小了。当婴儿第一次能够站立时，他们需要抓住扶手或家具来支撑自己。在家庭环境中，咖啡桌、茶几、椅子和沙发都可成为他们站立时的支撑物。婴儿照护中心必须配备其他的支撑设施。（婴儿围栏的外围便可以发挥这样的作用。）

我们来说说婴儿床。婴儿床并非好的学习环境，而是用来睡眠的。如果我们传递给婴儿一致的信息，即婴儿床是用来睡觉的，那么一些婴儿很早便能将婴儿床与睡觉联系在一起。如此一来，当照护者将他们放在婴儿床上时，很少会出现入睡困难的问题。但是，如果在婴儿床上放上玩具，悬挂风铃或音乐盒，那么传递给婴儿的信息便是混乱的。环境中充满了刺激，并不利于婴儿入睡。照护者最好给婴儿传递这样的信息：玩耍应在婴儿床以外的空间进行。除了新生儿，对于大多数婴儿来说，婴儿床的空间太小，并不适合在上面玩耍。最好只把婴儿床提供给那些疲惫的需要休息的儿童，而不是那些清醒的、活跃的儿童。醒着的儿童需要另一种不同的环境。

学步儿的发展适宜性环境

当然，学步儿需要有与其年龄水平相符的更大的空间，需要有适合大肌肉运动的挑战。他们也需要能鼓励其独立性发展的环境，比如有可以够得到的水池，方便他们自己洗手；有方便他们自己倒牛奶和果汁的容器；有供他们擦掉自己溢出的果汁或水的抹布；以及有方便他们收拾自己碗碟的洗碗盆。学步儿还需要能够激发他们运用大肌肉运动技能、运用精细运动技能以及调动所有感官去探索的环境。

在学步儿的游戏区，成人要投放各种各样的适合其年龄特点的玩具和设备，从而鼓励儿童主动、富有创造性和全身心地投入游戏，并发展他们的动手能力。这样的游戏区应该适合一天中任何时间所有儿童的心境：有的学步儿充满活力，有的学步儿较为温和，有的学步儿想要独处，还有的学步儿渴望与人交往。

家庭式托儿所和混龄班

家庭式托儿所为不同年龄儿童创设的混龄照护环境，显著不同于中心式照护机构将儿童按年龄分班创设的照护环境。家庭式托儿所具有中心式照护机构无法比拟的某些优势。在家庭式托儿所，人们很少有身处“公共机构之感”。对于那些易被过度刺激的敏感儿童来说，这种小规模的家庭式环境会令其感到更加舒适。家庭式托儿所具有的丰富性，正源于其环境中可见的混龄儿童群体和成年家庭成员共同构成的那种更大的多样性。随着儿童在一个家庭式托儿所生活的展开和持续，这个家庭环境自然地提供的那些触感、声音和活动，会在孩子面前一一展现。当家庭式托儿所的提供者努力想为儿童营造一个安全、舒适的学习和照护环境时，家庭式托儿所具有的一些优势也正是他们所面临的挑战。对于儿童来说，观察家庭成员

活用原则

原则 8 将问题视为学习的机会，并让儿童努力自己去解决问题。不要溺爱他们，总是让他们生活得很轻松，或者保护他们不受任何问题的困扰。

一位家庭式托儿所的照护者刚刚改造完她的家，以便于孩子们能够自由地探索环境。她对儿童探索、发现问题并逐步学会解决问题的方式很满意。最近她接收了一名叫奥斯汀的 2 岁儿童，他有身体缺陷，这位照护者努力营造各种机会来帮助奥斯汀去探索、发现和解决问题。奥斯汀不能自如地移动，因此照护者将他从房间中的一个地方抱到另一个地方，让他体验不同的视角和方向。当他处于没有摔倒风险的安全位置时，他可以伸手去够东西。这位照护者想了很多方法来帮助奥斯汀尽可能地接近玩具，这样他就能自己决定玩哪些玩具了。她有时会将奥斯汀抱到玩具架旁边，有时会将一篮子玩具放在他的身边以便他能够得着。此外，她还改装了一些玩具，让它们能够更灵活地运转。她看到奥斯汀费力地翻动着硬纸板书，尽管很努力但最终还是放弃了。这时她便将奥斯汀抱过来坐在自己的腿上，和他一起翻阅这本书。后来她想到了一个好主意，把雪糕的小木棒粘在这本书的每一页上，这样奥斯汀拨动小棒就可以翻页了，还能看完整本书。奥斯汀非常开心自己能够独立看书了，尽管他还是很希望与照护者一起阅读。对于所有的学步儿来说，让事情发生是他们强烈的内在需求之一，奥斯汀也是如此，他也着迷于创造出这样的奇妙效应。这位照护者想方设法为他提供更多这样的机会。

1. 尽管奥斯汀不能独立地四处活动，你还能想到哪些方法可帮助他探索周围的环境？
2. 假设此刻你自己在所处的环境中也行动不便。如果你有强烈的意愿想影响环境中的某些事情，你需要什么样的帮助来利用自己有限的能力，伸手去够到或抓住某些东西？
3. 思考这位照护者帮助奥斯汀从房间中一个地方移动到另一个地方，或让他自己移动成为可能的各种方法。
4. 在普通的家庭中，哪些障碍可能阻碍这位儿童充分探索周围的环境？

如何打发他们的时间可能是一种有趣的体验。例如，他们观察到这个家庭中的青少年会自己修车，奶奶会时不时地整理她的集邮册。然而，有些家庭成员的某些活动可能对儿童来说就不那么适宜。例如，如果上面提到的青少年回到家后就一屁股坐在电视机前，那么这可能就是照护者必须要解决的问题。

图 12.1、图 12.2 和图 12.3 展示的是精心设计的中心式照护机构的布局，与这些布局不同，家庭式托儿所依赖于家中原有的建筑设计，这种设计适于居家生活，而非专为婴幼儿照护所用（见图 12.4）。家庭式托儿所的提供者需要腾出适合儿童活动的房间。一些房间的功能非常明显，如盥洗室是洗漱和如厕的地方，厨房是烹饪和（也许是）就餐的地方。其他的房间则需要提供者重新布置，以便为儿童留出更大的游戏空间。一些提供者会在客厅、家庭活动室、餐厅、客房、地下室、改造的车库或房间之间的走廊等地方创设游戏空间。提供者可能会把家具搬走，为儿童腾出自由活动的空间；或者提供者也可以利用家具将房间重新划分区域，分出储藏和使用特定的儿童玩具和游戏材料的空间。小地毯也可以用来限定**游戏空间**（play space）。提供者可以充分地利用高架床来分享空间，使年长的儿童远离年幼的儿童。另外，还可以把高架床的床腿截至安全的高度，为年幼的孩子创设较低的攀爬区，或者把床下作为一个小型的爬行区。家庭式托儿所中的**混龄班**（mixed-age group）给照护者带来了一系列特殊的挑战。提供者必须想方设法为所有年龄段的儿童提供安全的游戏和探索环境，这就意味着提供者要把玩具和材料放置在不同的高度，以满足不同年龄儿童的需求。所有的儿童都能拿到低矮架子上摆放的玩具，因此对于混龄班儿童，照护者必须特别注意，只将那些安全的、适合最小儿童玩耍的玩具和材料放在这里。对于那些仍然用嘴来探索外界的婴幼儿，照护者要保护他们远离玩具的零部件和易碎玩具。那些不适合最小儿童的活动可以在餐桌或操作台上进行，以确保他们的小手接触不到。同时，活动材料也要存放在高

图 12.4 家庭式托儿所的环境布置

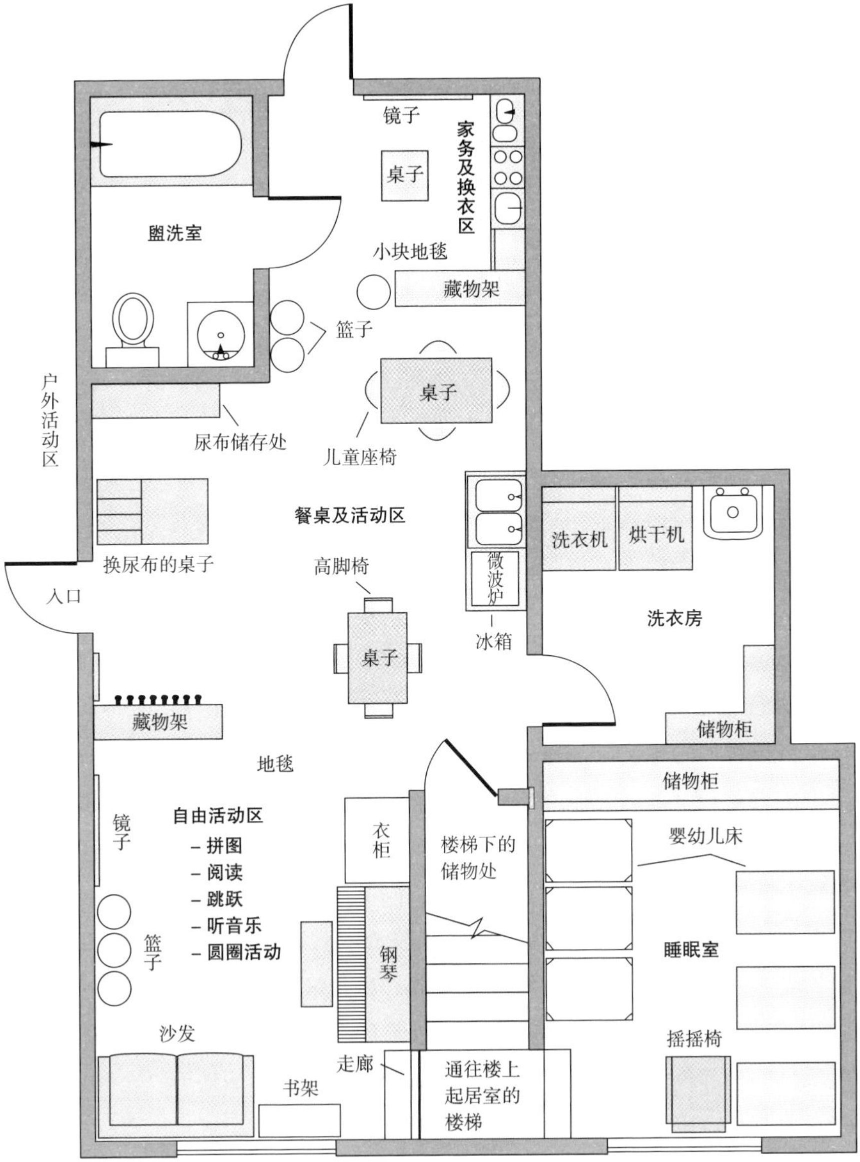

处。没有人想让一个学步儿手拿一百片的拼图，不一会儿嘴里就开始嚼着硬纸片。玩具的存放非常重要，因为这样照护者就不必每天把所有的玩具都拿出来，可以轮换着每天玩不同的玩具。这样做可使储藏的玩具再次拿出来时，儿童能对以前玩过的玩具产生新的兴趣。有些玩具可以轮换着玩，还有一些玩具则需要始终都拿给儿童玩，这样做有助于给儿童一种一致感。

游戏环境中的要素

在游戏环境中配备什么样的玩具、设备和材料，年龄适宜性是要考虑的关键因素（见附录B）。新生儿和小婴儿在游戏环境中几乎不需要什么玩具。有几件能够盯着看的物件就足够了。环境中最令他们感兴趣的就是生动的人脸。认识到这一事实后，我们就不要再试图用玩具、图片甚至是电视来取代人脸。与那些有生气或无生气的物品相比，婴儿更需要那些能够给予他们回应的人。（当然，他们也需要很多的安宁时刻和较少的刺激。）

NAEYC 机构认证标准2 课程

当婴儿发现自己的双手并花时间仔细探索它们的时候，他们就准备好玩一些简单的东西了。最初，婴儿将他们的双手视为迷人的“客体”，但是最终他们发现双手是属于自己的，可以为自己所控制并用来探索其他客体。当儿童在探索自己的双手时，成人不应干扰，这一点非常重要，因为这是他们利用双手来探索其他客体的开始。这一过程逐渐由探索变为试验，进而发展到建造。该信息源自皮克勒研究中心的研究，并且本书的一位作者也曾系统地观察过婴儿的这一发展过程。在美国，这种情况并不常见，婴儿出生后就被各种各样的多感官玩具冲击着，这些玩具拥有亮丽的色彩，能够移动，能发出声音或播放音乐。这些玩具的确非常好玩，但是它们把婴儿从自娱自乐变成依赖外部娱乐。当婴儿厌烦一种玩具时，人们就给他们提供另一种玩具，或者成人走过来逗婴儿玩。根据本书作者的经验，那些习惯了这种娱乐模式的婴儿用于探索简单玩具的时间通常较少。皮克勒研究中心提倡婴儿玩简单的玩具，玛格达·格伯的婴儿保教者资源机构（RIE）联盟也会教成人让婴儿玩一些简单的玩具。

那些遵循皮克勒的方法和格伯的理念的照护者，他们使用的第一件玩物是一条棉质方巾，长宽均为35厘米。成人并不是将方巾平铺在婴儿可以够到的地板上，而是将其立起来，以便于婴儿更容易看到并抓住它。这就是选择棉质方巾的原因之一，因为棉布的硬度合适，可以立起来。同时，棉质方巾有一定的重量，婴儿不会吸入口中，而丝绸或尼龙方巾就存在这种隐患。仰躺在稳固的表面上的婴儿可以将头从一侧转向另一侧，这样当他们发现方巾时，就会伸手去够它。甚至无须过多地控制手指，也能轻易地抓到方巾。婴儿可以挥舞轻薄的方巾、将其缠绕在手指上、紧握在手中，或者松手扔掉。一些婴儿会用方巾来玩藏猫猫游戏，他们把方巾盖在自己的脸上，随后又拿开。在没有任何外部帮助的情况下，婴儿也能利用方巾来制造出明与暗的效果。

需要注意的是，在这一过程中，方巾本身并没有做什么，它需要婴儿的操纵。玛格达·格伯的一句名言是：“主动的玩具会使孩子变得被动；被动的玩具会使孩子变得主动。”

皮克勒研究中心和婴儿保教者资源机构（RIE）培训教师时所采用的其他游戏材料也是一些简单、轻便的东西，婴儿可以抓、咬、扔、转、摔、戳，以及用各种方式来探索。这些游戏材料并不是悬挂在婴儿的头顶上方，而是放在地板上婴儿够得到的地方，这样他们就能更多地摆弄这些玩具，而不仅仅是盯着它们看或偶尔拍打它们。随着婴儿慢慢长大，游戏材料的数量和种类也随之增加，但是它们依然非常简单。在皮克勒研究中心，婴儿的玩具还包括其他的物品，如碗（塑料的和金属的）、木勺子和可以摞起来的塑料杯；这些物品与儿童用餐时使用的餐具非常相似，但并不完全相同。因此，婴儿可以学着区分游戏玩具和真实用具。

到了学步期，儿童的玩具发生了变化，更具多样性。本书作者在皮克勒研究中心观察到一种简单的玩法：提供一篮整洁的儿童衬衫和裤子等衣服，让儿童去探索、试穿，脱下自己的衣服去换上另一套衣服。这些衣服通常略大些，方便儿童穿脱。这类简单的玩法允许儿童以游戏的方式去探索一些他们熟悉的事物，其中不涉及任何成人设定的目标。这才是真正的游戏！

成功地利用这些简单的游戏材料是有一些诀窍的。首先，游戏环境必须安全，儿童能够在其中四处活动，并与同伴互动。其次，在日常生活的基本活动中要有成人与儿童一对一互动的时间，以便儿童每天都能得到足够的个人关注。因为在这些针对个人的、聚焦性活动中，儿童需要成人关注的需求得到了充分满足。因此，在没有成人关注的时候，他们才能自由地去探索和玩耍。皮克勒研究中心的照护者们都会接受培训，在儿童游戏时不打断或分散儿童的注意力。

皮克勒清楚地知道，她的教养理念从一开始就是帮助婴儿去发现他们自己是有能力的学习者，能够探索并了解周围的世界。一旦成为有能力的问题解决者，就会感到自己很强大。他们会自发地学习，他们的探索和发现不需要外部奖励。上述玩简单玩具长大的儿童会发展出更持久的注意，学习会更专心。所有这些技能都有助于他们今后学业上的成功。当然，在这种精心设计的游戏环境中，儿童也发展了他们的认知技能，开始学习概念，并获得了一些操作性的以及其他的身体运动技能。

室内环境中的玩具和材料

若要列出适合室内环境的玩具和材料，恐怕这份清单将是无穷尽的。从实践角度来说，任何你能想到的安全且有趣的东西都可以成为学步儿的**学习工具**（learning tool）。下面列出的这些适合室内环境的材料你可能不曾想到过。

- 装植物黄油的盒子。
- 不同尺寸的积木，特别是大的、轻便的和表面有塑料泡沫包裹的积木，这样便于学步儿把它们摞起来，用于搭建不同的结构和围墙。
- 带盖的鞋盒。儿童喜欢反复地把盖子打开，然后再盖上。你可以在盒子里放上一份惊喜。
- 对所有年龄段的儿童来说，围巾都是非常有趣的玩具，但是千万不要让婴儿玩丝巾。
- 各种各样的书。
- 每个饼杯中都放有一个小球的松饼盘（这是初学者的“拼图游戏”，即使是最小的儿童也能成功地用其进行游戏）。
- 配有毛毡块的法兰绒板。确保学步儿可以够到它们，当他们移动这些毛毡块时，观察他们如何探索和试验，以及他们会说些什么。
- 撕纸。在撕纸活动中学步儿往往有持久的专注力[6]。

户外环境中的玩具和材料

与室内环境一样，户外环境也应得到足够的重视。户外环境应确保婴儿有一种安全感，应让学步儿有许多事情可做。在一片有树荫且安全的草地上铺一条毯子，让小婴儿躺在上面。会爬的婴儿需要安全的空间来爬行和探索，照护者要为他们准备“护膝”以防止他们的膝盖磨破。本书的一位评论者提供了一个窍门来保护婴儿的膝盖：拿一双成人的圆筒袜，剪掉脚趾部分，然后把它们分别套在会爬婴儿的膝盖处，于是一副便捷、实惠的护膝就做成了！会爬的婴儿还需要一些安全的物品，以便他们把玩和用嘴探索。刚开始学走路的学步儿需要平坦的路面来练习走路，这样不会有太大的挑战；他们还需要推拉玩具。对这一年龄段的儿童来说，带轮子的玩具也非常有益。

下面是为学步儿布置户外环境的一些想法。

- 卡车的内胎。它们通常是免费的，不要充太多气，是很好玩的弹跳物。
- 用来摇晃的打结的绳索。
- 用木销制成的吊架，用来悬挂绳子。在木销的末端缠绕强力胶带。
- 把吊环秋千悬挂得尽量低些，这样儿童可以趴着荡秋千。
- 把牛奶箱、大木盒子、厚板和锯木架当作儿童攀爬的支撑物。
- 带轮子的玩具，包括可以骑的玩具、推的玩具，以及可以拉东西的独轮车和小推车。
- 小型滑梯，如果学步儿愿意，可以头朝下滑下来。
- 设计不同高度的攀爬物，特别是一座小山。这座小山需要时刻保持干燥，雨后要等它晒干再使用。对于学步儿来说，上山和下山会有一定的挑战。如果你能在山上种一些草，学步儿就能自如地在上面滚来滚去。
- 放置一些儿童自己能够上和下的可摇摆的玩具。
- 配有各式各样的容器、大小铲子以及沙漏的沙箱。
- 装在各种容器中的水，这些容器包括：小的塑料洗澡盆、大托盘、质地为水泥混凝土的盘状容器以及婴儿浴缸等等。给儿童提供一些容器、漏斗、软管、海绵、布和画笔。用水来画画通常是儿童的最爱。请谨记，当儿童玩水时，成人必须时刻看护着他们，少量的水也是危险的。
- 稻草为户外环境增添了额外的柔软性。儿童可以在稻草中蹦蹦跳跳，还可以拖拽着它们到处跑[7]。

评估婴幼儿环境的质量

除了考察环境的年龄适宜性，还有许多其他评估学习环境质量的方式。

NAEYC 机构认证 标准4 评估

在《教—学环境维度Ⅱ：关注日托》一书中，伊丽莎白·琼斯和伊丽莎白·普雷斯科特定义了学习环境的五个维度：柔和—冷硬、介入—隔离、高活动性—低活动性、开放—封闭、简单—复杂[8]。

平衡环境中的柔和与冷硬

柔和—冷硬这一维度在一定程度上是不言自明的。我们可通过提问以下问题来评估婴幼儿环境中的这一维度。学习环境中是否随处可见柔和的材料？在室内环境中，婴幼儿需要柔软的毛毯、毛绒玩具、舒适的家具、床垫、护具、靠垫和护膝等。在室外环境中，他们需要草、沙子、水、软球、护具和护膝等。柔和的环境具有回应性。许多照护中心投放的柔和玩具和材料往往不能满足婴幼儿的需求，部分原因是清洗这些柔和的材料及其表面较为困难，部分原因是这类玩具和材料往往容易损坏。与中心式的照护机构相比，家庭式托儿所通常在这方面做得更好，它们创设的环境更加柔和，因为家庭通常会有毛绒家具和窗帘，而这些正是中心式照护机构所缺少的。

为婴幼儿创设的环境中是否也需要一些质地坚硬的材料呢？是否室内的每一寸地板上都需要铺上地毯？院子里处处都有草坪？事实上，睡着的和醒着的婴儿都需要被放置在质地坚硬的表面上。坚硬的床垫降低了婴儿猝死综合征（SIDS）的风险，地板和其他游戏材料坚硬的表面为婴儿保持良好的姿势提供了所需的支撑，也利于他们练习移动自己的身体。冷硬的地板和光滑的水泥地面为爬行的婴幼儿提供了不同的感触，也更有利于初学走路的学步儿在上面行走，较大的学步儿在上面走路时能发出好听的脚步声。婴幼儿照护机构需要有一些坚硬的地面，并投放一些质地较硬的游戏物品和材料，尽管强调的是环境中的柔和度。

提供介入和隔离的环境

好的学习环境能为婴幼儿提供适度的介入和隔离。理想的介入是能从室内浏览到户外的环境，能为儿童提供新奇和兴趣。低矮的窗户有助于儿童看到室外、后院或大街上所发生的事情，但是照护者需要保护儿童免受户外危险和噪音的伤害。同样，当外来人员——电话维修工、前来接孩子的家长和参观者——进入婴幼儿所在的环境时，另一种理想的介入便出现了。照护者应该维持一种适度的介入水平。

好的学习环境还应该能够提供适度的隔离，比如为需要独处或想与另一同伴单独玩的儿童提供合适的空间。当然，成人的监督始终是大家关注的一个问题，但是我们有很多方式可以确保儿童在成人静静地关注下仍能享受私人空间。一种简单的做法就是将沙发从靠墙处移开，靠墙放置一排无盖的大木箱子，箱子两端有洞，儿童可以爬进去。木箱子的侧面可以将那些爬行的孩子与房间中其他的孩子隔开，但成人仍然能够看到他们。

路易斯•托雷利谈到了与较大的儿童群体隔离的重要性。

> 例如，多层次的设计通常会改变“层”高，形成合适比例的平台、阁楼、“安乐窝”和顶棚。这些微型的学习环境为婴幼儿创设了一个安全的探索之地，他们在里面玩玩具、看书、堆积木、爬台阶，或者只是从一个舒适、半封闭的“私人空间”里观察成人和其他儿童[9]。

对于某些有特殊需求的儿童来说，拥有一个能够回避过多刺激的空间是不可或缺的。成人应该察觉到这些儿童对于独处和减少刺激的需求，并尽可能地予以满足。

鼓励活动性：高活动性—低活动性维度

在专门为婴儿和学步儿创设的环境中，高活动性和低活动性都应该受到鼓励。年龄大些的儿童应该能自由地四处活动；孩子不必等到户外活动时间就可进行充满活力的运动。当然，这也意味着该环境中儿童的班级规模要小。对于一个小婴儿班级来说，8 个孩子便足够大了。对于 2 ～ 3 岁的儿童来说，如果活动环境经过精心设计，那么班级规模可以适当扩大，12 个孩子也是合适的。有特殊需求的儿童在更小的班级可能获益更多。

开放—封闭维度

开放—封闭维度与选择有关。譬如，低矮开放的玩具架就是体现环境开放性的一个例子，儿童可以选择上面摆放的玩具。封闭的储物柜适合控制或减少儿童的选择，避免出现混乱的场面。

开放性也与家具和分隔物的摆放有关。一种比较好的安排是，在成人腰部以上的高度设置开放的空间，这样便于监督儿童的安全；但是在这一高度以下，要有一定封闭感的空间，这样婴幼儿就不至于被宽阔的空间所淹没。

开放—封闭这一维度还涉及另一点，即玩具或游戏材料是只有一种正确的玩法（如拼图、模型板或叠叠乐趣味环），还是也鼓励儿童用各种方法去探索。毛绒玩具和橡皮泥都具有这种开放性，嬉水游戏也如此。3 岁以下的儿童需要更多开放性的玩具和材料。大一点儿的学步儿可能喜欢玩一些封闭性的材料和游戏任务；而年龄较小的学步儿和婴儿并不理会玩具原有的玩法，在他们眼里每一件东西都具有开放性。他们会用成人意想不到的方法来摆弄玩具和游戏材料（无论是开放性的还是封闭性的）。对于婴儿来说，“错误的玩法”这一概念根本就不存在。

这是一项复杂的活动，用到了土壤、各种工具、花盆以及成熟的种子。

简单—复杂维度

简单的玩具和材料对于婴儿来说是最好的。露丝·莫尼在《RIE 的早期“课程”》中写道：“我们为婴儿提供简单的游戏物品，如空塑料瓶或很轻的漏勺，便于婴儿举起来并仔细观察。”[10]

简单—复杂维度的复杂一端当然还包括不同的玩具和材料的组合。与沙子、水和游戏餐具这三种中的任意一种相比，它们组合在一起能为儿童的活动提供更多的可能性。考察这一维度的照护者发现，当复杂性被引入学步儿的环境中时，他们的注意持续时间会增加。

那些还记得吉姆·格林曼的人一定听他谈论过为婴幼儿创设好的学习环境时应该考虑的另外四个维度：比例、美学、声学和秩序[11]。

比　例

想一想你在诸如教堂和其他令你感到自身渺小的建筑物中的感受，婴幼儿在任何专门为其他高年龄组创设的环境中也会有同样的感受。即使是学龄前儿童的活动环境也会增加婴幼儿的渺小感。当他们坐在椅子上脚却不能着地时，当他们想荡秋千自己却不能坐上去或下来时，或者当他们只能在齐胸高的桌子前玩耍时，他们都会觉得自己很渺小，而这种感觉并不是他们想要的。婴幼儿需要为他们量身定做的房间、天花板、家具和空间。成人要让他们感到自身是强大的，自己是有能力的，而不是让他们感到自身渺小和无能为力。物理环境确实能够影响婴幼儿的自我概念。

美　学

婴幼儿应该生活在具有视觉吸引力的空间里。光线是视觉吸引力的重要因素。如果条件允许，应避免使用强光和荧光灯照明。自然光能给人以多样性，并增加温暖感。颜色及其表达的不同情感属性以及视觉噪音都是应该考虑的因素。在大多数的婴幼儿环境中，有如此多的事情正在发生，有如此多的东西需要他们去看，因此背景应该是宁静的、温暖的和中性的。格林曼建议，在设计墙面、空间表面、窗帘和其他结构时，都应该避免颜色和设计方面常常见到的那些混乱感。在中性的背景下，人物、玩具和其他游戏材料会更加凸显，有助于儿童发现并专注于它们。儿童在这种环境下较少会受到干扰。

声　学

在婴幼儿的班级中，噪声可能是一个非常现实的问题。照护者要采取一切办法来降低噪声水平，保护需要安静的儿童，使他们远离那些正在喊叫、哭闹或做着喧嚣活动的儿童。班级规模与噪声水平高度相关，这也是让婴幼儿保持小班规模的重要原因。精心分隔空间能够减少噪声；同样，提供大量柔和的材料（地毯、毛绒家具、靠垫、窗帘和吸音天花板）也可以起到吸音的效果。要留意背景噪声，了解它们给群体和个体的儿童及成人带来的影响。一些灯具发出的尖锐声响会令听觉敏感的人烦躁不安。风扇和其他机器发出的噪声可能是舒缓的，也可能是让人烦躁的，这主要取决于噪声本身以及房间的环境。如果班级中有一名或多名听觉受损的儿童，照护者必须格外注意房间里的声音，确保这些儿童能够利用他们有限的听力。

想一想

回想让你觉得最舒适和最快乐的地方。这个地方有哪些特征？你能根据自己的经验总结出一些创设婴幼儿适宜环境的方法吗？这些特征是否适合这一年龄段的儿童？

秩　序

秩序感与美学和声学都有关。婴幼儿经常制造出一些混乱，他们会将玩具和其他材料到处乱放，拆卸东西，丢弃并重新摆放他们能随手拿到的物品。因此，与地板上持续的混乱状况相反，环境必须为儿童提供一种基本的秩序感。房间布局应该遵循这种秩序感。利用家具、书架和屏风将游戏区分隔为能够容纳 2 ～ 3 名儿童（对于年龄大一些的学步儿来说，人数或许可以稍多一些）的小单元，这样有助于儿童集中注意力，同时又能减少干扰（视觉的和听觉的）。通往这些游戏空间的路径要清晰，并且每一个游戏空间都应摆放玩具架。另外，如果在这些空间的入口处设置一些小的运动关卡，比如台阶或需要爬行通过，那么儿童闲逛的时间就会减少。

当然，房间内不同区域的划分需保持在 91 厘米高以下，这样便于成人环顾整个房间。需要强调的是，房间中有两种环境——低于 91 厘米的和高于 91 厘米的。若想充分理解儿童所处的环境，你需要蹲下在他们的高度去体会。当你蹲下去时，你会发现一些之前根本没有觉察到的事物，如墙边的踢脚线。我们在设计和维护儿童的环境时，若能经常蹲下身来从儿童的视角看一看是非常有益的。对于视觉受损的儿童来说，环境中的秩序感秩序与美学有关。如果环境经过精心设计，并保持一致性，那么婴幼儿便能从中获取这些信息。

© Lynne Doherty Lyle

和与之相伴的一致性是非常重要的特征。如果通道被堵或者家具被移动，那么熟悉以前环境布局的儿童便会感到不安，行动也会变得比较迟缓。

通观本章内容，你可能已经注意到缺少了对屏幕的介绍！现在，不论在家还是在外面，电视、视频和手持电子设备已成为大多数婴幼儿生活的一部分；但是，在我们为婴幼儿设置的游戏环境中，这些电子产品没有容身之地[12]。

儿童的活动环境并非是一旦确定便不可改变的。设计、布局、评估和重新布局一直是一个动态的过程，因为照护者们致力于追求品质，随着儿童的成长和改变，要不断探索对于儿童以及他们自己最为有益的环境。

NAEYC 机构认证标准4 评估

适宜性实践

发展概述

根据美国幼儿教育协会的建议，安全感有助于婴幼儿运用他们的感官和肢体能力去探索和了解周围的世界，包括其中的人和物。对于小婴儿来说，安全感与依恋和信任紧密相关；对于那些能移动的婴儿来说也是如此。然而，当婴儿受好奇心驱使而经常移动时，安全就变成了一个令人担忧的大问题了。他们需要一种安全且丰富的环境来满足自己探索周围世界的需求。学步儿也需要安全且有趣的环境来满足他们的探索欲望，当他们不断地试图去发现他们是谁、他们能做些什么以及谁说了算时，新的维度和问题便出现了。在最初的三年里，安全感自始至终都是婴儿早期的一个重要问题，而随着探索欲越来越强烈，相应的安全问题也变得愈加突出。也正是在这种探索中，儿童的目的性日益增强。

发展适宜性实践

下面是一些与物理环境相关的发展适宜性实践活动的范例。

健康与安全

- 成人应遵循健康与安全的程序，包括恰当的洗手方法和普遍的预防措施，以限制传染病扩散。每个方面都有清晰的书面卫生程序。正确换尿布的顺序（包括防护手套的使用方法），如何清洁婴儿床和游戏区，还有食品的储藏和准备（包括清洗餐具）的指导说明等，都应该在墙上一一展示，便于提醒成人。
- 每一个婴儿的体检、免疫接种以及特殊健康问题等卫生保健记录都应该单独归档并保密。用清晰的说明告知家长，因健康原因，在何种情况下婴儿不能送到照护中心。
- 每天，照护者都要对室内与室外的所有区域多次进行安全检查。
- 紧急疏散方案要张贴在墙上，并临近婴儿的每日记录表。应急供给包和儿童紧急信息表必须放在照护者能随手获得的地方。定期进行疏散演习。

适合婴儿的

- 成人应该为婴儿提供一种没有过度刺激或干扰的听觉环境。可以选择一些婴儿喜欢的音乐和其他录音来播放。

- 空间安排要合理，便于婴儿享受不受打扰的自己玩耍的时刻。留出充足的空间便于他们自由地翻滚和活动，能爬向他们感兴趣的物品。小婴儿的活动区应该与会爬行的婴儿的活动区分开，这样能促进处于相似发展阶段的婴儿之间进行安全的互动。
- 各种安全的家庭用品可作为婴儿的游戏材料，如塑料量杯、木勺、不易碎的碗和纸板盒等。
- 会爬或会走的婴儿可在开放的区域活动，在该区域投放些球、可推拉的玩具、小货车和其他一些玩具，这些玩具能够鼓励婴儿自由活动，而且还可以检测他们的大肌肉运动技能和协调性。在该区域，还可以提供一些矮的攀爬设备、斜坡和台阶等。所有的游戏设备都应该配有良好的防护措施，保证婴儿安全地进行探索。
- 在婴儿可以够到的开放的玩具架上放一些同类的玩具，便于婴儿自由选择。照护者可以把用于不同活动的材料分别放在不同的架子上。
- 与婴儿区邻近的户外游戏空间既要有阳光充足的地方，也要有阴凉的地方。该空间应该用防护围栏围起来。为了确保安全，攀爬结构周围的地面以及一些开放的空地上应覆盖一些有弹性且稳固的覆盖物，同时还要照顾到婴儿推着小车玩耍或骑在某些玩具上玩耍。另外，还要有一些柔软的区域，在那里，小婴儿能躺在被子上。

适合学步儿的

- 学步儿的环境及其活动安排需要具有可预测性和重复性，以便于他们形成期待，反复练习刚刚学到的技能，并对熟悉的日常安排感到安全。
- 照护者要合理地将空间划分为有趣的或活跃的区域，这些区域包括集中的小群体游戏区、独处区、绘画/玩水/玩沙等活动区、表演游戏区和积木搭建区。活动区之间可用矮隔墙、书架或座椅隔开，让那些跑跳的学步儿不能轻易打扰到正在专心游戏的学步儿，同时还要创建明确的通行模式。
- 学步儿每天都有机会进行探索性的活动。
- 在自由活动区附近设置儿童专用的洗手池，并配有纸巾，便于儿童认识到，在完成任何脏乱的活动后要及时清理该区域并洗手。
- 学步儿应该有许多机会参与一些室内或户外的活跃的大肌肉运动游戏。
- 每一名学步儿都应该拥有标有自己姓名的床和寝具。抱着自己的毯子或特殊的毛绒玩具通常是儿童入睡习惯的一部分。

个体适宜性实践

下面是一些与物理环境相关的个体适宜性实践活动的范例。

- 成人确保每一名儿童都会获得悉心的、积极回应的照护。
- 成人创建一种“融合性”的教室，在空间组织、材料和活动各方面都确保所有儿童均能积极参与。

如果每一名儿童都需要从周围环境以及生活在其中的人身上获取他们所需要的东西，那么个性化便是至关重要的要求。对于某些儿童来说，环境适应和成人干预在照护的常规工作中都是必要的，同时照护者也要鼓励儿童自由游戏。

文化适宜性实践

下面是一些与物理环境相关的文化适宜性实践活动的范例。

- 照护者与家长合作，通过日常沟通建立起相互理解和信任的关系，以确保婴儿的幸福和最优发展。
- 当家长谈及自己的孩子时，照护者应该认真倾听，积极理解家长的目标和偏好，尊重文化和家庭差异。
- 照护者须与家长协商来确定如何更好地支持儿童的发展，如何处理出现的问题以及照护者和家长之间的意见分歧。

本章讨论的环境创设多强调婴幼儿的独立探索和自理能力。然而，对一些强调相互依赖而非独立性的家庭来说，这样的环境设置可能并没有太大的意义。要求家长把本书推崇的方法视为唯一正确的方法也是不合适的。需要谨记，发展的适宜性实践要求婴幼儿专业人员努力与家长建立合作关系，努力建立相互理解和信任。我们的目标是确保儿童的幸福和最优发展。强求一致可能是危险的，因此，照护者必须理解和尊重文化差异，并与家长一起协商决定什么对儿童最有益。

资料来源：摘自 Carol Copple and Sue Bredekamp, eds., *Developmentally Appropriate Practice in Early Childhood Programs,* 3rd ed.（Washington, DC: National Association for the Education of Young Children, 2009）。

适宜性实践的应用

请根据适宜性实践来回顾本章“活用原则”专栏的内容。

- 浏览“适宜性实践”专栏的“发展适宜性实践”部分中针对学步儿列出的条目，并思考“活用原则”专栏提到的场景。很明显，你可能无法想象出全部的场景，但是就你所读到的，哪些实践与该家庭式托儿所的实践相一致？
- 你如何看待在“个体适宜性实践”这一部分所列出的条目？其中有多少与该家庭式托儿所的提供者所做的相一致？
- 读完“文化适宜性实践”这部分后，你会想到并非所有的家长都与该家庭式托儿所在儿童的自由探索、发现问题和解决问题等方面持有相同的目标。如果奥斯汀的父母与托儿所的育儿目标并不一致，那么托儿所的照护者能够或者应该如何做呢？

本章小结

为婴幼儿创设安全、健康且适宜发展的室内和户外物理环境，不仅能够支持婴幼儿的学习和发展，而且还能满足他们合作式的探索需求。

安全和健康的环境

- 在为婴幼儿创设安全和健康的环境时，需要考虑很多因素，包括：
  - 营养
  - 喂养婴儿
  - 喂养学步儿

学习环境

- 学习环境由游戏区和提供照护活动的空间组成，照护活动包括：
  - 进食
  - 睡眠
  - 换尿布
  - 如厕

发展适应性

- 发展适宜性不仅对婴幼儿的安全至关重要，同时还能促进他们的学习。
  - 适合婴儿的环境与适合学步儿的环境是不同的。
  - 混龄班对于中心式照护机构和家庭式托儿所来说都是一项特殊的挑战，它要求环境适合于每一个人。
  - 对于每一年龄组来说，具有发展适宜性的玩具和游戏材料都是不同的。
  - 游戏环境应该包括哪些要素？

评估婴幼儿环境的质量

- 对任何一种婴幼儿环境的评估都是一种持续的动态过程，它要求我们除了考虑之前提到的因素外，还要考虑五个维度和其他四种因素，具体包括：
  - 柔和—冷硬维度
  - 介入—隔离维度
  - 高活动性—低活动性维度

- 开放—封闭维度
- 简单—复杂维度
- 比例
- 美学
- 声学
- 秩序

关键术语

结构（structure）
游戏空间（play space）
混龄班（mixed-age group）
学习工具（learning tool）

问题与实践

1. 运用本章的检查清单去评估一处婴幼儿的活动环境。
2. 根据“评估婴幼儿环境的质量”内容的要点来编制你自己的检查清单，并利用这份清单观察婴幼儿照护机构的环境。
3. 图 12.1、图 12.2 和图 12.3 展示了中心式婴幼儿照护机构的环境布局。请你画一份家庭式托儿所的布局图（也可以是你自己的家），并设计其空间，使其适合不同年龄儿童的发展，包括婴幼儿。

拓展阅读

Deb Curtis, “What’s the Risk of No Risk?” *Exchange,* No. 192, March/April 2010, pp. 52–56.

Éva Kálló and Györgyi Balog, *The Origins of Free Play*, trans. Maureen Holm (Budapest: Association Pikler-Lóczy for Young Children, 2005).

Irene Van der Zande, *1, 2, 3 . . . The Toddler Years* (Santa Cruz, CA: Santa Cruz Infant Toddler Care Center, 2012).

Janet Gonzalez-Mena, “What Works? Assessing Infant and Toddler Play Environments,” *Young Children* 68(4), September 2013, pp. 22–25.

Jennifer B. Ganz and Margaret M. Flores, “Implementing Visual Cues for Young Children with Autism Spectrum Disorders and Their Classmates,” *Young Children* 65(3), May 2010, pp. 78–83.

Ruth A. Wilson, “Aesthetics and a Sense of Wonder,” *Exchange*, No. 132, May/June 2010, pp. 24–26.

Ruth Anne Hammond, *Respecting Babies: A New Look at Magda Gerber’s RIE Approach* (Washington, DC: Zero to Three, 2009).

© Lynne Doherty Lyle

第13章 社会环境

问题聚焦

阅读完本章后，你应当能回答以下问题：

1. 婴幼儿照护机构中的社会环境都由哪些方面构成？你如何才能观察到它？
2. 在婴幼儿照护机构中，为什么同一性形成会受到特别的关注？
3. 什么是自我意象？哪些因素有助于形成积极的自我意象？
4. 哪些因素会影响性别认同？
5. 为什么采用积极的方式来管教和引导儿童非常重要？积极的方式有哪些例子？
6. 为什么"社会环境"这一章会有"通过照顾自己来树立自尊榜样"这一内容？

你看到了什么？

这位照护者是儿童早期教育领域的新手，今天是她走进婴儿照护室的第一天。她各处走走，向孩子们介绍自己。先是布莱恩，她对布莱恩说："噢，你真是个健壮的男孩，"说着便抱起布莱恩并把他举向空中。她发现布莱恩似乎并不害怕，于是表扬他很勇敢。接着她来到布丽安娜身边，弯下腰朝她温柔地笑着。"多么漂亮的小女孩，"她一边说着，一边轻轻地抚摸着布丽安娜的脸颊，"你穿的衣服真漂亮！"旁边的老师看着她，很好奇她走到下一个孩子身边时又会说些什么，这个孩子身着绿色的衣服，从外表上很难辨别其性别。

或许你也很好奇这位照护者会对下一个孩子说些什么。从这位照护者与前两个孩子的互动中你发现了什么？是的，她非常关注性别。很难想象，倘若她不知道孩子的性别，将如何与其对话。她也许会问孩子的性别。性别认同是社会环境的一部分，我们在本章后面回顾这一场景时，将会讨论这一问题。

NAEYC 机构认证标准2和3 课程 教学

与物理环境相比，社会环境更加难以讨论，因为它看不见，摸不着。你可以站在那里环顾周围的物理环境，然后来评估其质量。但是，要考察社会环境，你必须捕捉到当时发生在其中的行为。

第一编的大部分内容和第二编的一部分内容都关注了社会环境，但我们并没有刻意地指出来。附录 B 中的环境对照表概述了社会环境的要素。在本章中，我们将会讨论本书前面未曾讨论到的社会环境的其他方面。

同一性的形成

过去，大部分婴幼儿都是在家中接受照护或由亲属照护，所以他们的同一性形成（identity formation）这个问题很少得到考虑。它只是一个自然发生的过程。如今时代变了，更多的婴幼儿接受了家庭之外的照护，他们的同一性发展开始受到了关注。

婴幼儿正处在自我意识形成的过程中。他们尚不能十分确定他们是谁、他们喜欢什么，以及他们归属于哪里。当他们理解了从照护者眼中看到的自我意象时，他们的同一性形成之旅便开始了。婴幼儿通过认同和模仿照护者来学习。他们会习得照护者的个人特质和态度。照护者对人们在不同情境下的行为自有其看法，婴幼儿会从中学习；照护者对人们如何看待他们自有其认知，婴幼儿也会从中领悟。他们还会观察成人如何表达情绪。通过所有这些观察，婴幼儿可以勾画出他们在别人眼中是什么样子。他们开始形成了对待自己和他人的态度。同时，他们也学会了在什么样的环境下应该有什么样的感受。在与照护者长久而细微的日常互动中，婴儿理解了大量自己留给他人的印象，并将这些印象整合到他们的同一性之中。如今，大多数的照护者不再是婴幼儿的家庭成员，这种情况史无前例。

罗纳德•拉利认为，婴幼儿可从照护者那里学到下列这些内容，而且极有可能，它们会成为婴幼儿自我意识的一部分[1]。

- 害怕什么
- 哪些行为是适宜的
- 信息是如何被接收并起作用的
- 如何通过他人来满足自己的需求
- 可以安全地表达哪些情绪，强度水平如何
- 他们有多有趣

活用原则

原则1 让儿童参与到他们感兴趣的活动中。不要敷衍了事，或者分散他们的注意力以求快速完成某项任务。

凯勒布是学步儿照护中心唯一的黑肤色儿童。该中心的主管特别担心他的自我同一性形成问题，中心的教职员工也都接受了多次的反偏见培训。看到员工们都在为消除各自不同的偏见而努力，平等地对待所有儿童，主管感到很欣慰。然而，今天有一位未经培训的代班照护者，主管一直在观察她，发现她会表现出一些无意识行为。首先，主管留意到，当其他儿童需要纸巾时，她会拿来纸巾并帮他们擦鼻涕。但是，当凯勒布也需要纸巾时，她会将纸巾盒拿过来，递给他一张纸巾，并建议他自己擦鼻涕。然后，她拿来废纸篓让他将用过的纸巾扔进去。看到这段“纸巾插曲”后，主管决定留在房间里，更密切地留意这位代班照护者。换尿布的情景让主管再次感到不安。这位照护者给其他儿童都换了尿布，但唯独没有为凯勒布换尿布。当轮到凯勒布时，她说她需要休息一下。主管让她先为凯勒布换完尿布再休息。在换的时候，她递给凯勒布一个玩具玩，并机械地换着尿布，只关注任务本身却忽略了凯勒布。她没有对凯勒布说一句话，并且花的时间只有其他孩子的一半。于是在接下来的时间里，主管让另一位照护者负责照护凯勒布。

1. 你认为凯勒布从代班照护者的行为中可能接收到哪些信息？
2. 代班照护者的行为将会如何影响凯勒布对他自己、他的身体及其身体产物的看法？
3. 这位主管是否应该再做得更多一些呢？
4. 如果主管用她所观察到的情景来质问代班照护者，你认为这位照护者将会如何回应她？
5. 关于这一场景，你有什么感受？

照护者、管理者和政策制定者的责任是巨大的。忽视照护者对婴幼儿自我意识的影响，其后果是任何人都承担不起的。社会可能将这些照护婴幼儿的人仅视为保姆，但是正如作家兼治疗师维琴尼亚•萨提亚所说，事实上，他们是“塑造人的园丁”。如果照护者未经培训、工资过低，或者在不达标的机构中工作，那么，我们便无从判断他们塑造人的工作将会产生什么样的结果。

同一性（identity，也译作身份认同）是由许多方面构成的，**自我概念**（self-concept）就是其中之一。研究情绪环境的一个重要原因是要澄清与儿童互动的人是如何影响儿童同一性的形成的。我们先讨论环境对自我概念的影响。自我概念与依恋有关，它是由儿童对自身的认识和感受构成的。自我概念源于身体意象以及文化认同和性别认同。社会环境，即成人和同伴对待某一儿童的方式，会影响儿童的自我概念和自尊水平。

依　恋

婴幼儿高自尊的前提条件是依恋。依恋会带给人这样一种情感：“我对某人来说是重要的；因为有人关心我，所以我是谁以及我所做的都很重要。”如果儿童的基本态度是“没人关心我”，那么世界上所有的自尊活动都将毫无意义。

NAEYC 机构认证标准1　关系

依恋意义上的“关爱”通常发生在家中，但是在儿童照护中心，它也非常重要。似乎“关爱”是婴幼儿照护机构的全部，因为所有的照护活动都基于此。但是“关爱”的感受与“关爱”的行为（照护）不同。即便并非真正地关爱某个儿童，你也可以照护他，给他擦屁股，给他喂饭。但是你无法从情感层面上让自己关爱他。尊重儿童，将有助于“关爱”情感的产生。尊重儿童有助于你应对他的全部，而不是像擦屁股或洗脸那样简单对待他；相应地，儿童会自我感觉良好，并向你展示更多样的自己。这有助于关爱情感的产生。

如果你没有依恋感会怎样 如果你尊重儿童，但是你仍然觉得他（她）对你来说“并不重要”，那么你能做些什么呢？下面是一些建议。

观察儿童。在一旁真正地关注这个儿童的一举一动，试着去理解他（她）。试着从他（她）的角度来看待这个世界。开展一项“儿童研究”：在一段时期内，你可以进行一系列短期观察，然后把它们整合在一起，从中获取儿童成长的证据。在口袋中随身携带一个笔记本，只要有机会，你就记录下这个儿童正在做的事情。记录既要详细又要具体，包括身体姿势、运动质量、面部表情和说话的语气。记录要尽量客观，不加评判，只是观察。如果你擅长转换**观察模式**（observation mode），那么在一天中你就可以快速且有效地观察很多次。另外，当一天结束时，做一些日常记录：写下你能回忆起的这个儿童当天所做的事情，以及你与他（她）的互动情况。这些反思性的记录和现场观察，能为你这几个月的儿童研究提供很好的素材。观察本身可能就有助于增强你对这个儿童的情感。

观察能产生强大的影响力。一位大学生被要求做一个深度的儿童研究，可是她并不是很喜欢作为研究对象的这个儿童。然而，她最后报告说，这是她所做的最好的选择，因为在她真正地去了解这个儿童并开始更好地理解他之后，她对他的情感发生了改变。

需要注意的是，我们所有人的头脑中都会携带一些无意识的意象，它们会影响我们对他人的期望以及我们对他人可能做出的行为。这些意象的影响力非常强大；要改变它们，我们必须首先意识到它们。

自我意象

儿童不但会受成人对他们所持意象的影响，而且还会受自我意象的影响。**自我意象**（self-image）是自我概念的一部分，它是个体与身体意象和儿童会受到成人对他们所持意象的影响。你可以推测，这位老师觉得这个孩子很好，这个孩子也自我感觉良好。

© Lynne Doherty Lyle

意识有关的自我认识。**身体意识**（body awareness）是婴幼儿的一项主要任务， 会随着其运动技能的发展而不断提高。当他们了解了自己的身体具备哪些能力后，他们便开始形成自我意象。你看到一名9个月大的婴儿正在沙发上爬下爬上，说明他（她）已经获得了一些自己的身体意识。拥有良好身体意识的儿童知道自己所处的空间位置，也知道在把脚放到沙发边缘之前还需要后退多远。他（她）可以推测自己离地面的距离，因此能够控制下滑情况。在皮克勒研究中心，孩子们都有很好的身体意识。

NAEYC 机构认证标准2 课程

当照护有身体残疾的儿童时，顾及他们的身体意识和自我意象非常重要。如果你只关注他们所缺乏的技能，那么他们将会出现自我概念方面的问题。因此，要特别关注他们所拥有的能力，重视他们能做什么而不在意他们不能做什么。奉行的是基于儿童优势的照护理念。

随着儿童能力的发展，他们的自我概念也得到扩展。他们为自己的成就感到自豪。因此，渴望独立的推动力以及自理能力的发展都离不开身体意象和自我概念的发展。

文化认同

文化认同（cultural identity）也是自我概念的一部分。我们的文化会影响我们生活中每一种行为的每一个细节：我们与他人保持的物理距离；我们会在何种场合和时间碰触他人身体；我们做出什么样的身体姿势；我们吃什么；我们如何讲话和思考；我们如何看待时间和空间，也就是说，我们如何看待这个世界。在照护婴幼儿的工作中，你会将自己的文化融入其中。你也会吸收照护机构自身的文化，或者，即便你没有吸收它，你也会受到这种文化的影响。每天，你做的每一件事都是在教婴幼儿某种文化。在一家照护机构，如果儿童与照护者具有相同的文化背景，并且他们的文化与该机构的文化是相容的，那么便存在真正的一致性。虽然那些儿童并未思考文化，但是文化已然是他们的重要组成部分了。

事实上，在我们遇到不同文化背景的人之前，很少有人会思考文化。当婴幼儿被送入儿童照护机构时，他们在早期就会遇见不同文化背景的人。问题是，暴露在不同的文化环境下，将会对婴幼儿产生怎样的影响呢？他们会如何应对第二种或第三种文化信息？这并不是新现象：古往今来，某种文化中的成员一直在参与抚养其他文化的儿童。

有一种理论认为，在二元文化或多元文化环境中长大的儿童会更加理解和更易接受人们之间的差异。他们或许也更愿意超越文化差异，并且不管人们的文化差异如何，都将他们视为独立的个体。该理论推动了如今人们对多元文化教育的推崇。多元文化教育的目标是帮助儿童理解和欣赏自己的文化以及文化间的差异。多元文化教育的拥护者将其视为一种消除各种偏见，尤其是种族歧视的方式。

多元文化背景下的多语婴幼儿课程　在婴幼儿照护中心，什么是**多元文化多语课程**（multicultural, multilingual curriculum）？描述该课程不是什么可能比描述它是什么更容易一些。它不只是在墙壁上张贴一些图片，轮换着做不同族群的食物、播放不同文化的音乐或庆祝不同族群的节日这么简单。虽然你因为各种不同的原因而选择了上述某些元素，例如为了满足你自己或家长的乐趣，但是这样做并不能让婴幼儿更多地理解文化或学习其他语言。

多元文化多语课程的要点是让儿童与其家庭和文化保持联系。语言的一个很大作用就是，它能够帮助儿童始终觉得他们属于自己的家庭，感觉就像在自己家里一样轻松自在，无论他们是在中心式照护机构，还是在家庭式托儿所。由于多种原因，许多婴幼儿照护机构只重视英语。入学准备是其中一个原因。让孩子在上幼儿园之前能流利地使用英语这一压力，无形中给婴幼儿照护机构的员工和管理者带来了很大的压力。缺少双语员工是婴幼儿照护机构只用英语的另一个原因。

忽视婴幼儿的母语，并认定不会说英语的孩子是有缺陷的，这样的照护机构势必会引发一些问题，并对婴幼儿的文化认同和自尊带来不利影响。当前，开端计划和其他针对低收入家庭儿童的项目都非常重视解决**双语学习者**（dual language learner）的语言需求。所谓的双语学习者，不仅包括那些母语为非英语的儿童，还包括那些只懂英语，但在儿童照护机构能学习另一种语言的儿童。解决双语学习者的需求对于促进他们的文化认同、扩展对文化多样性的积极看法将大有裨益。

支持母语，不管母语是哪种语言，这本身就代表了这一趋势的一个重要方面。长久以来，教育工作者关注的都是所谓“英语水平有限”（limited English proficient, LEP）儿童的不足，而没有考虑他们在母语方面的发展。

贴标签会给儿童造成伤害！重视婴幼儿的母语能够促进他们的健康发展。在只讲英语的照护机构中，那些不会说英语也听不懂英语的儿童，他们的语言和认知发展都会受阻。此外，只讲英语的机构可能还会造成儿童与家人之间的隔阂，引发同一性形成的问题。过去，我们认为双语会造成儿童的语言发展迟滞。研究似乎也证明了这一观点，那是因为我们在对英语学习者进行评估时，只用英语来衡量而不考虑他们母语的熟练程度。诸如检测英语词汇量的评估可能表明，双语英语学习者的词汇量少于纯英语学习者。然而在现实中，如果双语儿童在学习英语的同时能够获得继续发展母语的支持，那么当使用两种语言进行评估时，他们的得分就会高于单语者。双语不仅对于母语为非英语的儿童是有益的，而且那些说英语的儿童也可以从中受益。最终，当双语居民数量增多时，整个社会都将获益。世界上的许多国家中，大部分人会讲两种语言，并且在有些国家，三种语言是常态[2]。

理想情况下，多元文化背景下的多语言取向既包括支持儿童的母语，帮助他们继续发展第一语言，也包括帮助他们发展英语。文化也应如此。理想情况下，支持儿童的家庭文化，同时让他们学习另外一种或多种文化。照护机构的员工如何了解儿童的家庭文化呢？这些信息来源于他们的家庭本身。通过观察，你能发现一些信息。当然，主动询问对你来说也是有帮助的。通过主动询问，你可能会开启一场关于文化差异的对话。这些都会变得非常有趣和有价值。

然而，这些都不会对你所照护的婴幼儿产生真正的影响。当你照护来自不同文化的儿童时，关键的是，你要倾听父母想让孩子在每天的照护中获得什么。这就意味着要讨论照护的实践活动，也意味着当你的理念和价值观与家长的存在差异时会存在潜在的冲突。例如，一位家长并不理解你们的目标：让每个儿童变得更加独立。你或许认为孩子已经足够大了，再用勺子给他（她）喂饭并不合适，但是这位家长仍然坚持用勺子给自己的孩子喂饭。或者一位过分强调自主（超越了你们的目标）的家长，要求你只要孩子愿意，就允许他（她）随时随地睡觉或吃东西，而无须考虑照护中心的日程安排。或者有的家长想让自己的几个孩子待在一起，即使他们的年龄不同，照护中心的环境并不适合其中一个或几个孩子。或者有的家长请你帮助训练其孩子如厕，即使你认为这个孩子还太小，并不适合如厕训练。抑或有的家长会要求你给（或不给）其孩子以特定的方式穿特定的服装，尽管你并不赞同。所有这些都可能是文化问题。

在这些情况下，一种真正的多元文化取向的婴幼儿照护方法应该是听取父母的意见，然后思考如何解决。对于一些要求，照护者很容易就立即给予反馈；但是对于另一些要求，却需要照护者和家长进行沟通，做出澄清，彼此理解，甚至是谈判；还有一些要求有悖于你根深蒂固的价值观、信念、标准或规则，那么再多的谈话或谈判都无法说服你遵从家长的意愿。有时，当产生类似这种非常严重的冲突时，家长可以选择其他的照护机构，他（她）也许会在那里找到能够遵从其意愿的人。但通常家长没有其他的选择，所以困境就产生了。

想一想

假设你身处某种具有文化暴力的环境中。如果你不能设想这样的环境，那么就选择一种你感到最舒适的环境，然后想象它的反面。每天大部分时间都生活在这样的环境中，你会有何感受？你的这些想象与你必须去照护不同文化背景中的儿童的经历有何联系？

一些照护者逃避这些困境的方式是停止继续讨论这一话题，为了与家长保持和谐的关系，他们会假装附和家长；当家长离开时，他们便继续按照自己的方式行事。这种做法会让儿童在照护机构中处于一种应对文化暴力环境的不利处境。假如你身处一种文化暴力环境之中，你将会有何感受？

一种更好的方式是继续努力解决这一冲突。当家长的观念和实践与照护者的相冲突时，我们应该坚持不懈地去解决这一困境，这对于我们开放和拓展文化意识是一种很好的练习。也许你和家长将会达成一致意见，认为照护机构采用一种照护方式，家庭采用另一种照护方式，这样不会伤害儿童；或者你们一起找到了折中的方式。甚至可能一旦你理解了家长的观点，你会改变自己的方式；或者他（她）理解了你的观点后，也会改变他（她）的方式。

文化是同一性形成的一个方面，种族则是另一个方面。这两者可能同时存在，但并非总是如此。虽然种族只是一种社会建构，并非生物学事实，但是当涉及同一性形成时，种族主义使得照护者不能无视肤色。婴幼儿照护机构中的儿童需要关注他们对种族认同的感知，同时，照护者也需要密切关注儿童所接收的信息，以及可能融入他们的自我感知中的信息。在没有具体的支持和干预时，一些儿童可能会形成消极的种族认同。而对于另一些儿童来说，如果成人没有特别留意他们所在的环境和接收的信息，那么他们在成长过程中会产生固有的种族优越感。换言之，如果儿童生活中的成人并未意识到这一点，那么白人儿童的同一性形成的经历将显著不同于有色人种的儿童。家长们或许已经意识到孩子具有积极的种族自我意识的重要性，并在家中努力朝着这个方向培养。照护者也要与家长一起努力，持续警惕儿童在照护机构中基于他们的肤色、他们接收的信息、他们的家庭受到的对待以及源自媒体的种族意象而形成的自我认知。

甚至在学步期，儿童就已经开始理解权力关系了，他们察觉到的那些在照护机构中掌权的群体会影响他们同一性的形成。当白人儿童发现掌权的群体与自己看起来很像时，他们便认为自己是这一群体的成员，也享有同样的权利。这些发现会发展成一种特权意识和自我价值感，当他们看到歧视行为并吸收了对那些他们不认同之人的消极刻板印象后，这种感觉会被放大。当有色人种的儿童发现掌权的群体与自己不同，尤其是当他们观察到或经历偏见、歧视以及刻板印象后，他们不太可能产生特权意识和自我价值感。

若想让这两个群体分别抛弃他们的优越感和自卑感，认识到人都是平等的，我们需要分别对这两个群体进行特定的干预。由于他们的年龄很小，因此说教的效果会小于用行动展示。婴幼儿可通过直接经验进行学习。这意味着我们需要确保所有儿童的经验都是积极的，不让他们经历以下这些情况：

- 处在影响其态度或同一性的刻板印象、偏见和消极意象的环境之中。

图 13.1 婴幼儿照护机构中针对同一性形成的公平性检查表

1. 儿童从照护机构的员工、图片、照片和图书中能看到代表自己以及家人的形象，能听到自己的母语。
2. 照护机构应具有包容性，多样性在这里是受欢迎的。
3. 儿童能够看到和听到成人用尊重和平等的方式互动，跨越肤色（包括不同的文化、种族、性别、年龄、能力、宗教、性取向和家庭背景）的界限。
4. 照护机构的员工都受过良好的发展适宜性实践的培训，知道如何将文化适宜性实践和个体适宜性实践融入其中。
5. 照护机构从一开始就要不断地发现每一个家庭希望自己的孩子得到什么样的照护。
6. 照护机构通过调整政策和实践活动来满足每一个家庭根深蒂固的价值观和对相关活动的需求，从而为每一个儿童提供一致性的照护。
7. 如果照护机构的所有家庭看上去都具有相似的背景，那么照护者要努力发掘每个家庭潜在的多样性。
8. 如果照护机构的家庭具有相似的背景，那么照护机构应努力对抗媒体中的刻板印象，定期让儿童接触一些与他们不同的人。

- 看到给他们造成某一群体优于另一群体印象的成人互动。
- 缺乏尊重的人际互动。

请看图 13.1，婴幼儿照护机构中，儿童同一性形成过程中有关平等的检查表。

性别认同

性别认同（gender identity）是自我概念的一个组成部分。大多数儿童在很小的时候就知道自己是男孩还是女孩，并且他们对自己性别的感受会影响他们对自我的认识。如果你回顾一下本章开篇场景中那位新手照护者的行为，你就能发现儿童了解其性别的一种方式了。成人会根据儿童的性别影响他们该如何行事的想法，并且这种影响在儿童很小的时候就开始了。

你还记得吗？布莱恩是因为身材、力量和勇敢而受到那位照护者的关注，而布丽安娜则因她的甜美和外表受到那位照护者的称赞。即使不用言辞，成人接触和对待男孩与女孩的不同方式也会传达一种强烈的信息。

通览本书，我们不时提到性别角色刻板印象。这些信息大多是以问题的形式出现的，旨在提高你对性别角色刻板印象的意识。

如果儿童被灌输了狭隘的性别角色偏见，那么他们在成长过程中对自身的能力和潜力的看法将会严重受限。正如本章开篇场景所呈现的那样，这种教育很早就开始了。甚至孩子一出生，人们对男孩和女孩的期望就存在非常大的差异。这些期望会影响儿童的自我概念。如果你期望男孩变得强壮、勇敢、情绪不外露和有能力，那么你对待他们的方式将会不同于女孩。如果你期望女孩甜美、友善、有吸引力、感性且不必太聪明，那么她们可能就会努力地不辜负你的期望。

想一想

观察你自己与婴幼儿的互动。你对待男孩和女孩的方式是否不同？如果是，为什么？如果不是，那又是为什么？

你可以通过简单的观察来亲自看看，人们对待男孩的方式与对待女孩有何不同。你只需观察成人，尤其是陌生人，对婴幼儿说了些什么，你就知道答案了。成人更可能评论女孩的外表和着装；而男孩受关注通常是因为他们的行为而非外表。

儿童从这些简单、天真的评论中了解到人们对他们的性别期望。他们也能根据成人给他们穿的衣服来了解这些（穿着裙子就很难爬上爬下）。玩具也会传递类似的信息。当男孩被鼓励玩一些工具类和建筑类玩具以及医药箱时，他们会获取某种性别期望的信息。同样，当成人给女孩玩洋娃娃、玩具类餐具和化妆包时，女孩便获取了另一种性别期望的信息。除此之外，儿童还能从电视、书籍尤其是角色榜样那里了解性别角色期望。如果家庭式托儿所的提供者要等丈夫回家来维修纱门，并且明确表示她从来不碰工具，那她便是在向儿童传递一种性别角色信息。如果照护中心的三轮车坏了总是由男士来修理，那么他们也是在向儿童传递一种性别角色信息。

如果当今的趋势持续下去，那么婴幼儿照护机构中的儿童将会在一个

图 13.2　拓展儿童性别角色观的策略

1. 不要区别对待男孩和女孩。要密切观察自己的言行！
2. 你要以身作则，为儿童树立拓展性别角色的榜样。
3. 避免让儿童接触那些传播性别角色刻板印象的媒体信息。
4. 注意自己的言行，不要将职业与性别挂钩。

男女两性都拥有更多就业机会的世界中长大成人。男女两性被局限于特定职业的时代即将成为历史。但是，如果儿童由于接受了狭隘的性别角色而对自己的能力形成了局限的看法，那么伴随这种观点长大的儿童，他们胜任各种职业的自由也将会受限。

图 13.2 提供了四种观点，指导你如何为男孩和女孩提供有关他们性别角色的广阔视野。首先，你要意识到自己对待男孩和女孩的差异。当孩子们受伤时，你是否给予女孩更多的支持和同情，却期望男孩“坚强地挺过去”？当孩子们需要帮助时，你是否毫不迟疑地帮助女孩，却等待男孩们自己解决？你是让女孩们玩洋娃娃，让男孩们玩积木，还是鼓励和支持男孩、女孩玩所有的玩具？与男孩相比，你是否更多地抚摸女孩（或相反）？与男孩相比，你是否更多地与女孩交谈（或相反）？

其次，通过榜样来拓展性别角色。如果你是一位女性，你经常去尝试修理东西吗？或者你只是将待修的东西放在一边，表明自己不会修？你会检查汽车油箱里的油位吗？（去学吧，其实很简单。）如果你是一位男性并且正在阅读本书，那么你已经扩展了你的性别角色。你能想出其他方式来进一步扩展你的性别角色吗？

再次，避免让儿童接触那些传播狭隘性别角色的媒体信息。我们希望你的照护机构不要给婴幼儿看任何电视节目，这样你就不必担心电视这一媒介了。用书籍和图片向儿童展示，在不同的职业角色中都有强而能干的女性，也有会照顾人的男性。

最后，避免将职业与性别挂钩。例如，在英语中说“police officer”而不是说“policeman”，“firefighter”而非“fireman”。这些改变虽然很简单，但却会产生不小的影响。

自我概念和管教

你指导和控制儿童行为的方式，会影响他们对自己的看法和感觉。这部分的讨论将围绕不伤及儿童自尊的管教方式展开。

> **想一想**
> 你还记得小时候所受的管教吗？你还记得某个伤害你自尊的场景吗？

许多适宜婴幼儿的管教方式都是通过及时满足个体需求和创设适合儿童年龄水平的环境而自然实现的。如果儿童无法靠近火炉，那么他们就不会触碰到它。如果儿童够不到电视遥控器，那么他们就不会按它。如果儿童无法接近陡峭的楼梯，那么你就不用费心去阻止他们攀爬楼梯。在很大程度上，环境本身就设定了限制。

然而，你必须保护儿童不会彼此伤害，有时你还不得不阻止儿童通过摔、咬和扔等方式来破坏玩具和家具。你可以使用一种被称为**重新引导**（redirection）的策略。也就是说，重新引导儿童从不该做的事情，转向相似的可以做的事情上。例如，某个儿童在扔一辆玩具车，你可以给他（她）一个球来扔。你所引导的行为与儿童正在从事的行为越相近，重新引导就越容易。重新引导与分散注意力相似，但并不相同。分散注意力通常用于防止儿童过分情绪化，而重新引导更多地用于引导儿童将精力放在适当的行为而非那些不当的行为上。分散注意力是用某种方式来操控，而重新引导则不然。有时重新引导并不奏效，如果儿童继续某些不当的行为，此时，你就必须温和而又坚定地从身体上限制儿童（如果语言不起作用的话）：要么将玩具拿走，要么把儿童带离现场。如果你能够保持冷静，态度温和地坚持你的做法，一般不会激起儿童的反抗；但如果你采用严厉的警告或

录像观察 13

玩沙盒的儿童（重新引导）

© Lynne Doherty Lyle

看录像观察 13：该录像向我们展示了儿童需要成人指导的情况。你将会看到一名小女孩坐在沙堆上，不断地尝试将盛满沙子的小勺放进自己的嘴里。让我们来观察成人是如何处理这一情况的。这是一种重新引导的范例。

问　题

- 你如何看待这位成人正在使用的重新引导的方法？你会有不同的做法吗？
- 在这种情况下，还能使用哪些其他方法？
- 你认为这种重新引导的方法会对儿童的自我概念有何影响？你所想到的其他方法对儿童的自我概念又会产生怎样的影响？

要观看该录像，扫描右上角二维码，选择“第13章：录像观察13”即可观看。

命令的方式，儿童很可能会反抗你。由于较大的婴儿和较小的学步儿都会不断地去尝试和触碰那些限制，因此你需要坚定。这也是儿童试探你以及探索他们所生活的世界的一种方式。一旦他们确信你是认真的，那么这次测试就结束了，直到下次情况发生。为了维护儿童良好的自我感觉以及他们的能力感，你在限制儿童的不当行为时，一定要避免羞辱、贬低、责备和批评。

不要惩罚或责骂儿童 惩罚、责骂和愤怒都不是管教婴幼儿的合适方式。当然，当你无法控制你所照护的儿童的行为时，你可能会很生气并表现出来，这是正常的，并且也不会产生任何伤害。然而，你需要意识到生气或愤怒是一种个人情绪，不要因此而责备儿童，更不要用自己的愤怒来控制他们的行为。要寻求其他的方式来达到你想要的效果。当你用生气或愤怒来解决问题时，儿童也会很快习得这种方式，于是你会发现他们也会这样对你。

惩罚会伤害自尊。其他的一些方法也能让儿童改变不良行为。随着儿童逐渐学会控制自己的行为，并且因遵守规则和表现出亲社会行为受到关注而自我感觉良好时，这些方法不仅能维护儿童的自尊，而且还能真正提升他们的自我概念。

界定不可接受行为 在你思考改变儿童行为的方法之前，你必须首先界定何谓不良行为。儿童的年龄将影响你对不良行为的定义。例如，小婴儿的尖叫并不是不良行为。他们是在进行交流，而且你必须关注他们的这类行为。大一点的婴儿触摸和用嘴咬东西也不属于不良行为，因为他们需要用嘴咬和用手摸的方式来探索事物。对于学步儿来说，尝试和探索并非不良行为，这是他们了解世界的方式。

没有唯一"正确的"方法 当你考虑选用代替惩罚的方法时，你必须意识到，没有任何一种方法在任何时间适用于所有儿童。方法是否有效取决于儿童、情境和这一行为的源起。例如，如果学步儿的某一行为在过去曾被成人关注（实质上这是一种奖赏），那么儿童便会习得该行为。因此，解决方法便是撤销奖赏以消除这一行为。同时，在消除某一特定行为与成

人关注之间的联结时，你必须确保儿童得到了成人对他其他方面的关注。有时成人会忘记，这种消除对不良行为的奖赏的方式必须包含两部分。在你否定儿童不良行为的同时，他们也需要关注。寻找其他方法来关注他们吧！另外，在采取这种方法之前，你需要确定该行为是否传递出一些儿童尚未被满足的需求。如果是这样，你就不能忽略该行为，而是要将其视为一种交流，并去满足儿童的这一需求。

有些行为是情感表达。你要接受这些情感。帮助儿童学会用一些社会能接受的方式来表达情感。由于文化不同，可接受的情感表达方式也不同。有人认为愤怒的尖叫是健康的行为，但有人却不能接受。

改变学步儿的行为　下面总结了六种改变学步儿不良行为的方式。

NAEYC 机构认证标准2 课程

1. 教给儿童那些社会能接受的行为。树立榜样是一种最有效的教导法。儿童会自然而然地模仿你的行为，所以你要确保这些行为是你想教给儿童的。
2. 忽略那些你想让儿童改变的行为。通常，这种做法对你有益。（当然，你不能忽略那些危及安全或传递儿童需求的行为，例如，应该给一个因饥饿而哭闹的孩子喂饭，而不是忽略他。）
3. 关注社会可接受的行为。当儿童对他人友善、爱护玩具和设备时，给予他们积极的关注。大加赞赏这些良好的行为（而非那些不良行为）。
4. 重构情境。也许有的情境让儿童面临太多的选择，也许有的情境让儿童别无他选。不管哪种情境都可能导致他们做出不当的行为。或许两个打架的儿童需要暂时分开一会儿。
5. 防止伤害行为的发生。在儿童打人前就阻止这种行为；在儿童咬人前就阻止咬人行为的发生。当儿童伤害其他同伴时，被伤害儿童的强烈反应对他们来说具有奖赏性。但当伤害行为被阻止时，这一奖赏便中断了。如果你时刻保持警惕，而不是任其发生，事后才处理，那么你会发现类似的行为将会减少。

6. 适当地重新引导儿童将精力投入其他活动。当你必须限制儿童的行为时，请为他们提供其他可选择的活动。（“我不允许你扔积木，但是你可以扔枕头或软球。”“我不让你咬玛丽亚，但是你可以咬这块毛巾或塑料圆环。”）

“隔离反省”？ **隔离反省**（time-out，包括罚站。——译者注）是指将那些不守规矩、行为不端的儿童暂时带离现场，有时照护者不知道该用什么方法来指导儿童的行为，此时，“隔离反省”或罚站作为一种通用的方法，便会被不明就里地使用。儿童早期教育专家玛丽安·玛丽昂认为，隔离反省或罚站是一种惩罚手段，是不合适的[3]。这种方法一直是有争议的，因为它常常被曲解或过度使用。然而，将儿童带离其不能应对的情境，这与隔离反省或罚站有所不同。有时，学步儿失控是因为他们面临太多的刺激。将这种失控的学步儿带到比较安静的地方待一会儿，有助于他们重获冷静和自我控制。当儿童违反了规则时，限制他们的行动，甚至让他们站在那儿或坐在小椅子上不许动，这种惩罚与帮助他们获得必需的自我控制是不同的。

一旦你发觉某个特殊儿童偶尔有自我控制的需求，你可以帮助他学会判断所处的情境，并让他自己决定是否离开现场。毕竟，管教的最终目标是将控制力转交给个体本人。你采取的管教方式最终都是要引导儿童自律，建立起内在的自控力。

支持还是反对使用“隔离反省”这种方式可能与文化差异有关。当独处具有某种文化价值时，儿童可能会被带离群体（不管这是否被称为隔离反省），以便儿童有单独的时间和空间来平复自我，重获控制感。这种方法通常被那些强调独立和个性的人所采用；但并非所有的文化都看到了强调这两种特征的好处。对于某些文化来说，集体归属感比个性观念更重要。从集体主义取向来看，隔离反省就像关禁闭一样，是一种极端的惩罚方式。无论惩罚者多么温柔，怀有何种动机，将儿童与群体隔离就是一种惩罚。因此，对观念之间的差异保持敏感非常重要！

另一种不同的观点与权威这一概念有关。关于这一主题，丽萨•德尔皮特在其较早的一本著作《其他民族的儿童》和最近的一本著作《乘法是白人的专属》中早已阐述过。她写的主题涉及欧裔美国人对孩子说话与非裔美国人对孩子说话之间的差异[4]。对某些儿童来说，用温和的方式对某一行为提出要求并不是命令。他们更习惯于听到命令式的动词（不管温柔与否）："请坐下。""不要摔杯子。"这些儿童不会关注那些引导其行为的其他方式。当用温和的声音对他们说"站着不安全"或"我不喜欢你摔杯子"时，他们可能会忽略这些信息。那些忽略成人非权威性话语的儿童最终会被贴上问题标签，这是不公平的！照护者应该对儿童的不同背景保持敏感，应该学着去说他们的语言，即使它只是另一种形式的英语。当然，这并不意味着照护者不能继续采用他们感到舒适的真实方式来对儿童讲话。这意味着他们必须教会儿童明白，当他们用一种简洁、温和的方式说话时，他们同样是认真的。如果照护者只用说教不管用，他们可以紧接着辅以行动。对任何儿童来说，这都是一种不错的方法！

关于自我概念和管教要说的最后一点是：并非所有的文化都把管教的目标定为建立**内部控制**（inner control）。有观点认为，管教总是源于外部的权威，不论这种权威是个体压力还是群体压力。管教不是内在的一些东西，而是来自个体之外[5]。那些期望被关注和监督的儿童，如果没人注意到他们，即使他们的行为不端，也可能自认为是合理的。此外，这种关于控制行为的不同观点（内部控制或外部控制）可能会导致那些来自不同背景的儿童最终被贴上问题标签，除非照护者敏感地意识到这些差异。

通过照顾自己来树立自尊榜样

NAEYC 机构认证 标准6 教师

本书关注对婴幼儿的照护，因此，当你看到“照顾自己”这一章节时也许会感到奇怪。然而，某些照护者的确不是儿童的好榜样。确实，照护者的工作需要做出牺牲，通常你要把自己的需求放在最后。但是，这份职业同样也要求你拥有高自尊。儿童需要与这样的成人相伴：他们认为自己是有价值的，尊重并且关爱自己。值得尊敬的成人的反面是儿童、家长和同事等人人都蔑视的成人。

没有人能告诉你如何提升你自己所认可的自我价值，但是图 13.3 列出了一些如何关爱自己的建议。第一，照顾你的需求。与儿童一样，你也有同样类型的需求（即生理的、智力的、情绪的和社交的需求）。不要忽略了你自己。健康饮食，适度锻炼，保养身体，定期游泳，泡热水澡以及散步等，总之，做任何你喜欢的活动。读一本好书、听一场讲座或下一盘棋来调节你的大脑。感受自己的情绪，不要忽略它们。学着用一种对你和儿童都有益的方式去表达你的情绪。想办法运用你的愤怒来帮助你解决问题，或者积聚必要的能量来作出改变。丰富你的社会生活，经营人际关系，建立广泛的社会支持。你拥有的选择越多，你失望的概率就越小。同时，在儿童

想一想

你对自己的感觉如何？用10点量表（1～10）来测测你的自尊水平是多少？你会如何提升你所认可的自我价值？

图 13.3　培养自尊的几点提示

1. 照顾你的需求，不要忽略自己。满足你自己的生理、智力、情绪和社交需求。
2. 学会果敢、坚定。不要让任何人利用你。
3. 学习冲突管理。
4. 学习时间管理。
5. 对自己所做的事情引以为豪。让人们知道你的工作很重要。
6. 娱乐和游戏。游戏能让你恢复精力，激发你的创新精神。

面前也不必掩饰你的人际关系。对儿童来说，和那些与其他成人有着良好人际关系的人待在一起是有益的。

第二，要学会果敢、坚定。必要时要说“不”。家庭式托儿所的提供者最容易事事遵从他人意愿，以至于生活中的许多人都会利用他们。别让这一切发生在你身上。

第三，学习冲突管理。不管是与儿童还是与成人一起工作，协商和调解技能都非常重要。

第四，学习时间管理。有效的时间管理技能对你帮助极大，它能教会你以最有利于你的方式利用自己的时间。

第五，尽可能地向他人介绍你工作的重要性，你会因此而倍感自豪。不要因你所从事的工作而感到低人一等。人的一生中最初的几年是最为重要的。你的工作所产生的影响，一点不逊色于中学老师和大学教授。儿童养育者（即你和家长们）是对国家的未来负责的人。

最后，娱乐和游戏。正如儿童一样，成人也需要游戏。游戏能让你恢复精力，激发创新精神。

本章涵盖了很多领域，从关爱你所照护的每一个儿童（如果这一目标还未实现，你应该如何实现这一目标呢？），再到关爱你自己，沿途不时地停下来，从文化、性别和管教的不同视角讨论了自我概念。社会环境正是由所有这些以及其他更多因素所构成！下一章我们将考察另一纲领性问题：成人的人际关系。虽然它自成一章，但是这一话题同样也是社会环境的一部分。

适宜性实践

发展概述

根据美国幼儿教育协会的观点，依恋是同一性形成的基石。对于小婴儿来说，依恋能带给他们一种归属感，从而在他们运用自己的感官和身体探索世界时给予他们安全感。把自己视作一个探索者和研究者，这将成为儿童早期同一性的一部分。如果受到支持和鼓励，会爬和会走的婴儿逐渐会将自己视为熟练的探索者。所有这些探索都与学步儿的同一性问题有关，因为他们要应对独立和控制这两大问题。

发展适宜性实践

下面是一些与社会环境相关的发展适宜性实践活动的范例。

- 成人要尊重婴儿的个体能力，当每一个婴儿发展出新技能时，成人要给予积极的回应。当婴儿完成任务时，如果他们能体验到照护者的喜悦，那么婴儿就会觉得自己有能力，喜欢去掌握新技能。
- 婴儿会对彼此充满好奇，成人要了解这一点。同时，照护者要帮助儿童，确保他们温和地互动。
- 将婴儿及其家庭成员的照片悬挂在墙上，高度应能让婴儿看到。

资料来源：摘自 Carol Copple and Sue Bredekamp, eds., *Developmentally Appropriate Practice in Early Childhood Programs,* 3rd ed.（Washington, DC: National Association for the Education of Young Children, 2009）。

个体适宜性实践

下面是一些与社会环境相关的个体适宜性实践活动的范例。

- 为了使每个个体都能得到适宜的、悉心的、回应式的照护，以促进所有儿童积极的同一性的形成，照护者必须了解如何满足每一名儿童的特殊需要，而不是笼统地采用适合于某一年龄或阶段的通用方法。他们必须给予儿童积极的信息（言语的和非言语的），让他们知道他们的需要是能够得到满足的。
- 成人创设一间“融合”教室，确保空间组织、材料和活动等各方面能促进所有的儿童积极参与。同时，适应性的环境也向儿童表明，不管他们是谁，在这里都会受到欢迎。

资料来源：摘自 Carol Copple and Sue Bredekamp, eds., *Developmentally Appropriate Practice in Early ChildPrograms,* 3rd ed.（Washington, DC: National Association for the Education of Young Children, 2009）。

文化适宜性实践

下面是一些文化适宜性实践活动的范例。

- 照护者与家长合作，通过日常沟通建立起相互理解和信任的关系，以确保婴儿的福祉和最佳发展。照护者应该认真倾听家长谈及自己孩子的观点，努力理解家长的目标和偏好；并尊重文化和家庭差异。
- 某些文化认为照片会令人不适或让人讨厌。曾经有一位母亲说："当我看到老师将我的家庭照片挂出来时，我感到震惊。在我的国家，人们通常只挂逝者的照片，也不会随身携带它们。"针对这一个案，布雷德坎普和库普建议照护者须和家长协商确定：如何更好地支持儿童的发展，如何处理照护者和家长之间的意见分歧。

资料来源：摘自 Carol Copple and Sue Bredekamp, eds., *Developmentally Appropriate Practice in Early ChildPrograms,* 3rd ed.（Washington, DC: National Association for the Education of Young Children, 2009）。

适宜性实践的应用

回顾本章的"活用原则"专栏，思考那位代班照护者给予凯勒布的照护。然后根据"个体适宜性实践"中的第一条回答以下问题。

1. 凯勒布是否受到了悉心的、回应式的照护？
2. 这位照护者是否遵从了原则1？
3. 根据你在"活用原则"专栏中看到的内容，你能对凯勒布的文化有一些确切的认识吗？
4. 你认为那位照护者对待凯勒布的方式与其文化有关吗？
5. 为了强调凯勒布所面临的自我同一性形成的危机，需要在"个体适宜性实践"中增加一条，你会如何写呢？

本章小结

尽管社会环境不可见，但是它与物理环境同等重要。通过支持婴幼儿形成同一性和建立依恋，社会环境有助于他们的情绪健康和社会化。

同一性的形成

- 在婴幼儿照护机构中，婴幼儿的同一性形成应受到特别关注，因为3岁以下的儿童正开始领会"我是谁"，了解"我能做些什么"，明白"我属于哪里"。

依恋

- 依恋会影响同一性的形成，因此，在婴幼儿照护机构应将依恋问题置于首要地位。
- 那些感到与儿童未建立依恋的照护者可通过以下方式来增强他们之间的依恋：
  - 密切观察儿童。
  - 深刻反思：自己是否以一种关爱的方式在与儿童互动。
  - 检查他们对儿童持有的意象。

自我意象

- 自我意象是指儿童如何看待自己，包括如下特征：
  - 身体意识：伴随儿童运动能力的发展，身体意识也会不断增强。
  - 文化认同：当照护机构将家长视为合作者，并关注不同文化对待婴幼儿需要的差异时，文化认同也会随之发展。语言是文化认同的一部分，语言具有多样性，支持婴幼儿的母语发展很重要。
  - 种族认同：虽然它与文化认同联系在一起，但却并不相同。尽管真正的问题不是种族，而是种族主义，照护者也必须留意儿童接收到了其种族的哪些信息。种族并非生物学事实，而是一种社会建构。

性别认同

- 性别认同与儿童对其自身性别的感受有关，同时也与以下因素有关：
  - 性别如何影响他们的自我认知。
  - 成人是如何基于性别与儿童进行互动的。
  - 成人如何为儿童树立性别角色榜样。

自我概念和管教

- 儿童的自我概念深受成人的管教和指导方式的影响。
- 成人可通过以下方式对儿童的自我概念施加积极影响，这非常重要：
  - 用积极的方式来指导行为，如重新引导。
  - 根据儿童的年龄和发展阶段来界定哪些行为是可接受的。
  - 要意识到关于管教的看法存在文化差异。

通过照顾自己来树立自尊榜样

- 要使儿童在成长过程中懂得如何照顾自己，就需要为他们树立一些角色榜样，这些榜样能满足他们自己的生理、心理、情绪和社交需求。

关键术语

自我概念（self-concept）
观察模式（observation mode）
自我意象（self-image）
身体意识（body awareness）
文化认同（cultural identity）
多元文化多语课程（multicultural, multilingual curriculum）
双语学习者（dual language learner）
性别认同（gender identity）
重新引导（redirection）
隔离反省（time-out）
内部控制（inner control）

问题与实践

1. 自我概念、自我意象和身体意识有何不同？
2. 请解释使用“隔离反省”这一指导策略可能引发的一些问题。
3. 尝试从不同的视角来看待儿童。选择一名其行为会惹你烦心的儿童，然后尝试在看待这名儿童时，忽略那些让人心烦的行为。
4. 假如你在一家学步儿照护机构工作，正在使用本书所倡导的原则以及本章所概述的管教观点。你遇到了一名难以应对的儿童，其父母认为孩子之所以有这样的行为，是因为你的行事方式不具有他们的孩子所期望的权威性。请设想一段你与其家长之间的对话。

拓展阅读

Carol Brunson Day, “Culture and Identity Development: Getting Infants and Toddlers Off to a Great Start,” in *Infant/Toddler Caregiving: A Guide to Culturally Sensitive Care*, 2nd ed., ed. Elita Amini Virmani and Peter L. Mangione (Sausalito, CA: WestEd and Sacramento, CA: California Department of Education, 2013), pp. 2–12.
Christine Gross-Loh, *Parenting without Borders* (New York: Penguin Group, 2013).
Deborah Chen, “Inclusion of Children with Special Needs in Diverse Early Care Settings,” in *Infant/Toddler Caregiving: A Guide to Culturally Sensitive Care*, 2nd ed., ed. Elita Amini Virmani and Peter L. Mangione (Sausalito, CA: WestEd and Sacramento, CA: California Department of Education, 2013), pp. 25–40.

Janet Gonzalez-Mena, *Diversity in Early Care and Education: Honoring Differences* (New York: McGraw-Hill and Washington, DC: National Association for the Education of Young Children, 2008).

J. Ronald Lally, *For Our Babies* (New York: Teachers College Press, 2013).

Karen N. Nemeth and Valeria Erdosi, "Enhancing Practices with Infants and Toddlers from Diverse Language and Cultural Backgrounds," *Young Children* 67(4), September 2012, pp. 49–57.

Louise Derman-Sparks and Julie Olsen Edwards, *Anti-Bias Education for Young Children and Ourselves* (Washington, DC: National Association for the Education of Young Children, 2010).

第14章 婴幼儿保育和教育机构中的成人关系

问题聚焦

阅读完本章后，你应当能回答以下问题：

1. 照护者与儿童家长以及其他家庭成员之间关系的发展存在哪些阶段？每一阶段的发展目标是什么？为什么？
2. 如果你已经有了关注儿童的服务计划，为什么你还需要制订关注家庭的服务计划？
3. 什么会阻碍你与家长间的交流？哪些方式能够开启这种交流？
4. 什么是亲职教育和家长参与？如果家长不只是教育服务的消费者，同时也是参与者，那么效果将会有何不同？
5. 与家庭式托儿所的照护者相比，婴幼儿照护中心的照护者之间的关系有何不同？

你看到了什么？

一位母亲来接她的女儿。很明显，她行色匆匆。女儿张开双臂跑向她，这位母亲笑了。接着，她看到女儿粉红色裤子的膝盖处有几块鲜绿的污渍。她紧皱眉头，一把将女儿抱起来。一边自言自语地抱怨着，一边大步走向离她最近的一位照护者。“这是怎么回事？”她的语气显然有些不够友善。

面对这位心烦意乱的母亲，这位照护者将会作何反应？随后你会在本章中找到答案。照护者的回应非常重要。她传递给这位母亲的信息预示着，其回应或是有利于两者关系的建立，或是破坏两者之间的关系。虽然关系通常并不取决于某次反应或某次的互动；但是每一次互动的目标，都应该有助于儿童生活中这两位要人之间积极关系的建立。

家长—照护者的关系

NAEYC 机构认证标准7 家庭

我们在整本书中都讨论了照护者与家长之间的关系。本章我们将会进一步考察这种关系。“家长与照护者的关系”这一主题非常重要。诚然，每一位提供服务的专业人士都必须与其客户发展良好的关系。在婴幼儿保育领域中，这种与客户也就是与家长的关系，显得尤为重要，因为它会影响儿童与照护者之间的关系。

虽然“家长”一词贯穿本章，但是我们必须意识到，在很多情况下，照护中心的员工或照护服务的提供者是与儿童的整个家庭发生联系。因此，有必要了解每个家庭内部的权力和责任是如何分配的[1]。

与家长有关的照护者的发展阶段

从开始照护儿童起，照护者通常会经历三个阶段。一旦你意识到自己的态度、感受和行为有时还稚嫩得像该领域的一名新手，你就明白了自己还有进入下一阶段的进步空间，结合你自己的情况，认识到这一点非常重要。（当然，有一些人会固着在某一阶段而不再前进。）

阶段1：照护者是救世主 有时，照护者会忘记他们的客户是家长而不仅仅是儿童。他们不询问家长的目标和意愿，就自行决定为儿童做些什么。他们甚至可能有一种与家长竞争的感觉。如果这些竞争的情感足够强烈，就会产生**救世主情结**（savior complex），即照护者认为他们的角色就是将儿童从家长那里拯救出来。大多数照护者在初次照护他人的孩子时，通常都会经历救世主情结这一阶段。

照护者将自己视为救世主是一种很有趣的现象。他们不仅想从家长手中拯救其所照护的每一个孩子（当然有例外情况），而且还想通过她对儿童所做的一切来拯救整个世界！在阶段1，照护者们高高在上，瞧不起家长。

阶段2：照护者优于家长 当照护者意识到他们对儿童的照护只是兼职和暂时的，大多数人便会走出救世主这一阶段。只有当儿童被送到照护中心时，照护者才可能在这一天的部分时间里影响他们；家长却能对儿童的生活产生主要且持久的影响。正是家长，能够唤起孩子对过去连绵不断的回忆；也正是家长，能够给予孩子对未来充满希望的憧憬。与此同时，照护者逐渐意识到家长在儿童生活中的重要性，他们也开始重视每一位家长的看法。处于阶段2的照护者能更多地理解是什么影响了家长的育儿实践。

在阶段 2，照护者开始逐渐将家长视为客户。但是他们仍处在救世主情结的光环下，照护者致力于改造家长，总想着教育他们。阶段 1 与阶段 2 的区别在于照护者意识到了谁是他们的客户。但是在这一阶段，救世主效应仍在起作用，因为照护者认为他们能更好地替代家长。

想一想

如果你是一名照护者，你现在正处于照护者发展的哪一阶段？

阶段3：照护者是家长或家庭的合作者 当照护者将他们自己视为合作者，即是家长的支持者和补充者而非替代者时，他们便进入了最后的发展阶段。家长和照护者共同照护儿童。在这一阶段，家长和照护者建立了互助的关系，即使面临冲突，他们也能开诚布公地交流。在这一阶段，照护者才清楚地意识到，不做削弱儿童家庭归属感的事是多么重要。

甘愿作为家长的支持者、后盾和替补，并不会降低你作为照护者的专业性。让我们来看看建筑师的工作吧。建筑师的工作不是把自己的想法强加给客户，而是接受客户的想法和需求，用他们的专业技能，打造出实用且令人愉悦的作品。沟通是这一过程的重要组成部分。

与照护者相比，建筑师的责任要小很多。建筑师的目标仅仅是一种结构；而照护者关照和处理的却是人的生活。

当然，经历以上三个发展阶段的照护者可能是在以家庭为中心的照护机构中工作，这些机构的理念就是与家长合作。然而，那些仍处于救世主阶段的新手照护者则会感到自己与机构的政策和实践格格不入。这倒有助于照护者理解这些就是发展的阶段，以及明白为什么最初他们会感到不适。

活用原则

原则 3 了解每个儿童独特的沟通方式（哭声、言语、动作、手势、面部表情以及身体姿势），并教给他们你的沟通方式。请不要低估他们的交流能力，哪怕他们不具备或者只有十分有限的语言能力。

艾米丽是一位脑瘫儿童。今天是她来家庭式托儿所的第一天，她的照护者正试图慢慢了解她。仅用了 5 分钟，这位照护者便发现，读懂艾米丽的面部表情和肢体语言对她来说是一项挑战。幸运的是，艾米丽的母亲察觉到了照护者的难处，因此在前几次送女儿入托时，她都会和女儿多待一会儿，这样她就可以教会照护者理解艾米丽独特的交流方式。这位照护者密切关注艾米丽，认真倾听她母亲对其表情和声音的解释。不然的话，这位照护者真的不清楚什么能让艾米丽高兴或不高兴。这位照护者并不习惯艾米丽的面部表情。她猜测了好几次，但每次都猜错了。“她饿了。”艾米丽的母亲判断，她是根据艾米丽上顿饭的时间和她现在的躁动不安而做出这样的判断的。“让我来教你如何给她喂饭。”母亲说道。给她喂饭似乎并不困难，但是读懂艾米丽饥饿的信号却很难。现在艾米丽吃完饭了，但是她却开始抽泣起来。这位照护者求助艾米丽的母亲，以理解这次艾米丽想要表达的意思。

1. 如果这一场景发生在某一照护中心而非家庭式托儿所，情况是否会不同？
2. 有些照护者要求家长在送孩子时不要停留过久，因为这些照护者想让儿童尽快习惯他们。你如何看待这种做法？这种做法在该个案中会奏效吗？
3. 如果某个儿童并未被诊断出有特殊需求，家长在前几次送孩子入托时还应该多待些时间帮助照护者了解孩子吗？
4. 照护艾米丽这类儿童，你有何感受？

因此，在以家庭为中心的照护机构中工作且处于阶段 1 和阶段 2 的那些照护者将会有机会得到培训，也会比那些在纯粹以儿童为中心的照护机构中工作的照护者更快地发展到第三阶段。

与家长或其他家庭成员的交流

从第一天开始，交流和沟通就应该是照护者主要的关注点。它不仅有助于家长理解照护中心的政策和实践活动，也有助于照护者更多地了解该儿童及其家庭。更重要的是，照护者需要利用交流来建立与儿童家庭之间的关系。因此，即使最初有一套入托面试的程序，包括填写各种表格，但如果你始终着眼于建立关系这一目标，那么无论在开始还是以后，你都将获得更大的成功。早期的一项工作便是发现儿童和家庭的需求，据此制订服务计划。

服务计划：关注儿童

制订一份**需求和服务计划**（needs and services plan）需要讨论哪类信息？需求和服务计划是一份表格，它指导着照护机构在照护每一位儿童时的具体细节。这份表格包括来自家长的关于孩子的生活习惯、特殊需求、交流方式以及日常安排等详细信息。这类信息应该包括儿童何时入睡、睡多长时间，入睡方式，儿童的饮食习惯、需求、喜好、消化功能、液体的摄入和排出，怀抱需求，以及一些让儿童**舒适的装置**（comfort device），例如孩子们可以用来抚慰自己的毛毯或毛绒动物玩具等。当儿童来到照护机构后，照护者在此后的每一天都要讨论这些条目。也许很难找到“交流时间”，因为轮班工作意味着当家长前来接送孩子时你或许并不在场，但是简单的书面记录所提供的信息可能对家长和接班的照护者来说非常重要。（孩子是否刚刚吃过点心，或哭闹是因为他饿了吗？）

尽管找时间来做这件事情有困难，但是记录下孩子们的趣事非常有用，因为有些家长喜欢听他们的孩子在这一天都做了些什么。但是需要注意，千万不要让家长因为孩子的行为而感到内疚。当你与孩子们在一起时，应该由你来指导他们的行为。如果某天孩子们让你很心烦，请不要因此责怪他们的家长。同样，当你在讲述某个孩子的某些积极的趣事时，也请注意，不要让家长因为错过了孩子做的所有趣事而感到遗憾。如果某个学步儿在那一天迈出了第一步，你可能需要收敛一点你的兴奋感，免得家长因未看到这一切而倍感失落。当然，并非所有的记录都令人愉悦。如果儿童严重摔伤、刮伤或被咬伤，照护者必须通知家长，并由在场的观察者向家长提供一份详细的事故或事件报告。一份报告留在照护中心存档，另一份请家长带回家。轻微的碰撞或擦伤只需撰写一份简单的报告即可。

在你向家长传达信息的同时，你也要倾听他们。你也需要获得信息，了解儿童在照护中心之外的生活中发生了什么。本周她很难相处是否因为家里发生了什么事情？今天他显得很疲倦是否因为昨晚没有睡好，或者是生病了？她腹泻是因为吃了未经允许的东西，还是感染了病菌？倾听是沟通的另一半。

服务计划：关注家庭

NAEYC 机构认证标准7

家庭

家长服务项目（Parent Services Project, PSP）是由埃塞尔•塞德曼首先发起的，目前已经遍及全美，该项目强调儿童和家庭协同发展。每一个参与机构制订的计划不仅要服务于儿童，也要服务于家长。该项目的理念是，把确保家长的福祉作为照护他们孩子的一种方式。促进福祉的一种方法是，把家长们聚集在一起以促进家长共同体建设，因为家长们可以建立联系，形成社交网络。

PSP 组织总部的工作人员致力于对儿童保育专业人士进行培训，使其注重与家长一起工作时的积极态度，注重服务于家庭的实践活动。该项目以家庭的优势和资源为基础，将文化的敏感性和包容性作为他们工作的重要组成部分。哪些类型的活动会被写入这份服务计划？不同项目活动间的差异主要取决于特定项目中家庭的需求和意愿。每一个 PSP 项目都是根据

图 14.1　家长服务项目运作原则汇总

1. 确保儿童健康和幸福也就是确保他们的父母健康和幸福。
2. 家长是儿童的第一任老师，他们最了解自己的孩子。
3. 家长与服务项目职员之间的关系是一种平等和尊重的关系。
4. 家长可以选择他们想要的服务。
5. 家长自愿参加家长服务项目及其服务。
6. 家长服务项目要建立在家长的优势之上，使之具有民族相关性和家长共同体基础。每一共同体根据自身情况选择对自己有益的服务。
7. 社会支持网络是人们健康、幸福和富有生产力的关键因素。

家庭的需求和愿望量身定制的，因此没有哪两个 PSP 项目是完全相同的。典型的样例可能包含：一系列的成人活动，如互助组、相关的课程、工作坊或领导机会；还有家庭娱乐活动，例如星期五晚上的比萨派对，租借音响设备用来娱乐；周末在海滩、游乐场或动物园举办野游活动；特殊的儿童照护，如短期托管、照护生病儿童；为男士、祖父母和养父母专门设计的活动；多元文化体验，以及心理健康活动。

图 14.1 总结了 PSP 项目运作的原则。这些原则对于所有的儿童照护机构来说都具有指导意义。

沟通障碍

有时，当你生某位家长的气时，你也就很难耐心倾听他（她）说什么。你的愤怒可能仅仅源于你们之间的性格不合，或者更深层地源于你对家长丢下孩子外出工作持有不同的态度，特别是当家长不是因为经济原因而这样做的时候。讽刺的是，一些照护者对儿童照护的情感是矛盾的，对儿童照护是否对孩子有益也心存疑虑。一些家庭式托儿所的提供者认为，与其出去工作，不如留在家中照顾孩子；因此她们就从事了这一行业，照护那些母亲外出工作的孩子。如果某位女士选择了从事儿童照护这一行业，并把它视为一种牺牲，那么当她每天面对那些早上打扮得漂漂亮亮、高高兴兴地把孩子送来，然后去追求更富社交性或智慧刺激的生活的母亲时，不免会对她们心生厌恶。这是一种比较糟糕的情况，可能导致照护者与家长之间互生反感。解决这一问题的第一步是，照护者要正视这些情感，意识到她们对儿童或家长行为的愤怒或厌烦其实正源于此。一旦承认了这些情感，如何去应对它就会更清楚了。

想一想

假设你是一位照护者，一位家长因为你对孩子的某一做法而非常生气。你会如何处理这一情况？如果因此而生气的是一位父亲，情况又将有何不同？

有时，因为家长正在气头上，你也很难做到倾听。家长的愤怒通常是错位的，他们常常关注一些琐碎的问题，而非真正的原因。家长用愤怒来掩盖自己的不安全感、矛盾的情感、内疚感和压力。家长们可能会感到在自己和照护者之间，存在着一种或真或假的令其不安的竞争。家长们常常感觉受到有能力的照护者的威胁。当他们看到孩子向照护者表达爱意时，就会担心自己正在失去孩子对他们的爱。那些对自己的教养技能不自信的家长可能会隐藏自己的这种不安，他们通常表现得格外聪明或知识渊博，甚至爱出风头。如果你认真地聆听他们，你会从其话语中探测到某些真实的信息。正如当儿童缺乏安全感时，你会指出他们的优点和长处，努力帮助他们建立自信，引导他们走向成功一样，你也可以用这种方式来帮助这些缺乏安全感的家长。

有些家长确实需要自己承担起养育孩子的责任。他们认为你聪明、能干，仰仗着你对他们的支持。你必须判断自己能满足多少这样的需求，你不可能帮助所有的人做所有的事情。对你来说，家长们的这种需求或许就是过多的负担。因此，你必须确定自己是否有精力来支持这类家长，帮助他（她）自立、独立承担起责任，是否不得不将这类家长转介给别人，抑或必须设定界限，或者干脆拒绝他（她）。有时，你也可以将家长们聚在一起，他们就会形成一种互助系统。

有时，当你感觉自己被冒犯了时，你也很难做到倾听。你通常会为自己辩护到底，而不给对方机会将其想法真正地表达出来。例如，某位家长可能会说她的孩子在你的照护机构里只是玩耍，而她希望孩子能够学习一些东西。如果你心生戒备，表现出愤怒，并且关闭沟通之门，那么你将永远没有机会来创设一种非冒犯性的**对话**（dialogue）或交谈，也就倾听不到彼此的观点。但是，如果你能够做到倾听，最终你将有机会向这位家长表明，在你们的这种照护和自由游戏中，他的孩子一直都在学习。

打开沟通之门

你要让家长知道你在倾听他们的想法，这有助于你打开与家长之间的沟通之门。要做到这一点非常简单，你可以复述家长的话，这样他们就可以纠正你理解错误的地方，或者做出进一步的解释。这种方法被称为“积极的倾听”，它也包括对他人感受的表述。这种理念就是真正的倾听，同时让对方知道你正在倾听他们。照护者通常会随时对儿童使用这种策略，但是他们常常忘记，用于成人也同样奏效。一旦你们开始对话，你就能够更清楚地了解家长想要什么，并向他们解释你们的方法和理念。

会谈　除了每天非正式的接触，**会谈**（conference）对于沟通来说非常重要。留出时间，让家长和照护者坐下来好好交谈，这有助于两者关系的发展。当家长和照护者建立起温暖、互信的关系后，婴幼儿会因此而受益。第一次会谈，又称为**初始访谈**（intake interview），能设定交流模式，尤其是当照护者让家长感到舒适，就像在家里一样时。虽然第一次会谈被称为访谈，但它更应该被视为一种双向对话。尽管这种会谈可能是非正式且温馨的，但是在开始时就明确某些问题非常重要。其中一个问题是，所有从事儿童照护的人员均有权报告可疑的儿童虐待事件。如果有虐待儿童的情

想一想

关于会谈你有何经历？你还记得你小时候家长与老师之间的会谈吗？你现在为人父母了吗？作为家长，你是否参加过老师与家长之间的会谈？在思考会谈时，你有何感受？

况发生，当照护者出示一份报告时，那些提前知晓这一规定的家长就不会感到失望或被骗。当然，这是一个敏感的话题，没有人愿意谈论它。但是从法律和保护儿童的角度来看，这一话题又必须摆在桌面来谈。有的照护机构会让家长阅读有关授权报告儿童虐待的简短声明，然后让家长签字表明他们已阅读。这种做法甚至会起到一定的预防作用。

除了最初的初始访谈，定期的非正式会谈也有助于照护者与家长发展他们之间的关系，互相加深了解，并制订长期目标。让家长在会谈中感到安全非常重要。会谈前他们可能会认为自己将处于尴尬的境地。有些家长来参加会谈，依然会怀着自己在中小学时拿着成绩单被老师留下来的那种过往感受。在这种情况下，你需要做的就是帮助他们放松，让他们感到舒适，这样你们才能进行真正的交流。

让家长有家一般的感觉 首先，环顾一下你准备进行会谈的环境。如果你坐在桌子后面，面前摆放了一堆文件夹，身后码放一墙高的参考书，这会给人一种先入为主的感觉：你是专家，需与业余的家长保持距离。在这种情境下，家长的不安全感就会被放大。

因为你是在自己的地盘上，所以你要让家长们感到他们受欢迎，让他们有家一般的感觉，这很重要。尽管你掌握一些教育学、心理学或儿童发展方面的专业术语，但是最好不要使用它们。如果你一开始就将自己视为专业人士，沟通就会变得更加困难。毕竟，专业人士都有自己与众不同的谈话方式。试想一下，无须你回去翻看医学百科全书，医生就能当场向你解释清楚你的病症，那么你该多么感激他。同时，不要用高人一等的语气与家长说话。当一方居高临下时，很难进行开放式的交流。

如果本次会谈你有具体的目标，那么在开始时就要交代清楚。如果只是一次非正式的互换信息的会谈，你也需要提前说明。不要让家长困惑他们为什么被请来参加会谈。利用会谈来诊察你们之间的问题，探讨关于孩子的问题或疑惑，确定改变儿童某些行为的方式或方法，交换信息并制订目标。如果会谈时儿童在场，谈论他们时，请不要绕圈子；而是要吸引儿童参与到对话中来（即便是婴儿）。

有特殊需求的儿童的家长问题

在本书中，有特殊需求的儿童及其家长是一个整体，我们要思考有特殊需求的儿童的父母及其家庭所面临的各种问题。在大多数方面，有特殊需求的儿童的家长与其他家长一样；但是，有些有特殊需求的儿童的家长在与你会谈时可能会带有某些情绪问题，你需要理解并恰当应对。他们可能否认自己孩子的状况。在面对生下一个有特殊需求的儿童这类严重的不幸时，否认是一个正常的阶段。对于处在否认阶段的家长，你需要平和地对待和理解他们，耐心帮助他们走出这一阶段。这可能需要一些时间。

一些有特殊需求儿童的家长会背负着沉重的内疚感。他们可能不会在你面前表现出这种内疚，但是它会影响你们之间的关系，尤其是他们感到你在责备他们就更是如此。

这些家长也可能会表现出愤怒。虽然他们是当着你的面表现出来的，但可能与你没有什么关系。可以用你应对儿童愤怒的方式去对待家长的愤怒。允许他们表达自己的情感，而不要做出防御性或气愤的回应。

你还需要意识到，这些家长在见到你之前可能已经见过许多“专家”了，他们会带着之前经历中遇到的问题来与你会谈。当然，并非所有有特殊需求的儿童家长都会带着愤怒、内疚或其他悬而未决的问题而来。有些家长拥有与“专家”合作的积极经验，他们很愿意与你，即他们孩子的照护者，建立合作关系。但是，其他家长会带着沉重的负担来与你会谈，这时如果你能意识到这一点，你就能够应对。

仅仅倾听是不够的 有时，家长和照护者之间的需求不同，或者存在意见分歧，这会让他们产生冲突。此时，仅仅倾听是不够的，你需要有解决问

题和化解冲突的办法。当这种情况发生时，你既要倾听，也要表达自己的感受和立场，这很重要。当你们一起明确了问题之后，就可以集思广益地寻找可能的解决办法。你们之间也许存在文化差异，它会困扰你和家长。你们对某件事情的看法有分歧，比如如厕训练。如果某位家长所在的文化认为开始如厕训练的时间远早于你认为应该开始的或你们机构所规定的时间，那么这就是一个你们需要交流的问题。你可能很难避免与家长有分歧，但如果你们能够彼此理解，就有可能进行深入的交流。这正是对话的作用！你需要做的不是极力说服家长这种方法是正确的，那种方法是错误的，而是要指出两种方法之间的差异。这种差异归根结底可能是一些基本的概念差异。例如，在皮克勒研究中心，他们从不使用“如厕训练”一词；相反，他们将其称为“括约肌控制”，因为它只是一个儿童通过增加肌肉力量来完成自己排泄过程的问题。由于换尿布、穿衣、洗澡和吃饭都是些需要协作的过程，而括约肌控制，也就是会上厕所，则不然，它是所有儿童下一个阶段需要解决的问题。这与那种对婴幼儿进行如厕训练的条件化过程有很大不同。

想一想

关于跨文化冲突，你有哪些经历？你对这些经历有什么感受和想法吗？

与来自不同文化背景的家长进行交流可能会非常困难；然而，尽可能地接受家长的行事方式，并努力达成他们的愿望，这非常重要。如果家长的行事方式和愿望并不违背你所坚持的对儿童有利的理论，那么做到这一点会相对容易些。但是，当家长的需求与你所坚持的标准相冲突时，做起来就会比较难。问题是理论具有文化局限性。世上没有唯一正确的答案，即没有绝对真理。有时，照护者很容易忘记这一点，而且得意扬扬地告诉人们什么会对婴幼儿有益。你需要谨记，要倾听家长的观点，而不只是向他们推销你的想法。基于此，当你确定什么对婴幼儿有益时，你必须还要有文化方面的考量。

在你关注文化的同时，你还需要考虑代际观念的差异。代沟的确存在。如果你是一位祖母，并且照护中心儿童的家长们都比你年轻很多，那么即使你们拥有相同的文化背景，你们对于“什么对儿童有益”也会持不同的观点。阅历上的不同并不能完全解释这些差异，你还必须考虑个体成长的时代。如果你只有 20 岁，而大部分儿童的家长是 40 岁，那么你就必须认识到你们可能会持不同的观点。你们的观点并不是非此即彼的对与错，只是不同而已。

性别不同也可能会产生沟通隔阂。父亲看待孩子的方式与母亲的就不尽相同。由于性别的原因，男性照护者对儿童的反应、反馈和理解都不同于女性照护者。

让我们再来回顾一下本章开篇部分的场景，看看照护者是如何处理这一状况的。还记得那位母亲接孩子时发现孩子粉红色裤子上有污渍吗？她急忙走向最近的那位照护者，心烦意乱，她要求这位照护者给出解释。我们无法判断这是否是一种跨文化、隔代或跨性别的情境。情况也许如此。即便不是这样的情境，目标也是相同的：与这位家长开诚布公地对话，而不是对这位家长设防。我们来看一看这一场景的结尾。努力保持解决问题的态度，避免陷入一种互相指责的状况。

“这是怎么回事？”这位母亲的语气听起来很尖锐。照护者似乎也担心起来。

“我们早上进行了一些户外活动，这一定是那时弄脏的。我很抱歉，我知道您对此一定很心烦。”

“当然了！”这位母亲生气地说。

“看到这些谁都难免会生气的。”照护者对家长表示理解。

“嗯，是的。”对话暂时中断。照护者一边等待着，一边静静地留意这位母亲，看她是否还想继续说下去。随后，照护者补充道：“您一定很生我们的气。”

此时，这位母亲终于爆发了。她的话一句接一句，开始是关于她的愤怒，随后便讲到她将如何去见未婚夫的母亲，而且让她的女儿看起来漂漂亮亮有多重要。她还谈到了自己即将加入那个新家庭的不安。讲完后，她的脸色看起来好多了，眉头也渐渐舒展开来，只是还有一丝焦虑。

“您有时间坐下来聊一聊吗？”照护者和蔼地问。

“不一定，”这位母亲虽然这样说，但还是坐了下来。她温柔地抱着女儿，孩子在玩她的头发。

“我想知道我们如何才能避免这种事情再次发生。”照护者试探性地问。

“你可以让她待在室内。”这位母亲立即说。

“我并不想这么做，”照护者说，“您女儿很喜欢户外活动。”

“是的，这个我知道。”这位母亲承认道。

“并且，”照护者继续补充说，“有时我们所有人都在户外，没有人在室内照顾她。”

“那么，”这位母亲迟疑地说，“我想我应该给她穿牛仔服，但是她穿小套装是这么可爱……如果我下班后还要带她去其他地方，比如今天，我希望她看起来很漂亮。”她想了想又说：“我想我去接她的时候给她打扮一下，比指望她一天都保持衣服整洁更合理。”

“你给她穿牛仔服，而不是要求她一天都不要把衣服弄脏，这太好了！”

“是的，我想我可以理解这些。不过，”她起身说，“我真的要走了，谢谢你听我说这么多。”

这位照护者并没有自己先生气，也没有对这位母亲采取防御心理，她通过耐心倾听，快速且毫不费力地解决了这一问题。关于衣装整洁这一特殊问题并不是每次都能如此容易地解决。有些家长认为孩子出门就必须穿漂亮的衣服。你很难说服他们，如果孩子送到照护中心时穿的是运动服，这对于所有人来说都会比较好。有时，这种现象反映了家长对学校的一种文化态度，它与家庭希望维持的某种特定形象有关。

不管由年龄、性别、文化差异或个体差异而导致的沟通困难是否容易解决，你都可以采取一些方式来促进沟通。下面是一些开诚布公地与家长进行并维持沟通的小贴士。

- 将沟通视为一个双向过程。如果你认为儿童的某些行为有问题，家长可能也会有同样的疑问。让你与家长之间的信息交流更畅通。
- 培养你的倾听技能。学会倾听家长言语背后的情绪，寻找一种既能鼓励家长表达那些情绪又不会冒犯你的方式。
- 培养解决问题的态度。在冲突管理和解决过程中，学会使用沟通、调解和协商等技术。
- 进行记录，以便于你能报告细节。
- 当家长想与你交谈时，你要留出充裕的时间。选择舒适的环境对于沟通很有帮助。
- 即使你很忙，在家长每天前来接送孩子时，你也要争取与他们聊上几句。
- 要始终让家长觉得他们是受欢迎的，不管他们何时出现，即使他们的突然拜访干扰了你们的正常活动。在一些中学校园的青少年家长服务项目中，母亲会在课间过来看自己的孩子。这对于某些儿童来说是困难的，因为他们要学会处理频繁地说“你好”和“再见”。员工们要理解这些家长的需求，这很重要，即使他们的到来给你们的工作开展增加了难度。

亲职教育

NAEYC 机构认证标准7 家庭

你的工作不仅包括婴幼儿教育，而且也包括**亲职教育**（parent

education）。教育并不仅仅是传授知识，也包括与知识相伴的态度和技能。如果你与家长建立了关系，那么家长将会在所有这些方面受到你的影响。但是，如果你将自己定位成专家，试图直接对他们进行说教，那么你可能就会陷入困境。知识本身并不能改变态度，只有长期地与持有不同的价值观、想法、方法和态度的人接触，个体的态度才可能发生改变。与最初登记入园时相比，大多数家长在离开某家照护机构时都掌握了更多的育儿知识，并且感受也不同了，即使他们从未听讲过任何有关教养或儿童发展方面的正规讲座。如果你能让家长参与进来，随着时间的推移，他们会通过观察其他儿童及其常见的行为、阅读你提供的资料、询问并与你讨论，从而不断地吸收有关儿童发展方面的知识。当家长在照护机构中感到受欢迎，并且能为机构提供帮助时，他们的参与效果是最好的。强制性的参与会让家长远离合作者的角色，除非这个照护机构是专门让家长们参与的，并且家长自愿选择了它。在这种情况下，照护机构的主要目的便是亲职教育，通过实际照护儿童，以及参加讨论组、家长会和特邀演讲等形式来实现。这一模式是增强知识建构的理想方式，在家长参观照护中心，甚至前来接送孩子的间隙便能自然而然地发生。

有特殊需求的儿童的家长

与正常儿童的家长相比，有特殊需求儿童的家长需要学习更多的事情。如果这些家长在他们的孩子进入你的机构前并没有接触过其他儿童，那么起初他们可能会学到更多的有关儿童典型发展的知识。有些家长可能是第一次把自己的孩子与正常的孩子进行比较，这会带给他们很大的震动。你需要格外留意他们的感受。

即使他们并没有感到威胁和逼迫，大多数家长也都渴望更多地了解自己的孩子。邀请他们偶尔或定期地观察儿童或参与一些活动，许多家长是很乐意接受的。之后他们还可能愿意进一步参加亲职教育。在某家庭式托儿所就有这样一位父亲，只要有时间，他每天下午都自愿多待半小时。他会坐下来弹钢琴，并与走近他的儿童互动。他不仅对这家托儿所作出了贡献，同时自己也收获了许多知识。

家长的教养技能也会随之逐渐提高。在把孩子送到你的机构前，家长们的教养技能水平各不相同。大多数家长通过接触专业的照护者会获得更多的知识。然而，若照护者在家长面前以专家自居，便会存在潜在的风险。

早期保育和教育专家

尽管家长的角色与你作为专业照护者的角色有时看起来很像，但是其实两者有很大的不同。你无法共享儿童过去的成长过程，你也不可能是儿童未来生活的一部分。你没有浓厚的兴趣想与儿童进行热烈的交流。如果某个孩子在你面前“行为得体”，但是当家长到来后便表现得蛮横，请不要因此而自我吹嘘或觉得自己比家长技高一筹。孩子的这种行为反差更可能与正常的亲子关系和强烈的依恋有关，而与你看似突出的能力无关。

儿童需要能力强的照护者，但是也需要与他们血脉相连、感性和本真的家长。你所看到的对某种情境的糟糕处理更可能是家长式的处理方式，而非专业的处理方式。这两种方式是不同的，尽管它们包含了彼此的许多元素。家长的处理方式（和应该的处理）通常是直觉层面的自发反应，多是感性的而非理性的。当然，家长也应该动动脑筋，有时也需要保持客观，需要培养一些照护者所具备的能力（一定程度上可以通过观察你来实现）。他们还应该收集一些儿童发展和儿童照护方面的知识，以便于他们能够反思自己的所作所为。但是，他们大多还是应该采取直觉的回应来教养孩子，而非那些深思熟虑的方式。在教养孩子方面，家长应该更加本真，而不是更具专业能力。照护者也应该本真一些，偶尔摆脱自己惯常的角色，与儿童进行强烈而热情的互动；但是，他们的照护目标和回应大多还是应该尽量客观和深思熟虑一些。

录像观察 14

爬过矮窗的女孩（亲职教育项目）

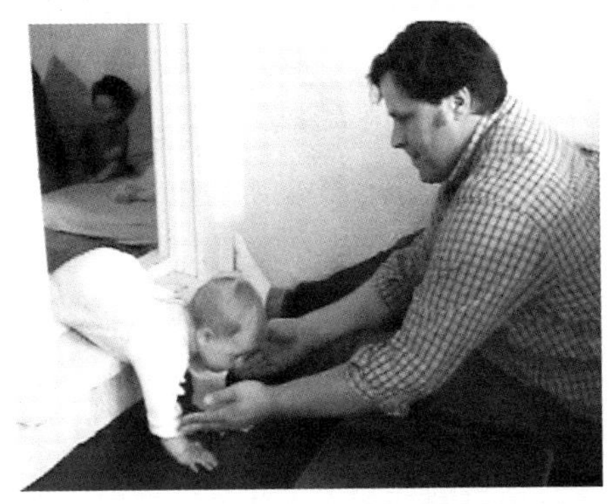

© Lynne Doherty Lyle

看录像观察 14：这一录像是家长参与到照护项目中的示例。这种特别的项目恰巧是由玛格达·格伯发起的。虽然你在视频中看不到教育者（即玛格达所称的照护者），只能看到这位父亲，但是你可以听到照护者鼓励和支持这位父亲与女儿进行互动的话语。这是一个婴儿独立解决问题的好范例。

问 题

- 对于单独留下女儿自己解决她所面临的问题，这位父亲明显很紧张。照护者鼓励父亲不要帮助女儿，你认为这种做法是错误的吗？
- 在这段视频中，哪些可能是文化问题？这种特殊的文化允许甚至鼓励婴儿独立解决问题吗？
- 如果你是其中的照护者，在这种情况下你会怎么做？

要观看该录像，扫描右上角二维码，选择“第14章：录像观察14”即可观看。

如果你既是家长又是照护者，当你思考自己作为家长对待自己的孩子与作为照护者对待他人孩子的差异时，你大概会有更加切身的理解。有时，你也许会感到内疚。但是，如果你看到了角色间的差异，那么你可能会很庆幸自己是正常的家长。你的孩子更多地受益于你是真实的家长而非专业的照护者；而他人的孩子更多地受益于你是专业的照护者而非家长。

这并不意味着专业的照护者就应该冷漠和超然。如果你读一读本书的其他部分，你就会知道本书通篇都在传达一种信息和理念，即真实、与他人联结以及感受自己的情感。关键在于要取得平衡。平衡的天平有时会摇摆到情感和自发反应的一端，让你行使着家长的角色；有时天平又会摇摆到深思熟虑、客观和计划的一端，让你充当着照护者的角色。

关于不良行为儿童的家长

有时，尽管你在家长关系和亲职教育等方面付出了很大努力，但是在照护过程中你仍然可能会碰到行为不良的儿童。他（她）可能会干扰整个机构的工作，占据你大部分的工作时间，你担心会因此而忽视了其他儿童。如果你在一家中心式的照护机构工作，首先，你要与其他同事（以及主管）谈一谈此问题。如果你是在家庭式的托儿所工作，你可能并没有一个明确的问题解决支援团队，可以与之讨论这类问题，但是你可以去找其他人共同探讨，例如别的家庭式托儿所的提供者，这非常重要。

你还需要与孩子的家长谈一谈：不是责备他们，而是通过与家长交谈获得看待该问题的其他视角，并进一步发现满足这个儿童需求的策略。照护者之间的团队协作以及照护者与家长之间的密切合作，有助于家庭和机构解决这类问题。

或许所有的努力都不奏效。尝试和评估了各种方法之后，你可能发现这个儿童的行为还是会引起不小的混乱。你大概会得出这样的结论，即这一情况对于你、其他儿童或者这位行为不良的儿童都不好。对你来说，意识到自己不能最大限度地满足每一个儿童的需求是很难的。你可能会抗拒这样的想法，即自己无法满足这个特殊家庭的需求。

下一步该做的便是**转介**（referral）。也许某些外部资源能帮到这个家庭，且通常会奏效。通过这些特定的帮助，情况可能会变得可以接受了；同时，你也会发现自己能满足这个儿童的需求了。但是，有些时候你必须意识到你对某个特殊的儿童已经尽力了，是时候请其家长去寻找更合适的照护机构了。这对所有相关人员来说可能是一个非常痛苦但又必需的过程。

照护者之间的关系

在要求很高的婴幼儿照护工作中，员工关系至关重要。在家庭式托儿所中，取而代之的是家庭关系，当然这种关系会有些许不同。在讨论中心式照护机构内的员工关系之前，我们先简要介绍一下家庭式托儿所的家庭关系。

家庭式托儿所的提供者

如果你是家庭式托儿所的提供者，获取家人的支持很重要。但是，如果你家中的其他成员对这项工作心怀芥蒂，那么你可能很难获得他们的支持。有这样一位家庭式托儿所的提供者，在正式开展工作前，她先坐下来和家人（丈夫和两个孩子）签订了一份约定。她认为明确房子的用途非常重要，毕竟房子属于他们四个人；还有就是明确在照护儿童时，期望每个家庭成员做什么或不做什么。这份约定并不是她强加给家人的，而是大家聚在一起考虑了每个家庭成员的想法和感受所达成的共识。在这个家庭中，两个孩子已经长大，能够理解约定以及他们的权利和义务。有了这份约定，这个家庭会减少许多冲突。

在许多家庭式托儿所中，冲突是最常见的主题。如果提供者的孩子还小，他们会难以理解为什么自己必须与他人分享房间、玩具甚至妈妈。通常，与协商后的书面合同或约定相比，这种共识并不清晰。因此，许多不满、紧张和摩擦便出现了。当然，有些摩擦是正常的；但是，这对于刚刚从事此工作的提供者来说还是有些出乎意料。然而对于大多数家庭来说利大于弊，这种摩擦也会像其他普通的家庭冲突一样，最终得到化解。

家庭式托儿所的提供者也应该从家庭之外寻求支持。由于大部分时间都被束缚在家，这对你来说有一些难度，但是如果你去寻找，还是可以找到其他的家庭式托儿所的提供者并与之聊一聊。这位与家人签订了约定的提供者通过参加当地的支持性会议，遇到了自己社区的另一位家庭式托儿所的提供者。她们会定期带孩子们到公园散步（这是段很近的路程），于是她们彼此有了伴，孩子们也有了户外活动的机会。同行之间最能相互倾听和理解。如果你之前没有找到倾听者，那么就去找个人倾诉吧。

中心式照护机构的员工

在儿童照护中心，员工关系就会有所不同，因为你们一起工作但彼此又没有亲缘关系。成人们虽然整天一起工作，但彼此很少关注，这是一种奇怪的现象。你们没有时间坐下来把事情谈透，因此很容易产生问题。大部分照护中心的员工都是轮班制，因此所有员工唯一能够聚在一起的时间也是他们一天中最忙的时候，此时他们往往无暇交谈。那些照护年龄较大的学步儿和学龄前儿童的员工可以在午休时间聚在一起，而对于在婴儿照护中心工作的大多数员工来说，这是不现实的。在许多照护中心，即使休息也是轮流的，目的是不让两个员工同时离开房间，以方便照护婴儿。

如果儿童照护工作也像其他行业一样，那么照护中心就会有固定的时间安排员工会议和员工培训，甚至是员工续约的规定。但是对许多预算紧张的照护中心而言，这些都成为无法负担的奢侈享受。

显然，照护中心的工作人员很少能在儿童不在身边的情况下停下来交谈。但是他们需要通过交谈来建立关系、解决冲突、分享关于儿童及其家庭的信息、设定目标、评估儿童以及共享资源。更重要的是，他们需要成人间的接触来缓解自己的孤独，每天花很多时间与儿童待在一起的成人常常会感到孤独。

如果你刚进入这一行业，并且你在机构的培训中学到的只是关注儿童，那么当你来到某照护中心，看到照护者们坐在一起聊天，而孩子们却在一边玩耍时，你可能会非常惊讶。如果你所接受的培训认为，工作时（轮休除外）关注儿童以外的其他事情是对这一职业的亵渎，你可能会批判这些照护者的行为。但是时间长了，你会逐渐意识到，这些交谈对于那些整天与婴幼儿待在一起的照护者来说是多么重要；并且，这对于儿童来说也很重要。如果儿童每天接触到的都是只关注孩子却忽视在场的其他成人的照护者，那么他们将会如何看待成人之间的关系呢？儿童需要看到成人表现出更广泛的其他行为，而不是只看到成人与他们这些孩子互动。

在一个 3 小时的照护机构中，看到成人大部分时间只关注儿童是可取的；但是对于全日制照护机构来说，这种期望既不现实，也不可取。当然，将儿童排斥在外或忽略儿童的需求，只关注成人间的关系肯定是不对的。但是，如果在自由玩耍中，每个孩子能拥有充足的非目的性优质时间；在关注个体儿童的照护活动中，每个孩子也能得到充足的目的性优质时间，那么当儿童在场但不被忽略的前提下，成人之间可以相互交流。

尊重是成人关系的根本

至此，虽然本章尚未提及“尊重”一词，但是这种特质是所有成人间——儿童父母、儿童其他家庭成员、照护机构同事或管理者——彼此互动的基础，也是成人与儿童互动的基础。玛格达·格伯所倡导的相互尊重和信任的影响力，应该在整个照护机构时时处处都可感受到，而非仅限于成人与孩子的互动。[2]

20 世纪 70 年代，当格伯第一次谈及尊重式的照护时，她的这一观点对于那些关注婴幼儿成长的人来说是全新的。她为自己这一“叛逆”的理念而自豪。当时在谈论或描述婴幼儿时，没有人会使用尊重一词。在那个时代，尊重是指孩子必须学着尊重长者。格伯重新诠释了尊重，使尊重变为一种双向的过程。直到 20 世纪 90 年代末，格伯才感叹她的理念不再被视为一股逆流。她的理念已经遍及各地，不再被视为一种奇怪的或新鲜的事物。由此，尊重一词被广泛地用于婴幼儿照护领域。但是，根据我们对某些照护者对待家长和同事的方式的观察，我们在与成人一起工作时还应该更多地注意以下十项原则。

1. 原则1：团队精神。它既适用于成人也适用于婴幼儿。因此，需要注意的一个问题是：成人是否通过相互合作或一起工作来完成任务？
2. 原则2：优质时间。成人多久会共度一段优质时间？提出该问题并不是想责备任何人。儿童保育这一领域让成人很难抽出时间来真正地建立和维护彼此的关系。我们需要为我们这一领域奔走呼吁——要为成人之间建立关系提供机会；我们也需要利用一切机会来促使其实现。
3. 原则3：沟通。成人要付出多大努力才能了解彼此独特的沟通方式？如果照护机构中的人们说不止一种语言，那么这就是一个大问题。如果对肢体语言保持敏感，逐步地、充分地相互了解就能“读懂”他（她），那么这就是一个小问题。
4. 原则4：投入时间和精力去欣赏一个完整的人。相比于其他人，成人更尊重某些人，是因为他们拥有某种特殊的品质，还是因为欣赏他们能够本真地做自己？
5. 原则5：不要物化人。成人是否经常把别人当作物件或工具？原则5应用于成人似乎不太合适，因为他们拥有差不多的个头和块头；但是当你考虑地位差异、成见和偏见时，原则5应用于成人可能就显得有意义了。

6. 原则6：真实的情感。照护机构中的成人对待自己的情感有多诚实？他们是否将自己的情感隐藏起来，即使面对他们自己亦是如此？抑或他们将真实的自我带入与他们所服务或一起工作的人的关系之中？
7. 原则7：榜样。请注意，有如此之多的成人会因某些特殊行为而批评他人，尽管他们自己也常常有类似行为，只是他们常常意识不到这一事实而已。你意识到了吗？与其说我们像我们自己最好的朋友，不如说我们更像我们自己最糟糕的敌人。对于所有成人来说，有意识地关注自己的行为并不断迁善是值得的。
8. 原则8：将问题视为学习的机会。它不仅适用于儿童，也适用于成人。婴幼儿照护机构会存在各种各样的问题，解决问题既是工作的一部分，也有利于提升你的思维能力！
9. 原则9：信任。对于照护者及其所服务的家庭来说，无疑信任是一个非常重要的问题；但是，照护者之间也需要彼此信任。值得信任是一种宝贵的特质，我们应该把它作为追求的目标。
10. 原则10：发展的质量。这或许又将我们带回到尊重和自尊这一主题。照护者应该用欣赏的眼光看待成人的发展，了解促进成人发展的方式，而不是强迫其成长，或者批评其他同事或家长的不足。

本章阐述了成人关系及其对儿童的重要性。儿童需要看到他们的照护者是一个完整的人。如果儿童看不到照护者与其他成人——儿童父母以及其他同事——之间的关系，那么他们所看到的照护者就是不完整的。

适宜性实践

发展概述

每一个孩子都是不同的。无论照护者多么训练有素，他们在照护儿童时都需要从孩子的家长那里更多地了解孩子。当然，良好的观察技能有助于照护者更好地了解每一个儿童的需求、兴趣和偏好，但是培训和第一手经验并不能取代家长对孩子的了解。在儿童登记入托时就与儿童的家庭建立牢固的关系，这将有助于照护者了解该家庭的相关经验和知识。照护者也需要了解儿童家庭的文化、目标以及育儿理念。当照护者重视该家庭时，这一关系便变成了相互支持和学习的关系。他们可以结成联盟，并通过家长和照护者之间定期的双向交流来维持这种联盟关系。当婴儿还很小的时候，该联盟尤其重要；而当婴儿开始四处移动时，该联盟便进一步成为其力量和支持的来源。此时，伴随着分离和依恋这两种情感，婴儿进入了新的发展阶段。通过合作，当家长和照护者讨论安全问题，以及改变家庭与照护中心环境的需要时，他们能够彼此支持，努力发现如何保持婴儿的安全感。婴儿成长为学步儿，当他们体验到独立与依赖、自豪与害羞、愤怒与温和（对学步儿所经历的一些情绪的举例）等冲突时，他们的情感会变得更加复杂。所有这些情感会向家长和照护者提出新的挑战。在经历这些困难时，成人之间可以相互支持。最后，学步儿正处于同一性形成的过程中，这根源于他们的家庭和社区。只有当照护者了解并理解这些后，他们才能对儿童健康的同一性形成起到支持作用。

资料来源：摘自 Carol Copple and Sue Brededamp, eds., *Developmentally Appropriate Practice in Early Childhood Programs,* 3rd ed.（Washington, DC: National Association for the Education of Young Children, 2009）。

发展适宜性实践

下面是一些与成人关系，特别是家庭—照护者联盟相关的发展适宜性实践的范例。

- 照护者与家长建立合作关系，通过日常交流建立相互的理解和信任。
- 照护者通过与家长分享一天中孩子所做的积极的、有趣的事情，帮助家长树立对孩子以及他们自身的教养方式的信心。
- 照护者和家长协商决定如何才能更好地支持儿童的发展，或者如何更好地解决问题，化解意见分歧。

资料来源：摘自 Carol Copple and Sue Bredekamp, eds., *Developmentally Appropriate Practice in Early Childhood Programs,* 3rd ed.（Washington, DC: National Association for the Education of Young Children, 2009）。

个体适宜性实践

下面是一些与成人关系相关的个体适宜性实践的范例。

- 照护者和家长协商决定如何才能更好地支持儿童的发展，或者如何更好地解决出现的问题和意见分歧。
- 满足所有儿童需求的关键是要因人而异。家长是最了解他们孩子的人。如果儿童有特殊需求，重要的是，照护者要与家长交谈，了解他们掌握了孩子的哪些情况，可能联系哪些专家。

资料来源：摘自 Carol Copple and Sue Bredekamp, eds., *Developmentally Appropriate Practice in Early Childhood Programs,* 3rd ed.（Washington, DC: National Association for the Education of Young Children, 2009）。

文化适宜性实践

下面是一些文化适宜性实践的范例。

- 照护者与家长建立合作关系，通过日常交流建立相互理解和信任，以确保婴儿的福祉及最优发展。照护者需要认真倾听家长是如何谈论自己孩子的，努力去理解家长的教养目标和偏好，尊重文化差异和家庭差异。
- 文化差异和家庭差异可能产生与中心式照护机构或家庭式托儿所相冲突的目标和优先级。例如，在某些家庭传统中，儿童在满1岁时便要开始如厕训练，而不是等到2岁或3岁才进行。当照护者将自己定位为儿童发展专家并在不考虑文化差异的情况下去评判家长时，无疑会给自己与家长的合作关系带来阻碍。

资料来源：摘自 Carol Copple and Sue Bredekamp, eds., *Developmentally Appropriate Practice in Early Childhood Programs,* 3rd ed.（Washington, DC: National Association for the Education of Young Children, 2009）。

适宜性实践的应用

回顾本章的“活用原则”专栏。然后再来阅读“适宜性实践”专栏中的“发展适宜性实践”的第一条和“个体适宜性实践”的两条内容。

1. 你认为艾米丽的照护者与其家长之间是合作的态度吗？有哪些证据？
2. 如果这位照护者与艾米丽的母亲在一起会感到不安，但又想维护自己作为专业人士的身份，于是便假装自己擅长照护脑瘫儿童，那么情况又将会如何？这一场景最终将会变得有何不同？
3. 在照护中心，学会读懂特殊儿童的需求信号，是不是比学会了解所有儿童的需求信号更重要？

本章小结

如果照护机构采用家庭导向的取向，将家长视为合作伙伴，那么成人间的关系便会发生改变，交流或沟通也会得到加强。

家长 — 照护者的关系

- 在婴幼儿照护机构中，成人关系的一个重要方面是，要意识到照护者与家长之间的关系通常会经历几个阶段。
- 照护者与家长之间的交流非常重要，它涉及要理解什么会阻碍沟通，以及什么会打开沟通之门。当照护者与有特殊需求的儿童的家长进行合作时，这种理解尤其重要。

亲职教育

- 当儿童父母和其他家庭成员来照护机构参观时，实际上，亲职教育也就非正式地开始了。家长参与有助于儿童的家庭成员感到自己是受欢迎的，照护者应鼓励他们更多地参与照护机构的活动，但应以自愿为原则。
- 亲职教育的目标并不是让家长变成专业的照护者。照护者和家长的作用是不同的，他们应该保持各自的角色。

照护者之间的关系

- 照护者之间的关系具有不同的意义，这取决于照护者是家庭式托儿所的提供者，还是中心式照护机构的员工。
- 尊重是所有关系的基础，它既适用于成人与儿童间的关系，也适用于成人之间的关系。

关键术语

救世主情结（savior complex）
需求和服务计划（needs and services plan）
舒适的装置（comfort device）
对话（dialogue）
会谈（conference）
初始访谈（intake interview）
亲职教育（parent education）
转介（referral）

问题与实践

1. 照护者是受托的报告者，其含义是什么？
2. 哪些方式能让家长与照护者在会谈时感到更加舒适？
3. 采访一些照护者，你能否判断出他们所处的发展阶段？是否有迹象表明他们正从家长手中拯救儿童，教育家长做得和他们一样好，或将家长视为合作者？
4. 在思考与家长进行交流以及对他们的支持等问题时，对于残障或有特殊需求的儿童的家长，我们还应该额外考虑哪些问题？
5. 假设你与一位具有另一种文化背景的同事合作，她在儿童养育和照护方面所持的理念与你差异很大。你会采取哪些措施来打开你们之间的沟通之门呢？

拓展阅读

Janet Gonzalez-Mena, "Cultural Sensitivity in Caregiving Routines: The Essential Activities of Daily Living," in *Infant/Toddler Caregiving: A Guide to Culturally Sensitive Care*, 2nd ed., ed. Elita Amini Virmani and Peter L. Mangione (Sausalito, CA: WestEd and Sacramento, CA: California Department of Education, 2013), pp. 56–65.

Janet Gonzalez-Mena, *50 Strategies for Communicating and Working with Diverse Families, 3rd ed.* (Upper Saddle River, NJ: Pearson, 2014).

Karen N. Nemeth and Valeria Erdosi, "Enhancing Practices with Infants and Toddlers from Diverse Language and Cultural Backgrounds," *Young Children* 67(4), September 2012, pp. 49–57.

Linda Gillespie and Sandra Petersen, "Rituals and Routines: Supporting Infants and Toddlers and Their Families," in *Developmentally Appropriate Practice: Focus on Infants and Toddlers*, ed. Carol Copple, Sue Bredekamp, Derry Koralek, and Kathy Charner (Washington, DC: National Association for the Education of Young Children, 2013), pp. 102–104.

Mariana Souto-Manning, "Family Involvement: Challenges to Consider, Strengths to Build on," *Young Children* 65(2), March 2010, pp. 82–89.

附录A

婴幼儿照护机构的质量检查表

1. 寻找安全环境的证据

- ☐ 无明显的安全危险，如电源线、裸露的电源插座、破损的设备、带有小部件的玩具、婴幼儿可以够到的清洁用品、不安全的门廊。
- ☐ 无安全隐患，如有毒的颜料或含有毒物质的玩具。
- ☐ 具备火灾和其他灾难的应急预案，包括成人如何安全地将婴幼儿转移到户外。
- ☐ 有可以拨打的紧急电话。
- ☐ 在婴幼儿的档案中保存家长的紧急联系卡，以便在家长不能到场的紧急情况下协商应该做些什么。
- ☐ 始终保持照护者与婴幼儿的安全配置比例（美国加利福尼亚州的法律规定，每位成人照护的2岁以下婴幼儿不得超过4个）。
- ☐ 允许婴幼儿选择一些适宜的风险性活动（“适宜”意味着学习可能会失败，但不会受伤）。
- ☐ 允许互动，但要保护婴幼儿远离伤害他们的物品以及他们之间的彼此伤害。

2. 寻找健康环境的证据

- ☐ 换尿布的过程要保持卫生。
- ☐ 换尿布后和餐前都要洗手。
- ☐ 恰当地准备和储藏食物。

□ 照护机构的员工能识别常见疾病的症状。

□ 制定健康政策，以此告知家长照护机构会拒绝接收某些患病的婴幼儿。

□ 为所有的婴幼儿建立健康记录并及时更新，以证明他们及时接种了疫苗。

□ 定期清洗床单和玩具。

□ 照护机构的员工了解婴幼儿的营养需求。

□ 食物过敏反应张贴在显眼的地方。

3. 寻找学习环境的证据

□ 配备适量的与婴幼儿年龄相适宜的玩具、材料和设备。

□ 照护者将照护时间视为“学习时间”。

□ 自由游戏比练习、有指导的游戏和小组活动更有价值。

□ 环境应具备充足的柔软性、一些隐蔽性和高度的流动性。

□ 对于所有婴幼儿来说，每天的环境都应具有发展适宜性。

4. 寻找员工的目标是促进婴幼儿生理和智力发展的证据

□ 照护机构的员工能够解释环境、自由游戏、照护活动，以及照护者与儿童之间的关系是如何构成一门课程的。

□ 照护机构的员工能够解释这些课程是如何促进儿童的精细和大肌肉运动技能以及认知技能（包括问题解决和交流技能）的发展的。

5. 寻找照护机构支持婴幼儿的社会性和情绪发展以及员工为婴幼儿提供积极指导和惩罚的证据

□ 照护机构的员工通过婴幼儿的身体意识、直呼其名和促进文化认同等方式来鼓励婴幼儿发展自我感。

□ 照护机构的员工能够识别并接受婴幼儿的情感，鼓励他们正确地表达情绪。

□ 照护机构的员工不得使用言语惩罚或身体惩罚来指导婴幼儿的行为。
□ 当婴幼儿与其同伴发生冲突时，员工应鼓励他们创造性地解决社交问题。

6. 寻找项目努力与家长建立积极而有效关系的证据

□ 定期并持续地与前来接送孩子的家长进行沟通，并重视交流信息。
□ 友好的氛围。
□ 交流会和家长会议。
□ 家长和照料者持解决问题的态度来解决冲突。

7. 寻找项目运营良好、具有明确的目标以及能满足参与者需求的证据

□ 保持良好的记录
□ 关注婴儿的个体需求
□ 关注家长的需求
□ 为项目管理负责

8. 寻找员工专业性的证据

□训练有素
□尊重保密性

附录B

环境对照表

这份对照表展示了如何创建能促进儿童发展的物理环境和社会环境。请谨记，不同儿童的发展速度差异很大。这些针对年龄水平的指导也许并不适合个体儿童；但作为整体，这份对照表反映了儿童发展的顺序。

水平I：出生后的发展

发展的领域	物理环境	社会环境
生理 大肌肉 婴儿的主要任务是控制头部 ● 能短暂地抬头 ● 转头以方便用鼻子呼吸 ● 大部分的四肢活动是反射活动，不受意识控制 小肌肉 ● 无法控制手的活动，手通常呈握紧状态 ● 作为反射性的动作，会抓住放入手中的任何东西 ● 盯着物品看，尤其是人脸；开始协调双眼	**适宜的玩具和设备** ● 婴儿床或摇篮床，睡觉时感到安全的地方 ● 垫子、地毯或毛毯等可以躺的安全空间，放在宽敞的房间里便于拖动 ● 几乎不需要玩具，因为环境中已经有足够多的刺激 ● 会对人脸和鲜亮的围巾感兴趣 ● 不要将玩具或摇铃放在婴儿手中，因为他们会抓住不放	**成人角色** ● 敏感地观察婴儿并确定其需求 ● 必要时提供一种安全感（用毛毯包裹婴儿，并将其放在小的安静的空间中） ● 有时，也让婴儿体验宽敞开放的空间，如地板 ● 提供平静、安宁和最少量的刺激，与婴儿有关的人（照护者和其他儿童）提供了足够的刺激 ● 把婴儿放在安全的场所中，他们属于其中的一部分，但不能受到过多刺激 ● 对婴儿直呼其名
情绪/社会性 感受和自我意识 ● 婴儿只能表达满意和不满的情绪	● 婴儿需要待在安全、带来安全感并	● 鼓励婴儿关注照护任务 ● 回应婴儿所发出的信息，并努力确定他们的真正需求（要记住婴儿的

发展的领域	物理环境	社会环境
● 不能将自己和外界区分开来	且其需求很容易得到满足的地方	不满并非总是因为饥饿）
社会性 ● 可能会笑 ● 能进行目光接触 ● 看到人脸会平静下来 ● 被抱起来会有反应	● 安全护栏能为小婴儿提供保护，使他们远离蹒跚的学步儿（空间应足够大，以便容纳成人与儿童）	● 婴儿需要固定的照护者以满足他们的依恋需求 ● 抱着婴儿喂奶 ● 提供机会让婴儿与婴儿接触 ● 成人不要过多干预，让婴儿依据自己的节奏自由发展
智力 ● 能够协调双眼，追踪移动的物体和面孔 ● 看到人脸或物体时会做出反应 ● 会吮吸或咀嚼嘴边的物品 ● 表现出的一些反射行为是感觉技能的开始，反过来，它们又为智力的发展奠定了基础	● 婴儿需要一个安静、安全、没有过多刺激的环境，当婴儿发现自己的手之后，投放一定量的柔软、可洗和颜色鲜亮的玩具，供婴儿看或吮吸（确保玩具上不会掉落小零件，以免被婴儿误吞） ● 婴儿有自由活动的空间（尽管他们还不能四处移动） ● 不要把婴儿放在婴儿座椅或其他限制性的设备中	● 让婴儿看人脸（尤其是主要照护者的），并让婴儿有机会看、摸和啃物品 ● 不要强迫婴儿做任何事 ● 让婴儿仰躺，便于他们的视野更开阔，双耳都可以听声音，还可以运用双手
语言 ● 听 ● 哭 ● 对声音有反应	● 在这一阶段，与物理环境相比，人对婴儿语言的发展更重要 ● 创设适宜的环境，方便婴儿的需求能被及时满足，而不需要等较长的时间	● 倾听婴儿 ● 努力找出婴儿啼哭的原因 ● 要对婴儿讲话，尤其是在照护他们时；告诉他们将会发生什么；并留出时间让他们反应；告诉他们正在发生什么

水平II：3个月大

发展的领域	物理环境	社会环境
生理	**适宜的玩具和设备**	**成人角色**
大肌肉 ● 反射行为开始消失，能自发地控制四肢 ●对头部有了一定控制	● 大护栏，能够容纳照护者和几个婴儿 ● 在婴儿周围放各种可洗涤的物品，供婴儿去看、去拽 ● 婴儿可以躺的垫子或毯子 ● 避免使用限制性的设备	● 定期地与婴儿坐在一起，并留心观察他们 ● 及时回应婴儿的需求 ● 不要让婴儿持续地被无关的噪音或谈话所干扰；不要娱乐婴儿 ● 允许婴儿通过看、吮吸、拽和伸手够等方式自由地探索外界
小肌肉 ● 手部不再始终做出抓握反射 ● 会伸出双臂去够物，但双手仍握拳 ● 会抡起手臂击打物品，但通常不能击中	● 与上面的内容相同	● 与上面的内容相同
情绪/社会性 感受和自我意识 ● 表现出多种多样的感受并能用语音表达它们 ● 开始意识到手和脚是属于自己的，并探索它们；也会用手来探索自己的脸、眼睛和嘴 ● 开始识别主要的照护者 ● 对不同的人做出不同的反应 ● 会用咕咕声和牙牙学语声与人交流	● 人比物更重要	● 婴儿需要发展一种主要的关系，因此要满足他们的依恋需求 ● 识别和尊重婴儿的感受：在照护婴儿时，与他们谈论他们当时可能想表达的感受
智力 ● 对看到的事物做出反应 ● 注意力比出生时更持久 ● 目光能够从一个物体转向另一物体 ● 能够自己抓取物品并在一定程度上	● 在这一发展阶段，适合婴儿的有趣的玩具和物品包括：色彩鲜亮的围巾、软球、摇铃、可挤压的玩具、塑料钥匙和大的塑料珠子	● 为婴儿提供不同质地、形状和大小的物品，鼓励他们的探索欲和好奇心 ● 让婴儿仰躺在足够大的安全区域，允许他们自由、和平地探索周围环境

发展的领域	物理环境	社会环境
操控物品 ● 表现出记忆的迹象 ● 当听到声音时会寻找声源 ●能够同时保持吮吸和目光注视，但是当听声音时会停止吮吸		● 鼓励婴儿间的互动
语言		
● 能用心地聆听 ● 能发出咕咕声、啜泣声、咯咯声等许多声音 ● 通常哭的更少了 ● 自言自语以及与他人“交谈”（通常是照护者）	● 对于婴儿的语言发展，人仍然比设备和物品更重要 ● 一些玩具能为婴儿带来听觉体验，婴儿可以用铃铛、摇铃和某些发声玩具来制造声音	● 在照护婴儿时跟他们交谈，提前告诉他们将会发生什么 ● 回应婴儿的咿呀声，与婴儿玩声音游戏

水平III：6个月大

发展的领域	物理环境	社会环境
生理 大肌肉 ● 能够控制头部 ● 在仰躺和俯卧之间来回翻身 ● 通过翻滚，能够从一处移动到另一处 ● 能够向前或向后匍匐爬行 ● 翻身时几乎能坐起来 小肌肉 ● 能用一只胳膊够到物品，并自如地抓握 ● 能手持并操控物品 ● 能用拇指和食指抓取物品，但并不熟练 ● 把物体从一只手换到另一只手	**适宜的玩具和设备** ● 较之以前需要更多的开放空间和自由 ● 需要体验各种不同质地的物体：硬地板、地毯、草地、木质桌子等 ● 大量有趣的物品供婴儿移动和抓取	**成人角色** ● 将物品放在远离婴儿的地方，目的是让他们想办法去拿 ● 为婴儿提供更多的空间，并鼓励他们四处活动，把玩和抓取物品 ● 让婴儿与其他婴儿互动 ● 让婴儿处于他们自己能独立保持的姿势
情绪/社会性 感受和自我意识 ● 表现出丰富多样的感受 ● 开始意识到身体的各部分 ● 能够看到自己和外界的差异 ● 对名字有反应 ● 有偏爱的味道 ● 开始有自己吃饭的意愿 社会性 ● 对陌生人产生恐惧 ● 会向主要的照护者求助 ● 喜欢与他人一起玩游戏（藏猫猫）	● 提供足够大的空间来供婴儿进行探索，并且社会互动将会促进关系的建立	● 在照护婴儿时跟他们交谈；特别强调身体各部位的名称 ● 直呼婴儿的名字 ● 鼓励婴儿在力所能及的情况下学习自理技能

发展的领域	物理环境	社会环境
智力 ● 在醒着的大部分时间里，视力很警觉 ● 能识别熟悉的物品 ● 能够看向并伸手够自己想要的物品 ● 能够捡起并操控物品 ● 会寻找掉到地上的物品 ● 能够同时利用几种感官 ● 记忆得到进一步发展	● 在水平Ⅱ的智力发展中列出的所有玩具仍适用于本阶段 ● 能同时识别许多不同的物品 ● 将物品放置在安全的区域，以便婴儿可以放心地移动到此处来选取	● 满足婴儿的依恋需求，当陌生人在场时，婴儿可以通过主要的照护者获得安全感 ● 与婴儿玩类似于藏猫猫的游戏 ● 允许婴儿自由探索 ● 定期改变或重新安排环境中的物品 ● 让婴儿与其他婴儿互动
语言 ● 能对不同的声调和语调做出反应 ● 更有效地控制发声 ● 能用不同的声音来表达感受 ● 能够模仿语调和声调	● 布质或硬纸板书	● 对婴儿的交流做出回应 ● 与婴儿交谈，特别是在照护他们时 ● 在游戏时，如果时机合适，评论婴儿正在做的事情（注意不要打断游戏）

水平IV：9个月大

发展的领域	物理环境	社会环境
生理	**适宜的玩具和设备**	**成人角色**
大肌肉 ● 会爬 ● 爬行时腿部比较僵硬 ● 手持物品爬行 ● 扶着家具站起来 ● 独自站立 ● 能或不能从站姿变为坐姿 ● 改为坐姿 ● 能扶着家具走 小肌肉 ● 能用拇指和食指轻松地捡起小物品 ● 能探索和操控食指 ● 发展手眼协调能力	● 婴儿需要更大的空间进行探索，以及更丰富的物品、材料、经历和玩具 ● 塑料或木质的小汽车和卡车、玩具和实物电话、积木、玩偶、不同大小的球和嵌套玩具 ● 在环境中投放枕头和矮的平台（或台阶），为儿童的探索提供不同的难度水平 ● 婴儿需要扶着围栏或矮的家具站立或走路	● 观察那些能够站起来但是不能坐回去的婴儿；当他们遇到困难时要及时帮助他们 ● 灵活地帮助那些遇到困难的婴儿；鼓励他们解决问题，但不能代劳 ● 提供开放的空间和安全爬行的机会 ● 成人不要干涉婴儿的探索 ● 鼓励婴儿运用自己的操作技能，如脱袜子、开门、拆卸嵌套玩具
情绪/社会性		
感受和自我意识 ● 明显依恋主要照护者，可能产生分离焦虑 ● 拒绝自己不想要（做）的事情		● 提供充足的活动安排表，让婴儿逐渐对即将发生的事件顺序有所预期 ● 为婴儿创造机会，使其专注于某事时不受干扰
社会性 ● 自己吃饼干 ● 能手持杯子的手柄喝水 ● 对他人的活动和情绪变得敏感且感兴趣 ● 会捉弄别人 ● 对事情有预期	● 需要一些自理的工具，如杯子和勺子	● 鼓励婴儿解决问题 ● 在婴儿真正需要帮助时再给予帮助 ● 在安全的情况下，让婴儿自己去发现他们行为的结果
智力		
● 记着之前玩的游戏和玩具	● 在生理发展一栏列出的物品和玩具	● 为婴儿提供机会，使其变得更自信

发展的领域	物理环境	社会环境
● 期待人们归来 ● 能够很专注，不被打扰 ● 如果看着玩具被藏起来，他们会把它找出来 ● 喜欢把物品从容器中拿出来又放回去 ● 能解决简单的操作问题 ● 对发现自己行为的结果很感兴趣	也适用于促进智力的发展 ● 为婴儿提供一些成人世界中的有趣且安全的物品，如壶、锅、木勺以及丢弃的盒子之类大小不一的废旧物品（婴儿也喜欢玩实物）	● 帮助婴儿解释他们的行为给他人造成的影响 ● 为婴儿提供更多的机会来发展自理技能 ● 帮助婴儿表达分离焦虑，接受这种情绪并帮他们应对这种情绪 ● 满足婴儿对主要照护者的依恋需求 ● 做婴儿的好榜样（成人如实地表达情绪，既不压抑也不夸大）
语言 ● 关注对话 ● 开始对自己的名字之外的词做出反应 ● 能执行简单的命令 ● 会说诸如“妈妈”“爸爸”等词语 ● 发声具备一定的语调 ● 能重复一长串的声音 ● 大声喊叫	● 喜欢多种多样的图画书	● 让婴儿参与到对话中 ● 不要当面谈论孩子，除非让孩子也参与到谈话中（在这一阶段这一点特别重要） ● 鼓励婴儿间的互动 ● 回应婴儿发出的声音 ● 鼓励他们说话 ● 问一些婴儿能做出反应的问题

水平V：12个月大

发展的领域	物理环境	社会环境
生理 大肌肉 ● 能独立地站 ● 会走，但可能更喜欢爬 ● 能爬上爬下楼梯 ● 能爬出婴儿床 小肌肉 ● 能同时用双手拿不同的物品 ● 能灵活地使用拇指 ● 表现出利手 ● 能自己脱衣服、脱鞋	**适宜的玩具和设备** ● 需要更大的室内外空间来享受爬行和练习走路 ● 需要更多的物品来操作、探索、尝试和搬运	**成人角色** ● 为儿童提供安全的、充分的活动 ● 不要强迫儿童学步，让他们自行决定何时结束爬行
情绪/社会性 感受和自我意识 ● 表现出多种情绪，并对他人的情绪做出反应 ● 害怕陌生人和新环境 ● 能表达喜爱之情 ● 能表达心境和偏好 ● 了解自己的所有物与他人的所有物之间的差异	● 提供鼓励和促进儿童发展自理技能的环境	● 教儿童一些自理技能 ● 承认儿童的所有物物权，并帮助他们保护这些所有物物权 ● 允许儿童的某些行为 ● 设定合理的限制 ● 接受儿童的不合作行为，并将其视为儿童自我主张的标志 ●为儿童提供选择 ● 表达对儿童的爱并回应儿童的情感 ● 接受并帮助儿童应对恐惧和挫败感
社会性 ● 自己吃饭 ● 在他人帮助下能自己穿衣 ● 遵守命令 ● 会寻求成人的同意，但并不总会合作	● 为儿童提供发展自理技能所需的工具和设备	● 鼓励他们发展自理技能

发展的领域	物理环境	社会环境
智力 ● 能很快找出藏起来的物品 ● 记忆力提高 ● 解决问题 ● 能有效地使用试误法 ● 探索解决问题的新方法 ● 有时先思后行 ● 能模仿不在场的人	● 这一阶段的儿童喜欢上一阶段提到的大部分玩具和日常物品，但会以更复杂的方式来使用它们 ● 喜欢玩串珠、大块乐高积木、小块建构积木、堆叠塔、木质轨道小火车等	● 鼓励积极的问题解决 ● 鼓励儿童间的互动 ● 创设环境，使儿童能学会用新奇、复杂的方法来玩玩具和使用设备
语言 ● 理解词语代表哪种物品 ● 他们的发音开始像其父母所说的语言（使用同样的声音和声调） ● 使用手势来表达自己 ● 能说2~8个词	● 玩具电话、玩偶和图书都能促进言语的发展 ● 在儿童游戏时，任何玩具都可能成为他们交谈的对象 ● 音乐能促进儿童的语言发展	● 促进儿童间的互动；儿童向成人学习交谈，当他们与其他儿童玩耍时能练习交谈 ● 提供简单的指导 ● 与儿童一起游戏 ● 唱歌、玩手指游戏 ● 鼓励他们表达情绪 ● 玩填词游戏，当儿童回答时能拓展他们的表达能力

水平VI：18个月大

发展的领域	物理环境	社会环境
生理	**适宜的玩具和设备**	**成人角色**
大肌肉 ● 能平稳地快步走 ● 很少摔跤 ● 能跑，但动作笨拙 ● 能牵着成人的手上楼梯 小肌肉 ● 能用蜡笔涂鸦和模仿标记 ● 能自己吃饭	● 需要空间来走和跑 ● 如果成人不设定明确的目标，那么儿童很享受闲逛的过程 ● 享受多样化的感官体验，如戏水和玩沙子	● 使环境丰富、有趣但不混乱；定期改变环境布置，投放一些新玩具 ● 促进儿童间的互动 ● 鼓励儿童多进行身体锻炼
情绪/社会性		
● 能夸张地模仿成人 ● 有兴趣帮助家长干家务 ● 对穿衣的过程感兴趣；在一定程度上能独立脱衣服 ● 开始逐渐地控制大小便	● 提供玩角色扮演游戏的工具，如衣服、玩偶、做家务的设备、盘子等	● 允许儿童力所能及地帮助他人 ● 设定限制，温和而坚定地执行 ● 鼓励儿童发展自理技能 ● 帮助儿童与他人进行互动，当他们表现出攻击行为时要与儿童谈话
智力		
● 开始解决脑海中的问题 ● 语言快速发展 ● 开始具有幻想和角色扮演的能力	● 在矮架子上摆放各种各样的玩具供儿童自由选择，如小玩偶、动物玩具、玩具家、放满小物件的容器、量杯和勺子等	● 给予儿童一些选择 ● 让儿童不受干扰地去解决问题 ● 鼓励他们使用语言
语言		
● 用语言来获取他人的注意 ● 能通过语言来表明愿望 ● 掌握10个词语 ● 喜欢图画书	● 清晰、简单的图画书	● 提供多样化的经历来帮助儿童使用语言 ● 向儿童提出问题，并鼓励儿童提问题 ● 出声朗读

水平VII：24个月大

发展的领域	物理环境	社会环境
生理 大肌肉 ● 能向前快速跑，但停下来和转弯有困难 ● 能上下楼梯（有时需要扶着扶手） ● 能扔球 ● 能向前踢球 小肌肉 ● 能独立穿简单的衣服 ● 能用勺子、叉子和杯子，但有时会洒水 ● 会使用画笔，但不能很好地控制颜料 ● 会翻书	**适宜的玩具和设备** ● 矮的攀爬梯和滑梯 ● 不同重量的大球 ● 有/无踏板的、平衡性好的三轮车或四轮车 ● 儿童能独立使用的秋千 ● 小山、斜坡和低矮的楼梯 ● 跑动的空间 ● 较轻的大积木 ● 2~4块大的木质拼图 ● 玩游戏用的小钉板 ● 嵌套玩具 ● 成串的大珠子 ● （易于组合的）建构玩具 ● 橡皮泥 ● 节奏乐器 ● 配对游戏 ● 感知盒 ● 沙子、水，以及能在沙子和水中玩的玩具 ● 能穿脱衣服的洋娃娃 ● 图书 ● 水彩笔、蜡笔和手指画颜料	**成人角色** ● 鼓励儿童用他们喜欢的方式自由活动（当然也要有限制） ● 提供丰富的身体和感官体验 ● 鼓励儿童寻找新方法来组装和使用熟悉的玩具和设施 ● 提供给儿童一些选择 ● 允许友好的追逐打闹游戏 ● 玩圆圈游戏和唱律动儿歌（但并不是让所有孩子都参与，以避免变成强迫性的活动） ● 为儿童提供更宽泛的活动选择，鼓励他们发展小肌肉技能 ● 提供大量的感官活动 ● 允许儿童以创新的方式来使用玩具和材料（当然也要有限制） ● 允许儿童用独特的方式组装玩具和材料（当然也要有限制） ● 当儿童陷入困境时要鼓励他们解决问题
情绪/社会性 ● 开始理解个人所有物的概念（“这是我的”“那是爸爸的”） ● 开始倾向于储藏个人的所有物；会拒绝分享 ● 要求独立（“我自己做！”）	● 提供存放个人物品的空间（盒子或小柜子） ● 儿童喜欢的玩具可准备双份或多份，便于分享玩具 ● 提供多种玩具和物品，以促进儿童分享	● 尊重儿童持有自己所有物的这种需求 ● 以身作则进行分享，而不是只要求儿童进行分享 ● 允许儿童自己尝试一些事情，即使你比他做得又快又好

发展的领域	物理环境	社会环境
● 对自己的成就感到自豪 ● 即使面对想要的东西，也可能会说“不”	● 提供儿童可用来表达自己情绪的手偶 ● 通过艺术、音乐和表演游戏等方式（在小肌肉发展一栏中列出的）帮助儿童表达他们的情感 ● 大肌肉运动的体验也有助于儿童表达他们的情感	● 帮助儿童取得带给其自豪感的成就
智力		
● 能识别玩偶的身体部位，如头发、耳朵等 ● 能在模板上安装模具 ● 能独立解决许多问题 ● 能简单拼图	● 除了上面列出的玩具，还可以提供图书、拼图、音乐唱片，让儿童有更多选择，也能为儿童的概念发展和问题解决提供机会	● 让儿童自己选择可用的材料和打发时间的方式 ● 允许儿童以创新的方式使用玩具材料 ● 鼓励问题解决 ● 允许探索
语言		
● 能使用人称代词（我、你），但并不一定总是正确 ● 喜欢用名字指代自己 ● 会用两三个词的句子 ● 掌握50~200个词语 ● 谈论他们正在做的事情	● 提供各种不同的书（现阶段儿童能够认真地使用它们） ● 在房间中，图画张贴在儿童平视能看到的高度，并定期更换图画，以供儿童谈论 ● 提供或创设一些“意外事件”让儿童体验，供其谈论 ● 提供音乐体验	● 鼓励儿童间以及儿童与成人间的对话 ● 帮助儿童进行推测（我想知道如果……将发生什么） ● 带儿童去一些地方，谈论你们的所见所闻 ● 鼓励儿童用语言表达情感和想法 ● 帮助儿童说出差异或分歧，而不是依靠打、踢等消极的肢体行为

水平VIII：36个月大

发展的领域	物理环境	社会环境
生理 大肌肉 ● 能控制走和跑的节奏，熟练地爬，能朝向目标扔球 ● 原地跳 ● 能单脚保持平衡1~2秒 ● 会骑三轮车 小肌肉 ● 会穿鞋，但不能系鞋带 ● 会穿衣，但不能系扣子 ● 能自己熟练地吃饭 ● 能更好地涂鸦 ● 能画或描一个圆 ● 能用画笔并控制颜料 ● 能富有想象力地玩建构玩具 ● 练习控制大小便	**适宜的玩具和设备** ● 需要在上一阶段中列出的所有玩具和物品，但需要更高级的版本来为儿童增加挑战。本阶段的儿童可以开始使用那些为学龄前儿童设计的设备，并准备从学步儿教室升班 ● 喜欢用木质的大积木、平衡板、平板、箱子和梯子等来搭建筑物 ● 玩积木套装 ● 有大大小小部件的建构玩具套装 ● 积木中搭配的小轮车 ● 感知桌 ● 拼图 ● 用于分类的物品 ● 法兰绒板和图形 ● 可以串的小珠子 ● 颜料、拼贴画、剪刀、胶水、蜡笔、马克笔和粉笔等艺术材料 ● 洋娃娃及配套游戏材料 ● 大型木制玩具屋 ● 大量的表演游戏的用具 ● 手偶	**成人角色** ● 赋予选择权 ● 将大肌肉运动的设备移到户外，这些设备在室内有更多限制性 ● 注意不仅更多鼓励男孩参与大肌肉运动，女孩也需要同等的鼓励（事实上，当女孩不愿意参与时应给予她们更多鼓励） ● 提供更多的选择 ● 鼓励儿童以创新的方式使用玩具和材料 ● 想办法让大一些的儿童能够全身心投入到使用小肌肉的操作活动中，而不受乱扔玩具的较小儿童干扰 ● 使较小的儿童远离玩具的小零件，防止他们误吞 ● 鼓励男孩和女孩参加精细运动的活动（如果男孩不感兴趣，选择合适的材料吸引他们）
情绪/社会性 ● 会留意某些人或物 ● 玩的时候兴趣更持久 ● 与其他儿童一起玩和互动 ● 愿意使用马桶 ● 能短时间内服从群体	● 提供存放个人物品的空间 ● 提供大量的材料让儿童分享感受和进行角色扮演，如角色扮演的用具、装扮的服装、木偶、洋娃娃、小图片、乐器以及艺术材料 ● 能让儿童产生共鸣的书也有助于他	● 开始鼓励儿童参加分享和合作性的游戏 ● 通过阻止其他儿童的干扰，帮助儿童参加或全身心投入到游戏活动中 ● 期待儿童参加一些时间较短的集体活动，如圆圈游戏

发展的领域	物理环境	社会环境
	们表达情绪 ● 方便使用的厕所	● 鼓励儿童间的互动
智力 ● 能数到2或3 ● 会画脸或非常简单的图形 ● 能完成简单的拼图 ● 更熟练地解决问题 ● 称自己为“我”，称他人为“你” ● 能区分男孩和女孩 ● 知道人体的大多数部位 ● 能够比较大小	● 以上列举的所有建构材料、操作玩具、表演游戏和艺术材料都有助于促进智力发展 ● 用于分类的物品 ● 大量的拼图 ● 嵌套积木 ● 简单游戏，如乐透配对游戏 ● 简单的、亲自动手操作科学小展示和小实验	● 提供更多的选择 ● 在解决问题时，鼓励同伴间的互动 ● 鼓励专注，全身心地对待活动、人和物 ● 鼓励求知的态度 ● 鼓励创造性思维 ● 鼓励儿童思考过去的经验以及未来 ● 在自然环境中促进儿童数概念的发展
语言 ● 会使用复数形式 ● 能用短句来对话、回答问题和传达信息，能用语言来表达简单的观点 ● 能给图画命名，并识别动作 ● 词汇量达到900个 ● 口齿相对清楚	● 为大肌肉运动、精细运动，以及情绪、社会性和智力体验创设适合的环境，这能为儿童提供许多谈论的机会 ● 在2岁儿童的基础上，增加书本和图片的多样化和复杂性 ● 提供音乐体验 ● 简单的、亲自动手操作的科学小展示和小实验	● 在自然环境中，鼓励儿童比较物品的大小、重量等特性 ● 读书、讲故事、唱歌 ● 在所有的经验中运用语言 ● 鼓励提问 ● 鼓励对话 ● 鼓励推测 ● 鼓励通过言语解决冲突 ● 鼓励通过语言表达情感 ● 帮助儿童学会互相倾听 ● 玩言语游戏，如乐透配对游戏

附录C

家长服务计划的指导原则

家长服务计划的理念

家长服务计划（the Parent Services Project，PSP）认为，家长的身心健康以及家长自我的意义感对儿童的发展至关重要。拥有成就感的家长将会丰富他们孩子的生活，在社区中发挥更积极的作用，能更好地维系其家庭关系，提升全家人的生活质量。

合作关系

家庭和照护机构的员工之间的关系是平等和尊重的关系，从而能够形成互利互惠的合作关系。家长服务计划的成功源于促进所有合作伙伴的优秀表现。

赋能

家庭是该计划最好的拥护者。他们是协作团队中的决策者。自信且有能力的家长能赋予自己的孩子以力量，使他们取得成功，并促进他们的身心健康发展。

家庭的力量

家庭是财富，而不是需要克服或解决的障碍。对家庭自身和服务计划来说，家庭是至关重要的资源。本计划建立在这些家庭力量的基础之上。积极地寻求服务被视为力量的标志。

文化能力

当每个家庭的文化被重视和认可时，尊重才有可能实现。本计划以社区为基础，并在文化上和社会上与他们所服务的家庭息息相关。

参与者驱动

计划服务最好由参与者来决定。家长有权选择那些反映他们的需求和兴趣的活动。

社会支持

对于所有家庭来说，支持很重要。社会支持网络可以减少社会隔离，促进儿童、家庭和社区的健康发展。本服务计划是家庭和其他服务资源之间的桥梁。

附录D

美国幼儿教育协会（NAEYC）对托育机构的认证标准

关注领域：儿童

标准1：关系

机构应促进所有儿童与成人建立积极的关系，鼓励每个儿童形成个人价值感和社区归属感，培养他们成为负责任的社区成员。

理论基础：积极的人际关系对发展儿童的责任感和自我调节能力，以及与他人的良好互动都至关重要，并且能提高儿童的学业能力发展以及对知识的掌握程度。温暖、敏感和回应式的互动有助于儿童建立安全的、积极的自我意识，鼓励他们尊重他人并与之合作。积极的关系还有助于儿童从教学经验和资源中获益。自我评价高的儿童通常更有安全感，精力充沛，能与他人和睦相处，学习能力强，并且有归属感。

标准2：课程

机构开展的课程应与机构针对儿童设定的目标保持一致，促进儿童在美学、认知、情感、语言、生理和社会性等各方面的学习和发展。

理论基础：课程要以目标为导向，融合当前研究中的概念和技能，促进儿童的学习和发展。如果教师理解每个儿童，那么清晰明确的课程就能指引教师为儿童提供经验，促进他们在广泛的发展性和知识性领域中成长。此外，清晰明确的课程也有助于教师有目的地计划学习常规，并为儿童提供机会，让他们根据个体的发展需要和兴趣进行单独或小组式的学习。

标准3：教学

在机构课程目标的指导下，机构应采用具有发展适宜性、文化适宜性和语言适应性的有效的教学方法，促进儿童的学习与发展。

理论基础： 运用多种教学法的教师能为儿童提供最佳的学习机会。这些教学法包括从结构化向非结构化转变的教学法，以及从以成人为主导向以儿童为主导转变的教学法。具有不同的背景、兴趣、经历、学习风格、需求和能力的儿童都能融入学习环境中。为了帮助所有的儿童取得进步，教师在选择和运用教学法时应当考虑这些差异。此外，不同的教学法运用在课程和学习的不同方面时会产生不同的效果。能够处理任何教学情境中内在复杂性的机构必然运用了多种有效的教学法。

标准4：评价

机构通过连续的、系统的、正式的和非正式的评价方法为家长提供关于儿童学习和发展的信息。评价是在与儿童家庭相互沟通的背景下进行的，并且考虑了儿童成长的文化背景的敏感性。评价结果将用于为关于儿童、教学和机构改进的正确决策提供有用信息，从而使儿童受益。

理论基础： 老师对每个儿童的了解有助于他们设计具有适当挑战性的课程，同时根据每个儿童的优势和需求因材施教。而且，系统化的评价对于识别哪些儿童可能从强化教学或干预中受益，哪些儿童可能需要额外的发展性评估，是至关重要的。这些信息能够确保机构实现其关于儿童学习和发展过程的目标，也能为机构努力提升自身发展提供有益的信息。

标准5：健康

机构应致力于提高所有儿童及其员工的营养和健康，并帮助他们预防疾病和伤害。

理论基础： 为了使儿童从学习中受益并维持生活质量，机构必须尽可能地保障儿童的健康。儿童依靠成人（他们同样也需要尽可能地保持健康）

为他们做出健康选择，以及依靠成人教会他们做出健康选择。尽管一定程度的冒险活动对学习来说是适宜的，但优质的托育机构应当避免那些可能不利于儿童、员工、家长和社区的危险的实践活动与环境。

关注领域：教育工作者

标准6：教师

机构应聘用那些具有教育资质、专业知识和职业承诺的教师并为他们提供支持，这对于促进儿童的学习和发展，满足不同儿童家庭的需求和兴趣是必不可少的。

理论基础：接受过高水平的正规教育、具有特定的早期教育职业准备的教师最能让儿童受益。具有儿童发展和早期教育的职业准备、专业知识和技能的教师更容易与儿童进行温暖且积极的互动，为儿童提供更丰富的语言体验，创设更高质量的学习环境。为确保教育工作者的知识和技能可以与日新月异的专业知识接轨，机构应为他们提供机会去接受支持性的督导，去参加持续的职业发展培训。

关注领域：与家庭和社区的合作关系

标准7：家庭

为了促进儿童在各种环境下的发展，机构应与每个儿童的家庭建立并维持合作关系。这种关系应当对儿童家庭的结构、语言和文化具有敏感性。

理论基础：年幼儿童的学习和发展与其家庭密不可分。因此，为了支持和促进儿童的最佳学习和发展，机构需要认识到儿童家庭的重要性；在互信、互敬的基础上与儿童家庭建立关系；支持并引导家庭参与儿童的教育成长；邀请儿童家庭充分地参与到机构的活动中来。

标准8：社区

机构应与儿童所在的社区建立良好关系，并利用社区资源支持机构目标的实现。

理论基础：作为儿童所在社区的组成部分，有效的托育机构应与其他机构和部门建立并维持互惠关系，以便能够支持机构实现其在课程、健康提升、儿童过渡、包容性和多样性等方面的目标。通过帮助家庭获取所需资源，机构能够促进儿童的健康发展和学习。

关注领域：领导与管理

标准9：物理环境

机构应为儿童提供适宜且维护得当的室内和室外的物理环境，包括有助于促进儿童和员工学习和发展的设施、设备和材料。为此，机构应构建安全且健康的环境。

理论基础：机构中物理环境的设计和维护将对高质量的机构活动起到支持作用，并有助于环境的利用和管理达到最佳效果。井井有条、设备齐全和维护到位的环境能提高机构的质量，促进机构员工和儿童的学习、舒适感、健康和安全性。通过为儿童、家长和员工创设友好而便捷的环境，同样也能提高机构的质量。

标准10：领导和管理

为了让所有儿童、家长和员工都享有高质量的体验，机构应有效地落实政策、程序和制度，以确保稳定的员工，强有力的人事、财务和机构管理部门。

理论基础：优质的机构运营需要有效的监管架构、富有能力且博学的领导者，以及全面而运行良好的管理政策、程序和制度。有效的领导和管理能为高质量的保育和教育活动创设环境，具体的领导和管理措施包括：

确保遵守相关规章和原则；促进健全的财务、机构审计；提供有效的沟通、有益的咨询服务；建立积极的社区关系以及舒适温暖的工作环境；维持稳定的员工队伍；为员工以及机构的持续提升制定规划或提供职业发展机会。

参考文献

Chapter 1

1. We use the word *caregivers,* but others prefer *infant care teacher* or *infant-toddler teacher,* or *teacher,* or in the case of family child care, *provider.* Magda Gerber's Resources for Infant Educarers (RIE) used the term *educarer.* At the Pikler Institute the term is *nurse,* though the caregivers there have not studied medicine.
2. Linda Acredolo and Susan Goodwyn, *How to Talk with Your Babies Before They Can Talk* (Lincolnwood, IL: Contemporary Books, 1996).
3. See further explanation in Janet Gonzalez-Mena, *Diversity in Early Care and Education: Honoring Differences* (New York: McGraw-Hill, 2008).
4. Although expression of anger has been used as an example of relating in a respectful way to infants and toddlers, it is important to note that this particular example is culture bound. Not all cultures believe in the individual's right to express feelings unless that expression somehow serves the group.
5. The DVD *On Their Own with Our Help* is available through the RIE Store, at www.rie.org.
6. This hands-off approach is a cultural issue. In some cultures, children are taught that graciously receiving help is a skill to be learned and is more important than standing on their own two feet. See further explanation in Janet Gonzalez-Mena, *Diversity in Early Care and Education: Honoring Differences* (New York: McGraw-Hill, 2008).

Chapter 2

1. Anna Tardos, ed., *Bringing Up and Providing Care for Infants and Toddlers in an Institution* (Budapest: Association Pikler-Loczy for Young Children, 2007). Miriam David and Geneviève Appell, *Lóczy: An Unusual Approach to Mothering*, trans. by Judit Falk (Budapest: Association Pikler-Lóczy for Young Children, 2001).
2. Magda Gerber and Allison Johnson, *Your Self-Confident Baby* (New York: Wiley, 1998); Magda Gerber, *Dear Parent: Caring for Infants with Respect* (Los Angeles, CA: Resources for Infant Educarers, 1998); Ruth Anne Hammond, *Respecting Babies: A New Look at Magda Gerber's RIE Approach* (Washington, DC: Zero to Three, 2009).
3. Nel Nodding, *Educating Moral People: A Caring Alternative to Character Education* (New York: Teachers College Press, 2002); ibid., *Starting at Home: Care and Social Policy* (Berkeley and Los Angeles, CA: University of California Press, 2002); ibid., *The Challenge to Care in Schools* (New York: Teachers College Press 1992).
4. J. Ronald Lally, "Brain Research, Infant Learning, and Child Care Curriculum," *Child Care Information Exchange*, May/June 1998, pp. 46–48.
5. Patti Wade, letter to author, October 1978.
6. Abraham H. Maslow, *Toward a Psychology of Being,* 2nd ed. (New York: Van Nostrand, 1968), p. 51.
7. Albert Bandura's social learning theory is based on the idea that modeling is a powerful teaching tool. Bandura's research showed that people are influenced by each other's behaviors. Later researchers

became fascinated with how infants, starting at a very young age, imitate others. Albert Bandura, *Social Learning Theory* (Englewood Cliffs, NJ: Prentice Hall, 1977).

8. Paula J. Bloom, P. Eisenberg, and E. Eisenberg, "Reshaping Early Childhood Programs to Be More Family Responsive," *America's Family Support Magazine* 21(1–2), Spring/Summer 2003, pp. 36–38; Damien Fitzgerald, *Parent Partnership in the Early Years* (London: Continuum, 2004); Janis Keyser, *From Parents to Partners: Building a Family-Centered Early Childhood Program* (St. Paul, MN: Redleaf Press; Washington, DC: National Association for the Education of Young Children, 2006); Lisa Lee, *Stronger Together: Family Support and Early Childhood Education* (San Rafael, CA: Parent Services Project, 2006); Cherry A. McGee-Banks, "Families and Teachers Working Together for School Improvement," in *Multicultural Education: Issues and Perspectives,* 6th ed., ed. James A. Banks and Cherry A. McGee-Banks, (New York: Wiley, 2007), pp. 402–410; Ethel Seiderman, "Putting All the Players on the Same Page: Accessing Resources for the Child and Family," in *The Art of Leadership: Managing Early Childhood Organizations,* ed. Bonnie and Roger Neugebauer. (Redmond, WA: Exchange Press, 2003), pp. 58–60.
9. Urie Bronfenbrenner, *The Ecology of Human Development: Experiments by Nature and Design* (Cambridge, MA: Harvard University Press, 1979); ibid., "Ecological Models of Human Development," in *International Encyclopedia of Education*, 2nd ed., vol. 3, ed. Torsten Husén and T. Neville Postlethwaite (Oxford, UK: Pergamon, 1994), pp. 1643–1647; Urie Bronfenbrenner and Pamela A. Morris, "The Ecology of Developmental Processes," in *Handbook of Child Psychology*, vol. 1, *Theoretical Models of Human Development*, 5th ed., ed. William Damon (series ed.) and Richard M. Lerner (vol. ed.) (New York: Wiley, 1998), pp. 993–1028.
10. Barbara Rogoff, *The Cultural Nature of Human Development* (Oxford and New York: Oxford University Press, 2003).
11. Ibid.
12. David L. Kirp, *The Sandbox Investment* (Cambridge, MA: Harvard University Press, 2007).
13. Bruce Fuller and his colleagues looked long and hard at the idea of school readiness policies aimed at giving all children an equal start before they got to school. His conclusion was that though there was some evidence of benefit to children of low-income families if what was offered was comprehensive, not just academic skill-building, there is no evidence that middle-income children benefit from such policies. Fuller also pointed out that scientific evidence is only one factor in addressing early education, not the whole story because child rearing is more related to ideals than to science and school readiness. Bruce Fuller, *Standardized Childhood: The Political and Cultural Struggle over Early Education* (Stanford, CA: Stanford University Press, 2007).
14. Paul Tough, *Whatever It Takes: Geoffrey Canada's Quest to Change Harlem and America* (Boston, MA: Mariner Books, 2009).
15. Ibid., p. 279.
16. For more information on HCZ and Baby College, see www.hcz.org.
17. See more about Early Head Start and the National Resource Center at http://www.ehsnrc.org.

Chapter 3

1. See www.pikler.org and www.RIE.org.
2. J. Ronald Lally, "The Impact of Child Care Policies and Practices on Infant/Toddler Identity Formation," *Young Children* 51(1), November 1995, pp. 58–67. In this article, Lally makes a compelling case for the importance of such practices as primary-caregiving systems.
3. Anna Tardos, ed., *Bringing Up and Providing Care for Infants and Toddlers in an Institution* (Budapest: Association Pikler-Loczy for Young Children, 2007); Miriam David and Geneviève Appell, *Lóczy: An Unusual Approach to Mothering,* trans. by Judit Falk (Budapest: Association Pikler-Lóczy for Young Children, 2001).
4. Janet Gonzalez-Mena, *Diversity in Early Care and Education: Honoring Differences* (New York: McGraw-Hill, 2008); Mubina Hassanali Kirmani, "Empowering Culturally and Linguistically Diverse Children and Families," *Young Children* 62(6), November 2007, pp. 94–98.
5. University of Texas Medical Branch at Galveston, "Mother's Milk: A Gift That Keeps on Giving," *Science Daily*, September 15, 2007.
6. American Academy of Pediatrics, "Breastfeeding Promotion in Physicians' Office Practices:

Phase II," *Breastfeeding: Best for Baby and Mother*, Spring 2004; www.aap.org/breastfeeding/newsletter3104.pdf.

7. American Academy of Pediatrics, "Merging Motherhood with the Military," Spring 2004; www.aap.org/breastfeeding/newsletter3104.pdf.
8. Anne Morrow Lindbergh, *Gift from the Sea* (New York: Pantheon, 1955), p. 104.
9. Mubina Hassanali Kirmani, "Empowering Culturally and Linguistically Diverse Children and Families," *Young Children* 62(6), November 2007, pp. 94–98.
10. For the complete study results, look for the "Feeding Infants and Toddlers Study" in the *Journal of the American Dietetic Association,* January 2004.
11. What you saw in that scene was based on an observation at the Pikler Institute in November 2003. The description is adapted from an article by Janet Gonzalez-Mena, "What Can an Orphanage Teach Us? Lessons from Budapest," *Young Children,* 58(5), September 2004, pp. 27–30. At the Pikler Institute, the idea of caregiving as curriculum is taken very seriously. Adults are trained in specific ways to carry out each caregiving routine, and the result is that the infants and toddlers in this residential nursery are trusting and secure in the relationships they have with their caregivers. Fulfilled with the kind of individual attention they get during those times of the day, they then are able to explore freely the rest of the time, playing alone and with each other with little or no adult interruptions. Granted, this is a very specific curriculum coupled with a good deal of training, and nothing is done casually. The approach has been developed, studied, and refined since 1946. We aren't suggesting that you adopt the model, but we are suggesting that the fact the Pikler Institute created their own unique curriculum through observation and research can inspire others to do the same.
12. A search of "diaper free" and "elimination communication" at the Amazon.com website in April 2014 showed eight books written in the last few years about how to potty train babies before a year old. Also, Kahwaty's book gives information about how to potty train not one infant, but two at the same time! Donna Hoke Kahwaty, "Toilet-Training Newborns: Parents Grab Hold of Trend to Potty-Train Infant Twins," *Twins*, March/April 2006, pp. 20–23.
13. A summary of findings on SIDS is by Neil K. Kaneshiro, MD, MHA, Clinical Assistant Professor of Pediatrics, University of Washington School of Medicine. Also reviewed by David Zieve, MD, MHA, Medical Director, A.D.A.M., Inc.; ADAM Health Illustrated Encyclopedia, 08/02/2009. S. M. Beal and C. F. Finch, "An Overview of Retrospective Case Control Slides Investigating the Relationship Between Prone Sleep Positions and SIDS," *Journal of Paediatrics and Child Health* 27(6), 1991, pp. 334–339; National Institute of Child Health and Human Development, NIH Pub. No. 02-7040, Back to Sleep Campaign pamphlet, September 2002; B. C. Galland, B. J. Taylor, and D. P. G. Bolton, "Prone versus Supine Sleep Position: A Review of the Physiological Studies in SIDS Research," *Journal of Paediatrics and Child Health* 38(4), 2002, pp. 332–338. The majority of findings suggest a reduction in physiological control related to respiratory, cardiovascular, and autonomic control mechanisms, including arousal during sleep in the prone position. Because the majority of these findings are from studies of healthy infants, continued reinforcement of the supine sleep recommendations for all infants is emphasized.
14. The suggestions in this chapter fit the overall philosophy of the book, which is based on the values of independence and individuality. It's important to note that not all cultures have these values. Therefore, these approaches to caregiving should be discussed with the families, and some agreement should be reached. See Janet Gonzalez-Mena, *Diversity in Early Care and Education* (New York: McGraw-Hill, 2008), for more information on how to communicate with parents regarding cultural issues. Also see Elita Amini Virmani and Peter L. Mangione, eds., *A Guide to Culturally Sensitive Care*, 2nd ed. (Sacramento, CA: California Department of Education and WestEd, 2013).
15. See note 13.

Chapter 4

1. For example, Deborah Carlisle Solomon, *Baby Knows Best* (New York: Little, Brown, 2013); Eva Kallo and Gyorgyi Balog, *The Origins of Free Play* (Budapest: Association Pikler-Loczy for Young Children, 2005); Alison Gopnik, "Let the Children Play. It's Good for Them!"

Smithsonian Magazine, July-August, 2012; David Brooks, "The Psych Approach," *New York Times,* September 27, 2012; Elena Bedrova and Deborah J. Leong, *Tools of the Mind: The Vygotskian Approach to Early Childhood Education,* 2nd ed. (Upper Saddle River, NJ: Pearson/Merrill Prentice Hall, 2007); David Elkind, *The Power of Play* (Cambridge, MA: DeCapa, 2007); Elizabeth Jones and Renatta M. Cooper, *Playing to Get Smart* (New York: Teachers College Press, 2006); Sharon Lynn Kagan, Catherine Scott-Little, and Victoria Stebbins Frelow, "Linking Play to Early Learning and Development Guidelines," *Zero to Three,* 30(1), September 2009; Dorothy Singer, Roberta Golinkoff, and Kathy Hirsh-Pasek, eds., *Play = Learning: How Play Motivates and Enhances Children's Cognitive and Social-Emotional Growth* (New York: Oxford University Press, 2006).

2. S. Rosenkoetter and L. Barton, "Bridges to Literacy: Early Routines That Promote Later School Success," *Zero to Three* 22(4), February/March 2002, pp. 33–38.
3. Papert's story has two major points. One is that when children play with concrete objects the way Papert did with gears, they build models that transfer what they learn through their senses to their minds, which then allows them to mentally manipulate ideas for further understanding. The other point is that Papert "fell in love with gears." Obviously someone supported and encouraged him and provided materials, but Papert was the one who made the choice to use them. Early play provided an important foundation for later learning and understanding. Seymour Papert, *Mindstorm: Children, Computers, and Powerful Ideas* (New York: Basic Books, 1980), p. vi.
4. Carla Hannaford, *Smart Moves: Why Learning Is Not All in Your Head* (Salt Lake City, UT: Green River, 2005); Rae Pica, "Babies on the Move," *Young Children* 6(4), July 2010, pp. 48–49.
5. Elena Bodrova and Deborah Leong, *Tools of the Mind: The Vygotskian Approach to Early Childhood Education*, 2nd ed. (Upper Saddle River, NJ: Pearson/Merrill Prentice Hall, 2007).
6. The Significance of Grit: A Conversation with Angela Lee Duckworth, http://www.ascd.org/publications/educational-leadership/sept13/vol71/num01/The-Significance-of-Grit@-A-Conversation-with-Angela-Lee-Duckworth.aspx; Carol Dweck, *Mindset* (New York: Ballantine, 2007); Carol Garhart Mooney, *Theories of Attachment* (St. Paul, MN: Redleaf, 2010); Janet Gonzalez-Mena, "What Can an Orphanage Teach Us? Lessons from Budapest," *Young Children*, 59(5), September, 2004, pp. 26–30.
7. Magda Gerber, "From a Speech by Magda Gerber," *Educaring* 16(3), Summer 1995, p. 7.
8. J. McVicker Hunt, *Intelligence and Experience* (New York: Ronald Press, 1961), p. 267.
9. Judith Van Horn, Patricia Monighan Nourot, Barbara Scales, and Keith Rodriquez Alward, *Play at the Center of the Curriculum* (Columbus, OH: Merrill, 2007).
10. Abraham H. Maslow, *Toward a Psychology of Being,* 2nd ed. (New York: Van Nostrand, 1968), pp. 55–56.
11. "Once upon a Screen" Stephen Koepp, ed. *The Science of You* (New York: Time Books, 2013), pp. 106–109.

Chapter 5

1. R. Shore, *Rethinking the Brain: New Insights in Early Development*, rev. ed. (New York: Families and Work Institute, 2003), pp. 16–24.
2. K. Gallagher, "Brain Research and Early Child Development: A Primer for Developmentally Appropriate Practice," *Young Children* 60(4), July 2005, pp. 12–20.
3. M. Klaus and J. Kennell, *Parent-Infant Bonding* (St. Louis, MO: Mosby, 1982), p. 2.
4. R. Restak, *The Naked Brain* (New York: Three Rivers Press/Random House, 2006), pp. 58–70.
5. Ibid., pp. 91–99.
6. R. Isabella and J. Belsky, "Interactional Synchrony and the Origins of Infant-Mother Attachment," *Child Development* 6, 1991, pp. 373–384.
7. M. Ainsworth, M. Blehman, E. Waters, and S. Wall, *Patterns of Attachment: A Psychological Study of the Strange Situation* (Hillsdale, NJ: Erlbaum, 1978), pp. 333–341.
8. O. Mayseless, "Attachment Patterns and Their Outcomes," *Human Development* 39, 1996, pp. 206–223.
9. H. Harlow, "The Nature of Love," *American Psychology* 13, 1958, p. 386.
10. J. Bowlby, *Attachment,* vol. 1 of *Attachment and Loss* (New York: Basic, 2000), p. 343.

11. J. R. Lally, "Brain Research, Infant Learning, and Child Care Curriculum," *Child Care Information Exchange* 121, May/June 1998, pp. 46–48.
12. C. P. Edwards and H. Raikes, "Relationship-Based Approaches to Infant/Toddler Care and Education," *Young Children* 57(4), July 2002, pp. 10–17.
13. A report from the National Joint Committee on Learning Disabilities, "Learning Disabilities and Young Children: Identification and Intervention," *Learning Disability Quarterly* 3, Winter 2007, pp. 63–72.

Chapter 6

1. J. M. Mandler and L. Douglas, "Concept Formation in Infancy," *Cognitive Development* 8, 1993, pp. 291–318.
2. M. H. Johnson, *Developmental Cognitive Neuroscience*, 2nd ed. (Malden, MA: Blackwell, 2005), pp. 186–204.
3. R. Samples, *The Metaphoric Mind* (Menlo Park, CA: Addison-Wesley, 1976), p. 95.
4. T. G. R. Bower, *Development in Infancy,* 2nd ed. (San Francisco, CA: W. H. Freeman, 1982), pp. 87–99.
5. P. W. Jusczyk and R. N. Aslin, "Infants' Detection of the Sound Patterns of Words in Fluent Speech," *Cognitive Psychology* 29, 1997, pp. 1–23.
6. D. R. Mandel, P. W. Jusczyk, and D. B. Pisoni, "Infants' Recognition of the Sound Patterns of Their Own Names," *Psychological Science* 6, 1995, pp. 314–317.
7. T. Nakake and S. Trehub, "Infants' Responsiveness to Maternal Speech and Singing," *Infant Behavior and Development* 27, 2004, pp. 455–464.
8. J. E. Steiner, "Human Facial Expressions in Response to Taste and Smell Stimulation," *Advances in Child Development and Behavior* 13, 1979, pp. 257–295.
9. S. W. Porges and L. P. Lipsitt, "Neonatal Responsivity to Gustatory Stimulation," *Infant Behavior and Development* 16, 1993, pp. 487–494.
10. K. Simons, ed., *Early Visual Development: Normal and Abnormal* (New York: Oxford University Press 1993), pp. 439–449.
11. *A Parent's Guide: Finding Help for Young Children with Disabilities (Birth to 5),* a publication of the National Dissemination Center for Children with Disabilities, downloaded from www.nichcy.org/InformationalResources/Documents/nichcy%20pubs/pa2.pdf.

Chapter 7

1. S. J. Fomon and S. E. Nelson, "Body Composition of the Male and Female in Reference to Infants," *Annual Review of Nutrition* 22, 2002, pp. 1–17.
2. P. M. Thompson and J. N. Giedd, "Growth Patterns in the Developing Brain," *Nature* 404, 2000, pp. 190–192.
3. P. Casaer, "Old and New Facts About Perinatal Brain Development," *Journal of Child Psychology and Psychiatry* 34, 1993, pp. 101–109.
4. M. A. Bell and N. A. Fox, "Brain Development over the First Year of Life," in *Human Behavior and the Development of the Brain,* ed. G. Dawson and K. W. Fischer (New York: Guilford Press, 1998), pp. 314–345.
5. K. Gallagher, "Brain Research and Early Child Development: A Primer for Developmentally Appropriate Practice," *Young Children* 60(4), July 2005, pp. 12–20.
6. E. Pikler, "Some Contributions to the Study of the Gross Motor Development of Children," *Journal of Genetic Psychology* 113, 1968, pp. 27–39.
7. E. Thelen and L. B. Smith, "Dynamic Systems Theories," in *Handbook of Child Psychology*, vol. 1, ed. W. Damon (New York: Wiley, 1998), pp. 563–633.
8. The *Bayley Scales of Infant Development (BSID)*, first published in 1969, was originally intended to measure three major developmental domains—cognitive, motor, and behavioral. The third, current edition, *The Bayley Scales of Infant and Toddler Development (Bayley-III)* adds two more domains—social-emotional and adaptive. See Nancy Bayley, *The Bayley Scales of Infant and Toddler Development*, 3rd ed. (San Antonio, TX: Pearson Education, 2005). Table 7.2 is based on the 1993 second edition; the milestones for motor development, however, have remained essentially the same since the 1993 revision.
9. J. Faulk, "Development Schedules Stimulating Adult Educational Attitudes," in *The RIE Manual for Parents and Professionals*, ed. M. Gerber, 2nd ed. (Los Angeles, CA: Resources for Infant Educarers), 2013, pp. 101–107.
10. É. Kálló and G. Balog, *The Origins of Free Play* (Budapest: Association Pikler-Lóczy for Young Children, 2005), p. 16.

11. Emmi Pikler, "Data on Gross Motor Development of the Infant," *Early Development and Care* 1, 1972, pp. 297–310; S. Petrie and S. Owen, *Authentic Relationships in Group Care for Infants and Toddlers: Resources for Infant Educarers (RIE) Principles into Practice* (London and Philadelphia: Jessica Kingsley Publishers, 2005).

Chapter 8

1. J. H. Flavell, "On Cognitive Development," *Child Development* 53, 1982, pp. 1–10.
2. L. Berk and A. Winsler, *Scaffolding Children's Learning: Vygotsky and Early Childhood Education* (Washington, DC: National Association for the Education of Young Children, 1995), p. 22.
3. J. R. Lally, "Brain Research, Infant Learning, and Child Care Curriculum," *Child Care Information Exchange* 121, May/June 1998, pp. 46–48.
4. M. Diamond, *Magic Trees of the Mind* (New York: Plume, 1998), pp. 112–120.
5. S. Rushton, "Applying Brain Research to Create Developmentally Appropriate Learning Environments," *Young Children* 56(5), September 2001, pp. 76–82.
6. "Early Childhood Inclusion," A Joint Statement of the Division for Early Childhood (DEC) and the National Association for the Education of Young Children (NAEYC), 2009, http://community.fpg.unc.edu/resources/articles/early_childhood_inclusion.
7. Fact Sheet: "Including All Kids: Am I? Should I? Can I?" http://ecdc.syr.edu/includingallkids.pdf.

Chapter 9

1. L. Vygotsky, "Play and Its Role in the Mental Development of the Child," in *Play: Its Role in Development and Evolution,* ed. J. Bruner, A. Jolly, and K. Sylvia (New York: Basic Books, 1976).
2. A. L. Woodward and E. M. Markman, "Early Word Learning," in *Handbook of Child Psychology:* vol. 2. *Cognition, Perception and Language,* 5th ed., ed. W. Damon (series ed.), D. Kuhn and R. S. Sieger (vol. eds.) (New York: Wiley, 1998), pp. 371–420.
3. S. Begley, "How to Build a Baby's Brain," *Newsweek,* Spring/Summer 1997, pp. 28–32.
4. See Dr. Kuhl lecture at www.google.com, "Patricia Kuhl," "video on TED.com."
5. R. Restak, *The Naked Brain* (New York: Three Rivers Press/Random House, 2006), pp. 58–72.
6. D. L. Mills, S. A. Coffey-Cornia, and H. J. Neville, "Variability in Cerebral Organization During Primary Language Acquisition," in *Human Behavior and the Developing Brain,* ed. G. Davidson and K. W. Fischer (New York: Guilford Press, 1994), pp. 427–455.
7. A. Wetherby, "First Words Project: An Update, Florida State University," in *Proceedings of the NAEYC* (Portland, OR: National Institute for Early Childhood Professional Development, 2003).
8. R. Parlakian, "Early Literacy and Very Young Children," *Zero to Three*, September 2004, pp. 37–44.
9. L. Makin, "Literacy 8–12 Months: What Are Babies Learning?" *Early Years: Journal of International Research and Development* 26(3), October 2006, pp. 267–277.
10. B. Otto, *Literacy Development in Early Childhood: Reflective Teaching for Birth to Age Eight* (Columbus, OH: Pearson/Merrill, 2008), pp. 63–79.
11. Ibid., p. 80.
12. S. B. Heath, *Ways with Words: Language, Life, and Work in Communities and Classrooms* (New York: Cambridge University Press, 1983).
13. These core principles were developed by the Training and Technical Assistance Collaboration (TTAC), an interagency partnership in California dedicated to serving children with disabilities birth to age five. For more information, e-mail ttac@wested.org.

Chapter 10

1. F. Leboyer, *Birth without Violence* (New York: Random House, 1978).
2. R. Thompson and R. Goodvin, "The Individual Child: Temperament, Emotion, Self, and Personality," in *Developmental Science: An Advanced Textbook*, 5th ed., ed. M. Borstein and M. Lamb (Hillsdale, NJ: Erlbaum, 2005), pp. 391–428.
3. S. Chess and A. Thomas, *Temperament: Theory and Practice* (New York: Brunner/Mazel, 1996).
4. The Goodness of Fit model is discussed in A. Thomas and S. Chess, *Temperament and Development* (New York: Brunner/Mazel, 1977).
5. M. K. Rothbart, B. A. Ahadi, and D. E. Evans, "Temperament and Personality: Origins and Outcomes," *Journal of Personality and Social Psychology* 78, 2000, pp. 122–135.

6. S. C. Luthar, D. Cicchetti, and B. Becker, "The Construct of Resilience: A Critical Evaluation and Guidelines for the Future," *Child Development* 74, 2000, pp. 543–562.
7. A. H. Maslow, *Toward a Psychology of Being* (New York: Van Nostrand, 1968), p. 157.
8. Ibid., pp. 163–164.
9. L. Gilkerson, "Brain Care: Supporting Healthy Emotional Development," *Child Care Information Exchange* 121, May 1998, pp. 66–68.
10. K. C. Gallagher, "Brain Research and Early Childhood Development: A Primer for Developmentally Appropriate Practice," *Young Children* 60(4), July 2005, pp. 12–20.
11. The effect of labeling emotions is taken from G. Tabibnia, M. Craske, and M. Lieberman, "Linguistic Processing Helps Attenuate Psychological Reactivity to Aversive Photographs after Repeated Exposure," paper presented at the 35th Annual Meeting of the Society for Neuroscience, Washington, DC, November 12–26, 2005.
12. R. Shore, *Rethinking the Brain* (New York: Families and Work Institute, 1997), pp. 28–30.
13. Ibid., pp. 41–43.
14. Mark L. Batshaw, *Children with Disabilities* (Baltimore, MD: Paul H. Brookes, 2007), pp. 511–521.
15. Mary Beth Bruder, "Early Childhood Intervention: A Promise to Children and Families for Their Future," *Exceptional Children* 76(3), Spring 2010, pp. 339–345.
16. Ibid., pp. 350.

Chapter 11

1. T. G. R. Bower, *Development in Infancy,* 2nd ed. (San Francisco, CA: W. H. Freeman, 1982), p. 256.
2. Jaipaul L. Roopnarine and Alice S. Honig, "The Unpopular Child," *Young Children* 49(6), September 1985, p. 61.
3. Doyleen McMurtry, early childhood instructor, Solano College, Suisun, CA.
4. J. R. Lally, "The Art and Science of Child Care," *Program for Infant/Toddler Caregivers,* WestEd, 180 Harbor Drive, Suite 112, Sausalito, CA.

Chapter 12

1. Janet Gonzalez-Mena, "What Works: Assessing Infant and Toddler Play Environments," *Young Children*, 68(4), pp. 22–25, 2013; Elizabeth Prescott, "The Physical Environment: Powerful Regulator of Experience," *Child Care Information Exchange*, Reprint #4, C-44, Redmond, WA 98052. This article was first published in 1968 and then republished in the November/December 1994 issue of *Child Care Information Exchange*. The entire article is now available to read online at www.ChildCareExchange.com, in the "Resources for You FREE" section.
2. Susan Aronson and Patricia M. Spahr, *Healthy Young Children: A Manual for Programs* (Washington, DC: National Association for the Education of Young Children, 2002).
3. Louis Torelli, "The Developmentally Designed Group Care Setting: A Supportive Environment for Infants, Toddlers and Caregivers," *Zero to Three,* December 1989, pp. 7–10.
4. See note 1, Prescott, "The Physical Environment."
5. Roger G. Barker, *Ecological Psychology: Concepts and Methods for Studying the Environment of Human Behavior* (Stanford, CA: Stanford University Press, 1968).
6. Éva Kálló and Györgyi Balog, *The Origins of Free Play*, trans. Maureen Holm (Budapest: Association Pikler-Lóczy for Young Children, 2005); Miriam David and Geneviève Appell, *Lóczy: An Unusual Approach to Mothering*, trans. Judit Falk (Budapest: Association Pikler-Lóczy for Young Children, 2001).
7. These ideas come from Molly Sullivan, who used them in her family day care home in Berkeley, California.
8. Elizabeth Jones and Elizabeth Prescott, *Dimensions of Teaching-Learning Environments II: Focus on Day Care* (Pasadena, CA: Pacific Oaks, 1978).
9. Louis Torelli, "The Developmentally Designed Group Care Setting: A Supportive Environment for Infants, Toddlers, and Caregivers," *Zero to Three* 10(2), pp. 7–10, 1989.
10. Ruth Money, "The RIE Early Years 'Curriculum,'" in *Authentic Relationships in Group Care for Infants and Toddlers: Resources for Infant Educarers (RIE) Principles into Practice,* ed. Stephanie Petrie and Sue Owen (London and Philadelphia: Jessica Kingsley Publishers, 2005), pp. 51–68.
11. Jim Greenman, "Designing Infant/Toddler Environments," in *Caring for Infants and Toddlers: What Works, What Doesn't,* vol. 2, ed. Robert Lurie

and Roger Neugebauer (Redmond, WA: Child Care Information Exchange, 1982).

12. Sherry Turkle, "Once Upon a Screen," *The Science of You*, ed. Stephen Koepp (New York: Time Books, 2013) pp. 106–109.

Chapter 13

1. J. Ronald Lally, "The Impact of Child Care Policies and Practices on Infant/Toddler Identity Formation," *Young Children* 51(1), November 1995, pp. 58–67.
2. The following have a good deal of information about the research showing advantages in bilingual education for even the youngest children. Karen Nemeth, *Many Languages, One Classroom: Teaching Dual and English Language Learners* (Beltsville, MD: Gryphon House, 2009); Jim Cummins, *Bilingual Children's Mother Tongue: Why Is It Important for Education*, http://iteachilearn.org/cummins/, 2008; Linda Espinosa, *Challenging Common Myths about Young English Language Learners* (New York: Foundation for Child Development, 2007); Patton O. Tabors, *One Child, Two Languages* (Baltimore, MD: Paul. H. Brookes, 2008).
3. Marian Marion, *Guidance of Young Children*, 6th ed. (Upper Saddle River, NJ: Merrill/Prentice Hall, 2003).
4. Lisa Delpit, *Other People's Children* (New York: New Press, 1995); *Multiplication is for White People.* (New York: The New Press, 2011).
5. In *Black Children: Their Roots, Culture, and Learning Styles,* Janice Hale-Benson discusses how discipline works in the black community. Every adult in the community is expected to firmly correct undesirable behavior even when someone else's child is the one misbehaving. Any misbehavior is not only immediately corrected but is reported to the parent as well. In other words, in the black community, there is a social control network that takes responsibility for all the children in that community. Children aren't on their own; they're always being watched by somebody. Hale-Benson says that this approach is different from that in schools, where the teachers don't watch so closely because they expect the children to develop inner controls. Therefore, children who are used to being diligently observed and controlled find themselves more on their own than they're used to. Parents who expect to be notified immediately of any misbehavior may find school a lax place where there seem to be fewer external pressures to keep children behaving properly. See Janice E. Hale-Benson, *Black Children: Their Roots, Culture, and Learning Styles* (Baltimore, MD: Johns Hopkins University Press, 1986), p. 85.

Chapter 14

1. A teenage parent may rely on her mother or may at least need to consult with her mother. A wife may need her husband's approval to make decisions. Sometimes the grandmother, rather than the parents, makes decisions concerning her grandchildren. Some families have joint decision making. It's of no use to discuss a problem with a mother if she has no authority to make any decision. The family structures in some cultures leave someone other than the mother, or even the father, as the ultimate decision maker.
2. Polly Elam writes about the mutual respect and trust she experienced with Magda Gerber as her mentor in "Creating Quality Infant Group Care Programs," in *Authentic Relationships in Group Care for Infants and Toddlers: Resources for Infant Educarers (RIE) Principles into Practice,* ed. Stephanie Petrie and Sue Owen (London and Philadelphia: Jessica Kingsley Publishers, 2005), pp. 83–92.

图书在版编目（CIP）数据

婴幼儿及其照护者：基于尊重、回应和关系的心理抚养（第11版）/（美）珍妮特·冈萨雷斯-米纳，（美）黛安娜·温德尔·埃尔著；张和颐，张萌，冀巧玲译．—北京：商务印书馆，2023（2024.2重印）
ISBN 978-7-100-21832-0

Ⅰ．①婴… Ⅱ．①珍… ②黛… ③张… ④张… ⑤冀… Ⅲ．①婴幼儿—哺育 ②婴幼儿心理学 Ⅳ．① TS976.31 ② B844.11

中国版本图书馆CIP数据核字（2022）第216446号

婴幼儿及其照护者：基于尊重、回应和关系的心理抚养（第11版）
〔美〕珍妮特·冈萨雷斯-米纳　黛安娜·温德尔·埃尔　著
张和颐　张萌　冀巧玲　译
刘力　陆瑜　策划
赵延芹　刘丽丽　责编

商务印书馆出版
（北京王府井大街36号　邮政编码100710）
商务印书馆发行
山东临沂新华印刷物流集团
有限责任公司印刷
ISBN 978-7-100-21832-0

2023年1月第1版　　开本：889×1194　1/24
2024年2月第3次印刷　　印张：$21^{1}/_{4}$
定价：128.00元